"十三五"江苏省高等学校重点教材(编号：2020-2-049)

应用型本科计算机类专业系列教材

工业控制网络与通信

主　编　王小英　徐惠钢

副主编　陈英革　李　峦

西安电子科技大学出版社

内 容 简 介

本书全面介绍了工业控制网络的相关技术及其应用。全书由8章组成。首先介绍了计算机网络所涉及的相关概念和体系结构，并选取了TCP/IP协议簇的主要协议进行阐述；在此基础上从协议架构相对简单的Modbus现场总线入手，介绍了其通信过程并给出了报文传输和应用实例；再以西门子系列的PROFIBUS现场总线和PROFINET工业以太网为原型，全面介绍和分析了它们的体系框架和应用实例；然后介绍了智能制造技术的核心支撑要素和系统构成及其典型应用；最后探讨了新型工业控制网络核心技术，如工业互联网平台、时间敏感网络、软件定义网络、MQTT协议、工业无线通信技术及工业控制网络的安全问题等。

本书可作为大专院校电气自动化、计算机控制技术、仪器仪表等专业的教材，还可作为工业控制网络领域相关人员的参考书。

为方便教学，本书配有免费电子课件，凡选用本书作为授课教材的学校，均可发送邮件至1323454@qq.com索取。

图书在版编目(CIP)数据

工业控制网络与通信 / 王小英，徐惠钢主编. —西安：西安电子科技大学出版社，2021.6
(2024.1重印)
ISBN 978-7-5606-6037-0

Ⅰ.①工… Ⅱ.①王… ②徐… Ⅲ.①工业控制计算机—计算机网络 Ⅳ.①TP273

中国版本图书馆CIP数据核字(2021)第058932号

策　　划　高樱
责任编辑　高樱
出版发行　西安电子科技大学出版社(西安市太白南路2号)
电　　话　(029)88202421　88201467　　邮　　编　710071
网　　址　www.xduph.com　　电子邮箱　xdupfxb001@163.com
经　　销　新华书店
印刷单位　咸阳华盛印务有限责任公司
版　　次　2021年6月第1版　2024年1月第3次印刷
开　　本　787毫米×1092毫米　1/16　印　张　15.5
字　　数　364千字
定　　价　39.00元
ISBN 978-7-5606-6037-0 / TP

XDUP 6339001-3

前　言

随着计算机技术、通信技术和自动化控制技术的发展，传统的控制领域正经历着一场前所未有的变革。工业自动化水平迅速提高，各种各样的自动控制装置、远程或特种场所的监控设备在工业控制领域的大量使用，使得自动控制系统越来越庞大复杂。为了让各种各样的自动控制装置协调工作，管理人员能随时随地准确地掌握生产现场的实时数据，自动控制系统开始向网络化方向发展，由此产生了工业控制网络。工业控制网络是一种涉及局域网、广域网、分布式计算等多方面技术的网络。作为一种综合应用的网络，工业控制网络需要适应各类工业企业的不同应用需求，并确定各具应用特色的技术实现方案。

基于上述背景，编者充分考虑刚接触工业控制网络却没有网络基础与实践经验的学生的能力和心理，结合当今工业控制网络发展的最新方向，根据编者多年的教学和应用经验编写了本书。本书从应用的角度出发，结合先进的网络技术，强化概念，突出应用，将网络架构、协议内容与最新工厂应用有机结合，在内容的选取上坚持科学性、先进性、实用性为一体，内容翔实、语言通俗、图文并茂。

全书共 8 章。第 1 章介绍了计算机网络及工业控制网络的发展历程；第 2 章全面介绍了计算机网络所涉及的相关概念和体系结构；第 3 章选取了 TCP/IP 协议簇的主要协议对网络通信进行阐述；第 4 章从协议架构相对简单的 Modbus 现场总线入手，介绍了其通信过程并给出了报文传输和应用实例；第 5 章、第 6 章分别以西门子系列的 PROFIBUS 现场总线和 PROFINET 工业以太网为原型，全面介绍和分析了它们的体系框架和应用实例；第 7 章落地到工业 4.0 背景下、当前最为火爆的智能制造技术，介绍了其核心支撑要素和系统构成及其典型应用；第 8 章探讨了新型的工业控制网络技术，包括工业互联网平台、时间敏感网络、软件定义网络、MQTT 协议、工业无线通信技术及工业控制网络的安全等问题。

本书按照应用型教学的逻辑，将知识内容与实际应用衔接，将工程应用引入教材内容。在教材的相关章节中引入了设计方法及设计实例，如选取 Modbus 协议的典型案例，结合协议分析工具来进一步掌握 TCP/IP 协议架构，对 PROFIBUS 与 PROFINET 的典型应用分步骤组态，引入并分析最新且影响重大的工业网络安全事件等，使教材与工程实际相结合，让学生对所学的知识能够融会贯通，独立完成网络基本维护命令的操作、现场总线与工业以太网互联及组态，增强实际工程项目和技术的应用能力，并拓宽行业视野。

本书可作为大专院校电气自动化、计算机控制技术、仪器仪表等专业的教学用书，还可作为工业控制网络工作人员的参考用书。为方便教学，本书配有免费电子课件，凡选用本书作为授课教材的学校，均可发送邮件至 1323454@qq.com 索取。

本书由王小英、徐惠钢任主编，陈英革、李峦任副主编。梁嘉瑞、王淳等参与了前期资料的收集与整理工作。

限于编者水平，疏漏之处在所难免，恳请读者批评指正。

编　者
2021年2月

目　　录

第1章 导 论

随着计算机技术、通信技术和控制技术的发展，传统的控制领域正经历着一场前所未有的变革，开始向网络化方向发展。工业控制网络是一种涉及局域网、广域网、分布式计算等多方面技术的网络。作为一种综合应用的网络技术，工业控制网络需要适应各类工业企业的不同应用需求，并确定各具应用特色的技术实现方案。控制系统的结构从最初的CCS(计算机集中控制系统)，到第二代的DCS(分散控制系统)，发展到流行的第三代FCS(现场总线控制系统)。

随着时代的不断发展与进步，工业控制网络又不断与当前在商业领域风靡的以太网技术紧密结合。这股工业控制系统网络化浪潮将嵌入式技术、多标准工业控制网络互联、无线技术等多种当今流行技术融合进来，再加上现在蓬勃发展的以工业互联网为基础的智能制造，极大地拓展了工业控制领域的发展空间，带来新的发展机遇。

1.1 计算机网络的发展概况

计算机网络是“互联起来的独立自主的计算机集合”，它利用通信设备和线路，将分布在不同地理位置的、功能独立的多个计算机系统连接起来，通过功能完善的网络软件，包括网络通信协议和网络操作系统等，来实现网络中资源的共享和信息传递。

网络中的计算机系统既有可能是一台单独的计算机，也有可能是多台计算机构成的另一个计算机网络。它们在空间上是分散的，可能在一个房间、一栋楼，或者在不同的城市、不同的国家；它们在功能上是自治的，能独立完成工作。通过一定的传输媒介，如电缆、光纤、无线电波等，加上配套的网络通信协议及网络操作系统等软件，就能实现网络互联，完成数据交换，实现信息资源共享和互操作。

计算机网络的发展和演变主要经历了四个阶段：面向终端的计算机网络、多台主机互联的计算机网络、面向标准化的计算机网络和当前正在经历的面向全球互联的计算机网络。

1.1.1 面向终端的计算机网络

20世纪五六十年代是计算机网络面向终端的阶段，当时所说的计算机网络就是一台中心计算机(主机)连接了大量的地理位置分散的终端，输入数据可以从数据源直接进入计算机进行处理，处理后的结果又可直接传递给各终端系统，整个过程从源数据到最后处理之间无需人员介入而只由计算机进行操作。这类简单的“终端-通信线路-计算机”系统，形成了计算机网络的雏形。这样的系统如图 1-1 所示，除了一台中心计算机外，其余的终端设备都没有自主处理的功能。

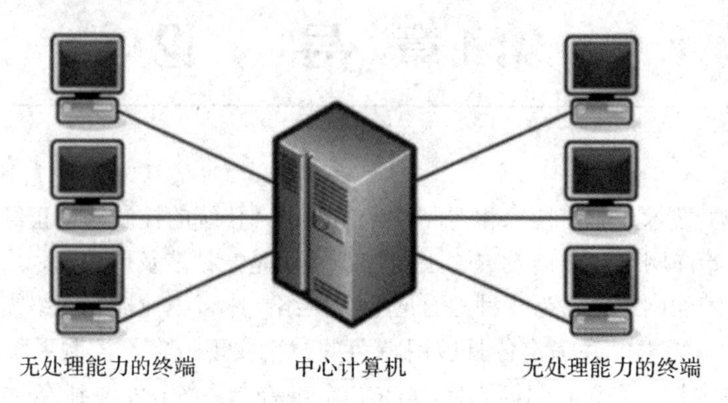

图 1-1　面向终端的计算机网络

这一阶段计算机网络的主要特点是：数据集中式处理，数据处理和通信处理都是通过中心计算机完成的，因此数据的传输速率就受到了限制；系统的可靠性和性能完全取决于主机的可靠性和性能。这种系统便于维护和管理，数据的一致性也较好，但通信线路利用率低，对主机依赖性大。

随着连接的终端越来越多，为减轻承担数据处理的中心计算机的负担，通常会在通信线路和中心计算机之间设置一个前端处理机(FEP，Front End Processor)或通信控制器(CCU，Communication Control Unit)，从而使数据处理和通信控制分工明确，更好地发挥中心计算机的数据处理能力。

另外，在终端集中的地方，会设置集中器或多路复用器。首先通过低速线路将附近群集的终端连至集中器或复用器，然后通过高速线路、调制解调器与远程中心计算机的前端处理机相连，如图 1-2 所示。这些改进措施在一定程度上提高了通信线路的利用率，节约了远程通信线路的投资。

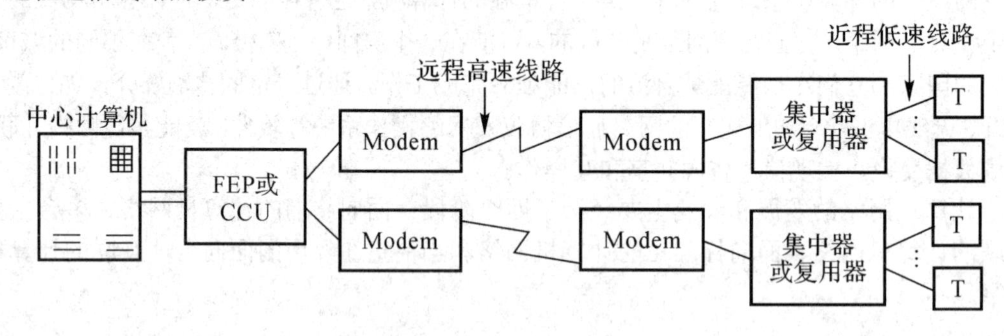

FEP—前端处理机，CCU—通信控制器；T—终端

图 1-2　改进的面向终端的计算机网络

1.1.2　多台主机互联的计算机网络

在面向终端的计算机网络系统中，随着终端设备的增加，主机负荷不断加重，处理数

据的效率明显下降，数据传输率较低，线路的利用率也低。因此，采用主机-终端系统的计算机网络已不能满足人们对日益增加的信息处理的需求。另外，由于计算机的性价比提高，在20世纪60年代末，出现了计算机与计算机互联的系统，它将多台自主计算机通过通信线路互联起来为用户提供服务，它的产生标志着计算机网络的兴起，并为Internet的形成奠定了基础。

最早的主机互联网络系统是由美国国防部高级研究计划局(DARPA，Defense Advanced Research Projects Agency)于20世纪60年代末联合计算机公司和大学共同研制而组建的ARPA网(ARPANET，Advanced Research Projects Agency Network)。ARPANET中采用的许多网络技术，如分组交换、路由选择等，至今仍在使用。ARPANET是Internet的前身，标志着计算机网络的兴起。

ARPANET对推动网络技术发展的贡献主要包括：

- 开展了对计算机网络定义与分类方法的研究；
- 提出了资源子网与通信子网的二级结构概念；
- 研究了分组交换协议与实现技术；
- 研究了层次型网络体系结构的模型与协议体系；
- 开展了TCP/IP协议与网络互联技术研究。

图1-3所示为以分组交换为中心的主机互联网络，从逻辑功能上看，该网络是由资源子网与通信子网两个部分组成的。资源子网包括主机与终端、终端控制器、联网外设、各种网络软件与数据资源，主要负责全网的数据处理业务，向网络用户提供各种网络资源与网络服务。通信子网则包括路由器、各种互联设备与通信线路，主要负责完成网络数据传输、路由与分组转发等通信处理任务。

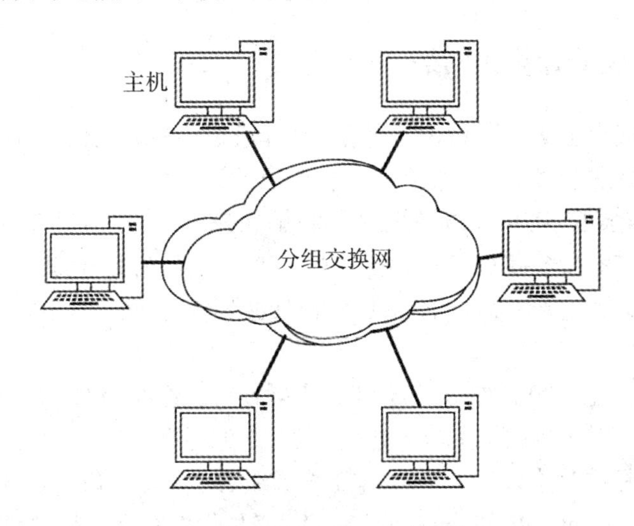

图1-3 以分组交换为中心的主机互联网络

在主机互联网络系统中，每一台主机都可以和其他主机进行数据通信。当然，通信的前提是要求两台主机之间兼容各自的通信协议。因此在这一阶段，诞生了两个标志性的技术成果：分组交换技术和TCP/IP协议。

分组交换技术的基本设计思路包括：

• 网络中没有一个中心控制结点，联网的计算机独立地完成数据的发送、转发、接收功能；

• 发送数据的主机预先将待发送的数据封装成多个短的、有固定格式的分组；

• 如果发送主机与接收主机之间没有直接连接的通信线路，那么分组就需要通过中间结点“存储转发”，这种中间转发结点就是目前广泛使用的路由器；

• 每个路由器可以根据链路状态与分组的源地址、目的地址，通过路由选择算法为每个分组选择合适的传输路径；

• 当目的主机接收到属于一个报文的所有分组之后，再将分组中多个短的数据字段组合起来，还原成发送主机发送的报文。

采用分组交换的发送、转发与接收通信过程可参见图 1-4。

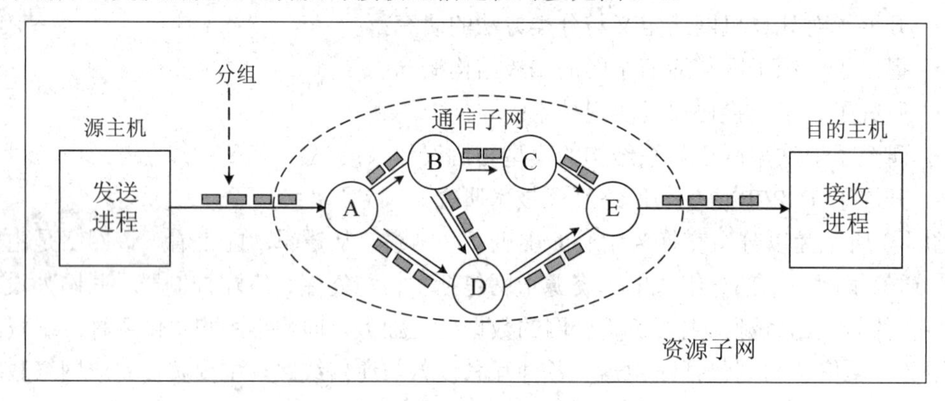

图 1-4　分组交换通信过程

1.1.3　面向标准化的计算机网络

20 世纪 70 年代末至 20 世纪 80 年代初，计算机进一步微型化，微型计算机逐渐进入民用及商用领域，大量厂商、公司都各自研制自己的计算机网络体系结构并提供服务，如 IBM 公司于 1974 年提出 SNA(系统网络体系结构)，DEC 公司提出了 DNA(数字网络结构)，Univac 公司推出了 DCA(数字通信体系结构)等，计算机网络得到一定的应用。但是，他们各自研制的网络系统没有一个统一的标准，组网过程也较复杂，且不同厂家的设备往往不能相互兼容。

为了解决这一问题，20 世纪 70 年代末，国际标准化组织(ISO，International Standards Organization)成立了专门的工作组来研究计算机网络的标准。ISO 制定了计算机网络体系结构的标准及国际标准化协议，于 1984 年正式颁布了“开放系统互连参考模型(OSI/RM，Open System Interconnection/Reference Model)”，简称为 OSI 参考模型或 OSI/RM。OSI 参考模型将网络划分为七层，因此也被称为 OSI 七层模型。

1983 年，用于异构网络的 TCP/IP 协议发布。异构网络(Heterogeneous Network)是一种由不同制造商生产的计算机、网络设备和系统组成的，大部分情况下运行在不同的协议上，支持不同的功能或应用的网络。它成功地扩大了数据包的体积，将许多个不同的网络连接在一起，进而组成了真正意义上的互联网(Internet)。随后，美国国家科学基金会(NSF)在全美国建立了按地区划分的计算机广域网 NSFNET，并将这些地区的网络和超级计算机中心互联起来，于 1990 年 6 月彻底取代了 ARPANET 而成为 Internet 的主干网。

标准化的最大好处是开放性，各厂商必须按该标准来生产计算机的相关设备。用户在组装一台计算机时，不必局限于只购买一个公司的产品，而是可以自由地选购兼容产品。标准化的制定与实施，不仅促进了企业间的竞争，同时也大大加速了计算机网络的发展，计算机网络在各个领域的应用也越来越广泛，并为这些领域带来了巨大的工作效率提升和经济效益增长。

1.1.4 面向全球互联的计算机网络

20 世纪 90 年代初至今是计算机网络飞速发展的阶段。随着信息高速公路计划的提出与实施，Internet 在地域、用户、功能和应用等方面不断拓展，极大地促进了计算机网络技术的迅猛发展。计算机网络以业务综合化、传输速率高速化、智能化和全球化的典型特征迅速发展与普及，实现了全球化的广泛应用。计算机的发展已经完全与网络融为一体，充分体现了“网络就是计算机”。

业务综合化是指采用交换的数据传送方式将多种业务综合到一个网络中完成。例如，互联网应用从传统的 E-mail、TELNET、FTP、BBS、Web 等方式，扩展到不但可以传输数据，还可以传输图像、声音、影像等多媒体信息，三网(电话网、有线电视网和数据网)融合甚至多网融合已成为一个重要的发展方向，如图 1-5 所示。

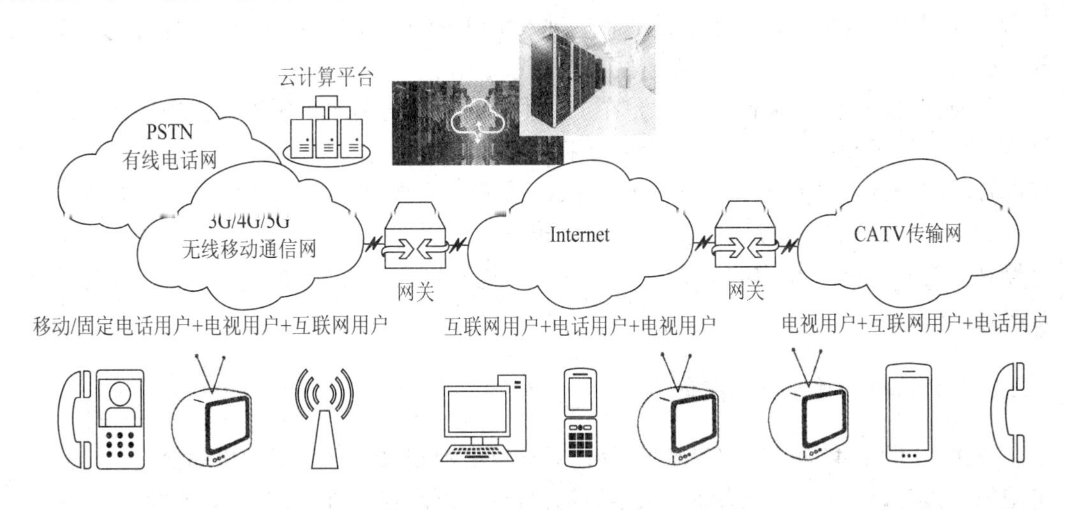

图 1-5 三网融合

高速化是指传输数据的速率得到极大提高。早期的以太网其数据传输速率只有 10 Mb/s，而目前，传输速度达 100 Mb/s 的以太网已相当普及，速度再提高十倍，达 Gb/s 的产品也已应运而生并得到成熟应用。这一时期在计算机通信与网络技术方面以高速率、高服务质量、高可靠性等为指标，出现了高速以太网、VPN、无线网络、P2P 网络、NGN 等技术，计算机网络的发展与应用渗入了人们生活的各个方面，进入一个多层次的发展阶段。

那么下一个计算机网络的发展阶段将在什么时间开始呢？是否以 5G 移动互联网或物联网为标志？这有待我们去探索研究与发现。

1.2　工业控制网络的发展概况

与普通的通信网络不同，工业控制网络肩负着工业生产中整个运行流程的检测与控制信息传输的特殊任务。工业控制网络的起源要早于计算机网络，不过在诞生初期，它是一种特殊的网络，虽有网络之名，并无网络之义。早期的工业控制网络没有繁复的协议，直接面向生产过程与控制。

在第二次工业革命完成后的 100 多年里，机器工业得到了蓬勃的发展，工厂中有越来越多的机器，如何统一管理这些机器、提高生产效率，成为各行各业着重思考的问题。最初，人们使用传统的机械方式来控制机器，但这种方式效率低下，无法实现真正的自动化生产。1960 年，人们利用各种传感器建立了模拟仪表控制系统，初步实现了机器自动控制，这种系统就是工业控制网络的雏形。

20 世纪 50 年代后，第三次工业革命拉开序幕，在模拟电子计算机、电子计算机、以太网等技术的推动下，工业控制网络也逐渐系统化。其中现场总线是应用最广泛的控制网络，而工业以太网则是新的发展趋势。

当前，我们正处于智能制造时代，智能制造代表着先进制造技术与信息化的融合。伴随着互联网的大规模普及应用，先进制造进入了以万物互联为主要特征的网络化阶段及以新一代人工智能技术为核心的智能化制造时代。

总而言之，工业控制网络技术是在工业生产的现代化要求情况下提出来的，与计算机技术、控制技术和网络技术的发展密切相关。随着网络技术的发展，Internet 正在把全世界的计算机系统、通信系统逐渐集成起来，形成信息高速公路，以及公用数据网络。在此基础上，传统的工业控制领域也正经历着一场前所未有的变革，在大数据、云计算、机器视觉等技术突飞猛进的基础上，人工智能逐渐融入工业领域，开启了先进的智能制造时代。

1.2.1　计算机集中控制系统

早在 20 世纪 40 年代，控制工程师便对计算机控制系统进行了积极的探索。1959 年，美国德士古公司(Texaco)的炼油厂试用计算机进行过程监视及调节器设定值的计算。随后，英国帝国化工(ICI)于 1962 年引入了计算机直接数字控制(DDC，Direct Digital Control)的概念，用计算机代替模拟调节器，成功地实现了闭环数字控制，极大地促进了数字控制技术的发展。

计算机集中控制系统(CCS，Concentric Control System)是使用直接数字控制方法分时控制大量回路的计算机控制系统，可以实现控制的高度集中，如图 1-6 所示。但是，人们一开始只是看到了计算机运算速度快、可以分时对多回路进行实时控制，能实现控制的高度集中这些优点。一经试用，就发现随着控制功能的集中，事故的危险性也集中了。当一台控制几百个回路的计算机发生故障时，整个生产装置将全面瘫痪。对这类事故，操作人员本事再大也是无法应付的。加上早期的计算机可靠性低，人们对这种“集中型”计算机控制方式虽进行过大量研究，但真正投入运行的不多，致使在很长一段时间里，计算机集中控制系统一直处于徘徊不前的境地，并逐步被分布式控制系统(DCS)取代。

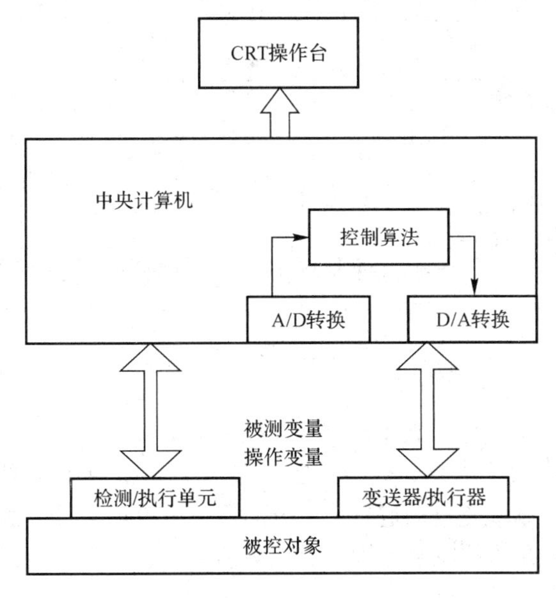

图 1-6 计算机集中控制系统

1.2.2 集散控制系统

20 世纪 70 年代，微处理器进入市场。微处理器以大规模集成电路为基础，功能丰富，价格便宜，可靠性高，一出现便受到控制界的巨大关注。由于各方面全力以赴的研究，到 1975 年，全球一些著名的仪表公司纷纷宣布研制成功了新一代的计算机控制系统，例如美国 Honeywell 公司的 TDC-2000 系统、日本横河公司(YOKOGAWA)的 CENTUM 系统等。这些系统虽然结构和功能各不相同，但有一个共同特点，即控制功能分散、操作监视与管理集中，因此称为分布式控制系统(DCS，Distributed Control System)，也称为集中分散型控制系统，简称集散控制系统。

DCS 继承了计算机集中控制系统的优点，且克服了早期模拟仪表控制系统功能单一、人机交互性差，以及集中控制系统风险集中等缺点，不仅可以集中管理、操作和显示，而且降低了被控系统故障产生的风险。

虽然 DCS 的种类有很多，但它们的基本组成是类似的。图 1-7 所示为一个 DCS 的典型体系结构，可分为现场仪表级、过程控制级和工作站级三级。其中，过程控制单元是 DCS 的控制核心，主要完成逻辑运算、数据处理、顺序控制、连续控制、报警检查等功能。不同规模的 DCS 中过程控制单元的性能有着明显的差异。数据采集接口直接与生产过程相连接，对生产过程进行数据监测与采集，并传递显示给操作员站，部分输入/输出接口还支持对数据进行预处理。

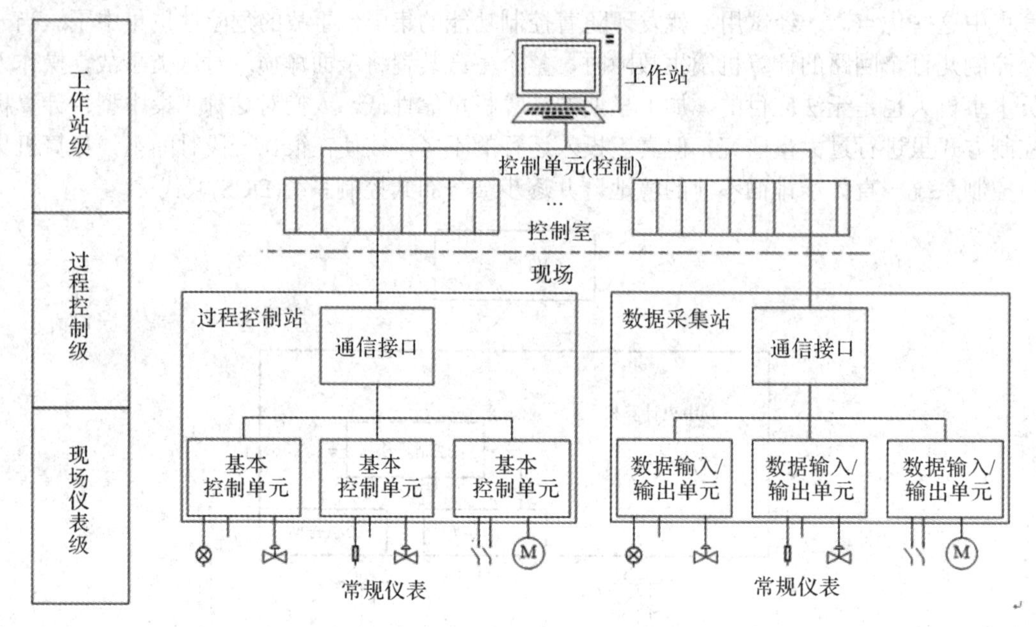

图 1-7　典型 DCS 体系结构

DCS 的核心思想是集中管理、分散控制。在 DCS 中，所有的参数运算、信息检测、过程控制均由现场的控制单元自动进行，一方面避免了模拟信号远距离传输所产生的噪声与失真；另一方面，所有的控制单元均具有运算能力，这可以分散危险，提高系统整体的安全性，实现功能上的分散。

然而 DCS 的缺点也是十分明显的。首先其结构是多级主从关系，底层相互间进行信息传递必须经过主机，从而造成主机负荷过重，效率低下，并且主机一旦发生故障，整个系统就会“瘫痪”。其次，它是一种数字—模拟混合系统，DCS 的现场仪表仍然使用传统的 4～20 mA 电流模拟信号，传输可靠性差，成本高。第三，由于利益冲突，各厂家的 DCS 自成标准，实质上仍是一种封闭或专用的不具互操作性的分布式控制系统。每一套系统都造价高昂，不同厂家的系统之间无法兼容，通信协议封闭，极大地制约了系统的集成与应用。

1.2.3　现场总线控制系统

1. 现场总线概述

为了克服 DCS 的技术瓶颈，进一步满足现场的需要，现场总线控制系统(FCS，Fieldbus Control System)应运而生。FCS 是连接现场智能设备和自动化控制设备的双向、串行、数字式、多结点通信网络，也被称为现场底层设备控制网络。

1984 年美国 Intel 公司提出了一种计算机分布式控制系统中进行通信的串行总线结构——位总线(BITBUS)，它主要是将低速的面向过程的输入/输出通道与高速的计算机多总线(MULTIBUS)分离，形成了现场总线的最初概念。20 世纪 80 年代中期，美国 Rosemount 公司开发了一种可寻址的远程传感器(HART，Highway Addressable Remote Transducer)通信协议。这个协议通过在 4～20 mA 模拟量中叠加频率信号，用双绞线实现了数字信号传输。

现在来看，HART 协议就是现场总线的雏形。1985 年，Honeywell 和 Bailey 等大公司成立了 WorldFIP(World Factory Instrument Protocol)组织并制定了 FIP。1987 年，Siemens、Rosemount、横河等几家著名公司也成立了互操作系统协议(ISP，Interoperable System Protocal)专门委员会，并制定了 PROFIBUS 协议。

FCS 综合了数字通信技术、计算机技术、自动控制技术、网络技术和智能仪表等多种技术手段。和互联网、局域网等类型的信息网络不同，FCS 直接面向生产过程，因此要求较高的实时性、可靠性、数据完整性和可用性。FCS 从根本上突破了传统的“点对点”式的模拟信号或数字—模拟信号控制的局限性，构成一种全分散、全数字化、智能、双向、互联、多变量、多结点的通信与控制系统。图 1-8 为典型的现场总线网络结构，层次架构上可分为设备层、控制层和信息层三层。作为工厂网络底层的现场总线是专为现场环境而设计的，可支持双绞线、同轴电缆、光缆、射频、红外线、电力线等，需具有较强的抗干扰能力，而且能采用两线制实现供电与通信，满足本质安全防爆要求(线路在正常操作或故障状况中产生的火花或热效应不足以引起爆炸)等。作为上层架构的信息层，它适应了企业信息集成系统、管理控制一体化系统的发展趋势与需要，是 IT 技术在自控领域的延伸。

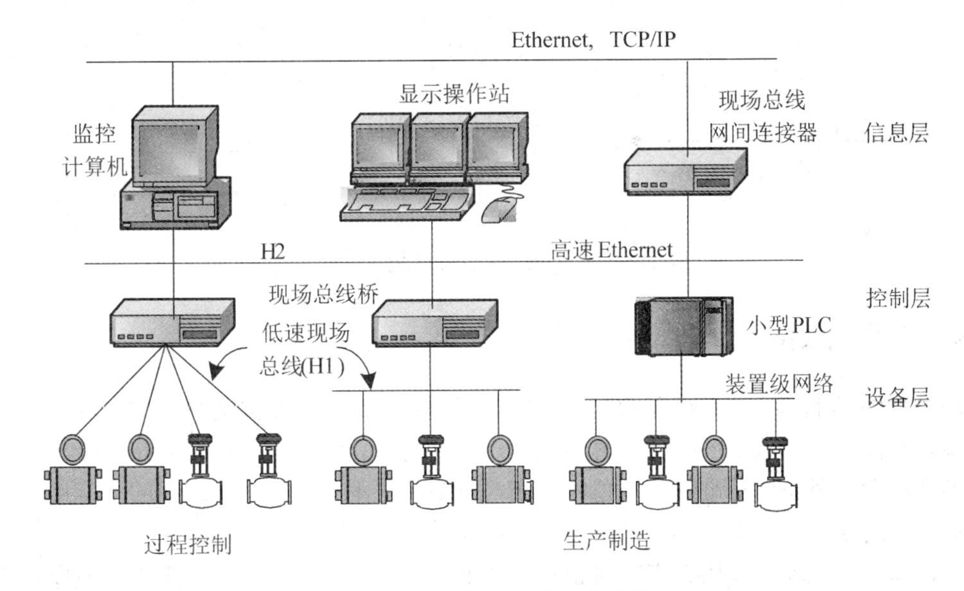

图 1-8 典型现场总线网络结构

2. 现场总线系统对 DCS 的挑战

现场总线控制系统对 DCS 的挑战主要体现在以下几个方面：

(1) 现场总线控制系统(FCS)的信号传输实现了全数字化，从最底层的传感器和执行器就采用现场总线网络，逐层向上直至最高层均采用通信网络互联。

(2) 现场总线控制系统的结构则是全分散式，取消了 DCS 的输入/输出单元和控制站，由现场设备或现场仪表取而代之，即把 DCS 控制站的功能化整为零，分散地分配给现场仪表，从而构成虚拟控制站，实现彻底的分散控制。

(3) 现场控制系统的现场设备具有互操作性，如图 1-9 所示，不同厂商的现场设备既可互联也可互换，并可以统一组态，彻底改变传统 DCS 控制层的封闭性和专用性。

(4) 现场总线控制系统的通信网络为开放式互联网络，既可与同层网络互联，也可与不同层网络互联，用户可极为方便地共享网络数据库。

(5) 现场总线控制系统的技术与标准实现了全开放，无专利许可要求，可供任何人使用，从总线标准、产品检验到信息发布全是公开的，面向世界上任何一个制造商和用户。

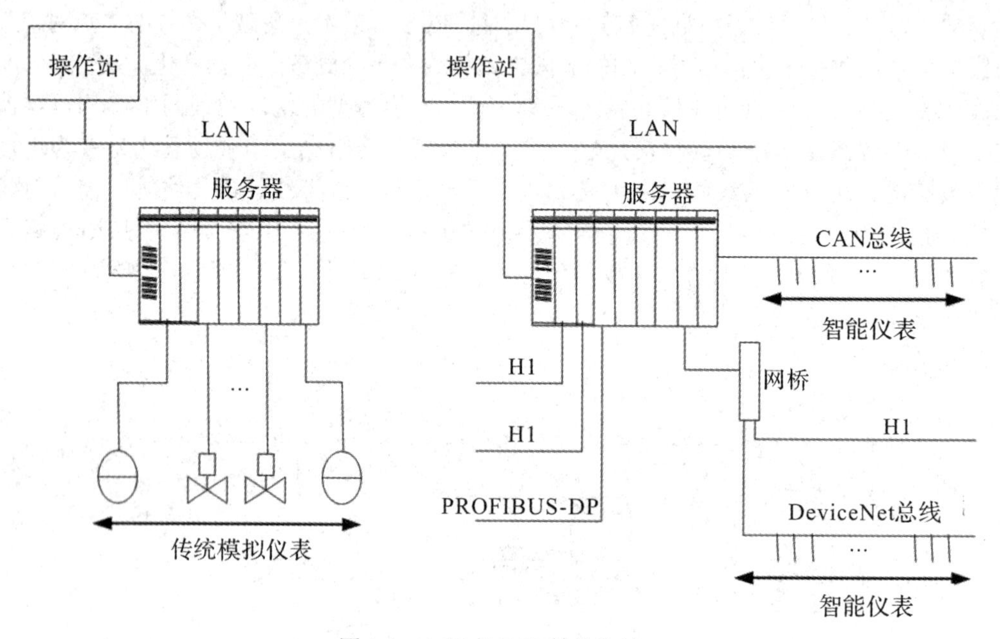

图 1-9　DCS 与 FCS 结构比较

1.2.4　工业以太网

现场总线功能强大，有很大的发展潜力，但是它的缺点也是显而易见的。现场总线标准众多，难以统一。从用户应用的角度来看，多种现场总线标准并存导致在一个具体应用中可能会涉及多种不同标准的现场总线仪表，需要解决不同标准系统之间的互连接和互操作的问题，这也必然会增加用户的投资和使用维护的复杂性。

除此以外，现场总线还有带宽问题和与商业网的集成问题等。一般来说，现场总线标准的特点是通信协议比较简单，通信速率比较低。如基金会现场总线(FF)的 H1 和 PROFIBUS-PA 的传输速率都只有 31.25 kb/s。虽然说工业应用不太可能出现超大规模的数据流，但随着仪器仪表智能化的提高，传输的数据即使不及商业流量，也必将趋于庞大。未来传输的数据可能已不满足于几个字节，特别是当今大数据环境下的工业控制网络，需尽可能多地收集和传递工业生产数据，网络传输的高速性在工业控制中也越来越重要。

特别地，在制造加工工业中，能够走出办公室，在任何地方对企业生产进行实时监控，无疑是各个企业提高生产效率、增强竞争力的有效方法。如此一来，现场总线的底层信息必然要和上层的通用局域网连接，将底层信息集成到车间、公司级的数据库中，通过 Web 方式浏览和交互控制。现有现场总线标准大都无法直接与互联网连接，需要额外的网络设备才能完成通信。

工业以太网的发展远在以太网之后，在以太网技术高速发展并逐渐遍及全球时，工程师们才开始尝试将以太网技术应用于生产和过程自动化。最初，以太网在工业化过程中遭遇了巨大的障碍，例如难以承受较大负荷、数据传输存在不确定性等，以至于被认为不能用于工业控制领域。后来，以太网技术快速发展，凭借其价格低廉、通信速率高等特点吸引了工业界的兴趣与重视。

随着以太网在工业中的应用逐渐加深，其发展出了面向工业生产的新技术——工业以太网，也被称为工业控制网络。事实证明，工业以太网的高速、低负荷率，完全可以保证系统的实时性。

目前以太网在工业中的应用已经成为热点，未来工业以太网有可能成为工业控制网络结构的主要形式，形成一网到底的网络结构。

1. 以太网用于工业控制需要解决的问题

工业以太网一般在技术上与商用以太网兼容，但进行产品设计时，在实时性、可靠性、环境的适应性等方面它必须满足工业现场与环境的需求。与商用以太网相比，工业以太网在以下方面具有特殊的要求：

(1) 要求有高实时性与良好的时间确定性。

(2) 传送信息多为短帧信息，且信息交换频繁。

(3) 需有较强的容错能力，可靠性、安全性好。

(4) 控制网络协议简单实用，工作效率高，互操作性好。

(5) 控制网络结构具有高度分散性，需远距离传输。

(6) 控制设备具备智能化，控制功能具备自治性。

(7) 与信息网络之间有高效率的通信，易于实现与信息网络的集成。

(8) 通信设备具有可靠性与环境适应性。

(9) 还需满足总线供电、本质安全防爆等工业要求。

针对第(9)条，在2003年6月，IEEE就批准了IEEE 802.3af标准。该标准定义了一种允许通过以太网在传输数据的同时输送直流电源的方法，它能安全、可靠地将以太网供电(Power over Ethernet，PoE)技术引入现有的网络基础设施中，并且和原有的网络设备相兼容。根据此协议开发的集供电和数据转发功能于一体的面向工业自动化控制的网络设备——高功率工业以太网供电集线器(PoE Hub)技术成熟并投入使用。

至于本质安全防爆，对于控制系统来说，只有当在爆炸性环境中使用的所有设备都具有本质安全特性时，这个系统才具有本质安全特性。对于现场总线而言，在特定的测试条件(包括正常操作与特定故障状况)中产生的火花或热效应不足以引起爆炸，则称这个线路是本质安全的。

由于电缆的分布电感、电容是随着电缆的长度而不断增加的，所以由电磁感应产生的火花能量也是随着电缆的长度而增加的，因此它对控制网络的推广应用有较大的限制。在线型网络结构中，一条现场总线支路的电源负载是确定的，沿总线电源电压的变化也是可以预料的。而在网状结构中一定会出现多电源供电的情况，各电源的负载均衡以及网络中各结点处的电压都难以确定。因此，在本质安全防爆要求级别高的以太网部分，则采用线型网络结构。另外，各种低功耗芯片的使用也能有效地降低以太网的耗电量，使电缆的分布电感、电容大幅度下降。各国目前都在对现场总线本质安全概念(FISCO，Fieldbus Intrinsically Safety COncept)理论加强研究，争取有更多新的突破。

工业以太网要求设备可以正常工作在恶劣的工业环境中，而且在温度、湿度、抗干扰、电磁兼容性、机械强度等方面都有较高的要求。因此，工业以太网设备与商用以太网设备在技术要求方面存在较大差别，如表1-1所示。

表1-1　工业以太网设备与商用以太网设备的不同技术需求

项　目	工业以太网设备	商用以太网设备
元器件	工业级	商用级
接插件	耐腐蚀、防尘、防水，如加固型RJ45、B-9、航空接头等	一般RJ45
工作电压	DC 24V	AC 220V
电源冗余	双电源	一般没有
安装方式	采用DIN导轨或其他方式固定安装	桌面、机架等
工作温度	-40℃～85℃或-20℃～70℃	5℃～40℃
EMI电磁兼容性标准	EN 50081-2(工业级EMC) EN 50082-2(工业级EMC)	EN 50081-2(办公室用EMC) EN 50082-2(办公室用EMC)
MTBF(平均无故障时间)	至少10年	3～5年

2. 工业以太网的优势

工业以太网与现场总线相比，有着绝对的技术优势，它不仅解决了目前现场总线最大的缺陷——协议的开放性和兼容性问题，同时也为未来的工业生产提供了良好的基础——拥有更大的带宽。除此以外，工业以太网还有与商用以太网兼容、以太网适配器价格低等优点。

(1) 协议开放。工业以太网因为采用由IEEE 802.3定义的数据传输协议，而该协议是一个开放的标准，被PLC厂家和DCS厂家广泛接受。与现场总线相比，以太网还具有向下兼容性。快速以太网是在双绞线连接(10BaseT)的传统以太网标准的基础上发展起来的，但它的传输速率从10 Mb/s提升到了100 Mb/s。在大多数场合下，它还可以使用已有的布线。此外，以太网还允许逐渐采用新技术，也就是说，没必要一下子改变整个网络，可以一步步地将整个网络升级。

(2) 大带宽。以太网最初的数据传输速率只有10 Mb/s，随着1996年快速以太网标准的发布，以太网的传输速率提高到了100 Mb/s。1998年，千兆以太网标准的发布将其传输速率提高到最初速率的100倍。2002年7月通过了万兆以太网标准。最初的以太网需要1.2 ms才能传送一个1500字节大小的数据包，现在，快速以太网已经将这一时间减少到120 μs；如果采用千兆以太网，这一时间只需12 μs。同样的通信量，通信速率的提高意味着网络负荷的减轻，而减轻网络负荷则意味着提高确定性。

以前，以太网被认为不能用于工业控制领域，主要是因为以太网的CDMA/CD媒体访问方式不能保证网络(传输时间)的确定性，负荷重时网络的传输效率很低甚至崩溃。现在PowerLink 和 EPA 等技术极大地提高了工业以太网的可靠性和实时性。而且，在网络负荷不超过 36%的情况下，以太网发生碰撞的可能性极小。另外，交换技术的快速发展使得多个网上设备之间同时进行通信时不会有冲突发生，从而大大降低了发生冲突的可能性。

(3) 兼容商用以太网。以太网作为现场总线，尤其是高速现场总线结构的主体，可以避免现场总线技术游离于计算机网络技术的发展之外，使现场总线技术与计算机网络技术很好地融合而形成相互促进的局面。

总之，现在已没什么理由再说以太网不能建立一个高效开放且有确定性的现场总线系统。而且由于它已经在局域网上广泛应用，所以它在控制层的应用可以使“从会议室到传感器”都集成起来。现在还可以利用交换技术将通信变为全双工。这些都为以太网进入工业控制领域铺平了道路。

1.3 主流现场总线概述

1.3.1 现场总线标准

目前，世界上存在着上百种现场总线，大多用于过程自动化、医药领域、加工制造、交通运输、国防、航天、农业和楼宇等领域。大概不到十种的总线占有 80%左右的市场，均被 IEC 61158 工业控制系统现场总线标准所收录。表 1-2 为纳入 IEC 61158 第二版标准中的现场总线类型。

表 1-2 IEC 61158 第二版现场总线类型

类型号	类型名称	支持公司
Type1	原 IEC 61158，即 FF 的 H1	美国费希尔-罗斯蒙特，即现在的爱默生(Emerson)
Type2	CIP	美国罗克韦尔自动化(Rockwell Automation)
Type3	PROFIBUS	德国西门子(Siemens)
Type4	P-NET	丹麦 Process Data
Type5	FF HSE	美国费希尔-罗斯蒙特，即现在的爱默生(Emerson)
Type6	SwiftNet	美国波音(Boeing)
Type7	WorldFIP	法国阿尔斯通(Alstom)
Type8	Interbus	德国菲尼克斯(Phoenix Contact)

表 1-2 中的 Type1 是原 IEC 61158 第一版技术规范的内容，由于该总线主要依据 FT 现场总线和部分 WorldFIP 制定，所以经常被理解为基金会(FF，Foundation Fieldbus)现场总线。Type2 CIP(Common Industry Protocol)包括 DeviceNet、ControlNet 现场总线和 Ethernet/IP 实时以太网。

值得一提的是，IEC 61158 是制定时间最长、投票次数最多、意见分歧最大的国际标准之一。IEC 61158 采纳多种现场总线的原因主要是技术原因和利益驱动。目前尚没有一种现场总线对所有应用领域在技术上都是最优的。

本书第 4 章、第 5 章将对 Modbus、PROFIBUS 现场总线做详细阐述，本节余下部分将对其他主流的现场总线作简单介绍。

1.3.2　FF 现场总线

基金会(FF)现场总线是在过程自动化领域得到广泛支持和具有良好发展前景的技术。其前身是以美国 Fisher-Rosemount 公司为首，联合 Foxboro、横河、ABB、西门子等 80 家公司制定的 ISP 和以 Honeywell 公司为首，联合欧洲等地的 150 家公司制定的 World FIP。屈于用户的压力，这两大集团于 1994 年 9 月合并，成立了现场总线基金会，致力于开发国际上统一的现场总线协议。

FF 采用国际标准化组织(ISO)的开放系统互联(OSI)的简化模型(1，2，7 层)，即物理层、数据链路层、应用层，另外增加了自己的用户层。用户层主要针对自动化测控应用的需要，定义了信息存取的统一规则，采用设备描述语言规定了通用的功能块集。

FF 分低速 H1 和高速 H2 两种通信速率，前者传输速率为 31.25 kb/s，通信距离可达 1900 m，可支持总线供电和本质安全防爆环境。后者传输速率为 1 Mb/s 和 2.5 Mb/s，通信距离为 750 m 和 500 m，支持双绞线、光缆和无线发射，协议符合 IEC 61158-2 标准。FF 的物理媒介的传输信号采用曼彻斯特编码。

由于这些公司在该领域具有良好的发展走势，因而由它们组成的基金会所颁布的现场总线规范具有一定的权威性。

1.3.3　CAN 总线

控制器局域网(Controller Area Network，CAN)是德国 BOSCH 公司在 20 世纪 80 年代初为解决现代汽车中众多的控制与测试仪器之间的数据交换而开发的一种串行数据通信协议。其总线规范已被国际标准组织制定为国际标准，得到了 Intel、Motorola、NEC 等公司的支持，并已被公认为最有前途的现场总线之一。

CAN 作为一种支持分布式控制或实时控制的串行总线式通信网络，其协议分为两层：物理层和数据链路层。物理层决定了实际位传输过程中的电气特性，它有多种形式的物理层，如单线 CAN，其波特率为 33.3 kb/s；双线 CAN，波特率有 500、250、125、50 等多种选择，但在同一网络中，所有结点的物理层必须保持一致。CAN 的数据链路层功能包括帧组织形式、总线仲裁和检错、错误报告及处理、确认要发送的信息、确认接收到的信息及为应用层提供接口。

CAN 支持多主机工作方式，网络上的任意一个结点均可在任意时刻主动向网络上的其他结点发送信息，而不分主从，通信灵活，可方便地构成多机备份系统及分布式监测、控制系统。

CAN 采用短帧结构，传输时间短，可自动关闭，具有较强的抗干扰能力，且具有点对点、一点对多点及全局广播传送/接收数据的功能。

CAN 网络上的结点可设置成不同的优先级以满足不同的实时要求。CAN 采用非破坏性总线裁决技术，当两个结点同时向网络上传输信息时，优先级低的结点主动停止数据发送，而优先级高的结点可不受影响地继续传输数据。CAN 的通信距离最远可达 10 km(低于 5 kb/s 速率)，通信速率最高可达 1 Mb/s，网络结点数实际可达 110 个。

CAN 总线由于其良好的性能及独特的设计，在汽车领域的应用是最广泛的，世界上一些著名的汽车制造厂商都采用了 CAN 总线来实现汽车内部控制系统与各检测和执行机构间的数据通信。同时，由于 CAN 总线本身的特点，其应用范围已不再局限于汽车行业，还广泛应用于自动控制、船舶航海、医疗器械、航空航天、纺织机械、农用机械、机器人、数控机床及传感器等领域。

1.3.4　LonWorks 现场总线

LonWorks 现场总线是由美国埃施朗(Echelon)公司于 1991 年推出，并与摩托罗拉、东芝公司共同倡导的一种全面的现场总线测控网络，又称作局部操作网(LON，Local Operating NetWork)。LonWorks 技术具有完整的开发平台，包括所有设计、配置安装和维护控制网络所需的硬件和软件。LonWorks 网络的基本单元是结点，一个网络结点包括神经元芯片(Neuron Chip)、电源、一个收发器和有监控设备接口的 I/O 电路。

LonWorks 技术所采用的 LonTalk 协议遵循国际标准化组织的开放系统互连参考模型 ISO/OSI，采用了面向对象的设计方法，通过网络变量把网络通信设计简化为参数设置，其通信速率从 300 b/s 至 1.5 Mb/s 不等，直接通信距离可达 2700 m(78 kb/s，双绞线)，支持双绞线、同轴电缆、光纤、射频、红外线、电力线等多种通信介质，并开发了相应的本质安全防爆产品，被誉为通用控制网络。

LonTalk 协议由神经元(Neuron)芯片实现。Neuron 神经元芯片中有 3 个 8 位 CPU：第 1 个用于完成 OSI 模型中第 1 层和第 2 层的功能，称为媒体访问控制处理器，实现介质访问的控制与处理；第 2 个用于完成第 3～6 层的功能，称为网络处理器，即进行网络变量的寻址、处理、背景诊断、路径选择、软件计时、网络管理，并负责网络通信控制、收发数据包等；第 3 个是应用处理器，执行操作系统服务与用户代码。Neuron 芯片的 11 个 I/O 引脚可通过编程提供 34 种不同的 I/O 对象接口，分别支持电平、脉冲、频率、编码等多种信号模式。它的两个 16 位定时器/计数器可用于频率和定时 I/O。它提供的通信端口允许工作在单端、差分和专用 3 种模式。Neuron 神经元芯片中还具有存储信息缓冲区，以实现 CPU 之间的信息传递，并作为网络缓冲区和应用缓冲区。

大部分现场总线控制系统采用了令牌传递访问方式(TOKEN BUS)，但 LonTalk 采用了改进型的、带预测 P 的 CSMA(Carrier Sense Multiple Access，载波监听多点接入)访问方式。当一个结点需要发送信息时，先预测一下网络是否空闲，有空闲则发送，没有空闲则暂时不发，这样就避免了碰撞，减少了网络碰撞率，提高了重载时的效率。LonTalk 还采用了紧急优先机制，以提高实时性与可靠性。

Echelon 公司的技术策略是鼓励各原始设备制造商(OEM)运用 LonWorks 技术和神经元芯片开发自己的应用产品，据称已有 2600 多家公司在不同程度上采用了 LonWorks 技术，1000 多家公司已经推出了 LonWorks 产品，并进一步组织起 LonMark 互操作协会，开发、推广 LonWorks 技术与产品，进行 LonMark 认证。

LonWorks 现场总线技术使得现场仪表之间、现场仪表与控制室设备之间构成底层网络互联系统，实现全数字、双向、多变量数字通信。LonWorks 总线已被广泛应用在楼宇自动化、家庭自动化、保安系统、办公设备、交通运输、工业过程控制等行业。另外，在开发智能通信接口、智能传感器方面，LonWorks 神经元芯片也具有独特的优势。

1.3.5　CIP 网络

CIP(Common Industrial Protocol，通用工业协议)作为一种为工业应用开发的应用层协议，由 ODVA(Open DeviceNet Vendor Association)和 CI(Control Net International)两大工业网络组织共同推出。它被 DeviceNet、ControlNet 和 EtherNet/IP 三种网络采用，已成为国际标准，因此这三种网络相应地统称为 CIP 网络。DeviceNet、ControlNet、EtherNet/IP 各自的规范中都有 CIP 的定义(称为 CIP 规范)，三种规范对 CIP 的定义大同小异，只是在与网络底层有关的部分不一样。

CIP 网络功能强大，可传输多种类型的数据，完成以前需要两个网络才能完成的任务，而且支持多种通信模式和多种 I/O 数据触发方式。同时，CIP 网络基于生产者/消费者(Producer/Consumer)模型的方式发送对时间有苛求的报文，具有良好的实时性、确定性、可重复性和可靠性。

其中，DeviceNet 具有结点成本低、网络供电等特点；ControlNet 具有通信波特率高、支持介质冗余和本质安全等特点；而 EtherNet/IP 作为一种工业以太网，具有高性能、低成本、易使用、易于和内部网甚至 Internet 进行信息集成等特点。所以，一般设备层网络为 DeviceNet，控制层网络为 ControlNet，信息层网络为 EtherNet/IP，如图 1-10 所示。

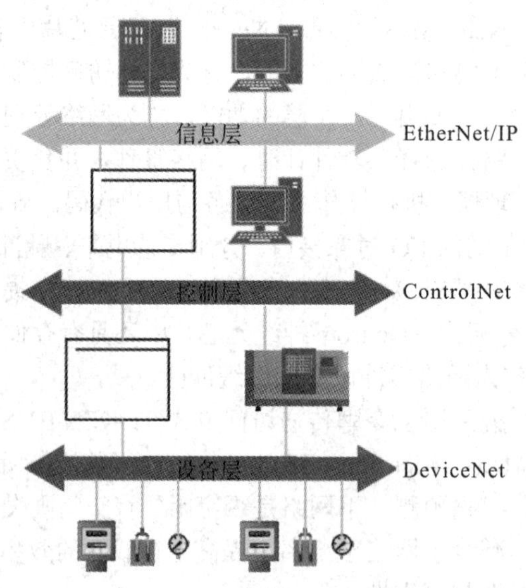

图 1-10　CIP 网络框架模式

在 Rockwell 提出的这三层网络结构中，DeviceNet 主要应用于工业控制网络的底层，即设备层。它将基本工业设备如传感器、阀组、电动机启动器、条形码阅读器和操作员接口等连接到网络，从而避免了昂贵和烦琐的接线。DeviceNet 的许多特性沿袭于 CAN，采用短帧传输，每帧的最大数据为 8 个字节；采用无破坏性的逐位仲裁技术；网络最多可连接 64 个结点；数据传输速率为 128 kb/s、256 kb/s、512 kb/s；支持点对点、多主或主/从通信方式；采用 CAN 的物理和数据链路层规约。DeviceNet 满足了工业控制网络底层的众多要求，在提供多供货商同类部件间的可互换性的同时，减少了配线和安装自动化设备的成本和时间，从而在离散控制领域中占有一席之地。

在北美和日本，CIP 网络在同类产品中占有最高的市场份额，在其他地区也呈现出强劲的发展势头，并已广泛应用于汽车工业、半导体产品制造业、食品加工工业、搬运系统、电力系统、包装、石油、化工、钢铁、水处理、楼宇自动化、机器人、制药和冶金等领域。

1.3.6　HART 现场总线

HART(Highway Addressable Remote Transducer，可寻址远程传感器高速通道)开放通信协议，是美国 Rosemount 公司于 1985 年推出的一种用于现场智能仪表和控制室设备之间的双向通信协议。

HART 并不是真正的现场总线，而是从模拟控制系统向现场总线过渡的一块“踏脚石”。它在 4～20 mA 的模拟信号上叠加 FSK(Frequency Shift Keying，频移键控)数字信号，可以兼容模拟和数字两种信号。符合 HART 协议的现场仪表，在不中断过程信号传输的情况下，在同一模拟回路上可以同时进行数字通信，使用户获得了诊断和维护的信息以及更多的过程数据。

HART 通信模型采用物理层、数据链路层和应用层三层，支持点对点主从应答方式和多点广播方式。HART 通信基于命令，其应用层规定了强大的命令集。HART 命令可分为三类：

第一类是通用命令，适用于遵守 HART 协议的所有产品，目的是使来自不同供应商的使用 HART 协议的设备之间具有互操作性，并在日常工厂操作中访问数据，即读取过程测量值，上限、下限范围，以及其他一些信息，如生产厂家、型号、位号及描述等。

第二类是普通命令，用来访问那些大多数但并非全部设备所具有的功能。这些命令可选，但如果实现这些功能，则必须被说明，例如写阻尼时间常数等常用的操作。

第三类是特殊命令，适用于遵守 HART 协议的特殊设备，它不要求设备间的统一，大多数用于设备参数组态、标校等。

由于 HART 采用模拟/数字混合信号，难以开发通用的通信接口芯片。HART 能利用总线供电，可满足本质安全防爆的要求，并可用于以手持编程器与管理系统主机为主设备的双主设备系统。

尽管从发展趋势看，HART 协议技术最终会被全数字化的现场总线通信协议所替代，但它是从模拟信号到数字信号的最有效的过渡方式，所以仍然具有十分广阔的市场。

1.4　主流工业以太网概述

1.4.1　工业以太网标准

IEC 61158 有 4 个不同的版本，第四版本 IEC 61158-6-20 于 2007 年发布，总共有 20

种现场总线加入该标准(见表 1-3)。

Type6 SwiftNet 现场总线由于市场推广应用很不理想，在第四版标准中被撤销。Type13 是预留给 Ethernet Power Link(EPL)实时以太网的，因之前提交的 EPL 规范不符合 IEC 61158 标准格式要求，故还没有正式被接纳。

本书第 6 章将对 PROFINET 现场总线做详细阐述，本节余下部分将对 FF HSE 及 EPA 实时以太网作简单介绍。

表 1-3　IEC 61158 第四版现场总线类型

类型	技 术 名 称
Type1	TS61158 现场总线
Type2	CIP 现场总线
Type3	PROFIBUS 现场总线
Type4	P-NET 现场总线
Type5	FF HSE 高速以太网
Type6	SwiftNet 被撤销
Type7	WorldFIP 现场总线
Type8	INTERBUS 现场总线
Type9	FF H1 现场总线
Type10	PROFINET 实时以太网
Type11	TCnet 实时以太网
Type12	EtherCAT 实时以太网
Type13	Ethernet Powerlink 实时以太网
Type14	EPA 实时以太网
Type15	Modbus-RTPS 实时以太网
Type16	SERCOS Ⅰ、Ⅱ现场总线
Type17	VNET/IP 实时以太网
Type18	CC Link 现场总线
Type19	SERCOS Ⅲ实时以太网
Type20	HART 现场总线

1.4.2　FF 高速以太网

FF 现场总线最初包括 1996 年发布的低速总线 H1(31.25 Kb/s)和高速总线 H2(1 Mb/s / 2.5 Mb/s)两部分。但随着多媒体技术的发展和工业自动化水平的提高，控制网络的实时信息传输量越来越大，H2 的设计能力已不能满足实时信息传输的带宽要求。鉴于此，现场总线基金会放弃原有的 H2 总线计划，取而代之的是将现场总线技术与成熟的高速商用以太网技术相结合的新型高速现场总线——FF HSE(High Speed Ethernet)。

HSE 定位于实时控制网络与互联网 Internet 的结合。由 HSE 连接设备将 H1 网段信息传送到以太网主干上并进一步送到企业 ERP 和管理系统。操作员主控室可以使用网络浏览器查看现场运行状况。现场设备同样也可以从网络获取控制信息。

HSE 的通信结构是一个增强型的标准以太网模式，如图 1-11 所示。底层采用标准以太网 IEEE 802.3u 的最新技术和 CSMA/CD 链路控制协议来进行介质的访问控制。网络层和传输层采用 TCP/IP 协议簇。HSE 系统和网络管理代理、功能块、HSE 管理代理和现场设备访问代理都位于应用层和用户层中，提供设备的描述和访问。功能块中添加任何专用设备即可直接连入高速网络，同时也从另一方面增强了 HSE 设备的互操作性。

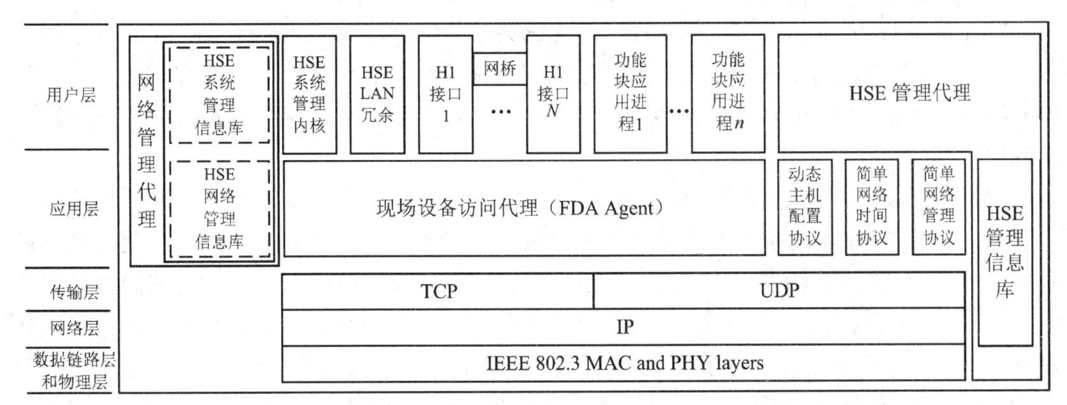

图 1-11 HSE 通信结构与通信模型对应关系

网络层和传输层采用 TCP/IP 协议簇，实现面向连接和无连接的数据传输，并为动态主机配置协议(DHCP)、简单网络时间协议(SNTP)、简单网络管理协议(SNMP)和现场设备访问代理(FDA Agent)提供传输服务。

HSE 设备可分为 4 类：主机设备、连接设备、网关设备和以太网现场设备，其功能分别为对系统进行组态、监控和管理，将 H1 总线段连入 FF-HSE 网络，实现与其他标准总线通信，连接高速 I/O 设备或 PLC。HSE 可直接使用以太网的交换设备、路由器等，通过双绞线或光纤等将 HSE 设备连接起来，建立 HSE 总线控制网络。

HSE 的特色之一是它的冗余设计。HSE 冗余提供通信路径冗余(冗余网络)和设备冗余两类，允许所有端口通过选择连接。通信路径冗余是 HSE 交换机、连接设备和主机系统之间的物理层介质冗余，或称介质冗余。冗余路径对应用是透明的，当其中一条路径发生中断时，可选用另一条路径通信。而设备冗余是为了防止由于单个 HSE 设备的故障造成控制失败，在同一网络中附加多个相同设备。HSE 的容错处理方法增强了控制网络的可靠性和安全性。

另外，HSE 不仅支持 FF 所有标准功能块，而且增加了灵活功能块(FFB，Flexible Function Blocks)，以实现离散控制，这是 HSE 的又一特色。灵活功能块是具体应用于混合、离散控制和 I/O 子系统集成的功能模块，它包含了 8 个通道的多路模拟量输入/输出、离散量输入/输出和特殊应用块，并使用 IEC 61131-3 定义的标准编程语言。灵活功能块的应用包括联动驱动、监控数据获取、批处理、先进 I/O 子系统接口等，它支持多路技术、PLC 和网关，可以说给用户提供了一个标准化的企业综合协议。

1.4.3　实时以太网

EPA(Ethernet for Plant Automation，实时以太网)是一种适用于工业现场设备的开放性实时以太网标准，它是在国家“863”计划支持下，由浙江大学、浙江中控技术股份有限公司共同主持，联合中国科学院沈阳自动化所、清华大学、大连理工大学、重庆邮电学院、上海工业自动化仪表研究所、北京华控技术有限责任公司、机械工业仪器仪表综合技术经济研究所等国内部分高校、科研院所、高新技术企业，在解决了以太网用于工业现场设备间通信的确定性通信调度、总线供电、网络安全、可互操作等关键技术的基础上，起草的我国第一个拥有自主知识产权的现场总线国家标准。

EPA 标准也被国际电工委员会 IEC 作为 PAS(Public Available Specification)标准予以发布，并被 IEC 接受为正在制定的国际实时以太网标准 IEC 61784-2 中的实时以太网类型14(CPF 14，Common Profile Family 14)，成为我国第一个被国际认可和接受的工业自动化领域的标准。

在 EPA 系统中，根据通信关系，将控制现场划分为若干个控制区域，每个区域通过一个 EPA 网桥互相分隔，将本区域内设备间的通信流量限制在本区域内；不同控制区域间的通信由 EPA 网桥进行转发；在一个控制区域内，每个 EPA 设备按事先组态的分时发送原则向网络上发送数据，由此避免了碰撞，保证了 EPA 设备间通信的确定性和实时性，使以太网、无线局域网、蓝牙等广泛应用于工业企业管理层、过程监控层网络的 COTS (Commercial Off-The-Shelf)技术直接应用于变送器、执行机构、远程 I/O、现场控制器等现场设备间的通信。

通过 EPA 网络通信平台提供的实时数据通信服务，来自不同厂商的现场智能设备和应用程序可以实现信息透明互访和互可操作，使得工业企业智能工厂中垂直和水平两个方向的信息无缝集成，从而实现工业企业综合自动化智能工厂系统中从底层的现场设备层到上层的控制层、管理层的通信网络平台基于以太网技术的统一，即所谓的“E(Ethernet)网到底”。

EPA 完全兼容 IEEE 802.3、IEEE 802.1P&Q、IEEE 802.1D、IEEE 802.11、IEEE 802.15以及 UDP(TCP)/IP 等协议。采用 UDP 协议传输 EPA 协议报文，可以减少协议处理时间，提高报文传输的实时性。

EPA 除了能够解决实时通信问题外，还为用户层应用程序定义了应用层服务与协议规范，包括系统管理服务、域上/下载服务、变量访问服务、事件管理服务等。为支持来自不同厂商的 EPA 设备之间的互可操作，EPA 采用 XML(eXtensible Markup Language，扩展标记语言)作为 EPA 设备描述语言，规定了设备资源、功能块及其参数接口的描述方法。用户可采用 Microsoft 提供的通用 DOM 技术对 EPA 设备描述文件进行解释，而无需专用的设备描述文件编译和解释工具。

EPA 支持网络冗余、链路冗余和设备冗余，并规定了相应的故障检测和故障恢复措施，如设备冗余信息的发布、冗余状态的管理和备份的自动切换等。

对于采用以太网等技术所带来的网络安全问题，EPA 规定了企业信息管理层、过程监控层和现场设备层三个层次，采用分层化的网络安全管理措施。EPA 现场设备采用特定的网络安全管理功能块，对其接收到的所有报文进行访问权限、访问密码等的检测，只有合法的报文才能得到处理，其他非法报文将直接予以丢弃，避免了非法报文的干扰。在过程监控层，采用EPA网络对不同微网段进行逻辑隔离，以防止非法报文流量干扰EPA网络的正常通信，占用网络带宽资源。对于来自于互联网上的远程访问，则采用EPA代理服务器以及各种可用的信息网络安全管理措施，来防止远程非法访问。

1.5 工业控制网络的特点和发展趋势

通过上述两节关于主流现场总线与主流工业以太网的介绍中，我们可以得出以下有关工业控制网络的特点及其发展趋势。

1.5.1 工业控制网络的特点

工业控制网络主要负责连接地理位置分散的设备以实现信息的传递。从定义上来看，工业控制网络与计算机网络系出同门。工业控制网络充分利用了3C技术，即计算机技术(Computer)、通信技术(Communication)和控制技术(Control)，是信息技术、数字化、智能化网络应用于工业现场的结果。工业控制网络主要应用在严苛的工业环境，采用的是工业计算机，对实时性和可靠性要求更高。作为一类特殊的网络，工业控制网络与传统的计算机网络主要在以下方面有所区别。

(1) 应用场合。计算机网络主要应用于普通办公场合，对环境要求较高；而工业控制网络应用于工业生产现场，会面临酷暑严寒、粉尘、电磁干扰、振动及易燃易爆等各种复杂、恶劣的工业环境。

(2) 网络结点。计算机网络的网络结点主要是计算机、工作站、打印机及显示终端等设备；而工业控制网络除了以上设备之外，还有PLC、数字调节器、开关、电动机、变送器、阀门和按钮等网络结点，多为内嵌有CPU、单片机或其他专用芯片的设备。

(3) 任务处理。计算机网络的主要任务是传输文件、图像、语音等，许多情况下有人参与；而工业控制网络的主要任务是传输工业数据，承担自动测控任务，许多情况下要求自动完成。

(4) 实时性。计算机网络一般在时间上没有严格的要求，时间上的不确定性不致造成严重的不良后果；而工业控制网络必须满足对控制的实时性要求，对某些变量的数据往往要求准确定时刷新，控制作用必须在一定时限内完成。

(5) 网络监控和维护。计算机网络必须由专业人员使用专业工具完成监控和维护；而工业控制网络的网络监控为工厂监控的一部分，网络模块可被人机接口(HMI，Human Machine Interface)软件监控。

1.5.2 工业控制网络的发展趋势

工业控制网络的发展历经了从传统的计算机集中控制网络CCS，到集散控制系统DCS和现场总线控制系统FCS，再到广泛研究和应用的工业以太网。纵观当今以新一代人工智能技术为核心的智能化制造热点、工业控制网络的发展趋势和市场需求，未来工业控制网络将有以下几种发展方向。

1. 嵌入式技术成为控制网络技术的重要支撑

嵌入式系统实际上就是一个集成化的计算机系统，并且逐步走向网络化应用，其核心就是集成了数据处理和系统管理功能以及网络功能的微处理器系统。嵌入式系统所面对的大多数应用场合都牵涉各种各样的控制、通信网络，无论是采用通用 CPU 还是 DSP 的器件，操作系统和软件方面基本上都提供网络接口的标准模块。

近年来，单片机＋以太网接口芯片模式的网络化嵌入式系统发展迅速，使测控设备以简捷、高效、可靠、便宜的方式接入以太网控制系统中。通过嵌入式技术将各个控制和生产设备进行连接，实现了相关访问权限的控制与各种状态信息的收集、监控和预警。同时，充分支持远程访问和操作也是该体系结构得以快速普及的重要方面。

2. 多现场总线并存向以工业以太网技术为主体的发展方向

多现场总线并存而且相互竞争的局面由来已久，随着工业通信技术的发展，这种局面非但没有统一，反而有愈演愈烈的趋势。目前多种现场总线标准共存的原因是多方面的，但主要有技术和商业两方面的因素。

(1) 技术因素方面，工业自动化设备从简单的传感器、执行器，到较为复杂的驱动设备、仪表，以至控制器，不同类型的设备对通信要求有很大差异。另外，自动化技术也分为很多领域，包括离散自动化、过程控制、运动控制、楼宇自动化等，不同领域对总线的要求都不相同。这就决定了不可能由一种或少量几种现场总线来满足自动化领域对通信的全部需求。

(2) 商业因素方面，很多情况下网络的选择决定了整个系统和设备的选型。为此大型自动化企业都投入巨大的资源进行总线的开发和市场推广，目的是使自己的系统在激烈的市场竞争中处于有利地位。例如西门子公司主推 PROFIBUS 和 PROFINET；罗克韦尔自动化有限公司提出 CIP 网络概念，包括 Ethernet/IP、ControlNet 和 DeviceNet 三层网络；施耐德电气公司的“透明工厂”解决方案是基于 Modbus 和 Modbus TCP 在系统之中的透明传输。这些大型自动化公司都拥有齐全的产品线，在特定的地域和行业上有各自的优势，相互之间竞争激烈，在网络标准上也是互不相让，在客观上造成了多种现场总线并存的局面。

(3) 离散行业和过程行业对现场总线的要求是不同的。离散行业对于控制的实时性要求较高；而过程行业对实时性要求相对较低，但对本质安全防爆等方面有严格要求。PROFIBUS PA、FF 和 HART 属于过程行业的总线标准，而 PROFIBUS-DP、DeviceNet、ControlNet、CC-Link 和绝大多数工业以太网都是工厂自动化领域的网络技术。现场总线技术经过这么多年的发展和相互竞争，相同层面的现场总线在技术上的差距并不是很大。

(4) 目前工业以太网已从信息层渗透到控制层和设备层，开始成为现场控制网络的一员，逐步向现场级深入发展。同时各种现场总线都在修改其应用层协议，来支持 TCP/IP 规范，争取通过高层协议达到相互兼容的目的。另外，由于前述的工业以太网的众多优点，特别是 IT 的无缝集成以及传统现场总线无法比拟的带宽优势，主流的现场总线如 Profibus、DeviceNet 等的市场份额会逐年减少，而工业以太网会逐步占据首要位置。

3. 不断提高系统通信的实时性、可靠性和安全性

工业控制网络提高通信的实时性主要是使操作系统和交换技术支持实时通信。操作系统基于优先级策略对非实时和实时传输提供多队列排队方式，交换技术支持高优先级的数据包接入高优先级的端口，以便高优先级的数据包能够快速进入传输队列。提高在 MAC

层上的数据传输的调度方法等也是提高系统实时性的重要研究方向。

提高通信可靠性的研究方向之一在于设计虚拟自动化网络，以构筑深层防御系统。虚拟自动化网络中包含不同的抽象层和可靠区域，可靠区域包括远程接入区域、局部生产操作区域以及自动设备区域等，重点在于可靠区域的设计。

安全性意味着能预防危险，如系统故障、电磁干扰、高温辐射以及恶意攻击等因素所带来的威胁。IEC 61508 针对安全通信提出了黑通道机制，并制定了安全完整性等级(SIL，Safety Integrity Level)。提高工业通信的安全性，以满足 SIL 高级别的要求，是工业控制网络安全性发展的趋势。目前一些总线研究机构基于黑通道原理，针对数据破坏、丢失、时延以及非法访问等错误采用了数据编号、密码授权以及 CRC 安全校验等安全保护措施，如 Interbus Safety、Profisafe 以及 EtherCAT Safety 等，这些均可作为工业控制网络安全性研究的参考。

4. 有线与无线的融合是控制网络技术的发展潮流

对于许多工业实际应用场合，控制信息的传输是实现自动化控制的关键环节，其主要原因在于，要建立一个通畅可靠的信息传输渠道，有线系统往往需要较大的投入，并承担施工和维护所带来的巨大麻烦。这时，无线系统是一种很好的选择。无线通信技术能够在工厂环境下，为各种智能现场设备、移动机器人以及各种自动化设备之间的通信提供高带宽的无线数据链路和灵活的网络拓扑结构，在一些特殊环境下有效地弥补了有线网络的不足，进一步完善了工业控制网络的通信性能。在工业控制中应用无线通信技术具有如下主要的优势：

(1) 使现场设备无需电缆即可与控制网络连接，组网灵活、方便，同时又增加了现场设备的可移动性、网络结构的灵活性以及现场应用的多样性。

(2) 设备无需布线便可安装于现有环境，现场设备易于安装、维护与使用，从而大大减少了系统的设备投资、工程费用和维护费用。

(3) 特别地，对于一些禁止使用电缆的工业环境比如超净或真空封闭的房间，或者很难使用电缆来传送数据的场合，如高速旋转的设备、不适于布线的强腐蚀恶劣环境等均可以通过无线通信技术来组建现场设备控制网络。

当然，无线介质不像有线介质那样处在一种受保护的传输环境之下。在传输过程中，它常常会衰变、中断和发生各种各样的缺陷，诸如频散、多径时延、干扰，以及与频率有关的衰减、结点休眠、结点隐蔽和与安全有关的问题等。不过这些影响无线传输质量的因素，可以通过 TCP/IP 协议各层中采用适当的机制加以克服或减轻，以求得最好的综合通信性能。

另外，无线现场仪表的优点主要体现在用电池长期供电上，所以一般来说无线传输不适用于高速控制的场合。但是实践证明，对于大多数监控和慢速控制场合，无线网络足够可靠，也就是说可以用在将近 80%的自动化和过程控制场合。

目前，在楼宇自动化、自动抄表、物流运输、汽车制造、食品加工、制药等行业，对于事故响应、设备监控 SCADA 系统、设备资产管理、诊断维护等可看到无线网络的身影。

综上所述，工业控制网络体系发展的总体方向是面向开放、高度集成、扁平高效、性能卓越、统一管理。同时，随着信息化的不断发展，工业控制网络在支撑信息化与自动化的深度融合方面也在不断完善和提升。因此，结合自身的实际情况，在保证整体安全、可靠的情况下，以两化的深度融合为切入点，全面提升工业控制网络架构体系的支撑能力，适时进行工业控制网络的改造和完善，是数字化、智能化企业建设的必经之路。

课后习题

1. 什么是计算机网络？它由哪些部分组成？
2. 计算机网络的发展大致经历了哪几个阶段？每个阶段的主要特征是什么？
3. ARPANET 是什么？它对推动计算机网络技术发展的贡献主要有哪些？
4. 什么是资源子网？什么是通信子网？其划分的依据是什么？
5. 请简单描述分组交换技术的基本思路。其核心技术是什么？
6. 三网融合是指哪三种网络？
7. 工业控制网络有什么特点？其发展大致可分为哪几个阶段？
8. 什么是 DCS？它的优点和缺点分别是什么？
9. 什么是现场总线？与 DCS 相比，它有哪些优势？
10. 商用以太网应用于工业控制中，需要解决哪些问题？对网络设备又有哪些要求？
11. 现场总线的种类繁多，请选择一种现场总线，简单描述其特点和主要的应用领域。
12. 工业控制网络的发展趋势主要有哪几个方面？

第 2 章　计算机网络基础

2.1　计算机网络概述

2.1.1　网络中的网络——互联网

计算机网络，是由若干结点(node)和链路(link)组成的虚拟网络。结点可以是计算机、路由器、交换机等具有数据接收与发送的设备；链路则是数据的通路，只要是能传输数据的道路均可称为链路，例如导线、电缆、光缆、无线电波等。当然，进行数据的传输还需要合适的通信协议。图 2-1(a)是三个终端设备通过链路连接到一个结点上，它们就可以看成是一个计算机网络，当无数个这样的系统通过结点连接到一起时，网络中的任意一个终端都可以与另一个终端进行通信，这就形成了一个巨大的计算机，这样的网络即称为互联网(Internet)，如图 2-1(b)所示，“网络中的网络”因此由来。

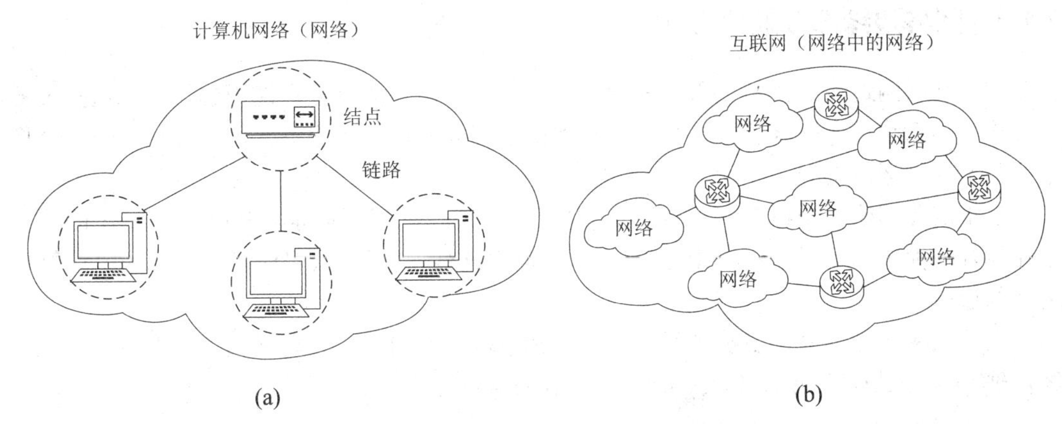

图 2-1　网络中的网络

在 21 世纪以前，接入互联网的终端大多为各种家用或者商用的主机，通过网线接入互联网。现在，更多的人使用智能手机进行上网，通过 3G、4G 甚至 5G 技术连接互联网，不再需要物理上的导线。这些移动设备的运算性能正逐渐接近主机，随着“互联网+”概念的提出与发展，越来越多的设备可以接入互联网，大到汽车、冰箱，小到台灯、传感器等，真正意义上实现了网络中的网络。

2.1.2　互联网的组成

互联网虽然覆盖全球，拓扑结构非常复杂，有不计其数的结点和链路，但实际上，从互联网的工作方式来看，它仅由两个部分组成，即边缘部分与核心部分。

边缘部分由所有连接在互联网上的主机组成。这部分是用户直接使用的，用来进行数据通信和资源共享，又称为资源子网。

核心部分由若干计算机网络和连接这些网络的结点(路由器、交换机)组成。这部分的作用是为边缘部分提供连通和交换等服务，又称为通信子网。

图 2-2 为互联网的组成示意图。

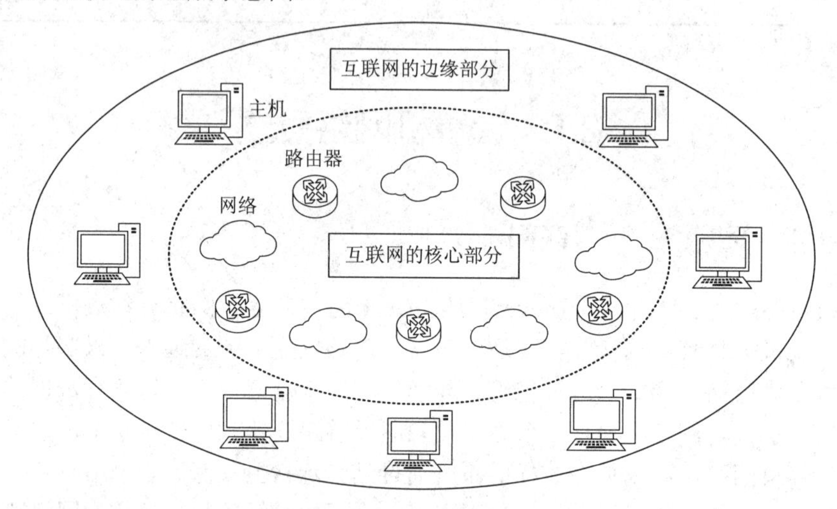

图 2-2　互联网的组成

2.1.3　网络边缘部分通信方式

位于互联网边缘的就是接入互联网的主机，即一切有运算处理能力的设备，这些设备又被称为端系统，亦称终端。这些主机利用核心部分所提供的服务，可以互相通信、交换数据甚至共享运算资源。

这里需要明确一个概念，“主机 A 和主机 B 进行通信”，实际上是指“主机 A 的某个正在运行的程序和运行在主机 B 上的另一个程序进行通信”，很多时候会简称为“计算机之间的通信”。

在互联网边缘部分，主机之间的通信又称为端到端通信，这种通信主要有两种方式：客户/服务器方式(C/S 方式)和对等连接方式(P2P 方式)。

1. 客户/服务器方式

C/S 方式是互联网上传统的方式，日常生活中的微信聊天、发送电子邮件等，都是使用客户/服务器方式。

以微信程序为例，当我们使用微信给别人发送消息时，消息并不是直接传送给对方，而是先向微信的服务器请求服务，然后服务器为发送设备提供服务，将消息转发给目标设备。现在，我们回到互联网中，我们手机中的微信可以看成是客户(client)，提供服务的设备就是服务器(server)，客户和服务器都是指应用程序，客户是服务请求方，服务器是服务提供方。图 2-3 中的 A 就是服务请求方——客户，B 就是服务提供方——服务器。因为互联网是一个高度互联的整体，因此，服务器只要接入互联网，也必将使用互联网核心部分所提供的服务。

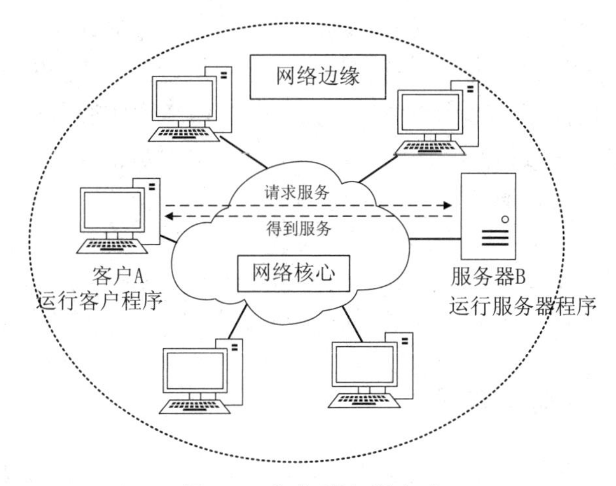

图 2-3 客户/服务器方式

以上只是它们的基本功能，在实际应用中，客户和服务器还具有以下几个功能。

客户程序并不需要专门设计的硬件或者是复杂强大的操作系统，只要知道服务器程序的地址，即可主动向服务器请求服务。

服务器程序则是一种有着特定功能的程序，它专门用来为客户提供服务，被动地等待来自客户的请求并快速响应。在此过程中，服务器并不需要知道客户设备的地址。一旦通信关系建立后，客户和服务器都可以发送和接收数据。由于服务器的数量远小于客户机，因此，服务器程序还需具有强大的并发处理请求的能力，这就要求部署服务器程序的主机具有强大、稳定的硬件和操作系统，即使在长时间、高负载的运行下也能保持系统稳定。

2. 对等连接方式

对等连接方式(P2P，Peer-to-Peer)是指两台主机之间直接进行通信，并不区分服务请求方或是服务提供方。进行 P2P 通信时，只需要两台主机均运行对等连接软件(P2P 软件)，即可进行平等的、对等的连接通信，建立连接的主机可以自由获取对方的共享资源。从某种意义上来说，P2P 方式仍可以看成是 C/S 方式，如图 2-4 所示，只是对等方式中的每台主机既是服务请求方同时又是服务提供方。

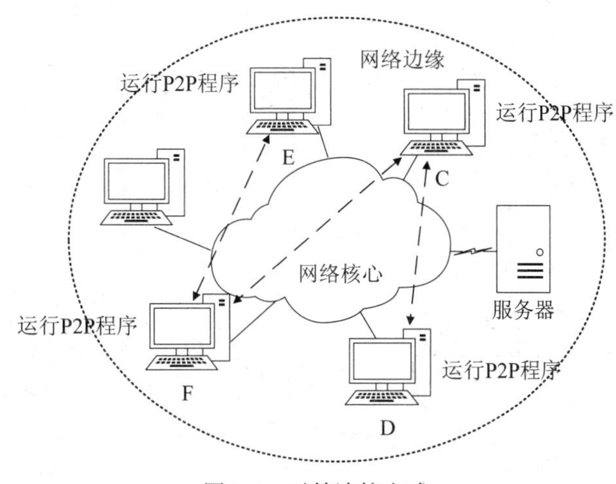

图 2-4 对等连接方式

当大量的主机通过对等连接方式连接在一起时，这个整体即可成为对等计算机网络。在 P2P 网络中，所有计算机都处于平等的地位，无主从之分。整个网络一般不需要专用的服务器主机，每台主机都可以算作服务器，共同分担网络中的服务压力。虽然对等网络中没有传统网络结构中的中心结点，但网络内的所有主机都是结点，加入到网络中的结点越多，网络的资源也就越多，服务质量也就越高。

截至今天，国际上对于 P2P 网络尚未形成统一的标准。究其原因，主要的发展障碍有版权问题、管理问题、安全问题等。虽然超大规模的 P2P 网络尚未建立，但对等网络技术仍不断应用到军事、商业、工业、通信等各个领域。

2.1.4　网络核心部分通信方式

如果网络边缘部分主要负责主机间的通信，那么核心部分就是为大量主机提供良好的连通性，使边缘部分的任意一台主机均可与其他主机建立通信。

互联网的核心部分要比边缘部分复杂得多。其中，核心部分中最重要的是路由器(router)，它是一种专用计算机，主要的功能是实现分组交换(packet switching)，即转发收到的分组，这个功能也是维持网络核心部分的关键。在了解分组交换技术之前，我们先来了解一下几种“交换”形式。

1. 电路交换

电路交换也称为线路交换，是一种直接的交换方式。它通过结点在两个站点之间建立一条临时的专用通道来进行数据交换，这条通道既可以是物理通道又可以是逻辑通道(使用时分或频分复用技术)，但一般是全双工的。在线路释放以前，该通路将由该通道上的结点完全占用。电话就采用电路交换技术，如图 2-5(a)所示，需经历拨号(建立连接)—通话(传输数据)—挂断电话(释放连接)三段过程。

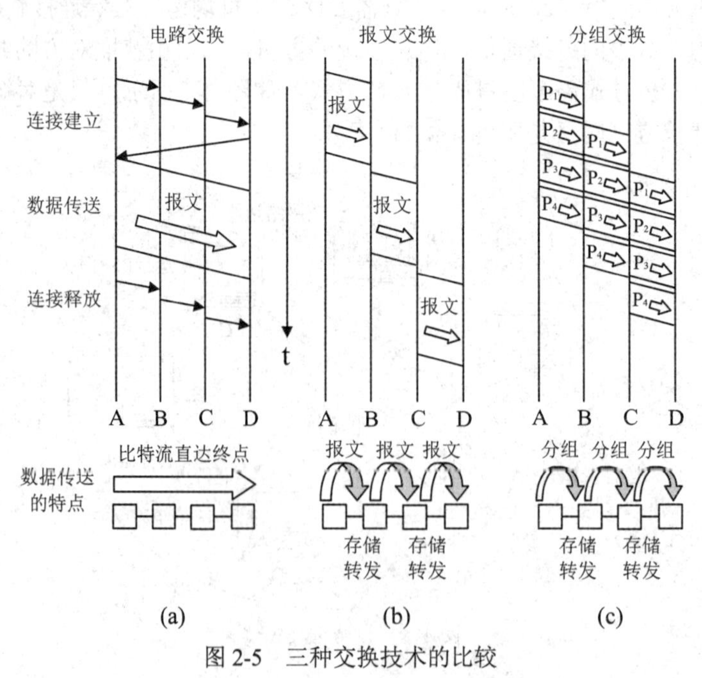

图 2-5　三种交换技术的比较

一旦线路连接建立，电路交换便不会发生冲突，而且只有物理信号的传播延迟，传输延迟小。其缺点是呼叫建立时间长、存在呼损、信道利用率低。就通信双方而言，必须做到双方的收发速度、编码方法、信息格式和传输控制等一致才能完成通信。

2. 报文交换

报文交换是一种以报文为数据传输单位，采用存储转发的信息传递方式。如图 2-5(b)所示，报文交换不要求在两个通信端建立一个专用的通道，而是把要发送的所有数据组织成一个数据包，并加入发送端地址、接收端地址等信息，这个数据包就被称为报文。

报文在网络中一站一站地传送，交换结点接收各个方向输入的报文，暂时存储一段时间，检查目标结点地址，然后根据网络的通信情况，在适当的时候转发到下一结点，其中存储等待的这段时间就被称为排队等待延迟。经过多次转发、存储，最后到达接收端设备，因此报文交换网络也被称为存储—转发网络。

在报文交换网络中，每一个交换结点都需要有足够的存储空间来存储收到的报文，一般都使用磁盘作为存储，它的单位成本容量最大。报文交换的优点是不需要建立专用链路，结点间可根据电路情况选择不同的速度传输，数据传输高效、可靠。相对而言，报文交换的实时性较差，不适合传输实时数据或交互式通信。电子邮件系统是最典型的采用报文交换方式的通信系统。

3. 分组交换

分组交换技术也称为包交换技术，是对报文交换技术的改进。其工作原理与报文交换相同，也是存储-转发的模式。但该方式会在发送前把长短不一的报文进行预处理，把较长的报文划分成一个个更小的等长数据包(packet)，如图 2-5(c)所示。这样就降低了对各结点数据存放能力的要求。同时分组交换技术能保证任何用户都不长时间独占某传输线路，减少了传输延迟，提高了网络的吞吐量；还提供一定程度的差错检测和代码转换能力，因而非常适合于交互式通信。

分组是分组交换网络中传输的基本单位，其中，分组的首部最为重要，首部内包含的控制信息(源地址、目的地址和编号信息等)使得每一个分组都可以在互联网中独立地选择传输路径，并被正确地传输到终端。现在，我们的互联网就使用了分组交换的方式。

如图 2-6 所示，当主机 H_1 发送数据给主机 H_5 时，首先主机 H_1 将数据处理成多个短分组，通过与路由器 R_1 直连的链路发送出去。这个过程仅仅占用了链路 H_1—R_1。也就是说，只有当分组正在此链路上传送时才被占用，没有分组传输时，链路是时刻保持空闲的。当分组到达路由器 R_1 中，它查阅了转发表，发现应将此分组转发给路由器 R_2。于是，分组沿着链路 R_1—R_2 传送给了路由器 R_2。R_2 继续查阅转发表，将分组转发给了路由器 R_5。当分组到达路由器 R_5 后，R_5 就直接把分组传送给主机 H_5。

这里的分组传输路径并不是唯一的，如果分组传到路由器 R_1，而链路 R_1—R_2 的通信量太大，引起了链路堵塞，那么路由器 R_1 可以把分组传到其他路由器，比如图中的路由器 R_3，然后再沿 R_3—R_5—H_5 的顺序将分组传送给主机 H_5。

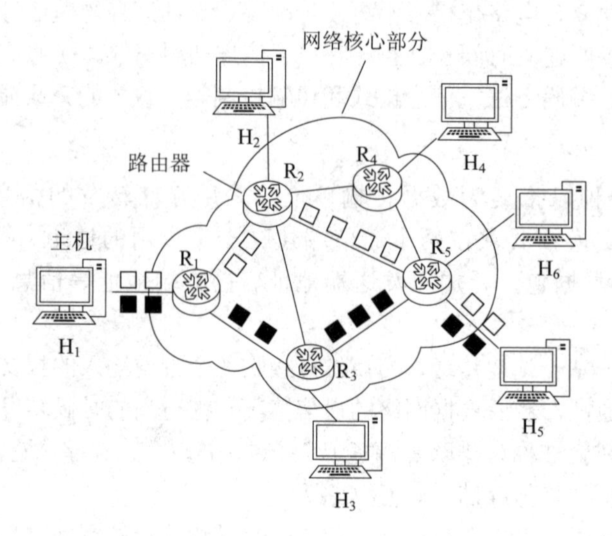

图 2-6　分组交换示意图

分组交换技术在解决计算机之间的突发式数据通信后，也带来了一些新的问题。比如我们在生活中经常遇到的问题：时延和丢包。虽然分组交换过程中没有建立连接时间，传输时延也远小于报文交换方式，但仍然存在存储-转发时延，一次转发的时延微乎其微，但互联网中的每一次通信往往会经过成百上千个交换结点，这就极大地增加了存储-转发时延。而且，每一个分组都要加上源地址等控制信息，随着互联网的逐渐壮大，控制信息的信息量也在增长，大约占分组的 5%～10%，这在一定程度上增加了数据处理的时间、降低了通信效率，不仅需要在互联网中增加一些专门的管理和控制机制，还带来了一定的时间延迟。

4. 三种交换技术的比较

图 2-5 展示了三种交换技术发送数据的完整过程，其中 A、D 分别是源地址和目标地址，而 B 和 C 均是 A、D 之间的中间结点。表 2-1 列出了三种交换方式的各指标比较，我们可以了解到它们各自的特点和适合的应用场景。电路交换更适用于连续传送大量的数据，传输速率较快、延时低。报文交换和分组交换则不需要预先分配传输带宽，在传输突发式数据时可以提高整个网络的信道利用率。

表 2-1　三种交换的比较

项　目	电路交换	报文交换	分组交换
数据传输单位	整个报文	分段报文	分组
链路建立与拆除	需要	不需要	不需要
路由选择	链路建立时进行	每个报文进行	每个分组进行
链路故障影响	无法继续传输	无影响	无影响
传输延迟	需要一定的链路建立时间，但数据传输延迟最短	不需链路建立，但存储转发因排队会造成延迟，数据传输慢	不需链路建立，但存储转发排队会造成延迟，数据传输比报文传输快

而且，分组交换的每个分组长度很短，这就使得交换传输时的灵活性更高，甚至可以像电路交换一样建立一条端对端的永久虚电路。其时延比报文交换小得多，随着技术的发展，时延可能会进一步的缩短，甚至实现“0 延时”。

2.2　计算机网络的分类

计算机网络仍处于高速发展中，计算机网络根据不同的侧重特点有多种分类方式。

2.2.1　按网络作用范围分类

1. 个人区域网

个人区域网(PAN，Personal Area Network)是 21 世纪诞生的一个全新的概念，PAN 是指使用无线通信技术(如红外线，蓝牙，WiFi)将个人使用的电子设备连接起来的网络，因此也可以称之为无线个人局域网。其范围很小，设备间的直线距离通常不超过 10 米，主要定位在家庭与小型办公室的应用场合。

个人局域网的核心思想是利用无线电或者红外线来代替传统的有线电缆，实现个人信息终端的智能化互联，是专属于个人的信息网络，可以说，它是一项面向未来的技术。目前，很多计算机生产厂商都大力推广无线技术，例如有很多的智能手机制造商取消了耳机模拟信号接口，很多外部设备厂商也推出了基于无线技术的产品。

2. 局域网

局域网(LAN，Local Area Network)是由若干个人计算机或者工作站通过高速链路(速率至少达到 10 Mb/s)连接而成的，但是网络内的计算机通常分布在一个较小的范围内，一般是在方圆几千米之内。局域网中可以实现资源共享、文件管理和电子邮件等功能。

局域网严格意义讲是封闭的，但网络内的计算机可以连接到外部的因特网。现在局域网的应用已经非常广泛，学校或者企业大多拥有多个互联的局域网，这样的网络也被称为校园网或是企业网。

3. 城域网

城域网(MAN，Metropolitan Area Network)和局域网类似，属于宽带局域网。城域网的作用范围一般较大，可以跨越几个街区，也可以覆盖整个城市，网络内计算机的直线通信距离达到了 50 千米。城域网通常为几个单位共同拥有，也常作为一种骨干网，用来将城市内不同计算机以及多个局域网连接到一起。目前，城域网大多采用具有源交换元件的局域网技术，并配合传输速率在 100 Mb/s 以上的光缆作为传输线路，这使得它的网中传输延时较小。虽然 MAN 使用了与 LAN 相似的技术，但它却形成了一个新的标准，即分布式队列双总线(DQDB，IEEE 802.6)，依靠这个标准，所有的计算机、局域网都可以连接在城域网之上。

4. 广域网

广域网(WAN，Wide Area Network)，顾名思义，它通常跨接很大的一个地理范围，所能覆盖的范围从几十千米到几千千米。广域网作为互联网的核心部分，其任务是连接其覆盖范围内不同地区的局域网或城域网，并通过超长距离通信设施运送主机所发送的数据，形成国际性的远程网络。作为全球网络通信的主干道，现代广域网的通信都使用光缆作为传输介质，具有非常大的通信容量，一根光缆最多可以容纳 80 Tb/s 的数据量。这些粗大的电缆大多铺设在海底或者是地下，成本极高，但是可以在较长一段时间内保持足够的带宽。

值得说明的是，最早出现的网络正是广域网和局域网，两种网络并行发展，城域网的发展是基于局域网进行的。虽然广域网的范围很大，但广域网并不是因特网，因特网是由许多个广域网结合在一起的遍布全球的网络，即前文所说的“网络中的网络”。

2.2.2 按网络使用者分类

2019 年，全球的互联网使用者数量已超过 43 亿人，占全球总人口的 57%。他们使用的都是同一个网络，即互联网。它正是一种公用网，与它对应的还有专用网。

1. 公用网

公用网是由电信公司(国有、私有)出资建设的大型网络，这种网络是公开的，任何人只要按电信公司的规定正常缴纳费用，即可使用这种网络。

2. 专用网

专用网一般由某个组织或单位为了满足自身的特殊业务工作需要而建设的。这种网络不对外公开，仅为本单位人员或经单位允许的特殊人员提供网络服务。例如军事部门、政要部门、电力系统、银行等机构均有各自的专用网。

2.2.3 按网络拓扑结构分类

计算机网络拓扑是计算机网络中计算机设备的分布情况以及连接状态，展开成二维平面就成了拓扑图。网络拓扑图通常由 3 个部分组成：结点、链路和主机，常见的拓扑结构主要有总线型拓扑、星型拓扑、环型拓扑、树型拓扑、网状拓扑和混合型拓扑，如图 2-7 所示。

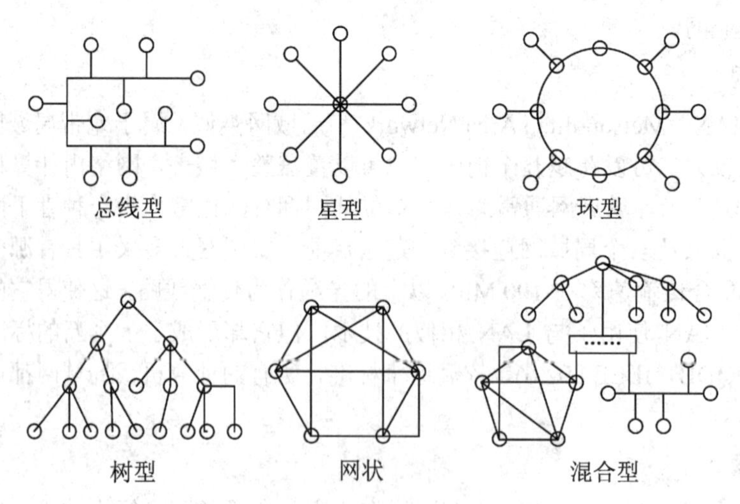

图 2-7　网络拓扑结构

1. 总线型拓扑

总线型拓扑结构是将网络中的所有主机设备连接到一根数据线(同轴电缆)上，这根线就被称为总线(Bus)。实现总线结构所需要的物理电缆数量较少、布置线路的长度也较短，易于安装、维护和扩展，多个结点共用一条传输信道，信道利用率较高。其缺点也很明显，同一时刻只能有两个网络结点相互通信，多主机信息传输容易出现冲突；网络延伸距离有限，网络容纳结点数有限；故障隔离困难，在总线上只要有一个点出现连接问题，会影响整个网络的正常运行。

总线型结构于我们并不陌生，它适用于计算机数目较少的小规模局域网，工业企业中的现场总线也属于此拓扑结构。

2. 星型拓扑

星型拓扑是由中央结点、各个站点及它们之间的点到点通信链路组成的。中央结点执行集中式通信控制策略，因此中央结点相当复杂，而各个站点的通信处理负担都很小。互联网中的交换机就是星型拓扑结构的典型实例。

星型拓扑结构具有结构简单、易于安装、扩展等特点；网络延时较小，传输误差低；支持多种传输介质，无论是无线通信还是有线通信，自由度更高。另外，每台主机直接与中央结点相连，故障容易检测和隔离，可以很方便地排除有故障的结点。因此，星型网络拓扑结构是目前应用最广泛的一种网络拓扑结构。

但是，星型拓扑结构对中央结点的要求比较高。作为中央结点，需要有强大的性能和可靠性，一旦中央结点出现问题，整个网络就会瘫痪。从目前的趋势看，计算机的发展已从集中的主机系统发展到大量功能很强的微型机和工作站，在这种形势下，传统的星型拓扑的使用会有所减少。

3. 环型拓扑

在环型拓扑中，各结点通过环路接口连在一条首尾相连的闭合环型通信线路中。环路上任何结点均可以请求发送信息，请求一旦被批准，便可以向环路发送信息。由于环线公用，一个结点发出的信息必须穿越环中所有的环路接口，信息流中目的地址与环上某结点地址相符时，信息被该结点的环路接口所接收，而后信息继续流向下一环路接口，一直流回到发送该信息的环路接口结点为止。

环型拓扑结构消除了端用户通信时对中心结点的依赖性。但是，由于信息源在环路中是串行地穿过各个结点，当环中结点过多时，势必影响信息传输速率，使网络的响应时间延长；环路是封闭的，不便于扩充；另外可靠性相对较低，当一个结点出现故障，将会造成全网瘫痪，且对分支结点的故障定位较难。

4. 树型拓扑

树型拓扑结构是从总线拓扑演变过来的，也可以认为是多级星型结构组成的，只不过这种多级星型结构自上而下呈三角形分布。树形拓扑结构就像一棵倒置的树一样，最顶端是树根，树根以下带有分支，每个分支还能延展出更多子分支。树型拓扑的最下端相当于网络中的边缘层，中间部分相当于网络中的汇聚层，而顶端则相当于网络中的核心层。它采用分级的集中控制方式，其传输介质可有多条分支，但不形成闭合回路，每条通信线路都必须支持双向传输。树根接收各个分支发送的数据，再广播到全网。

树型结构的结点易于扩充，寻找路径比较方便，出现错误容易诊断，但对树根的要求比较高，可靠性类似于星型拓扑结构。

5. 网状拓扑

网状拓扑结构中各结点通过传输线互联起来，并且每一个结点至少与其他两个结点相连。其优点是具有较高的可靠性，不受瓶颈问题和失效问题的影响。结点之间有许多条路径相连，可以为数据流的传输选择适当的路由，从而绕过失效的部件或过忙的结点，有效减少碰撞和阻塞，且局部故障并不影响整个网络。

但这种结构比较复杂，成本也比较高，难以扩充，提供上述功能的网络协议也必须特殊设计，但由于它的可靠性高，仍然受到用户的欢迎。

6. 混合型拓扑

混合型拓扑是将两种或几种单一拓扑结构混合起来，取两者的优点构成的拓扑。常用的混合型拓扑有两种组合：“星型—环型”拓扑和“星型—总线型”拓扑。这两种混合型结构有相似之处，如果将总线拓扑的两个端点连在一起也就变成了环型拓扑。在混合型拓扑结构中，汇聚层设备组成环型或总线型拓扑，汇聚层设备和接入层设备组成星型拓扑。

这样的拓扑更能满足较大网络的拓展，既解决星型网络在传输距离上的局限，又解决了总线型网络在连接用户数量的限制，同时兼顾了各自的优点与缺点。

总之，在进行拓扑选择时，需要综合考虑网络是否易于安装、是否易于扩展、是否易于故障诊断和隔离等因素。网络拓扑的选择还会进一步影响到传输媒体的选择和媒体访问控制方法的确定，并影响到各个站点的运行速度和网络软、硬件接口的复杂性。没有一种网络拓扑结构是能通用或者适应所有的企业和网络环境，但是我们可以根据不同的应用场景选择或设计最适合的拓扑结构。

2.2.4 按网络通信介质分类

承载数据的信号只有在通信介质中才能被传输到网络中的各个位置，计算机网络按照通信介质可分为有线网络和无线网络。

有线网络是指采用双绞线、同轴电缆、光纤等进行网络连接。无线网络则是使用无线电磁波进行数据传输，如无线局域网、移动电话网、微波通信网、卫星通信网等。

2.3 计算机网络的性能指标

计算机网络的性能指标用来从多方面量化计算机的性能，比较典型的指标有 6 个，分别是速率、带宽、时延、吞吐量、往返时间 RTT 及利用率。在实际的应用中，为某个应用场景设计计算机网络或改进当前网络时，经常需要对计算机网络的性能进行一定程度的评估。

2.3.1 速率

众所周知，在计算机网络中，计算机通常将需要发送的信息转换成二进制数字信号进行传输。比特(bit)来源于 binary digit。速率作为计算机网络中最重要的一个性能指标，它主要被用来描述数据传输的速度，即数据的传输速率，也称为数据率(data rate)或比特率(bit rate)。在计算机网络中，速率的基本单位为比特每秒(bit/s)，也可以写成 b/s、bps(bit per second)等。当然也有多种不同量级的单位，如 kb，Mb，Gb，Tb，Pb，Eb，Zb，Yb，Bb，Nb，Db 等。其中，k (kilo) = 10^3，M (Mega) = 10^6，G (Giga) = 10^9，T (Tera) = 10^{12}，P (Peta) = 10^{15}，E (Exa) = 10^{18}，Z (Zetta) = 10^{21}，Y (Yotta) = 10^{24}，B (Bronto) = 10^{27}，N (Nona) = 10^{30}，D (Dogga) = 10^{33}。这样，6×10^8 b/s 的数据率就记为 600 Mb/s。

另外，在日常交流或者是不需要太严谨的场合，可以省略速率单位中的 b/s，如“600M 的宽带速率”。值得注意的是，网络中的速率单位是 b/s，而主流计算机操作系统显示的速率是以字节(Byte)为单位的，单位是 Byte/s(B/s)，一个字节等于 8 个比特。

2.3.2　带宽

带宽(Bandwidth)一词最早来源于模拟信号系统，当时被称为频宽。鉴于它应用的领域非常多，各个领域对其的解释及定义各不相同，但大致可以按照时域、频域来划分。在频域中，带宽表示频带宽度；而在时域中，带宽则表示最高速度率。

(1) 频带宽度：这也是它的本源含义。用来标识某个信号所占有的频带宽度，也就是该信号所包含的各种不同频率成分所占据的频率范围。带宽由传输信号的最高频率和最低频率决定，两者之差就是带宽值，基本单位为 Hz，也有千赫(kHz)、兆赫(MHz)等。早期的电话信号的标准带宽是 3.1 kHz，从 300 Hz 到 3.4 kHz，这也是人声语音部分的频率范围。在计算机尚未诞生之前，通信的主干线路传输的都是模拟信号，其中某些信道允许通过的信号频带范围就被称为该信道的带宽。

(2) 最高数据率：在单位时间内网络中的信道所能通过的最高数据率，一般用于表示网络中某通道传输数据的能力。其单位也是数据速率的单位，即 b/s。

在实际生活中，当提到网络带宽或者速率时，往往都是标称值或理论值。比如常用的 4G 网络，它的理论峰值带宽是 150 M/s，转换成 MB/s 是 18.75 MB/s，但是我们在日常使用中几乎难以达到这种程度，造成这种现象的原因大多受用户计算机性能、网络设备质量、信号衰减等多种原因。

2.3.3　时延

时延(Delay 或 Latency)是指数据(一个报文或分组，也可以是比特)从网络的一端到达另一端所需的时间，它也是一个很重要的性能指标。

数据从发送端到达接收端，中间可能经过许多链路、路由器、主机。在已有的技术层面内，数据经过任何一个环节都存在着延迟，包括发送时延、传播时延、处理时延和排队时延。这些延迟产生的原因也各不相同。

1. 发送时延

发送时延(Transmission Delay)是指主机或路由器发送数据帧的第一比特开始到该数据帧最后一个比特发送完毕所需的时间，即是发送过程中产生的时延。发送时延的计算公式为

$$发送时延=\frac{数据帧长度(b)}{发送速率(b/s)}$$

从公式中我们可以看出，即使是在同一个网络，发送时延也并非固定不变，它与发送的数据帧长度成正比，与发送速率成反比。

2. 传播时延

传播时延(Propagation Delay)是指电磁波在信道中传播一定的距离所需花费的时间。传播时延的计算公式为

$$传播时延=\frac{信道长度(m)}{传播速率(m/s)}$$

电磁波在真空中的传播速率就是光速，约为 3×10^8m/s，真空中的光速也是目前所发现的自然界物体运动的最大速度。目前世界上使用的通信线路大多为铜线电缆和光纤线路，信号在其间的传输速率分别约为 2.3×10^8m/s 和 2.0×10^8m/s，1000 km 长的光纤线路产生的传播时延大约为 5 ms。信号传输的距离越远，传播时延就越大。

3. 处理时延

主机或是路由器在收到分组或者报文时需要花费一段时间进行处理，例如分析数据包的首部、提取数据部分、差错检验、查找转发表等，这个过程需要占用一段时间。处理时延的长短与路由器或主机的性能有关。

4. 排队时延

采用存储-转发技术的网络数据在进入路由器后要先在输入队列中排队等待，当路由器路由处理完毕并确定好转发接口后，数据还要在输出队列中排队等待。这两段等待的时间，即称为排队时延。排队时延的长短往往取决于网络当时的通信量，通信量越大，排队时延越长。另外，当网络中的数据通信量很大时会发生队列溢出，分组将被丢弃，这就形成了“丢包”，此时的排队时延为无穷大。

图 2-8 展示了结点 A 发送数据到结点 B 时，在不同的位置所产生的四种时延，它们四者之和构成了总的时延。当然，这四种时延之间也是各自独立的，不能片面地只考虑降低某一种时延而让其他部分成为瓶颈。

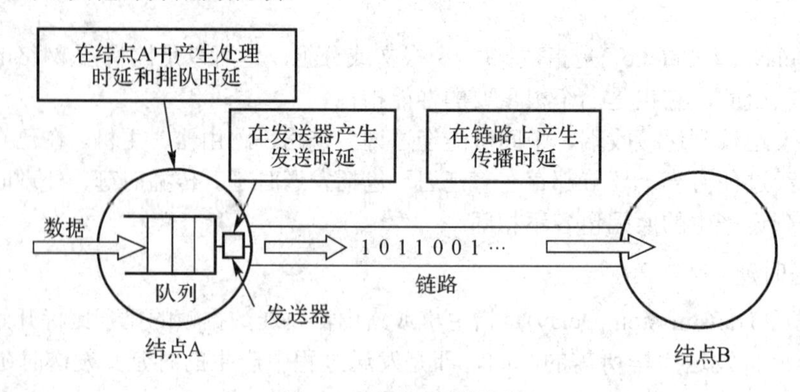

图 2-8　四种时延的产生

2.3.4　吞吐量

吞吐量(Throughput)表示在单位时间内通过某个网络(或信道、接口)的实际的数据量。吞吐量更经常地用于对现实世界中的网络的一种测量，以便知道实际上到底有多少数据量能够通过网络。显然，吞吐量受网络的带宽或网络的额定速率的限制。例如，对于一个 1 Gb/s 的以太网，就是说其额定速率是 1 Gb/s，那么这个数值也是该以太网的吞吐量的绝对上限值。因此，对 1 Gb/s 的以太网，其实际的吞吐量可能也只有 100 Mb/s，或甚至更低，并没有达到其额定速率。

2.3.5　往返时间

由于在许多情况下，互联网上的信息不仅仅是单方向传输的，而是双向进行交互的，往返时间(RTT，Round-Trip Time)就成为了一个重要的性能指标。它是结点 A 到 B 再到 A 进行一次交互所需的时间。

在互联网中，往返时间还包括各中间结点的处理时延、排队时延以及转发数据时的发送时延。特别当使用卫星通信时，往返时间相对较长，这个性能指标显得更加重要。

2.3.6　利用率

利用率有信道利用率和网络利用率两种。信道利用率指出某信道有百分之几的时间是被利用的，即有数据流过。完全空闲的信道的利用率是零。计算机网络利用率则是全网络的信道利用率的加权平均值。信道利用率并非越高越好，这是因为，根据排队论的理论，当某信道的利用率增大时，该信道引起的时延也就迅速增加。这和高速公路的情况有些相似。当高速公路上的车流量很大时，由于在公路上的某些地方会出现堵塞，因此行车所需的时间就会变长。网络也有类似的情况。当网络的通信量很少时，网络产生的时延并不大。但在网络通信量不断增大的情况下，由于分组有大有小，不同的分组在网络结点(路由器或结点交换机)进行处理时需要排队等候的时间不一致，因此网络引起的时延就会增大。

当网络的利用率达到其容量的 1/2 时，时延就要加倍。特别值得注意的就是：当网络的利用率接近最大值 1 时，网络的时延就趋于无穷大。因此我们必须有这样的概念：信道或网络的利用率过高会产生非常大的时延。因此一些拥有较大主干网的 ISP 通常控制信道利用率不超过 50%。如果超过了就要准备扩容，增大线路的带宽。

2.4　计算机网络的体系结构

计算机网络是一个非常复杂的系统。当一个网络的物理线路搭建起来后，它还不能被称为计算机网络。只有当网络中的所有计算机均遵循某一种协议，并能通过这个协议进行互相通信时，它们才能被称之为一个计算机网络。

一个网络内通常有若干台计算机，它们的硬件配置、指令集、编码方式均互不相同，想要把它们全部连接起来，所需的协议应具有强大而复杂的功能，能准确地处理各种任务和问题，诸如寻找识别接收数据的计算机、保证数据的正确发送与接收、协调整个网络的流通性等。想要实现如此复杂的协议，最好的办法就是采用层次模型，将庞大、复杂的问题转换成若干个较小的局部问题，这样便于研究和处理。

计算机网络体系结构就是计算机网络层次模型和各层协议的集合。但体系结构只是一个抽象的概念，遵循这种结构设计出对应的协议才是具体的，是真正运行在计算机中的软件。

2.4.1 协议与层次划分

在计算机网络中，想要做到有序一致数据通信，就必须遵守一些事先约定的规则，这些规则需要明确规定所要交换的数据的格式以及一些相关的同步问题。这里的同步可以理解为时序，例如，发送方发送一串数据后，那么接收方应该发送一个应答信号，而不是其他信号。这些规则、标准或约定的集合就被称为网络协议(Network Protocol)，简称为协议。网络协议主要由以下三个要素组成：

(1) 语法：数据与控制信息的结构或格式。

(2) 语义：需要发出何种控制信息，完成何种动作以及做出何种响应。

(3) 同步：各个事件实现顺序的详细说明。

对于复杂的计算机网络协议，通常采用层次型结构。例如，假定需要在主机 A 和主机 B 之间通过计算机网络进行数据通信。这中间需要执行很多操作，我们可以把这些操作划分为 3 类，即 3 个层次，分别为文件传送层、通信服务层和网络接入层，如图 2-9 所示。当主机 A 向主机 B 发送一个文件时，位于传送层的应用进程需要确定接收端的文件管理程序已经做好接收和存储文件的准备。如果两台主机使用的文件格式不同，则至少其中一台主机需要完成文件格式转化的工作。当文件传送层完成了与传送文件直接相关的工作后，它会利用下面的通信服务层，处理与数据通信有关的问题。最底部的网络接入层则负责处理与网络接入细节有关的工作，如规定传输的帧格式、帧的最大长度等，为通信服务层提供良好的服务，使整个通信流程可以稳定可靠的执行。

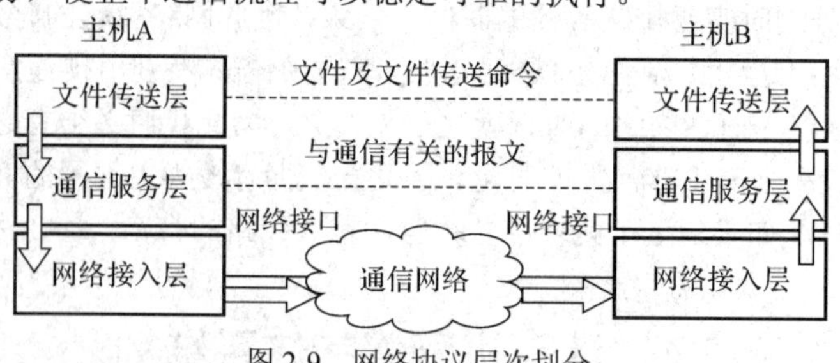

图 2-9　网络协议层次划分

层次型的网络结构具有很多优点，比如：

(1) 各层级互相独立。将网络通信分为多个层级，每个层级都是独立的，某一层并不需要知道其他层的实现细节，仅需要知道该层与其他层级之间的接口和它们所能提供的服务。通常，每一个层级仅实现一种相对独立的功能，多个层级互相配合，相当于把一个庞大复杂的问题拆解成若干个容易处理的小问题。而且各个层级可以采用最适合的技术来完成功能，实现和调试都较为方便。

(2) 灵活性好。当任何一层发生变化时，只要层间接口关系保持不变，则对其他层级不会有任何影响。层级的功能也可以根据需要自由修改，当某层提供的服务不再需要时，也可以将这层取消。

(3) 促进标准化工作。每一层的功能及其所提供的服务都已形成了精确的定义与说明，只要遵循这些层级标准的网络结构，都可以互相兼容。

当然，分层的优点固然有很多，但层级却不是越多越好，且需要对每一层的功能进行非常精确定义。层级数量多时，描述和精确定义各层的功能较难实现，部分功能会在多个层级之间重复出现，会产生额外的开销。层级太少时，又会使每一层的协议较为复杂。因此，合理的层次划分就显得尤为重要。

2.4.2 OSI 参考模型

1977 年，国际标准化组织 ISO 提出了一个可以将世界范围内的各种计算机互连成网的标准体系，即开放系统互连参考模型(OSI/RM，Open Systems Interconnection/Reference Model)，简称 OSI 模型。一台主机只要遵循 OSI 标准，就可以和世界上任何地方的、也遵循 OSI 标准的任何一台主机进行通信。然而在当时，OSI 还只是一个抽象的概念，直到 1983 年才形成了开放系统互连基本参考模型的正式文件，也就是著名的 ISO 7489 国际标准，七层协议体系结构。

OSI 参考模型共有七层，从上到下分别是应用层、表示层、会话层、传输层、网络层、数据链路层以及物理层，如图 2-10(a)所示。

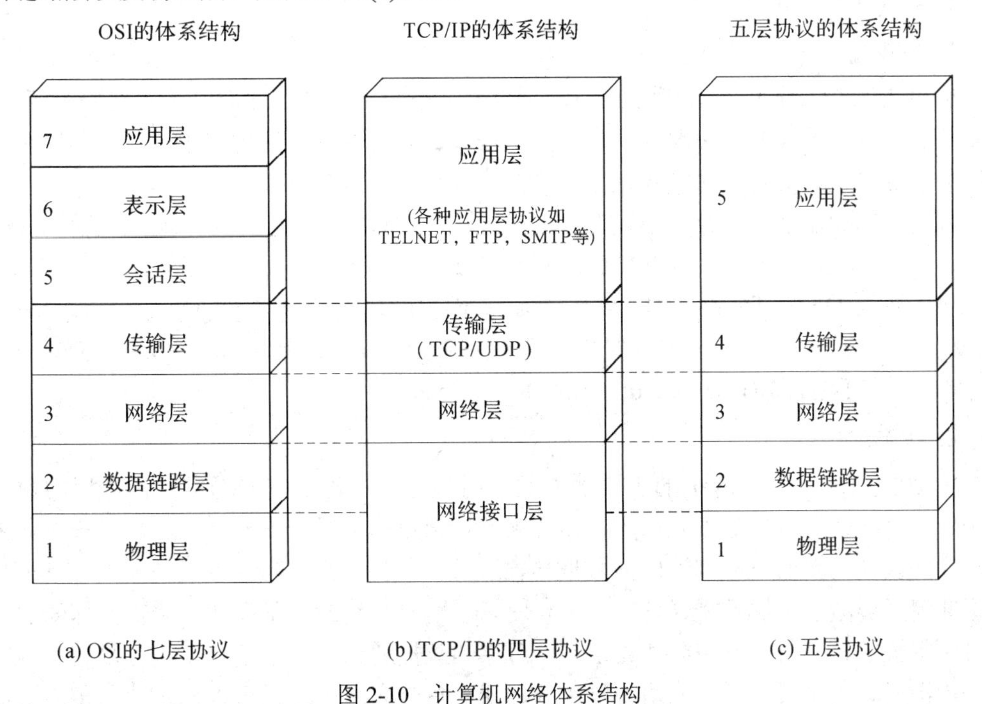

图 2-10　计算机网络体系结构

OSI 模型在当时是一个很超前的结构体系，得到了许多大公司、国家政府部门的支持。ISO 希望全球所有的计算机网络都遵循这个标准，从而实现全球范围内的互联和通信。在当时看来，OSI 模型普及全球是一个必然的事件。然而，由于 OSI 的专家们缺乏实际的经验，且没有商业驱动，使得 OSI 标准的制定周期过长，给了其竞争对手(基于 TCP/IP 的互联网)抢占市场的机会。另外，由于 OSI 标准的层次划分不太合理，各个层次间功能存在重复，基于 OSI 的协议实现起来臃肿复杂，运行效率较低。

OSI 模型提出后数十年，整套的 OSI 标准才全部被制定出来。OSI 的七层协议体系结构虽然没有满足市场的需求，但其概念清晰、理论完整，非常适合理论研究。它的制定也为后来网络的发展提供了非常宝贵的经验和参考方向。

2.4.3　TCP/IP 参考模型

TCP/IP 参考模型是一个四层的体系结构，它们分别为应用层、传输层、网络层和网络接口层，如图 2-10(b)所示。

2.4.4　五层协议体系结构

TCP/IP 协议得益于其精简高效的架构，在全球范围内得到了极其广泛的应用。但是 TCP/IP 协议最下层的网络接口层并没有实质的内容，甚至这一层有逐渐被分离出去的倾向。因此，我们在学习计算机网络时往往采用折中的方法，结合 OSI 七层协议的理论性和 TCP/IP 四层协议的实用性，采用一种具有五层协议的 TCP/IP 结构，将 TCP/IP 的最底层网络接口层划分为数据链路层和物理层两部分，如图 2-10(c)所示。这样不仅简洁，各层次的功能和概念也更加清晰易懂。

1. 应用层

应用层(Application Layer)是该体系结构中的最高层，它相当于 OSI 参考模型的应用层、表示层和会话层的总和，主要为用户提供所需要的各种服务。应用层中的应用程序直接运行在传输层之上，通过应用进程之间的交互来完成特定的网络应用。

互联网的应用非常丰富，其所包含的协议也有很多，如文件传输协议(FTP，File Transfer Protocol)、简单邮件传送协议(SMTP，Simple Mail Transfer Protocol)、远程登录协议 Telnet、域名服务协议(DNS，Domain Name Service)、简单网络管理协议(SNMP，Simple Network Management Protocol)、动态主机配置协议(DHCP，Dynamic Host Configuration Protocol)和超文本传输协议(HTTP，Hyper Text Transfer Protocol)等。

2. 传输层

传输层(Transport Layer)的主要功能是向两台主机进程之间的通信提供通用的数据传输服务。简而言之，就是将应用层传递过来的用户信息分成若干数据报，加上报头，为上层协议提供端到端的可靠和透明的数据传输服务，包括处理差错控制和流量控制等问题。该层向高层屏蔽了下层数据通信的细节，使高层用户看到的只是在两个传输实体间的一条主机到主机的、可由用户控制和设定的、可靠的数据通路。由于一台主机可以同时运行多个进程，因此传输层还具有分用和复用的功能，多个应用层进程可以同时使用传输层提供的服务，传输层也可以把收到的数据交给应用层中的多个进程。

传输层主要包括两个协议，面向连接的 TCP 协议和面向无连接的用户数据报 UDP 协议。

(1) TCP(Transmission Control Protocol)。TCP 为应用程序之间的数据传输提供可靠连接，其数据传输的基本单位是报文段。

(2) UDP(User Datagram Protocol)。UDP 提供无连接的数据传输服务，它不保证数据一定完整地到达目的地，也不保证数据报的顺序，不提供重传机制，其数据传输的基本单位是用户数据报。

3. 网络层

网络层(Network Layer)，也称网际层，通过 IP 寻址来建立两个结点之间的连接，为源端的传输层送来的分组，选择合适的路由和交换节点，正确无误地按照地址传送给目的端的传输层，也就是通常所说的 IP 层。

IP 协议是整个 Internet 的基础，从图 2-11 的 TCP/IP 协议簇的沙漏计时器形状便可看出这一层的核心地位与作用。在网际层中，还有其他几个协议：网际控制报文协议(ICMP，Internet Control Message Protocol)、网际组管理协议(IGMP，Internet Group Management Protocol)、将 IP 地址转换成硬件地址的(ARP，Address Resolution Protocol)协议、将硬件地址转换成 IP 地址的(RARP，Reversed Address Resolution Protocol)协议等。其中，ICMP、IGMP 封装了 IP 协议的数据包格式，更靠近传输层，ARP 和 RARP 未使用到 IP 数据包，更靠近数据链路层。

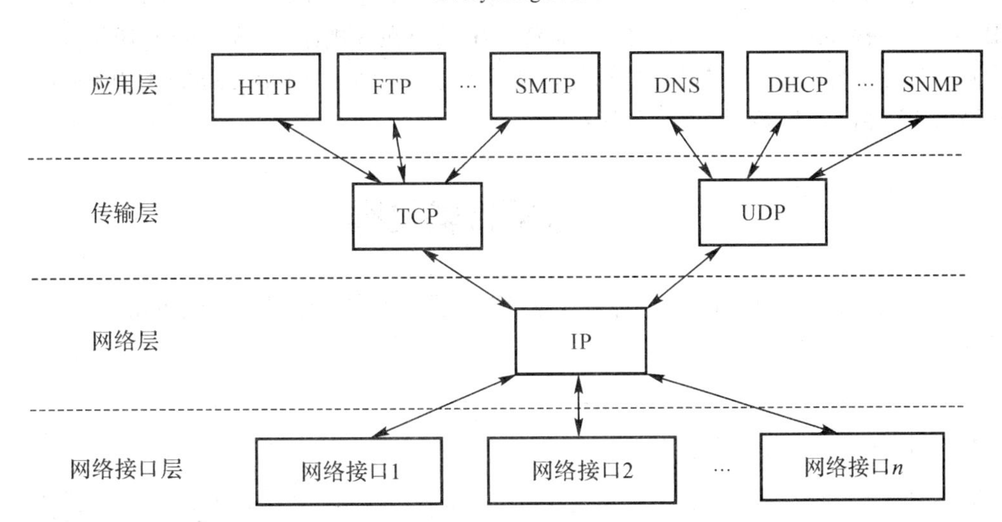

图 2-11　沙漏计时器形状的 TCP/IP 协议簇

4. 数据链路层

数据链路层(Data Link Layer)是 OSI 参考模型中的第二层，介乎于物理层和网络层之间。它是对物理层传输原始比特流的功能的加强，将物理层提供的可能出错的物理连接改造成为逻辑上无差错的数据链路，使之对网络层表现为一个无差错的线路。

数据链路层定义了在单个链路上如何传输数据。这些协议与物理层所使用的各种介质有关。数据链路层主要有两个功能：帧编码和差错处理。帧编码意味着定义一个包含信息频率、位同步、源地址、目标地址以及其他控制信息的数据包。数据链路层协议又被分为两个子层：逻辑链路控制(LLC，Logic Link Controller)协议和媒体访问控制(MAC，Media Access Controller)协议。MAC 子层处理 CSMA/CD(Carrier Sense Multiple Access with Collision Detection)算法、数据出错校验、成帧等；LLC 子层定义了一些字段使上次协议能共享数据链路层。在实际使用中，LLC 子层并非必需的。

5. 物理层

实际最终信号的传输是通过物理层(Physical Layer)实现的，网络通过物理介质传输比特流。物理层对物理链路的创建、维持、拆除，规定了相应的机械的、电子的、功能的和规范的特性。它虽然处于最底层，却是整个开放系统的基础。物理层为设备之间的数据通信提供传输媒体及互联设备，为数据传输提供可靠的环境。常用的设备有集线器、中继器、调制解调器、网线、双绞线、同轴电缆、光缆等。这些都是物理层的传输介质。

在该层上，OSI 采纳了各种现成的协议，其中有 RS-232、RS-449、X.21、V.35、ISDN、SONET/SDH、ADSL、USB、Bluetooth、FDDI 以及 IEEE 802 系列，如 IEEE 802.3、IEEE 802.4、IEEE 802.5、IEEE 802.11、IEEE 802.15 的物理层协议等。也正是因为各种底层物理协议均能并入到 TCP/IP 体系框架下，才使得该体系架构能得到广泛的发展与使用。

从图 2-11 的沙漏计时器形状的 TCP/IP 协议簇可看出，TCP/IP 协议可以为各式各样的应用提供服务，IP 可以支持多种多样的应用层协议，如 HTTP、FTP、DNS、DHCP 等，即 IP over Everything。同时，TCP/IP 协议允许 IP 协议在各式各样的异构网络所构成的互联网上运行，支持不同的物理传输介质与物理层数据链路层协议，如 IEEE 802.3、IEEE 802.11、IEEE 802.15 等，即 Everything over IP。

2.5 数据传输过程

图 2-12 展示了在 TCP/IP 五层体系结构下，应用进程的数据在各层之间的传递过程。为简单起见，假设主机 1 与主机 2 之间仅连接有一台路由器。

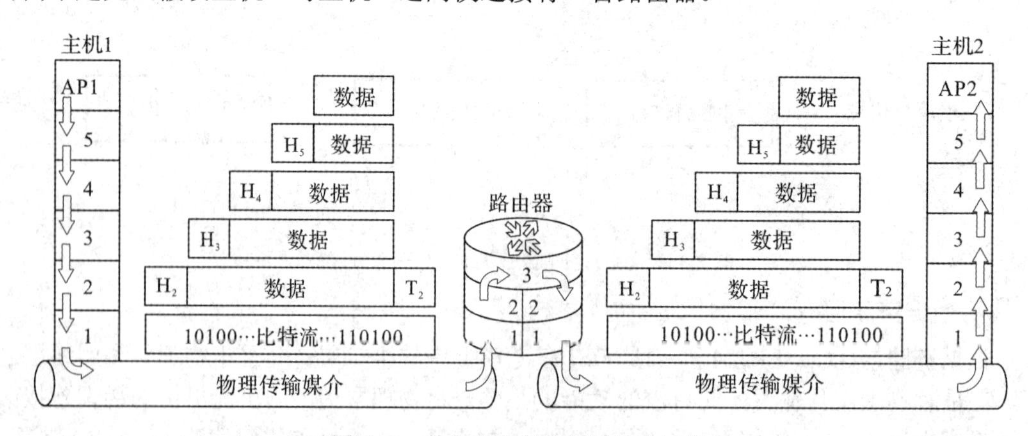

图 2-12 数据在各层之间的传递过程

每个层次接收到上层传递过来的数据后，都要将本层次的控制信息加入数据单元的头部，一些层次还要将校验和等信息附加到数据单元的尾部，这个过程叫作封装。每层封装后的数据单元的叫法不同，在应用层、表示层、会话层的协议数据单元统称为 data(数据)，在传输层协议数据单元称为 segment(数据段)，在网络层称为 packet(数据包)，数据链路层协议数据单元称为 frame(数据帧)，在物理层叫作 bits(比特流)。

当数据到达接收端时，每一层读取相应的控制信息，根据控制信息中的内容向上层传递数据单元，在向上层传递之前去掉本层的控制头部信息和尾部信息(如果有的话)。此过程叫作解封装。这个过程逐层执行直至将对端应用层产生的数据发送给本端的相应的应用进程。

从图 2-12 中我们还可以看出，主机 1 与主机 2 之间每一个对等层次称为协议，如网络层协议、传输层协议等，是“水平的”。而主机 1 的两个层次之间是提供服务的，如网络层向传输层提供服务，是“垂直的”。

另外，计算机网络的协议还必须把所有不利的条件事先都估计到，而不能假定一切都是正常的和理想的。必须非常仔细地检查这个协议能否应付各种异常情况。

课后习题

1. 互联网的两大组成部分(边缘部分与核心部分)的特点是什么？它们的工作方式各有什么特点？

2. 客户-服务器方式与 P2P 对等通信方式的主要区别是什么？有没有相同的地方？

3. 试简述分组交换的要点，并从多个方面比较电路交换、报文交换和分组交换的主要优缺点。

4. 根据网络拓扑结构，计算机网络都有哪些类别？各种类别的网络都有哪些特点？

5. 计算机网络有哪些常用的性能指标？

6. 收发两端之间的传输距离为 1000 km，信号在媒体上的传播速率为 2×10^8 m/s，试计算以下两种情况的发送时延和传播时延：

(1) 数据长度为 10^5 b，数据发送速率为 100 kb/s。

(2) 数据长度为 10^3 b，数据发送速率为 1 Gb/s。

从以上计算结果可得出什么结论？

7. 网络体系结构为什么要采用分层次的结构？试举出一些与分层体系结构的思想相似的日常生活的例子。

8. 网络协议的三个要素是什么？各有什么含义？

9. 试述具有五层协议的网络体系结构的要点，包括各层的主要功能。

10. 试解释 Everything over IP 和 IP over Everything 的含义。

11. 协议与服务有何区别？有何关系？

12. 为什么一个网络协议必须把各种不利的情况都考虑到？

第 3 章　TCP/IP 协议簇

3.1　物　理　层

3.1.1　概述

物理层考虑的是怎样才能在连接各种计算机的传输媒体上传输比特流，对需要传输数据的类型或内容并不在意。计算机网络中的硬件设备和传输媒介的种类繁多，通信方式多种多样，物理层的作用正是要尽可能地屏蔽掉这些传输媒介与通信方式的差异，使物理层之上的数据链路层感觉不到这些差异，这样数据链路层就可以专注于完成本层的协议和服务，而不必考虑网络具体的传输媒介和通信方式。物理层的主要任务描述为确定与传输媒体的接口的一些特性，即：

(1) 机械特性：指明接口所用接线器的形状和尺寸、引线数目和排列、固定和锁定装置等。

(2) 电气特性：指明在接口电缆的各条线上出现的电压的范围。

(3) 功能特性：指明某条线上出现的某一电平的电压表示何种意义。

(4) 过程特性：指明对于不同功能的各种可能事件的出现顺序。

数据在计算机内部多采用并行传输方式，但在传输媒介上一般都采用串行传输，即逐个比特地按照时间顺序传输。物理层除了负责数据传输外，还需要转换传输方式，例如并行转串行，电信号变换成光信号等。

考虑到成本、应用等多个因素，涉及物理层的连接方式(点对点，广播等)以及传输媒体(如光缆，双绞线，无线信道等)也不尽相同。

3.1.2　数据通信模型

一个数据通信系统通常可划分为三大部分，即源系统(或发送端、发送方)、传输系统(或传输网络)和目的系统(或接收端、接收方)，如图 3-1 所示。

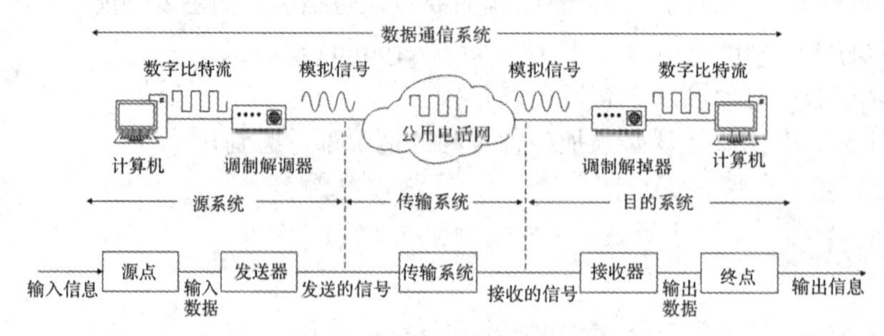

图 3-1　数据通信系统模型

在源系统中，一般包含两个部分：源点和发送器。源点指设备产生的要传输的数据，一般为数字比特流(0 或 1)。而发送器的作用则是对源点生成的数据比特流进行调制，以便在系统中进行传输。

传输系统是将原系统和目的系统连接起来的传输途径。在具体应用中，它具有复杂的网络结构。

目的系统也由两部分组成。其一是接收器。它负责对系统传送过来的数据进行解调，还原源点生成的数据比特流；其二是终点。它主要负责把从接收器传来的信息进行输出。

我们通常称这个过程为调制解调，这是一个互斥的过程。所用的发送器、接收器称为调制解调器 Modem，俗称“猫”。

3.1.3 数据编码技术

来自信源的信号常称为基带信号，即基本频带信号。像计算机输出的代表各种文字或图像文件的数据信号都属于基带信号。基带信号往往包含有较多的低频成分，甚至有直流成分，而许多信道并不能传输这种低频分量或直流分量。为了解决这一问题，就必须对基带信号进行调制(Modulation)。

调制可分为两大类。一类是使用载波(Carrier)进行调制，把基带信号的频率范围搬移到较高的频段，并转换为模拟信号，这样就能够更好地在模拟信道中传输。经过载波调制后的信号称为带通信号，即仅在一段频率范围内能够通过信道，而使用载波的调制称为带通调制。

另一类则是仅仅对基带信号的波形进行变换，使它能够与信道特性相适应。变换后的信号仍然是基带信号。这类调制称为基带调制。由于这种基带调制是把数字信号转换为另一种形式的数字信号，因此大家更愿意把这种过程称为编码(Coding)。

1. 带通调制方法

在带通调制过程中，首先要选择音频范围内的某一角频率 ω 的正弦函数作为载波，这一函数可以表示为 $\mu(t) = \mu \times \sin(\omega t + \varphi)$。在此载波函数中，有三个可以调制的参量：$\mu$、$\omega$ 和 φ，分别代表函数的幅度、频率和相位。对这三个参量的调制产生了三种调制技术：调幅、调频和调相，如图 3-2 所示。

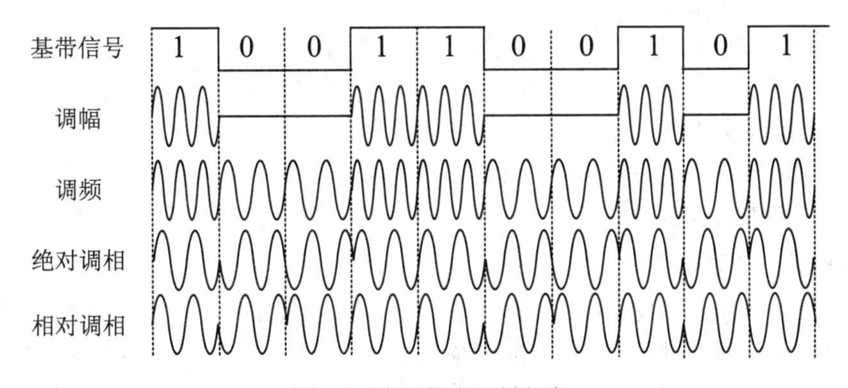

图 3-2 常用带通调制方法

(1) 调幅(AM，Amplitude Modulation)，即载波的振幅随基带数字信号而变化。0 或 1

分别对应于无载波或有载波输出，频率和相位不发生改变。其优点是调制方法简单，易实现。其缺点是抗干扰能力差，效率低。

(2) 调频(FM，Frequency Modulation)，即载波的频率随基带数字信号而变化。0 和 1 分别对应于不同的两个频率 f_1 和 f_2。其优点是调制方法简单，易实现，抗干扰能力强。

(3) 调相(PM，Phase Modulation)，即载波的初始相位随基带数字信号而变化。它又分为绝对调相和相对调相。在绝对调相中，0 或 1 分别对应于相位 0 度或 180 度(也可以反过来定义)，相对调相则用发生相位变化表示“1”，未发生相位变化表示“0”(也可以反过来定义)。其优点是抗干扰能力强，且编码效率较调频高。

为了达到更高的信息传输速率，必须采用技术上更为复杂的多元制的振幅相位混合调制方法，如正交振幅调制(QAM，Quadrature Amplitude Modulation)。

2. 常用编码方法

图 3-3 列出了常用数字信号编码方法。

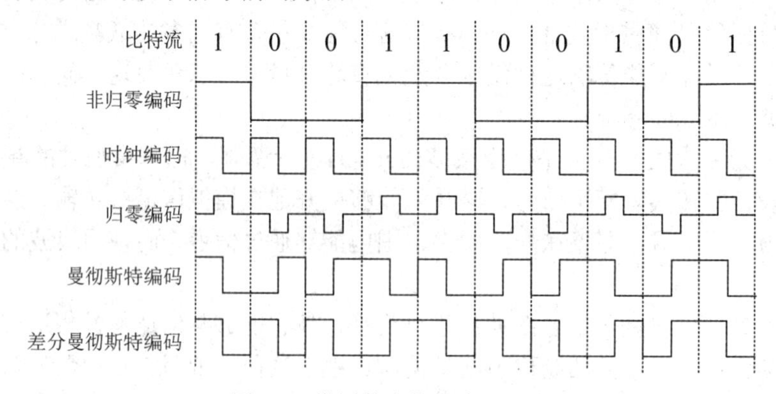

图 3-3　常用数字信号编码方法

(1) 非归零编码，正电平代表 1，负电平(不能是 0 电平)代表 0。这种方式编码简单，但不含有同步信号，接收和发送不能保持同步，不适合成块数据的一次性传输。

(2) 归零编码，正脉冲代表 1，负脉冲代表 0，每一位信号结束均会归零。

(3) 曼彻斯特编码，又称为相位编码。特点是每位中间均有一个跳变。该跳变既作为时钟，又代表数字信号的取值。由高电平变成低电平代表“1”，由低电平变成高电平代表“0”。但也可反过来定义。

(4) 差分曼彻斯特编码，在每一位的中心处始终都有跳变，该跳变只作为位同步时钟，与数据信号无关。“0”和“1”根据两位数据之间有没有跳变来区分，有跳变代表 0，没有跳变代表 1，也可反过来定义。

由于要求时钟频率是信号频率的 2 倍，曼彻斯特编码和差分曼彻斯特编码的效率都较低。但由于它们都具有自同步能力，得到了普遍的应用，已成为局域网的标准编码。

3. 模拟数据的采样编码

数字信号的传输具有失真小、误码率低、传输速率高等优点，因此常通过编码器将模拟数据进行数字化后通过数字信道传输。模拟信号数字化编码的最常见方法是脉冲编码调制(PCM，Pulse Code Modulation)。它以采样定理为基础，在等间隔的时间内，以大于等于原信号最高有效频率的两倍速率对信号 $f(t)$进行采样，以包含原信号的全部信息。模拟数据数字化编码的过程包括采样、量化和编码三个步骤，如图 3-4 所示。

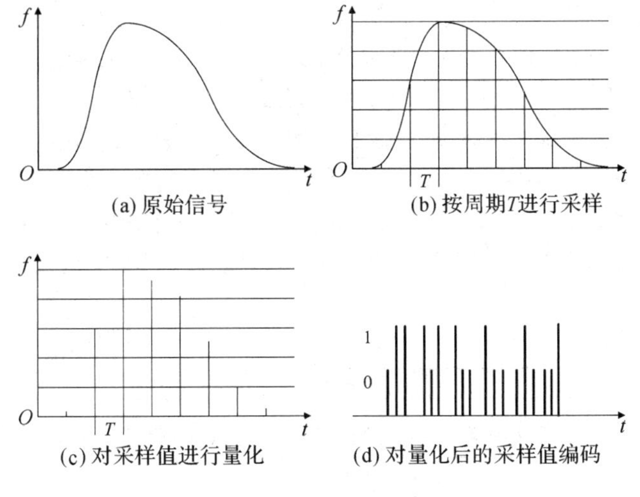

图 3-4　模拟数据数字化编码过程

3.1.4　数据传输技术

1. 信道多路复用

在数据传输中，一条数据线路中需要传输来自多个用户的信号，为了使多个信号可以互不干扰地同时传输，需要使用信号复用技术。复用(multiplexing)是通信技术中的基本概念。在计算机网络中的信道广泛地使用了各种复用技术。

图 3-5(a)表示 A_1，B_1，C_1 分别使用一个单独的信道与 A_2，B_2 和 C_2 进行通信，总共需要三个信道。但如果在发送端使用一个复用器，就可以让大家合起来使用一个共享信道进行通信。在接收端再使用分用器，把合起来传输的信息分别送到相应的终点，如图 3-5(b)所示。当然复用需要付出一定代价，比如需要使用复用器和分用器，而且共享信道由于带宽较大因而费用也较高。

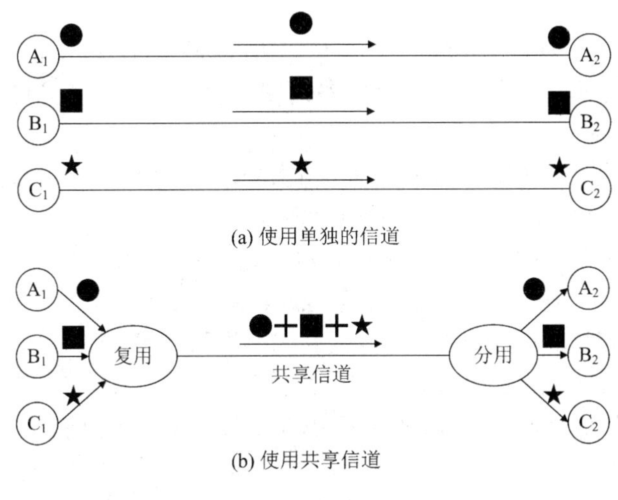

图 3-5　信道复用

2. FDM 与 TDM

信号多路复用技术有多种形式，例如频分多路复用、时分多路复用、码分多路复用、波分多路复用等，其中最基本的复用就是频分多路复用(FDM，Frequency Division Multiplexing)和时分多路复用(TDM，Time Division Multiplexing)。

FDM 将传输信道分成多个不同的频率带宽。每个用户分配一定的频带，并在通信过程中始终占用这个频带，如图 3-6(a)所示。所有用户在同样的时间占用不同的带宽资源。

而 TDM 则是将信道划分成许多等长的时隙，每一个用户在 TDM 帧中占用固定序号的时隙。该占用的时间在信道中成周期性出现，并且其周期为 TDM 帧的长度，如图 3-6(b)所示。

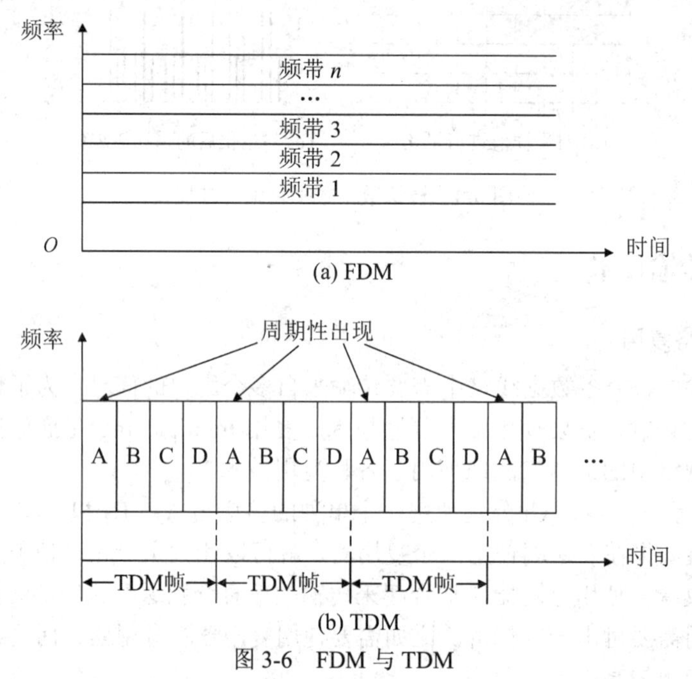

(a) FDM

(b) TDM

图 3-6　FDM 与 TDM

3. STDM

当用户空闲时(不进行数据传输时)，用户仍然占用了 TDM 帧中宝贵的时间，导致复用后的信道利用率不高。为了解决这个问题，便出现了统计时分多路复用技术(STDM，Statistical TDM)。

统计时分复用使用 STDM 帧来传送复用的数据。但每一个 STDM 帧中的时隙数小于连接在集中器上的用户数。各用户有了数据就随时发往集中器的输入缓存，然后集中器按顺序依次扫描输入缓存，把缓存中的输入数据放入 STDM 帧中。对没有数据的缓存就跳过去。当一个帧的数据放满了，就发送出去。因此，STDM 帧不是固定分配时隙，而是按需动态地分配时隙。因此统计时分复用可以提高线路的利用率。

由于 STDM 帧中的时隙并不是固定地分配给某个用户，因此在每个时隙中还必须有用户的地址信息，这是统计时分复用必须要有的和不可避免的一些开销。使用统计时分复用的集中器也叫作智能复用器，它能提供对整个报文的存储转发能力(但大多数复用器一次只能存储一个字符或一个比特)，通过排队方式使各用户更合理地共享信道。

4. WDM

在光纤传输中，常采用波分复用(WDM，Wavelength Division Multiplexing)。其实质是光的频分多路复用，这是由于光载波的频率很高，人们习惯于用波长而不是频率来表示所使用的光载波。通过传输多个频率相近的光载波信号，使光纤的传输能力可成倍地提高。现在已经能做到在一根光纤上复用几百路的光载波信号。

5. CDMA

码分复用(CDM，Code Division Multiplexing)，更耳熟能详的名字是 CDMA(Code Division Multiple Access)。这种技术使每一个用户可以在同样的时间使用同样的频带进行通信。由于各用户使用经过特殊挑选的不同码型(任意两个地址码序列相互正交)，因此各用户之间不会造成干扰。

CDMA 作为一种“扩频通信技术”，由海蒂·拉玛于 1940 年发明。因为这种系统发送的信号具有很强的抗干扰能力，其频谱类似于白噪声，保密性好，不易被敌人发现，在军事通信上得到大量应用并逐步扩大到民用的移动通信中。由于海蒂·拉玛的杰出贡献，她也被尊称为“CDMA 之母”。

3.1.5　数据传输介质

传输介质是通信网络中连接计算机的具体物理设备和数据传输物理通路，传输介质的特性包括物理描述、传输特性、信号发送形式、调制技术、传输带宽容量、频率范围、抗干扰性、有效连接距离等。传输介质可以分为两大类，即导引型传输介质和非导引型传输介质。在导引型传输介质中，电磁波被导引沿着固体媒体如铜线或光纤传播，而非引导型传输介质是电磁波在自由空间中传播，常称为无线传输。图 3-7 是电磁波频谱图。

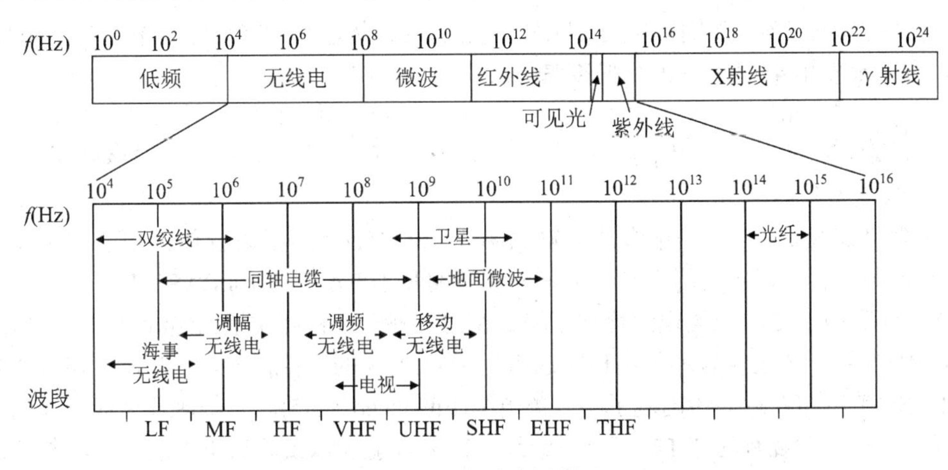

图 3-7　电磁波频谱图

1. 导引型传输介质

导引型传输介质主要包括双绞线、同轴电缆、光纤等。

1) 双绞线

双绞线(TP，Twisted Pair)，也称为双扭线，由以螺旋形拧在一起的一对包有绝缘层的铜线组成。它是目前最常用的一种传输介质，既可传输模拟信号，也可传输数字信号。对于模拟信号，每 5～6 km 需要一个放大器将衰减了的信号放大到合适的数值；对于数字信号，每 2～3 km 需要一个中继器，以便对失真了的数字信号进行整形。

常用的双绞电缆是由 4 对线(8 芯制，RJ-45 接头)按一定密度相互扭绞在一起的，可以分为屏蔽双绞线(STP，Shielded Twisted Pair)和非屏蔽双绞线(UTP，Unshielded Twisted Pair)两类。

(1) 屏蔽双绞线。STP 的每对铜线外面有一层金属丝编织成的屏蔽层包裹着，最外层加上塑料保护套，如图 3-8(a)、(c)所示。STP 的抗干扰性能较好，误码率低，支持较远距离，具有较多网络结点和较高数据传输速率。但与 UTP 相比，安装难度大，价格昂贵。

(2) 非屏蔽双绞线。UTP 与 STP 的区别就是没有屏蔽层，如图 3-8(b)、(d)所示。每对铜线绞合在一起并依靠绞合产生的消除效果来减少信号的退化。虽然抗噪性较 STP 差，但由于其安装方便，得到了较为广泛的应用。UTP 又称为 10BaseT 电缆，“T”代表 UTP。

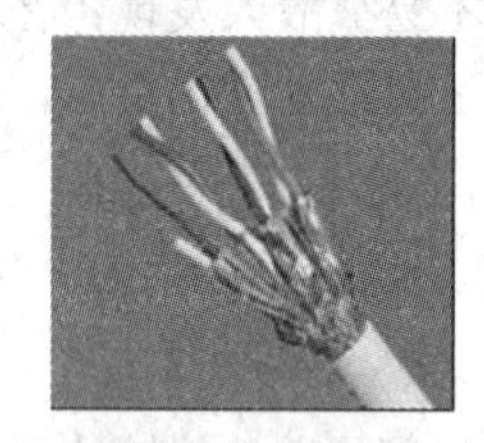
(a) STP 屏蔽双绞线

(b) UTP 非屏蔽双绞线

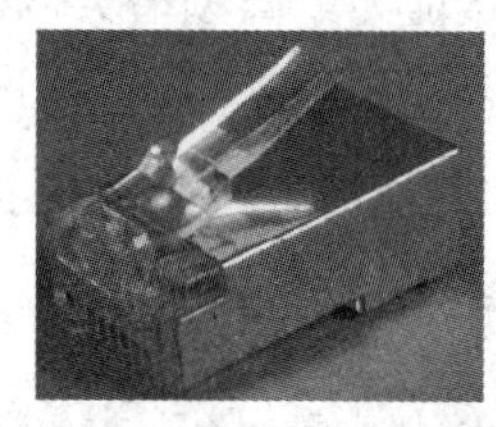
(c) 屏蔽 RJ45 连接器

(d) 非屏蔽的 RJ45 连接器

图 3-8　双绞线及 RJ45 连接器

由于性能不同，双绞线一般分为七类，以满足不同的应用场景。

(1) 第一类(Cat1)：主要用于传输语音(一类标准主要用于八十年代初之前的电话线缆)，不用于数据传输。

(2) 第二类(Cat2)：传输频率为 1 MHz，用于语音传输和最高传输速率 4 Mb/s 的数据传输，常见于使用 4 Mb/s 规范令牌传递协议的旧令牌网。

(3) 第三类(Cat3)：该电缆的传输频率为 16 MHz，用于语音传输及最高传输速率为 10 Mb/s 的数据传输，主要用于 10BASE-T，其中 10 代表最高传输速率，BASE 代表基带传输，T 代表双绞线。

(4) 第四类(Cat4)：该类电缆的传输频率为 20 MHz，用于语音传输和最高传输速率 16 Mb/s 的数据传输，主要用于基于令牌的局域网和 10BASE-T/100BASE-T。

(5) 第五类(Cat5)：该类电缆增加了绕绞密度，外套一种高质量的绝缘材料，传输频率为 100 MHz，用于语音传输和最高传输速率为 100 Mb/s 的数据传输，主要用于 100BASE-T 和 10BASE-T 网络。后面还出现了超五类电缆(Enhanced Cat5)，与普通五类双绞线结构基本相同。它是在对现有的 UTP 五类双绞线的部分性能加以改善后出现的线缆，与普通五类 UTP 相比，其衰减更小，串扰更少，同时具有更高的信噪比、更小的延时误差，性能得到了提高。传输频率可达 125 MHz 和 200 MHz，用于 100BASE-T 和 1000BASE-T 网络。

(6) 第六类(Cat6)：它比超五类电缆拥有更高的绕绞密度，线对间通常采用十字骨架分隔器，在施工安装方面，比超五类难度更大。其各项参数都有较大提高，其传输频率扩展至 250 MHz 或更高，适用于千兆以太网。

(7) 第七类(Cat7)：能满足 600 MHz 以上，甚至 1.2 GHz 的传输性能要求，应用于万光以太网中。六类布线既可以使用 UTP，也可以使用 STP，而七类布线只基于屏蔽电缆。七类电缆内每个绞对有铝箔屏蔽，外加一个总屏蔽，这使得七类电缆有一个较大的线径。从七类标准开始布线历史上出现“RJ 型”和“非 RJ”型接口的划分。

2) 同轴电缆

同轴电缆由内导体铜质芯线(单股实心线或多股绞合线)、绝缘层、网状编织的外导体屏蔽层(也可以是单股的)以及保护塑料外层所组成，如图 3-9 所示。外导体的作用是屏蔽电磁干扰和辐射，也可以作信号地线。同轴电缆具有较高的带宽和极好的抗干扰特性，能用于长距离的信号传输，但数据传输速率不太高。

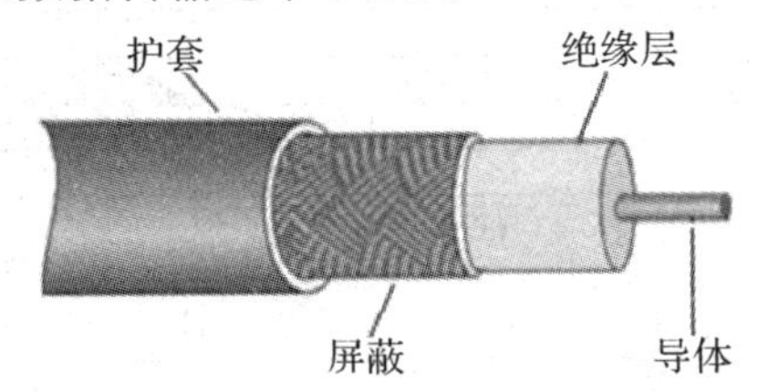

图 3-9　同轴电缆的结构

同轴电缆分为用于传输数字信号的 50 Ω 电缆(也称基带同轴电缆)和用于有线电视(CATV)系统的 75 Ω 标准电缆两类。50 Ω 同轴电缆有粗缆和细缆两种，分别称为 10Base5 电缆和 10Base2 电缆。其中“10”表示数据传输速率为 10 Mb/s；“Base”为基带传输；“5”表示最大段长度为 500 m；“2”表示段长度为 185 m。

在局域网发展的初期曾广泛地使用同轴电缆作为传输媒体。但随着技术的进步，在局域网领域基本上都采用双绞线作为传输媒体。目前同轴电缆主要用在工厂的各种现场总线、有线电视网的居民区中。

3) 光纤

光导纤维，简称光纤或者光缆，它利用光导纤维传递光脉冲来进行通信，是目前发展最为迅速的传输介质。光纤是用玻璃或者其他材料拉丝而成，加上外包层后直径一般不超过 0.2 mm，在发送端通过用激光器或发光二极管将电信号转换为光信号发送，光波穿过中心纤维到达目的端来进行数据传输。

包层较纤芯有较低的折射率，当光线从高折射率的媒体射向低折射率的媒体时，其折射角将大于入射角。因此，如果入射角足够大，就会出现全反射，即光线碰到包层时就会折射回纤芯。这个过程不断重复，光也就沿着光纤传输下去，如图 3-10 所示。只要从纤芯中射到纤芯表面的光线的入射角大于某个临界角度，就可产生全反射。因此适用于以极快的速度传输巨量的信息，可达 10 Gb/s，实验室中单条光纤最大速度已达到了 26 Tb/s。按光纤构成材料不同，可分为玻璃纤维、石英纤维、塑料纤维、液芯纤维等。

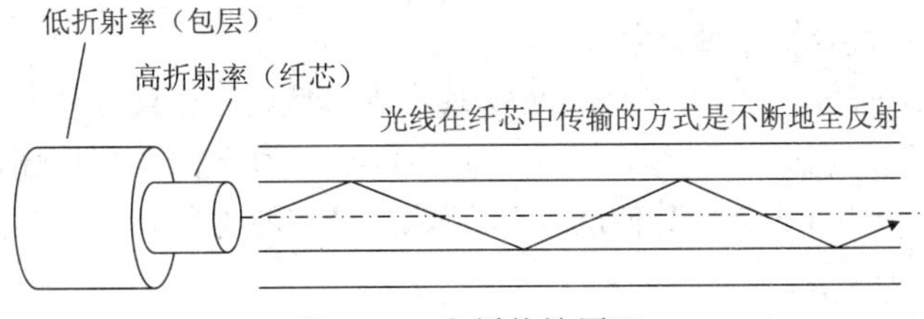

图 3-10　光纤传输原理

当纤维直径比光波波长大得多时，由于光进入纤维芯的角度不同，在纤维芯中的传播路径也不同，此时就有许多模式同时存在，这种光纤称为多模光纤，如图 3-11 所示。多模光纤在局域网中经常使用。而当纤维芯直径与光波波长相差不大时，光进入光纤芯的角度差别较小，传播路径也较少，模式比较单一，这种光纤称为单模光纤。单模光纤的纤芯很细，其直径只有几个微米，制造起来成本较高。同时单模光纤的光源要使用昂贵的半导体激光器，而不能使用较便宜的发光二极管。但单模光纤的衰耗较小，在 100 Gb/s 的高速率下可传输 100 千米而不必采用中继器，在广域网中经常使用。

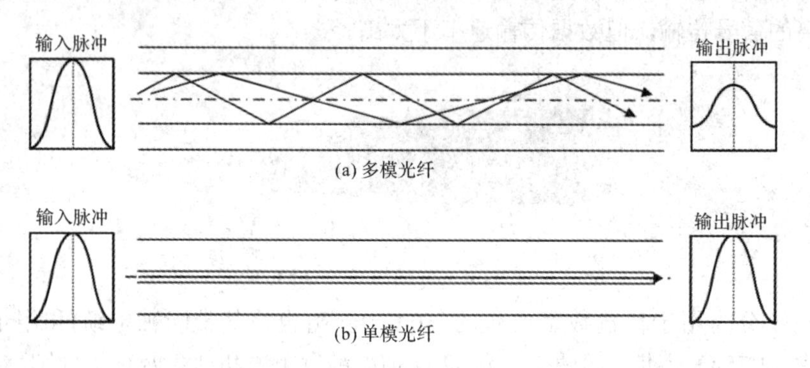

图 3-11　多模光纤与单模光纤

相对于双绞线与同轴电缆，光纤具有数据传输速率高、带宽高、衰减小、传输距离远、抗干扰能力强、保密性好、信号延迟小、质量轻、体积小、易施工等优点，但光缆(一根光缆包含了上百根光纤)的连接与分接技术要求较高，且光电接口较昂贵。

2. 非导引型传输媒体

非导引型传输介质其实就是无线通信，主要应用于难以铺设电缆(如海或湖中的岛屿、有峡谷的区域等)或需要频繁移动(如野外工作队)条件下的信号传输，这也是当今世界上发展前景最好的一门通信技术之一。根据传输距离的远近，我们可以将其划分为短距离无线通信技术与长距离无线通信技术。

1) 短距离无线通信技术

常见的短距离无线通信包括 IrDA、Bluetooth、WiFi、UWB 和 Zigbee 等。

(1) IrDA(Infrared Data)红外数据传输。IrDA 是一种利用红外线进行点对点通信的技术，其硬件及相应软件技术都已比较成熟。作为第一个实现无线个人局域网(PAN)的技术，起初采用 IrDA 标准的无线设备仅能在 1 m 范围内以 115.2 kb/s 速率传输数据，很快发展到 4 Mb/s、16 Mb/s 的速率。在小型移动设备，如 PDA、手机上广泛使用。事实上，当今出厂的 PDA 以及许多手机、笔记本电脑、打印机等产品都支持 IrDA，多用于室内短距离传输，目前很多应用场合逐渐被蓝牙所取代。

IrDA 无需申请频率使用权，因而红外线通信成本低，并且具有移动通信所需要的体积小、功耗低、连接方便、简单易用的特点。但 IrDA 作为一种视距传输，两个相互通信的设备之间必须对准，中间不能有其他的物体阻隔，穿透能力差。其点对点的传输连接，也导致无法灵活地组成网络。

(2) Bluetooth 蓝牙。Bluetooth 是我们生活随处可见的无线传输技术，可实现固定设备、移动设备和楼宇之间的短距离数据交换。最初由电信巨头爱立信公司于 1994 年创制，当时是作为 RS232 数据线的替代方案，目前已发展至蓝牙 5.0，在传输速率、功耗水平上均有较好的表现。

蓝牙的波段为 2400～2483.5 MHz(包括防护频带)，这是全球范围内无需取得执照(但并非无管制的)的工业、科学和医疗用(ISM)波段的 2.4 GHz 短距离无线电频段。蓝牙的数据速率为 1 Mb/s，传输距离约 10 米左右，支持点对点及点对多点通信。蓝牙较多用于手机、数码相机、游戏机、PC 外设、手表、体育健身、医疗保健、汽车和家用电子等方面。

(3) WiFi(Wireless Fidelity)无线高保真技术。WiFi 是无线局域网(WLAN)的一个主要标准，最早的无线局域网可以追溯到 20 世纪 70 年代，基于 ALOHA 协议的 UHF 无线网络连接了夏威夷岛，是现在无线局域网的一个最初版本。

主流的 WiFi 标准是 802.11b(1999)、802.11g(2003)、802.11n(2009)、802.11ac(2013)和 802.11ax(2017)。它们之间是向下兼容的，旧协议的设备可以连接到新协议的 AP，新协议的设备也可以连接到旧协议的 AP，只是速率会降低。11b、11g 都是较早的标准，11b 最快只能到 11 Mb/s，11g 最快能达到 54 Mb/s。802.11n 的速率理论最快可以达到 600 Mb/s，802.11ac 理论最快可以达到 6.9 Gb/s，802.11ax 理论最大速率 10 Gb/s 左右，单用户速率提高不多，它的优势是在多用户、高并发场合提高传输效率。

WiFi 和蓝牙的应用在某种程度上是互补的。WiFi 通常以接入点为中心，通过接入点与路由网络里形成非对称的客户机-服务器连接。而蓝牙通常是两个蓝牙设备间的对称连接。蓝牙适用于两个设备通过最简单的配置进行连接的简单应用，如耳机和遥控器的按钮，而 WiFi 更适用于一些能够进行稍复杂的客户端设置和需要高速的应用中，尤其像通过存取节点接入网络。

(4) UWB(Ultra Wide Band)超宽带技术。UWB 技术是一种使用 1 GHz 以上频率带宽的无线载波通信技术。它不采用正弦载波，而是利用纳秒级的非正弦波窄脉冲传输数据，因此其所占的频谱范围很大。使用 UWB 技术的数据传输速率可以达到几百 Mb/s 以上，可在 3.1～10.6 GHz 频段中占用 500 MHz 以上的带宽，其典型的通信距离是 10 m。

UWB 技术具有系统复杂度低、发射信号功率谱密度低、对信道衰落不敏感、截获能力低、定位精度高等优点，主要用于构建短距离高速 WPAN、家庭无线多媒体网络以及替代高速率短程有线连接，如室内通信、高速无线 LAN、家庭网络、无绳电话、安全检测、位置测定和雷达等领域。

(5) ZigBee 技术。ZigBee 主要应用在短距离范围之内并且数据传输速率不高的各种电子设备之间。ZigBee 名字来源于蜂群使用的赖以生存和发展的通信方式，蜜蜂通过跳 ZigZag 形状的舞蹈来分享新发现的食物源的位置、距离和方向等信息。它遵循 IEEE 802.15.4 标准，使用 2.4 GHz 波段，采用跳频技术。与蓝牙相比，ZigBee 更简单、速率更慢，功率及费用也更低。它的基本速率为 250 kb/s，当降低到 28 kb/s 时，传输范围可扩大到 134 m，并获得更高的可靠性，能比较好地支持游戏、电子仪器和家庭自动化应用。

2) 长距离无线通信技术

无线电数字微波通信系统在长途大容量的数据通信中占有及其重要的地位，其频率范围为 300 MHz～300 GHz，主要是直线传播，既可传输数字信号，又可传输模拟信号。微波通信主要有两种方式：地面微波接力通信和卫星通信。

(1) 地面微波接力通信。地面微波接力通信使用波长从 1 m 到 0.01 m 的微波，并采用接力的办法，每隔一段距离设置一个微波中继站，接收上一站传输来的信号，放大后转发给下一站，来实现远距离通信，又称微波中继系统。

由于微波在自由空间或均匀媒质中是沿直线传播的，故只有在两个微波站收、发天线间的波束不受地面阻挡时，这两个站之间才能进行视距通信；在平原地区，无线架高 50～60 cm 时，通信距离约为 50 km。在建立微波传输链路时，应仔细考虑天线架高问题，尽量防止或减少微波信号在传输过程中因地面反射或大气层波导效应引起的选择性衰落。

微波接力通信适用于中等距离或远距离通信，尤其适用于自然条件不利或遭受自然灾害的地区，以及网络结构发生变化的时候，在民用及军用通信中均占有重要地位。

(2) 卫星通信。卫星通信就是利用位于 3 万 6 千千米高空的人造地球同步卫星作为太空无人值守的微波中继站的一种特殊形式的微波接力通信。卫星通信可以克服地面微波通信的距离限制，其最大特点就是通信距离远，且通信费用与通信距离无关。同步卫星发射出的电磁波可以辐射到地球三分之一以上的表面，只要在地球赤道上空的同步轨道上，等距离地放置 3 颗卫星，就能基本上实现全球通信。卫星通信的频带比微波接力通信更宽，通信容量更大，信号所受到的干扰较小，误码率也较小，通信比较稳定可靠。

卫星通信其无缝隙覆盖的能力可在陆、海、空三维空间中实现移动通信，而且数据传输的成本不随距离的增加而增加。尤其当地面有线信道遭受破坏时，可以使用卫星通信来进行联系。但它的缺点是成本高、传播时延长、受气候影响大、保密性差。

3.2 数据链路层

3.2.1 概述

数据链路层的作用是把网络层交过来的数据封装成帧发送到链路上，以及把接收到的帧中的数据取出并上交给网络层。

数据链路层使用的信道主要有两种类型：

(1) 点对点信道，采用一对一的点对点通信方式。

(2) 广播信道，采用一对多的广播通信方式。由于广播信道上连接的主机较多，需使用专用的共享信道协议来协调它们之间的数据传输，因此较复杂。

图 3-12 是主机 H_1 通过电话线上网，经过三个路由器 R_1、R_2、R_3 连接到远程主机 H_2。这条传输通路经过了电话网、局域网、广域网三种不同的网络。从协议层次上看，数据在两主机端 H_1、H_2 历经 TCP/IP 协议栈的五层，但在 R_1、R_2、R_3 路由器转发分组时只经过下面的三层。在研究数据链路层的问题时，我们可以只聚集于协议栈在水平方向的各数据链路层活动情况。

链路(Link)是从一个结点到相邻结点的一段物理线路，可以是有线的，也可以是无线的，但中间没有任何其他的交换结点。一条链路只是一条通路的一个组成部分。因此图 3-12

中 H_1 到 H_2 的通信可以看成是由四段不同的链路组成的，即 $H_1 \rightarrow R_1$、$R_1 \rightarrow R_2$、$R_2 \rightarrow R_3$、$R_3 \rightarrow H_2$，并且这四段可以采用不同的数据链路层协议来进行通信。

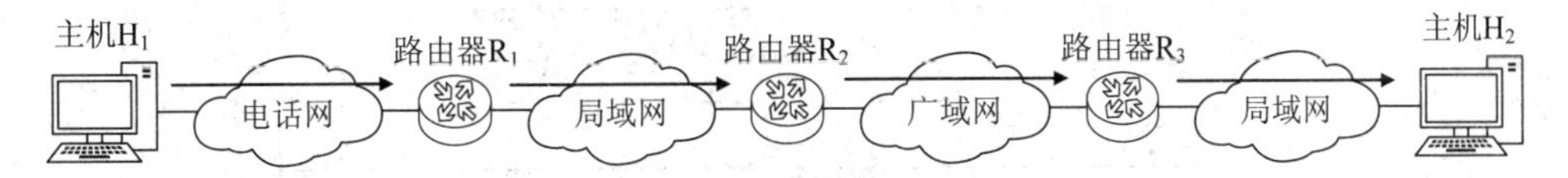

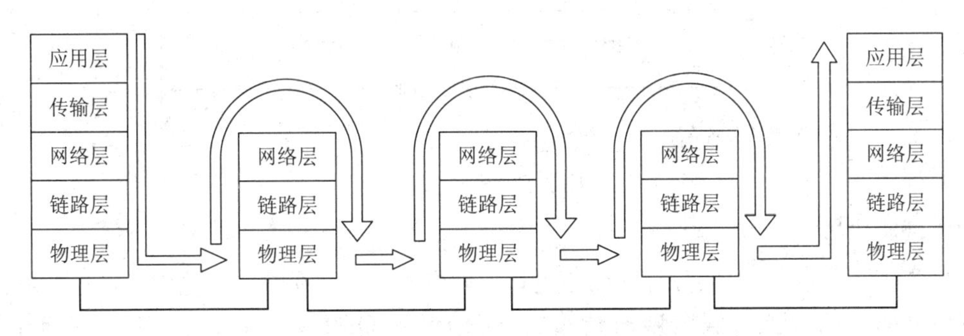

图 3-12　数据链路层中的数据传输过程

除了物理线路外，还必须有通信协议来控制这些数据的传输。若把实现这些协议的硬件和软件加到链路上，就构成了数据链路(Data Link)。现在最常用的方法是使用网络适配器(即网卡)来实现这些协议的硬件和软件。一般的网络适配器都包括了数据链路层和物理层这两层的功能。

3.2.2　使用点对点信道的数据链路层

点对点信道的数据链路层在进行通信时的主要步骤如下：

(1) 结点 A 的数据链路层把网络层交下来的 IP 数据报添加首部和尾部封装成帧。

(2) 结点 A 把封装好的帧发送给结点 B 的数据链路层。

(3) 若结点 B 的数据链路层收到的帧无差错，则从收到的帧中提取出 IP 数据报交给上面的网络层，否则丢弃这个帧。

尽管在数据链路层有众多的协议，但有三个基本问题是需要共同考虑的，它们是封装成帧、透明传输和差错检测。

1. 封装成帧

封装成帧就是在一段数据的前后分别添加首部和尾部，构成一个帧。接收端在收到物理层上交的比特流后，就能根据首部和尾部的标记，从收到的比特流中识别帧的开始和结束，如图 3-13 所示。首部和尾部的一个重要作用就是进行帧定界(即确定帧的界限)。此外，首部和尾部还包括许多必要的控制信息。

各种数据链路层协议都对帧首部和帧尾部的格式有明确的规定。为了提高帧的传输效率，应当使帧的数据部分的长度尽可能地大于首部和尾部的长度。每一种链路层协议都规定了所能传输的帧的数据部分长度上限，即最大传输单元(MTU，Maximum Transfer Unit)。

帧界定符在数据传输出现差错时显得更加有意义。如果发送端在尚未发送完一帧数据时突然出现故障而中断了发送，但很快又恢复了正常，于是重新从头开始发送刚才的数据帧。由于使用了帧界定符，接收端就能知道前面接收到的数据是不完整的帧(没有帧尾部)，必须丢弃，后面收到的数据是完整的(有明确的帧首部和帧尾部界定符)，应当接收。

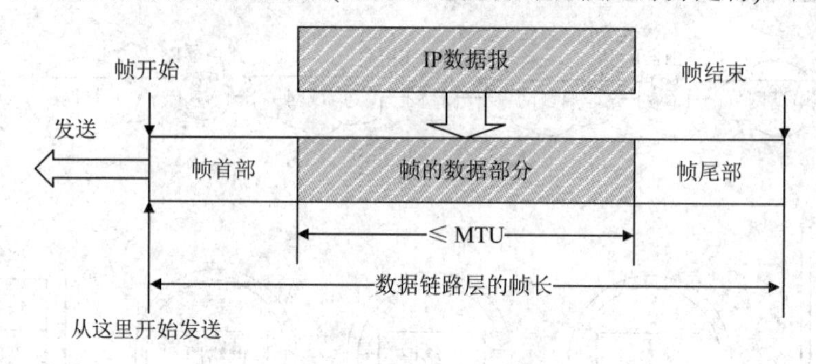

图 3-13　封装成帧

2. 透明传输

“透明”是指某一个实际存在的事物，却好像不存在。在数据传输中，这里的事物指首部和尾部中的数据。假定帧的开始由 SOH(Start Of Header)、结尾由 EOT(End Of Transmission)这样的帧界定字符，那么如果在传输的数据中出现了EOT这样的结束界定符，就可能出现传输不完全的问题，如图 3-14 所示。因此在发送端，如果在数据中出现控制字符“SOH”或“EOT”，则在前面插入一个转义字符“ESC”。而在接收端把数据送往网络层之前，删除这个插入的转义字符。这种方法称为字节填充或字符填充。如果转义字符也出现在数据当中，解决方法仍然是在转义字符的前面插入一个转义字符。因此，当接收端收到连续的两个转义字符时，就删除前面的一个，如图 3-15 所示。

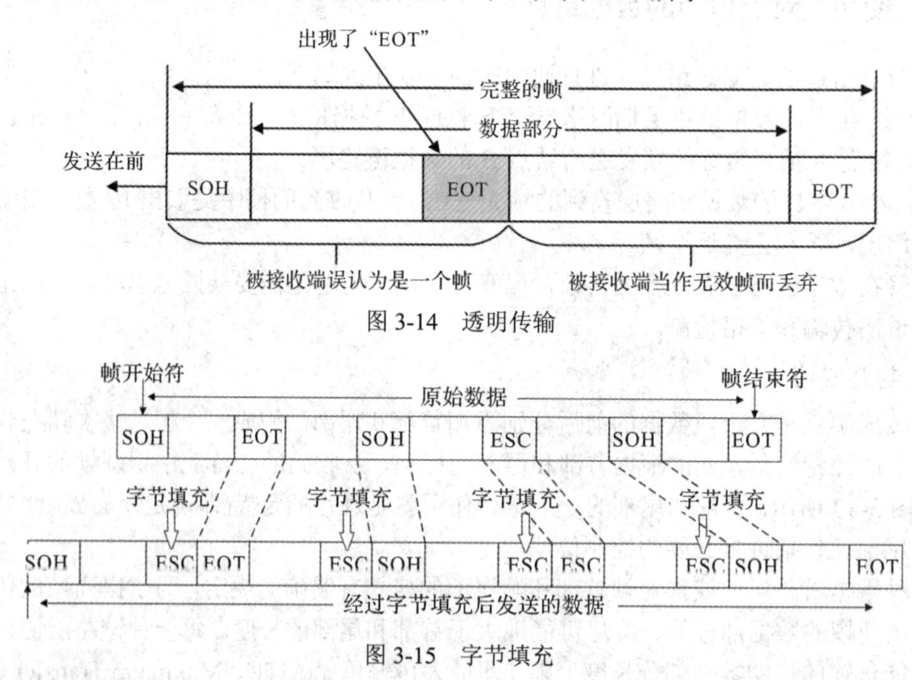

图 3-14　透明传输

图 3-15　字节填充

3. 差错检测

在传输的过程中，会出现“比特差错”，即 0 变成 1、1 变成 0 的情况，叫作比特差错。

在一段时间内传输错误的比特占所传输比特总数的比率称为误码率(BER，Bit Error Rate)。它与信噪比(SNR，Signal Noise Rate)有很大的关系，实际的通信链路不可能使误码率降为零。因此，为了保证数据传输的可靠性，必须采用各种差错检测措施。

目前在数据链路层广泛使用了循环冗余检验(CRC，Cyclic Redundancy Check)的检错技术，其特点是检错能力强、开销小，且易于用编码器及检测电路实现。通过在传输的 k 位数据后面加上 n 位冗余码构成一帧进行发送，并在接收时对该帧进行检测，确定是否出现差错。

在发送端，先把数据划分为组，假定每组 k 个比特。现假定待传送的数据 $M = 101101$ ($k = 6$)，除数 $P = 1101$(即 $n = 3$)，如图 3-16 所示。经模 2 除法运算(不带进位、不带借位除)后的结果是：商 $Q = 110010$(这个商并没有什么用处)，而余数 $R = 010$。这个余数 R 就作为冗余码拼接在数据 M 的后面发送出去。

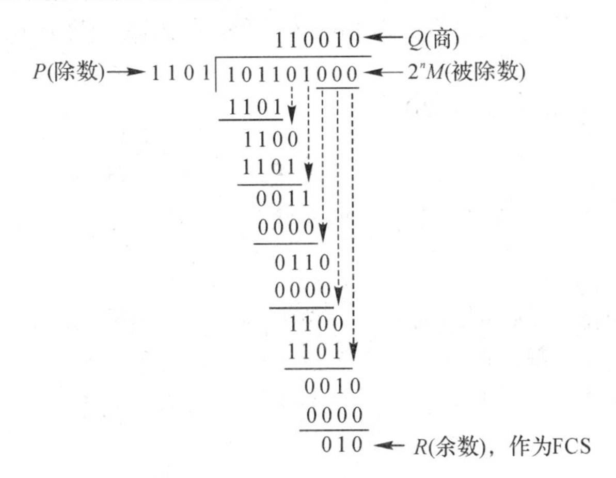

图 3-16　循环冗余校验示例

这种为了进行检错而添加的冗余码常称为帧检验序列(FCS，Frame Check Sequence)。因此加上 FCS 后发送的帧是 101101010，共有 9($k + n$)位。

在接收端，则把收到的每一个帧都除以同样的除数 P(模 2 运算)，然后检测得到的余数 R。如果在传输过程中无差错，那么经过 CRC 后得出的余数 R 肯定是 0(现在被除数为 101101010，除数 $P = 1101$)。但如果出现误码，那么余数 R 仍等于 0 的概率是非常非常小的。

总之，在接收端对收到的每一帧经过 CRC 后，有以下两种情况：

(1) 若得出的余数 $R = 0$，则判定这个帧没有差错，就接受。

(2) 若余数 $R \neq 0$，则判定这个帧有差错(但无法确定究竟是哪一位或哪几位出现了差错)，就丢弃。

为了能大概率地检测出传输错误，用于 CRC 的除数需要有一定的选择。在上面的例子中，用多项式 $P(X) = X^3 + X^2 + 1$ 表示上面的除数 $P = 1101$(最高位对应于 X^3，最低位对应于 X^0)。多项式 $P(X)$称为生成多项式。现在广泛使用的生成多项式 $P(X)$有以下几种：

$\text{CRC-16} = X^{16} + X^{15} + X^2 + 1$

$\text{CRC-CCITT} = X^{16} + X^{12} + X^5 + 1$

$\text{CRC-32} = X^{32} + X^{26} + X^{23} + X^{22} + X^{16} + X^{12} + X^{11} + X^{10} + X^8 + X^7 + X^5 + X^4 + X^2 + X + 1$

帧检验序列 FCS 可以用 CRC 这种方法得出，但 CRC 并非是用来获得 FCS 的唯一方法。其他的还有奇偶校验、海明码校验等。在数据链路层，发送端帧检验序列 FCS 的生成和接收端的 CRC 都是用硬件完成的，处理很迅速，因此并不会延误数据的传输。

除了最基本的比特差错外，还有一类传输差错更为复杂。收到的帧尽管没有出现比特差错，但出现了帧丢失、帧重复或帧失序。例如，发送方连续传送三个帧：[#l]-[#2]-[#3]。假定接收端收到的每一个帧都没有比特差错，但却出现下面的几种情况：

- 帧丢失：收到[#l]-[#3](丢失[#2])。
- 帧重复：收到[#1]-[#2]-[#2]-[#3](收到两个[#2])。
- 帧失序：收到[#1]-[#3]-[#2](后发送的帧反而先到达了接收端)。

以上三种情况都属于“出现传输差错”，但这些帧里并没有“比特差错”。帧丢失很容易理解，帧重复和帧失序的情况则较为复杂，对应的解决方案可以在 CRC 的基础上增加帧编号、确认机制、重传机制等，才能真正做到“可靠传输”(即发送什么就收到什么)。

3.2.3 使用广播信道的数据链路层

广播信道可以进行一对多的通信。局域网采用的就是广播信道，它是在 20 世纪 70 年代末发展起来的，在计算机网络中占有非常重要的地位。

1. 局域网

局域网最主要的特点是：网络为整个单位所拥有，且地理范围和站点数目均有限。在局域网刚刚出现时，局域网比广域网数据率高、时延和误码率小。随着光纤技术在广域网中的普遍使用，现在广域网也具有较高的数据率和较低的误码率。

局域网的主要优点：

(1) 广播功能，从一个站点可很方便地访问全网。局域网上的主机可共享连接在局域网上的各种硬件和软件资源。

(2) 便于系统的扩展和逐渐演变，各设备的位置可灵活调整和改变。

(3) 提高了系统的可靠性、可用性和生存性。

局域网有星型、环型、总线型等多种拓扑结构。总线网又以传统以太网(Ethernet，10 Mb/s)最为著名。局域网经过了多年的发展，尤其是在快速以太网(100 Mb/s)和吉比特以太网(1 Gb/s)、10 吉比特以太网(10 Gb/s)相继进入市场后，以太网已经在局域网市场中占据了绝对优势。现在以太网几乎成了局域网的同义词。

在一对多的广播信道方式下，满足众多用户合理而方便地共享通信媒体资源，有以下两种方法：

(1) 静态划分信道，如在 3.1.4 节中已经介绍过的频分多路复用(FDM)、时分多路复用(TDM)、波分多路复用(WDM)和码分多路复用(CDMA)等。用户只要分配到了信道就不会和其他用户发生冲突。但这种划分信道的方法代价较高，不适合于局域网使用。

(2) 动态媒体接入控制，它又称为多点接入(Multiple Access)，其特点是信道并非在用户通信时固定分配给用户。它又分为以下两类：

- 随机接入：所有的用户可随机地发送信息。但如果恰巧有两个或更多的用户在同一时刻发送信息，那么在共享媒体上就要产生碰撞(即发生了冲突)，使得这些用户的发送都失败。因此，必须有解决碰撞的网络协议。

• 受控接入：受控接入的特点是用户不能随机地发送信息而必须服从一定的控制。这类的典型代表有分散控制的令牌环局域网和集中控制的多点线路探询(polling)，或称为轮询。

以太网采用随机接入技术，受控接入在局域网中使用得较少。

2. 以太网

以太网最早是由美国施乐(Xerox)公司的 Palo Alto 研究中心于 1975 年研制成功的。它用无源电缆作为总线来传送数据帧，并以曾经在历史上表示传播电磁波的以太(Ether)来命名。在此基础上，IEEE 802 委员会的 802.3 工作组于 1983 年制定了第一个 IEEE 的以太网标准 IEEE 802.3。现在以太网的工作范围已经从局域网(校园网、企业网)扩大到城域网和广域网，从而实现了端到端的以太网传输。传输速率也从 10 Mb/s、100 Mb/s 到 1 Gb/s、10 Gb/s 甚至到 100 Gb/s 不断演进。

最早的以太网是将许多计算机都连接到一根总线上，那个时代普遍认为："有源器件不可靠，而无源的电缆线才是最可靠的"。

当一台计算机发送数据时，总线上的所有计算机都能检测到这个数据。这就是广播通信方式，但我们并不总是要在局域网上进行一对多的广播通信。为了在总线上实现一对一的通信，可以使每一台计算机的适配器拥有一个与其他适配器都不同的地址。在发送数据帧时，在帧的首部写明接收站的地址，仅当数据帧中的目的地址与适配器 ROM 中存放的硬件地址一致时，该适配器才能接收这个数据帧。适配器将不是发送给自己的数据丢弃，这样，具有广播特性的总线就实现了一对一的通信。

如图 3-17 所示，假设计算机 B 要向 D 发送数据。总线上的每一个工作的计算机都能检测到 B 发送的数据信号。由于只有计算机 D 的地址与数据帧首部写入的地址一致，因此只有 D 才接收这个数据帧。其他的计算机(A，C 和 E)都检测到这不是发送给它们的数据帧，因此不接收这个数据帧。

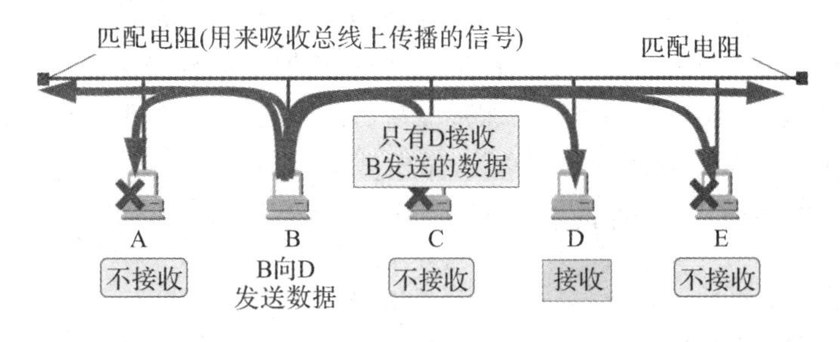

图 3-17　以太网通过广播方式实现一对一的通信

为了通信简便，以太网采用较为灵活的无连接的工作方式，即不必先建立连接就可以直接发送数据。发送方对发送的数据帧既不进行编号，也不要求对方发回确认。因此以太网提供的服务是尽最大努力的交付，即不可靠的交付。当目的站收到有差错的数据帧时(例如，用 CRC 查出有差错)，就把帧丢弃，其他什么也不做。对有差错帧是否需要重传则由高层来决定。例如，如果高层使用 TCP 协议，那么 TCP 就会发现丢失了一些数据。于是经过一定的时间后，TCP 就把这些数据重新传递给以太网进行重传，但以太网并不知道这是重传帧，而是当作新的数据帧来发送。

3. CSMA/CD 协议

在广播通信的一对多总线式以太网上，在同一时间只允许一台计算机发送数据，否则各计算机之间就会互相干扰，使得所发送数据被破坏。因此，如何协调总线上各计算机的工作就是以太网要解决的一个重要问题。以太网采用最简单的随机接入方式，但用一定的协议来减少冲突发生的概率。这就像有一屋子的人在开会讨论，但没有会议主持人控制发言。想发言的随时可发言，不需要举手示意，但我们还必须有个协议来协调大家的发言。如果你听见有人在发言，那么你就必须等别人讲完了才能发言，否则就干扰了别人的发言。但有时碰巧两个或更多的人同时发言了，那么一旦发现冲突，大家都必须立即停止发言，等听到没有人发言了你再发言。以太网采用的协调方法和上面的办法非常像，它使用的协议是 CSMA/CD(Carrier Sense Multiple Access with Collision Detection)，即载波监听多点接入/碰撞检测。

(1) 多点接入：在总线型网络中，计算机以多点接入的方式连接在一根总线上。

(2) 载波监听：总线上并没有什么“载波”，只是用电子技术来检测总线上有没有其他计算机也在发送。不管在发送前还是在发送中，每个站都必须不停地检测信道。在发送前检测信道，是为了获得发送权。如果检测出已经有其他站在发送，则自己就暂时不许发送数据，必须要等到信道变为空闲时才能发送。在发送中检测信道，是为了及时发现有没有其他站的发送和本站的发送碰撞。

(3) 碰撞检测：也称为冲突检测，就是边发送边监听，即发送方一边发送数据一边检测信道上的信号电压的变化情况，以便判断自己在发送数据时其他站是否也在发送数据。当几个站同时在总线上发送数据时，总线上的信号电压变化幅度将会增大(互相叠加)。当站点检测到的信号电压变化幅度超过一定的门限值时，就认为总线上至少有两个站同时在发送数据，表明产生了碰撞。这时，总线上传输的信号产生了严重的失真，无法从中恢复出有用的信息来。因此，任何一个正在发送数据的站，一旦发现总线上出现了碰撞，就要立即停止发送，免得继续进行无效的发送，白白浪费网络资源，然后等待一段随机时间后再次发送。当然，以太网每发送完一帧，一定会把已发送的帧暂时保留一下。这样如果在争用期(以太网的端到端往返时间，又称碰撞窗口)内检测出发生了碰撞，可以在推迟一段时间后再把这个暂时保留的帧重传一次。

因此使用 CSMA/CD 协议的以太网不可能进行全双工通信而只能进行双向交替通信(半双工通信)。

3.2.4 以太网的 MAC 层

1. 数据链路层的两个子层

为了使数据链路层能更好地适应多种局域网标准，IEEE 802 委员会就把局域网的数据链路层拆成两个子层：逻辑链路控制(LLC，Logical Link Control)子层和媒体接入控制(MAC，Medium Access Control)子层。与接入到传输媒体有关的内容都放在 MAC 子层，而 LLC 子层则与传输媒体无关，不管采用何种传输媒体和 MAC 子层的局域网对 LLC 子层来说都是透明的。

然而到了 20 世纪 90 年代后，激烈竞争的局域网市场逐渐明朗。以太网在局域网市场中已取得了垄断地位，并且几乎成为了局域网的代名词。因此现在 IEEE 802 委员会制定的逻辑链路控制子层 LLC(即 IEEE 802.2 标准)的作用已经消失了，很多厂商生产的适配器上就仅装有 MAC 协议而没有 LLC 协议。

2. 网络适配器

计算机与外界局域网的连接是通过通信适配器(Adapter)进行的，它又称为网络接口卡(NIC，Network Interface Card)或简称为“网卡”。它是在主机箱内插入的一块网络接口板，不过现在很多计算机主板上都已经集成了这种适配器。

如图 3-18 所示，在这种通信适配器上面装有处理器和存储器(包括 RAM 和 ROM)。适配器和局域网之间的通信是通过电缆或双绞线以串行传输方式进行的，而适配器和计算机之间的通信则是通过计算机主板上的 I/O 总线以并行传输方式进行的。因此适配器的一个重要功能就是要进行数据串行传输和并行传输的转换。由于网络上的数据率和计算机总线上的数据率并不相同，因此在适配器中必须装有对数据进行缓存的存储芯片。在主板上插入适配器时，还必须把管理该适配器的设备驱动程序安装在计算机的操作系统中。这个驱动程序以后就会告诉适配器，应当从存储器的什么位置上把多长的数据块发送到局域网，或者应当在存储器的什么位置上把局域网传送过来的数据块存储下来。适配器还要能够实现以太网协议。

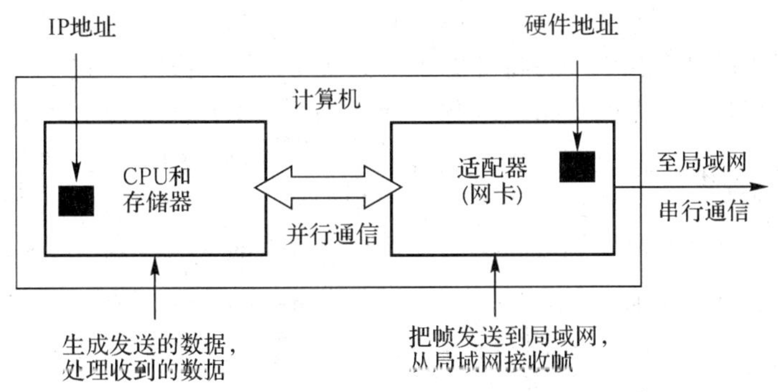

图 3-18　计算机通过适配器和局域网进行通信

适配器所实现的功能包含数据链路层及物理层这两个层次的功能。适配器在接收和发送各种帧时，不使用计算机的 CPU，这时计算机中的 CPU 可以处理其他任务。当适配器收到有差错的帧时，就把这个帧直接丢弃而不必通知计算机。当适配器收到正确的帧时，它就使用中断来通知该计算机，并交付协议栈中的网络层。当计算机要发送 IP 数据报时，就由协议栈把 IP 数据报向下交给适配器，组装成帧后发送到局域网。

需要指出的是，计算机的硬件地址存储在适配器的 ROM 中，而计算机的软件地址(IP 地址)则存储在计算机的存储器中。

3. MAC 层的硬件地址

在局域网中，硬件地址又称为物理地址或 MAC 地址(因为这种地址用在 MAC 帧中)。IEEE 802 标准为局域网规定了一种 48 位的全球地址，固化在每一个网络适配器的 ROM 中。

如果连网的计算机适配器坏了并更换了一个新的适配器，那么这台计算机的局域网的 MAC 地址也就改变了，尽管这台计算机的地理位置一点也没有变化，所接入的局域网也没有任何改变。另外，如果我们将位于苏州的某局域网上的一台笔记本电脑携带到北京，并连接在北京的某局域网上，尽管这台电脑的地理位置改变了，但只要电脑中的适配器不变，那么该电脑在北京的局域网中的 MAC 地址仍然不变。也就是说，局域网上的某台主机的 MAC 地址根本不能告诉我们这台主机位于什么地方。这个地址仅起到标识局域网中某个站的作用，而不能实际反映出在实际应用中物理位置的变化。

当全球管理时，对每一个站的地址可用 46 位的二进制数字来表示(最低位和最低第 2 位均为 0 时)。剩下的 46 位组成的地址空间可以有 2^{46}(超过 70 万亿)个 MAC 地址。当路由器通过适配器连接到局域网时，适配器上的硬件地址就用来标识路由器的某个接口。路由器如果同时连接到两个网络上，那么它就需要两个适配器和两个硬件地址。

当适配器从网络上收到一个 MAC 帧时，就先用硬件检查 MAC 帧中的目的地址。如果是发往本站的帧则收下，然后再进行其他的处理。否则就将此帧丢弃，不再进行其他的处理。这样做就不浪费主机的处理机和内存资源。这里“发往本站的帧”包括以下三种帧：

- 单播(Unicast)帧(一对一)，即收到的帧的 MAC 地址与本站的硬件地址相同。
- 广播(Broadcast)帧(一对全体)，即发送给本局域网上所有站点的帧(全 1 地址)。
- 多播(Multicast)帧(一对多)，即发送给本局域网上一部分站点的帧。

所有的适配器都至少应当能够识别前两种帧，即能够识别单播和广播地址。有的适配器可用编程方法识别多播地址。当操作系统启动时，它就把适配器初始化，使适配器能够识别某些多播地址。

以太网适配器还可设置为一种特殊的工作方式，即混杂方式。工作在混杂方式的适配器只要“听到”有帧在以太网上传输就都悄悄地接收下来，而不管这些帧是发往哪个站。这样做实际上是“窃听”其他站点的通信而并不中断其他站点的通信。网络上的黑客(Hacker 或 Cracker)常利用这种方法非法获取网上用户的口令。但混杂方式有时却非常有用。例如，网络维护和管理人员需要用这种方式来监视和分析以太网上的流量，以便找出提高网络性能的具体措施。有一种很有用的网络工具叫作嗅探器(Sniffer)，就使用了设置为混杂方式的网络适配器。此外，这种嗅探器还可帮助学习网络的人员更好地理解各种网络协议的工作原理。

4. MAC 帧的格式

以太网的 MAC 帧由五个字段组成，前两个字段分别为 6 字节长的目的地址和源地址，如图 3-19 所示。第三个字段是 2 字节的类型字段，用来标志上一层使用的是什么协议，以便把收到的 MAC 帧的数据上交给上一层的这个协议。例如，当类型字段的值是 0x0800 时，就表示上层使用的是 IP 数据报，若类型字段的值为 0x8137，则表示该帧是由 Novell IPX 发过来的。第四个字段是数据字段，其长度在 46～1500 字节之间(46 字节是这样得出的：最小长度 64 字节减去 18 字节的首部和尾部就得出数据字段的最小长度)。最后一个字段是 4 字节的帧检验序列 FCS(使用 CRC 检验)。

在 MAC 帧格式中，其首部并没有一个帧长度(或数据长度)字段。以太网采用曼彻斯特编码进行数据传输。从 3.1.3 节可知，无论是传输 1 或 0，这种编码的每一个码元的正中间一定有一次电压的转换(从高到低或从低到高)。当发送方把一个以太网帧发送完毕后，就不再发送其他码元了(既不发送 1，也不发送 0)。因此，发送方网络适配器的接口上的电压也就不再变化了。这样，接收方就可以很容易地找到以太网帧的结束位置。在这个位置往前数 4 字节 FCS 字段，就能确定数据字段的结束位置。

从图 3-19 可看出，在物理层传输媒介上实际传送的要比 MAC 帧还多 8 字节。这是因为当一个站在刚开始接收 MAC 帧时，由于适配器的时钟尚未与到达的比特流达成同步，因此 MAC 帧的最前面的若干位就无法接收，结果使整个的 MAC 成为无用的帧。为了接收端迅速实现位同步，从 MAC 子层向下传到物理层时还需要在帧的前面插入 8 字节(由硬件生成)，它由两个字段构成。第一个字段是 7 个字节的前同步码(1 和 0 交替码)，它的作用是使接收端的适配器在接收 MAC 帧时能够迅速调整其时钟频率，使它和发送端的时钟同步，也就是“实现位同步”。第二个字段是帧开始定界符，定义为 10101011。它的前 6 位的作用和前同步码一样，最后的两个连续的 1 就是告诉接收端适配器：“MAC 帧的信息马上就要来了，请适配器注意接收”。因此，MAC 帧的 FCS 字段的检验范围不包括前同步码和帧开始定界符。

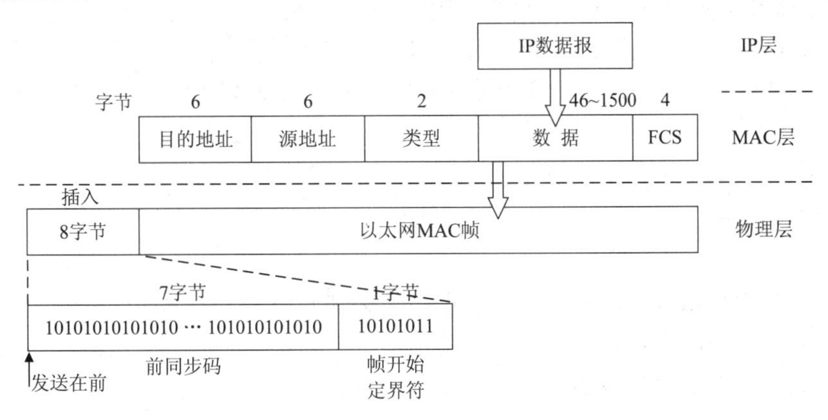

图 3-19　MAC 帧格式

当数据字段的长度小于 46 字节时，MAC 子层就会在数据字段的后面加入一个整数字节的填充字段，以保证以太网的 MAC 帧总长度不小于 64 字节(对于 10 Mb/s 以太网，发送 512 b 即 64 字节的时间需要 51.2 μs，也就是 CSMA/CD 协议里提到的争用期窗口)。注意到图 3-19 中 MAC 帧的首部并没有指出数据字段的长度是多少，在有填充字段的情况下，接收端的 MAC 子层在剥去首部和尾部后就把数据字段和填充字段一起交给上层协议。由于 IP 层应当丢弃没有用处的填充字段，上层协议必须具有识别有效的数据字段长度的功能。在 3.3.3 节可以知道，当上层使用 IP 协议时，其首部有一个“总长度”字段，加上填充字段的长度，就应当等于 MAC 帧数据字段的长度。例如，当 IP 数据报的总长度为 37 字节时，填充字段共有 9 字节。当 MAC 帧把 46 字节的数据上交给 IP 层后，IP 层就把后面 9 个字节的填充字段丢弃。

还需注意，在以太网上传送数据时是以帧为单位传送的。以太网在传送帧时，各帧之间还必须有一定的间隙。因此，接收端只要找到帧开始定界符，其后面的连续到达的比特流就都属于同一个 MAC 帧。因此以太网既不需要使用帧结束定界符，也不需要使用字节插入来保证透明传输。

帧间最小间隔为 9.6 μs，相当于 96 b 的发送时间。一个站在检测到总线开始空闲后，还要等待 9.6 μs 才能再次发送数据。这样做是为了使刚刚收到数据帧的站清理缓存，做好接收下一帧的准备。IEEE 802.3 标准规定凡出现下列情况之一的即为无效的 MAC 帧：

(1) 帧的长度不是整数字节；

(2) 帧检验序列 FCS 检测出有差错；

(3) 收到的帧的数据字段的长度不在 46～1500 字节之间。考虑到 MAC 帧首部和尾部的长度共有 18 字节，可以得出有效的 MAC 帧长度为 64～1518 字节之间。

对于检查出的无效 MAC 帧就简单地丢弃。以太网不负责重传丢弃的帧。

3.2.5　虚拟局域网

1. VLAN 组网

虚拟局域网(VLAN，Virtual LAN)是由一些局域网网段构成的与物理位置无关的逻辑组。这些网段具有某些共同的需求。每一个 VLAN 的帧都有一个明确的标识符，指明发送这个帧的工作站是属于哪一个 VLAN。利用以太网交换机可以很方便地实现虚拟局域网。虚拟局域网其实只是局域网给用户提供的一种服务，而并不是一种新型的局域网。

图 3-20 给出了一个使用了四个交换机的网络拓扑。设有 10 台计算机分配在三个楼层中，构成了三个局域网，即：

- LAN1：(A_1，A_2，B_1，C_1)
- LAN2：(A_3，B_2，C_2)
- LAN3：(A_4，B_3，C_3)

但这 10 个用户划分为三个工作组，也就是说划分为三个虚拟局域网：

- VLAN1：(A_1，A_2，A_3，A_4)
- VLAN2：(B_1，B_2，B_3)
- VLAN3：(C_1，C_2，C_3)

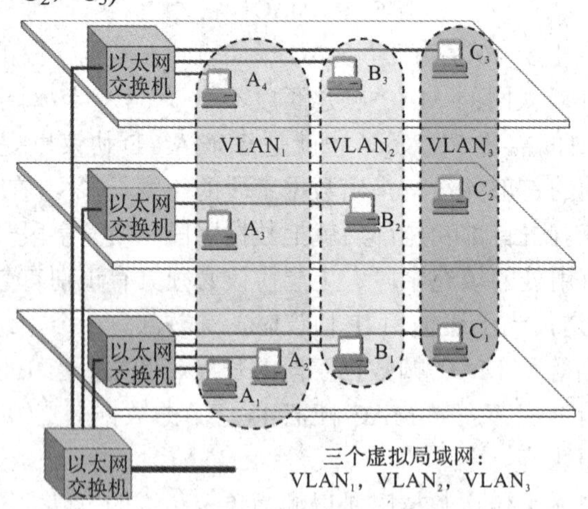

图 3-20　虚拟局域网划分实例

从图 3-20 可看出，每一个 VLAN 的计算机可处在不同的局域网中，也可以不在同一层楼中。利用以太网交换机可以很方便地将这 10 台计算机划分为三个虚拟局域网：$VLAN_1$、$VLAN_2$ 和 $VLAN_3$。在虚拟局域网上的每一个站都可以收到同一个虚拟局域网上的其他成员所发出的广播。例如，计算机 B_1、B_2、B_3 同属于虚拟局域网 $VLAN_2$。当 B_1 向工作组内成员发送数据时，计算机 B_2 和 B_3 将会收到广播的信息，虽然它们没有和 B_1 连在同一个以太网交换机上。相反，当 B_1 向工作组内成员发送数据时，尽管计算机 A_1、A_2 和 C_1 都与 B_1 连接在同一个以太网交换机上，但它们都不会收到 B_1 发出的广播信息。以太网交换机不向虚拟局域网以外的计算机传送 B_1 的广播信息。这样，虚拟局域网限制了接收广播信息的计算机数，使得网络不会因传播过多的广播信息(即所谓的"广播风暴")而引起性能恶化。

由于虚拟局域网是用户和网络资源的逻辑组合，因此可按照需要将有关设备和资源非常方便地重新进行组合，使用户从不同的服务器或数据库中存取所需的资源。

2. VLAN 帧格式

1988 年 IEEE 批准了 802.3ac 标准，定义了以太网的帧格式的扩展，用于支持虚拟局域网。该协议在以太网帧格式的基础上，在源地址字段和类型字段之间插入了一个 4 字节的标识符，称为 VLAN 标记(tag)，用来指明发送该帧的计算机属于哪一个虚拟局域网。插入 VLAN 标记得出的帧称为 802.1Q 帧，如图 3-21 所示。

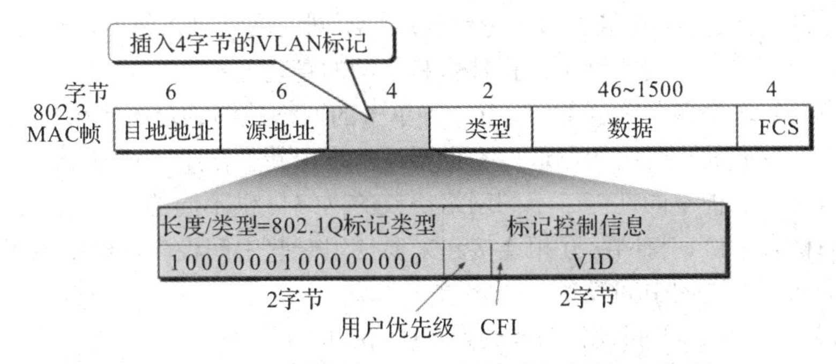

图 3-21　MAC 帧插入 VLAN 标记后变成了 802.1Q 帧

VLAN 标记的前两个字节总是设置为 0x8100(即二进制的 10000001 00000000)，称为 IEEE 802.1Q 标记类型。当数据链路层检测到 MAC 帧的源地址字段后面的两个字节的值是 0x8100 时，就知道现在插入了 4 字节的 VLAN 标记，并接着检查后面两个字节的内容。

在后面的两个字节中，前 3 位是用户优先级字段，接着的一位是规范格式指示符 CFI (Canonical Format Indicator)，最后的 12 位是该虚拟局域网 VLAN 标识符 VID(VLAN ID)，它唯一地标记了这个以太网帧属于哪一个 VLAN。由于用于 VLAN 的以太网帧的首部增加了 4 个字节，因此以太网的最大帧长从原来的 1518 字节(1500 字节的数据加上 18 字节的首部)变为 1522 字节。

3.3　网　络　层

在计算机网络领域，网络层应该向传输层提供怎样的服务("面向连接"还是"无连接")曾引起了长期的争论。争论焦点的实质就是：在计算机通信中，可靠交付应当由谁来负责？是网络还是端系统？

互联网的先驱者们认为，电信网提供的端到端可靠传输的服务对电话业务无疑是很合适的，但计算机网络的端系统是智能的计算机。计算机有很强的差错处理能力(这点和传统的电话机有本质上的差别)。因此，互联网采用的设计思路是这样的：网络层向上只提供简单灵活的、无连接的、尽最大努力交付的数据报服务。网络在发送分组时不需要先建立连接；每一个分组(也就是 IP 数据报)独立发送，与其前后的分组无关(不进行编号)；网络层不提供服务质量的承诺。也就是说，所传送的分组可能出错、丢失、重复和失序，当然也不保证分组交付的时限。

由于传输网络不提供端到端的可靠传输服务，这就使网络中的路由器比较简单，且价格低廉(与电信网的交换机相比较)。如果主机(即端系统)中的进程之间的通信需要是可靠的，那么就由网络的主机中的传输层负责(包括差错处理、流量控制等)。采用这种设计思路的好处是：网络造价大大降低，运行方式灵活，能够适应多种应用。互联网能够发展到今日的规模，也充分证明了当初采用这种设计思路的正确性。

3.3.1 虚拟网络互联

要在全世界范围内把数以百万计的网络都互联起来并相互通信，有许多需要解决的问题，如：不同的寻址方案、不同的最大分组长度、不同的网络接入机制、不同的超时控制、不同的差错恢复方法、不同的路由选择技术和不同的管理与控制方式等。

由于用户的需求是多种多样的，没有一种单一的网络能够满足所有用户的需求。另外，网络技术是不断发展的，网络的制造厂家也要经常推出新的网络，在竞争中求生存。因此在市场上总是有很多种不同性能、不同网络协议的网络，供不同的用户选用。

从一般的概念来讲，将网络互相连接起来要使用一些中间设备。根据中间设备所在的层次，有以下四种不同的中间设备：

(1) 物理层，使用的中间设备叫作转发器(Repeater)。

(2) 数据链路层，使用的中间设备叫作网桥或桥接器(Bridge)。

(3) 网络层，使用的中间设备叫作路由器(Router)。

(4) 网络层以上，使用的中间设备叫作网关(Gateway)。

当中间设备是转发器或网桥时，这仅仅是把一个网络扩大了，而从网络层的角度看，这仍然是一个网络，一般并不称之为网络互联。路由器其实就是一台专用计算机，用来在互联网中进行路由选择。网关通常在高层进行协议的转换以连接两个不兼容的系统。

当很多异构网络通过路由器互联起来时，如果所有的网络都使用相同的 IP 协议，可以把互联以后的计算机网络看成一个虚拟的互联网络(Internet)，又称为 IP 网。当 IP 网上的主机进行通信时，它们看不见互联的各网络的具体异构细节(如具体的编址方案、路由选择协议，等等)，就好像在一个单个网络上通信一样。如果在这种覆盖全球的 IP 网的上层使用 TCP 协议，那么就是现在的互联网(Internet)。

在图 3-22 中，互联网中的源主机 H_1 要把一个 IP 数据报发送给目的主机 H_2。根据分组交换技术的存储转发规则，主机 H_1 先要查找自己的路由表，看目的主机是否就在本网络上。如是，则不需要经过任何路由器而是直接交付，任务完成。如不是，则必须把 IP 数据报发送给某个路由器(图中的 R_1)。R_1 在查找了自己的路由转发表后，知道应当把数据报转发给 R_1 进行间接交付。这样一直转发下去，最后由路由器 R_5 知道自己是和 H_2 连接在同一个网络上，不需要再使用别的路由器转发了。于是就把数据报直接交付目的主机 H_2。

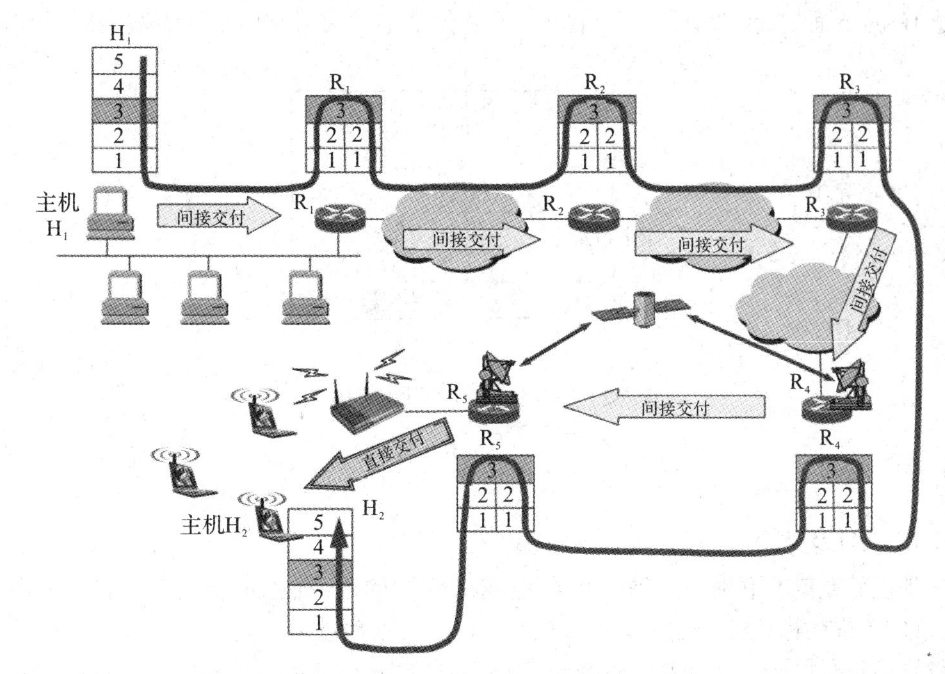

图 3-22　IP 分组在互联网中的传送

图 3-22 中的数据在各协议栈流动的方向用粗实线表示。其中，主机的协议栈共有五层，从下往上分别是物理层、数据链路层、网络层、传输层和应用层，但路由器的协议栈只需要下三层。

另外，在 R_4 和 R_5 之间使用了卫星链路，而 R_5 所连接的是无线局域网。在 R_1 到 R_4 之间的三个网络则可以是任意类型的网络。总之，这里强调的是：互联网可以由多种异构网络互联组成。

如果我们只从网络层考虑问题，那么 IP 数据报就可以想象是在网络层中传送，其传送路径是：

$$H_1 \rightarrow R_1 \rightarrow R_2 \rightarrow R_3 \rightarrow R_4 \rightarrow R_5 \rightarrow H_2$$

因此，在这样的虚拟网络上讨论如何寻址将更加简单。

3.3.2　网络层协议

网络层协议(IP，Internet Protocol)是 TCP/IP 体系中最主要的协议之一，也是最重要的互联网标准协议之一。这里所讲的 IP 其实是 IP 的第 4 个版本，记为 IPv4。另外还有 IPv6 版本。与 IP 协议配套使用的还有 4 个协议：

- 地址解析协议(ARP，Address Resolution Protocol)。
- 网际控制报文协议(ICMP，Internet Control Message Protocol)。
- 网际组管理协议(IGMP，Internet Group Management Protocol)。
- 反向地址解析协议(RARP，Reversed Address Resolution Protocol)。

图 3-23 描述了这 4 个协议和网络层协议的关系。尽管它们处于同一层次中，但 ARP、RARP 并没有使用 IP 的帧格式，且 IP 经常要使用这个协议来获得相应的 MAC 地址，因

此处于 IP 的下面。而 ICMP 和 IGMP 处于 IP 的上部，因为它们是作为数据被封装在 IP 内的。

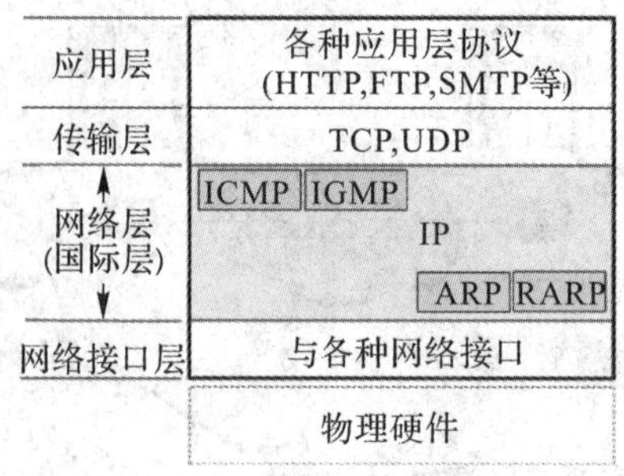

图 3-23　网络层协议及其配套协议

3.3.3　IP 地址

1. IP 地址及其记法

IP 地址就是给互联网上的每一台主机(或路由器)的每一个接口分配一个在全世界范围内唯一的 32 位的标识符，使人们可以在互联网上方便地进行寻址。IP 地址现在由互联网名字和数字分配机构(ICANN，Internet Corporation for Assigned Names and Numbers)进行分配。

最初，IP 地址被划分为若干个固定类，每一类地址都由两个固定长度的字段组成的，其中第一个字段是网络号(net-id)，它标识该主机(或路由器)所连接到的网络。该网络号在整个互联网范围内必须是唯一的。第二个字段是主机号(host-id)，它标识该主机(或路由器)。主机号在它所在的网络号中所指明的网络范围内必须是唯一的。因此，一个 IP 地址在整个互联网范围内是唯一的。

为了提高可读性，我们常常把 32 位的 IP 地址中的每 8 位插入一个空格(但在机器中并没有这样的空格)。为了便于书写，可用其等效的十进制数字表示，并且在这些数字之间加上一个点。这就叫作点分十进制记法(Dotted Decimal Notation)。图 3-24 给出了 IP 地址 135.19.99.77 的表示方法。显然，它比 10000111000100110110001101001101 书写起来要方便得多。

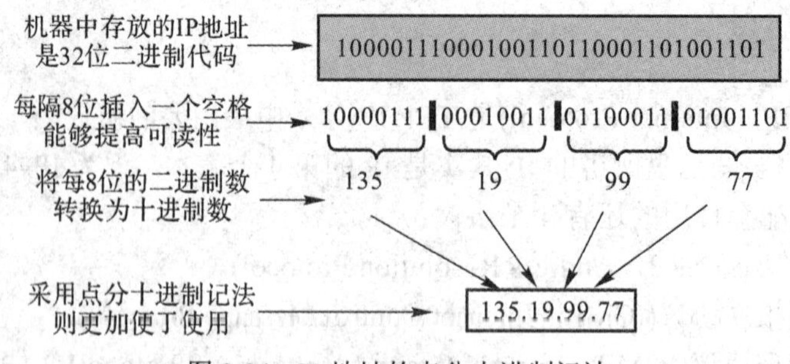

图 3-24　IP 地址的点分十进制记法

2. IP 地址分类

图 3-25 给出了各种 IP 地址的网络号字段和主机号字段，这里 A 类、B 类和 C 类地址都是单播地址(一对一通信)，是最常用的。

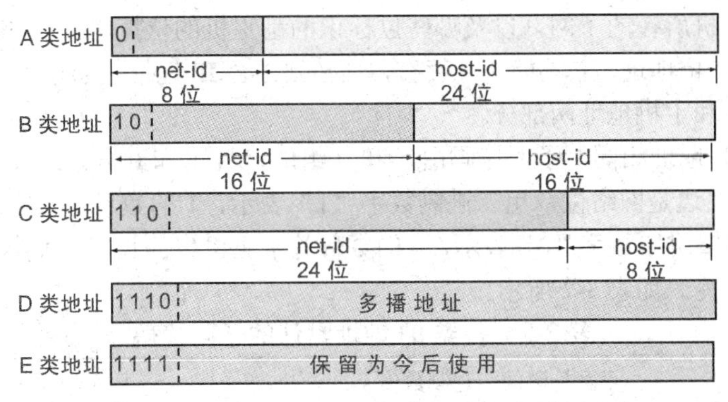

图 3-25　IP 地址的网络号字段和主机号字段

A 类、B 类和 C 类地址的网络号字段分别为 1 个、2 个和 3 个字节长，而在网络号字段的最前面有 1～3 位的类别位，其数值分别规定为 0、10 和 110。A 类、B 类和 C 类地址的主机号字段分别为 3 个、2 个和 1 个字节长。D 类地址(前 4 位是 1110)用于多播(一对多通信)。E 类地址(前 4 位是 1111)保留为以后用。

IP 地址空间共有 2^{32}(即 4 294 967 296)个地址。整个 A 类地址空间共有 2^{31} 个地址，占整个 IP 地址空间的 50%。B 类地址空间共约有 2^{30} 个地址，占整个 IP 地址空间的 25%。C 类地址空间共约有 2^{29} 个地址，占整个 IP 地址的 12.5%。各类 IP 地址的指派范围如表 3-1 所示。

表 3-1　各类 IP 地址的指派范围

网络类别	最大可指派的网络数	第一个可指派的网络号	最后一个可指派的网络号	每个网络中的最大主机数
A	126 (2^7-2)	1	126	16 777 214
B	16 383 ($2^{14}-1$)	128.1	191.255	65 534
C	2 097 151 ($2^{21}-1$)	192.0.1	223.255.255	254

A 类地址的网络号字段占 1 个字节，只有 7 位可供使用(该字段的第一位已固定为 0)，但可指派的网络号是 126 个(即 2^7-2)。减 2 的原因是：全 0 表示“本网络”，它是个保留地址；全 1 即网络号为 127(即 01111111)，保留作为本地软件环回测试(Loopback Test)本主机的进程之间的通信之用。若主机发送一个目的地址为环回地址(例如 127.0.0.1)的 IP 数据报，则本主机中的协议软件就处理数据报中的数据，而不会把数据报发送到任何网络。

A 类地址的主机号占 3 个字节，因此每一个 A 类网络中的最大主机数是 $2^{24}-2$，即 16 777 214。这里减 2 的原因是：全 0 的主机号字段表示该 IP 地址是“本主机”所连接到的单个网络地址(例如，主机的 IP 地址为 35.62.47.18，则该主机所在的网络地址就是 35.0.0.0)，而全 1 表示“所有的”，因此全 1 的主机号字段表示该网络上的所有主机。

B 类和 C 类地址情况类似，不再赘述。需要注意的是，B 类网络号字段后面的 14 位(或 C 类 21 位)无论怎样取值也不可能出现使整个 2 字节(或 3 字节)的网络号字段成为全 0 或全 1，因此这里不存在网络总数减 2 的问题。但实际上 B 类网络地址 128.0.0.0 及 C 类网络地址 192.0.0.0 是不指派的，因此减 1。

3. 子网掩码

子网掩码(Subnet Mask)又叫网络掩码、地址掩码，它是一种用来指明一个 IP 地址的哪些位标识的是主机所在的子网，以及哪些位标识的是主机的位掩码。在 IPv4 版本下，子网掩码是一个 32 位地址，它不能单独存在，且必须结合 IP 地址一起使用，将某个 IP 地址划分成网络地址和主机地址两部分。

与二进制 IP 地址相同，子网掩码由 1 和 0 组成，且 1 和 0 分别连续。子网掩码的长度也是 32 位，左边是网络位，用二进制数字“1”表示，1 的数目等于网络位的长度；右边是主机位，用二进制数字“0”表示，0 的数目等于主机位的长度。A 类、B 类、C 类 IP 地址默认的子网掩码如表 3-2 所示。

表 3-2　各类 IP 地址默认的子网掩码

类别	子网掩码的二进制数值	子网掩码的十进制数值
A	11111111 00000000 00000000 00000000	255.0.0.0
B	11111111 11111111 00000000 00000000	255.255.0.0
C	11111111 11111111 11111111 00000000	255.255.255.0

子网掩码工作过程是：将 32 位的子网掩码与 IP 地址进行二进制形式的按位逻辑“与”运算得到的便是网络地址，将子网掩码二进制按位取反，然后与 IP 地址进行二进制的逻辑“与”(AND)运算，得到的就是主机地址。如：192.168.10.17 AND 255.255.255.0，结果为 192.168.10.0，其表达的含义为：该 IP 地址属于 192.168.10.0 这个网络，其主机号为 17，即这个网络中编号为 17 的主机。

4. IP 地址的特点

IP 地址具有以下一些重要特点：

(1) 每一个 IP 地址都由网络号和主机号两部分组成，是一种分等级的地址结构。因此 IP 地址管理机构在分配 IP 地址时只需分配第一级网络号，第二级主机号则由得到该网络号的单位自行分配。最重要的是，路由器只需根据目的主机所连接的网络号来转发分组，而不用考虑目的主机号，因此可以大幅度减少路由表中的项目数，从而减小路由表所占的存储空间以及查找路由表的时间。

(2) IP 地址实际上是标识一台主机(或路由器)和一条链路的接口。当一台主机同时连接到两个网络上时，该主机就必须同时具有两个相应的 IP 地址，其网络号必须是不同的。这种主机称为多归属主机(Multihomed Host)。由于一个路由器至少应当连接到两个网络，因此一个路由器至少应当有两个不同的 IP 地址。

(3) 按照互联网的观点，一个网络是指具有相同网络号的主机的集合，因此，用转发器或网桥连接起来的若干个局域网仍为一个网络，因为这些局域网都具有同样的网络号。具有不同网络号的局域网必须使用路由器进行互联。

(4) 在互联网中，所有分配到网络号的网络都是平等的，不管是范围很小的局域网，还是可能覆盖很大地理范围的广域网。

3.3.4　IP 地址与硬件地址

从层次的角度看，硬件地址是数据链路层和物理层使用的地址，而 IP 地址是一种用软件实现的逻辑地址，是网络层和以上各层使用的地址。其区别如图 3-26 所示。

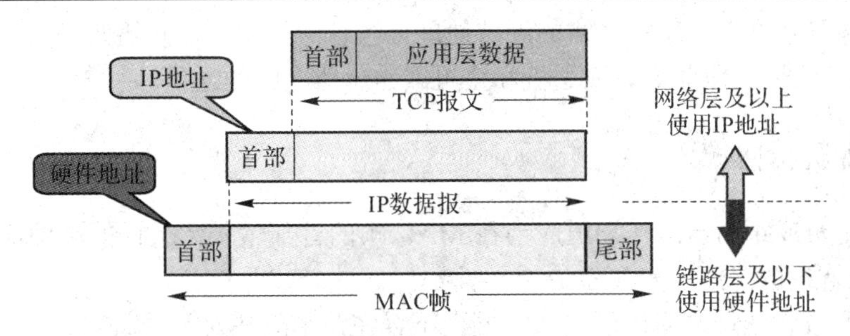

图 3-26 IP 地址与硬件 MAC 地址的区别

在发送数据时，数据从高层到低层依次递交，最后才到达通信链路上进行传输。使用 IP 地址的 IP 数据报一旦交给了数据链路层，就被封装成 MAC 帧。而 MAC 帧在传送时使用的源地址和目的地址都是硬件地址，这两个硬件地址都写在 MAC 帧的首部中。

连接在通信链路上的设备(主机或路由器)在收到 MAC 帧时，根据 MAC 帧首部中的硬件地址决定收下或丢弃。只有在剥去 MAC 帧的首部和尾部后把 MAC 层的数据上交给网络层后，网络层才能在 IP 数据报的首部中找到源 IP 地址和目的 IP 地址。

图 3-27 给出了三个局域网使用两个路由器 R_1 和 R_2 互联起来的拓扑，并且主机 H_1 要和主机 H_2 通信。这两台主机的 IP 地址分别是 IP_1 和 IP_2，而它们的硬件地址分别为 HA_1 和 HA_2。通信的路径是 $H_1 \rightarrow R_1 \rightarrow R_2 \rightarrow H_2$。路由器 R_1 因同时连接到两个局域网上，因此它有两个硬件地址，即 HA_3 和 HA_4。同理，路由器 R_2 也有两个硬件地址 HA_5 和 HA_6。

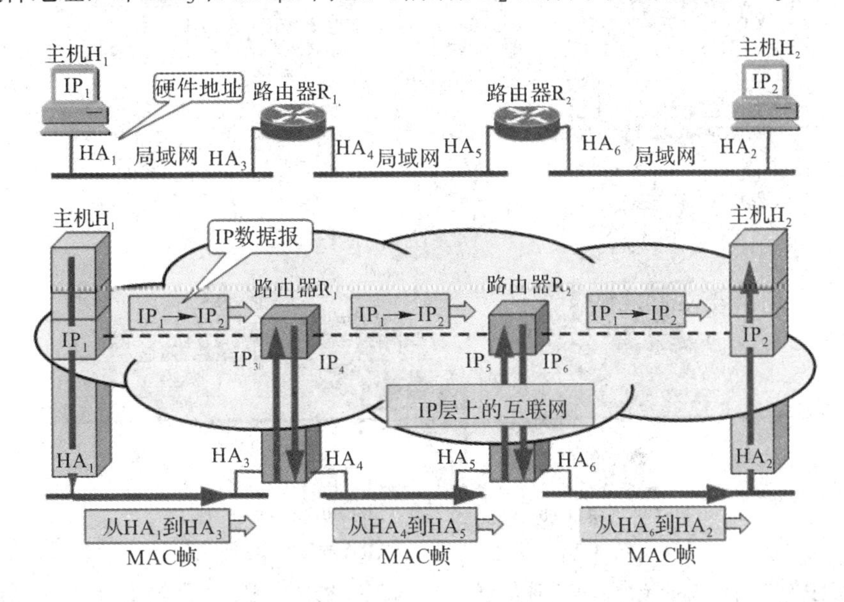

图 3-27 从不同层次上看 IP 地址和硬件地址

从图 3-27 可以发现，虽然 IP 数据报要经过路由器 R_1 和 R_2 的两次转发，但在它的首部中的源地址和目的地址始终分别是 IP_1 和 IP_2，且路由器只根据目的站 IP 地址的网络号进行路由选择。然而在数据链路层，当在不同网络上传送时，其 MAC 帧首部中的源地址和目的地址要相应地进行更改。只不过上面的 IP 层上是看不见这种变化的，这种 IP 层抽象的互联网屏蔽了下层这些很复杂的细节。

因此，尽管互联在一起的网络的硬件地址体系各不相同，我们依然可以在网络层上使用统一的、抽象的 IP 地址来研究主机和主机或路由器之间的通信。

3.3.5　地址解析协议

那么，主机或路由器怎样知道应当在 MAC 帧的首部填入什么样的硬件地址？答案就是 ARP(地址解析协议)。

IP 地址和硬件地址之间由于格式不同而不存在简单的映射关系。在一个网络上可能经常会有新的主机加入进来，或撤走一些主机。更换网络适配器也会使主机的硬件地址改变。因此，每一台主机都设有一个 ARP 高速缓存(ARP Cache)，里面有本局域网上的各主机和路由器的 IP 地址到硬件地址的映射表，这些都是该主机目前知道的一些地址，并且这个映射表还经常动态更新(新增或超时删除)。

当主机 A 要向本局域网上的某台主机 B 发送 IP 数据报时，就先在其 ARP 高速缓存中查看有无主机 B 的 IP 地址。如有，就在 ARP 高速缓存中查出其对应的硬件地址，再把这个硬件地址写入 MAC 帧，然后通过局域网把该 MAC 帧发往此硬件地址。如果没有，可能是主机 B 才入网，也可能是主机 A 刚刚加电，其高速缓存还是空的。在这种情况下，主机 A 就自动运行 ARP，然后按以下步骤找出主机 B 的硬件地址，如图 3-28 所示。

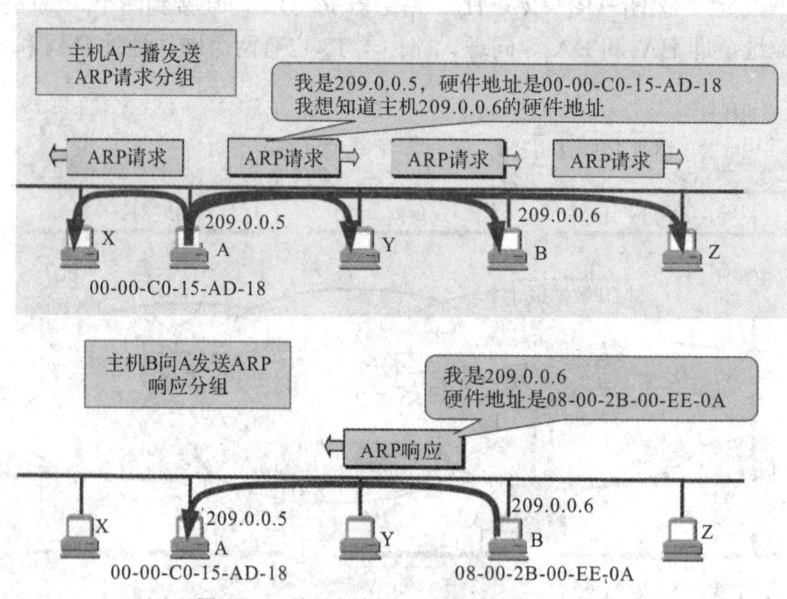

图 3-28　地址解析协议 ARP 的工作原理

(1) ARP 进程在本局域网上广播发送一个 ARP 请求分组：“我的 IP 地址是 209.0.0.5，硬件地址是 00-00-C0-15-AD-18，我想知道 IP 地址为 209.0.0.6 的主机的硬件地址。”

(2) 在本局域网上的所有主机上运行的 ARP 进程都收到此 ARP 请求分组。

(3) 主机 B 的 IP 地址与 ARP 请求分组中要查询的 IP 地址一致，就收下这个 ARP 请求分组，并向主机 A 发送 ARP 响应分组，同时在这个 ARP 响应分组中写入自己的硬件地址：“我的 IP 地址是 209.0.0.6，我的硬件地址是 08-00-2B-00-EE-0A。”。由于其余的所有主机的 IP 地址都与 ARP 请求分组中要查询的地址不一致，因此都不回应这个 ARP 请求分组。虽然 ARP 请求分组是广播发送的，但 ARP 响应分组是普通的单播，即从一个源地址发送到一个目的地址。

(4) 主机 A 收到主机 B 的 ARP 响应分组后，就在其 ARP 高速缓存中写入主机 B 的 IP 地址到硬件地址的映射。

观察图 3-28，ARP 是解决同一个局域网上的主机或路由器的 IP 地址和硬件地址的映射问题的，因此主机 H_1 是无法解析出另一个局域网上主机 H_2 的硬件地址的。实际上主机 H_1 也不需要知道远程主机 H_2 的硬件地址。

主机 H_1 发送给 H_2 的 IP 数据报需要通过与主机 H_1 连接在同一个局域网上的路由器 R_1 来转发，此时只需要把路由器 R_1 的 IP 地址 IP_3 解析为硬件地址 HA_3。然后从转发表找出了下一跳路由器 R_2，同时使用 ARP 解析出 R_2 的硬件地址 HA_5。于是 IP 数据报按照硬件地址 HA_5 转发到路由器 R_2。路由器 R_2 转发时再解析出目的主机 H_2 的硬件地址 HA_2，使 IP 数据报最终交付主机 H_2。

所有从 IP 地址到硬件地址的解析过程都是自动进行的，主机的用户对这种地址解析过程是不知道的。只要主机或路由器要和本网络上的另一个已知 IP 地址的主机或路由器进行通信，ARP 协议就会自动地把这个 IP 地址解析为链路层所需要的硬件地址。

3.3.6　网际控制报文协议

1. ICMP 报文

ICMP(Internet Control Message Protocol)，即网际控制报文协议。它是 TCP/IP 协议簇中的一种面向无连接的协议，用于在 IP 主机、路由器之间传递控制消息，如报告错误、交换受限控制和状态信息等。这些控制消息虽然并不传输用户数据，但是对于用户数据的传递起着重要的作用。

ICMP 报文作为 IP 层数据报的数据，加上数据报的首部，组成 IP 数据报发送出去。ICMP 报文有 ICMP 差错报告报文和 ICMP 询问报文两种报文类型。其中，ICMP 差错报告报文共有四种，即：

(1) 终点不可达：当路由器或主机不能交付数据报时就向源点发送此报文。

(2) 时间超过：当路由器收到生存时间为零的数据报时，除丢弃该数据报外，还要向源点发送此报文；当终点在预先规定的时间内不能收到一个数据报的全部数据报片时，也把已收到的数据报片都丢弃，并向源点发送此报文。

(3) 参数问题：当路由器或目的主机收到的数据报的首部中有不正确的字段值时，就丢弃该数据报，并向源点发送此报文。

(4) 改变路由(Redirect)：路由器把此报文发送给主机，让主机知道下次应将数据报发送给另外的路由器。

常用的 ICMP 询问报文有如下两种：

(1) 回送(Echo)请求或回答：ICMP 回送请求报文是由主机或路由器向一个特定的目的主机发出的询问，收到此报文的主机必须给源主机或路由器发送 ICMP 回送回答报文。其主要用来测试目的站是否可达以及了解其有关状态。

(2) 时间戳(Timestamp)请求或回答：ICMP 时间戳请求报文是请某台主机或路由器回

答当前的日期和时间。其主要用于时钟同步和时间测量。

2. ICMP 应用实例

从技术角度来说，ICMP 就是一个“错误侦测与回报机制”，其目的就是让我们能够检测网络的连线状况，也能确保连线的准确性。当路由器在处理一个数据包的过程中发生了意外，可以通过 ICMP 向数据包的源端报告有关事件。

PING(Packet InterNet Groper，分组网间探测)和 Tracert 是两个常用网络管理实用程序，都是通过 ICMP 协议来实现功能的。其中，PING 用来测试网络的可达性，使用了 ICMP 回送请求与回送回答报文。

Tracert(Trace route，跟踪路由)则是通过递增 TTL(Time To Live，生存时间)构造 ICMP“回送应答”报文，先发送 TTL 为 1 的回显数据包，并在随后的每次发送过程将 TTL 递增 1，直到目标响应或 TTL 达到最大值，从而确定路由，并达到路由追踪的目的。

在 MS DOS 命令提示符程序里，输入“ping hostname”或“trace hostname”即可观测到这两个命令的使用效果，如图 3-29 所示。其中 hostname 是要测试连通性的主机名或它的 IP 地址。

```
命令提示符
Microsoft Windows [版本 10.0.17134.1130]
(c) 2018 Microsoft Corporation。保留所有权利。

C:\Users\suan>ping www.baidu.com

正在 Ping www.a.shifen.com [180.101.49.11] 具有 32 字节的数据:
来自 180.101.49.11 的回复: 字节=32 时间=12ms TTL=54
来自 180.101.49.11 的回复: 字节=32 时间=7ms TTL=54
来自 180.101.49.11 的回复: 字节=32 时间=8ms TTL=54
来自 180.101.49.11 的回复: 字节=32 时间=9ms TTL=54

180.101.49.11 的 Ping 统计信息:
    数据包: 已发送 = 4，已接收 = 4，丢失 = 0 (0% 丢失)，
往返行程的估计时间(以毫秒为单位):
    最短 = 7ms，最长 = 12ms，平均 = 9ms

C:\Users\suan>
```

```
C:\Users\suan>tracert mail.sina.com.cn

通过最多 30 个跃点跟踪
到 w5.dpool.sina.com.cn [183.60.95.142] 的路由:

  1     1 ms    <1 毫秒     2 ms  192.168.3.1
  2     3 ms     5 ms     7 ms  100.86.0.1
  3    19 ms    13 ms    10 ms  222.92.188.181
  4     9 ms    18 ms    15 ms  221.224.235.29
  5     *        *        *     请求超时。
  6    39 ms    33 ms    28 ms  113.96.5.54
  7    29 ms    30 ms    28 ms  113.96.4.206
  8    29 ms    35 ms    35 ms  119.147.167.106
  9    41 ms     *        *     14.116.227.82
 10     *        *        *     请求超时。
 11     *        *        *     请求超时。
 12    33 ms    31 ms    28 ms  183.60.95.142

跟踪完成。
```

图 3-29　用 PING/Tracert 测试主机连通性/获得目的主机路由信息

鉴于 ICMP 能够影响重要的系统功能操作和获取配置信息，黑客们已经在大量攻击中使用 ICMP 报文。由于担心这种攻击，很多公司和学校等都禁用或者拦截 ICMP 报文，在进行路由追踪时，很难完整地探测出路由的路径。如果 ICMP 被封锁，大量的诊断程序将无法正常工作。就像图 3-29 右图中一样，存在若干“请求超时”的路由器。其实所在的路由器工作是正常的，只不过屏蔽了 ICMP 功能而已，且能最终到达目的地。

3.3.7　虚拟专用网

1. 本地地址

由于 IP 地址的紧缺，一个机构能够申请到的 IP 地址数往往远小于本机构所拥有的主机数。而且考虑到互联网并不很安全，一个机构内也并不需要把所有的主机接入到外部的互联网。

假定在一个机构内部的计算机通信也是采用 TCP/IP 协议，那么从原则上讲，对于这

些仅在机构内部使用的计算机就可以由本机构自行分配其 IP 地址(称为本地地址)，而不需要向互联网的管理机构申请全球唯一的 IP 地址(称为全球地址)。这样就可以大大节约宝贵的全球 IP 地址资源。

RFC 1918 指明了三个专用地址块(Private Address)，具体是：

(1) 10.0.0.0 到 10.255.255.255(或记为 10.0.0.0/8，它又称为 24 位块)。

(2) 172.16.0.0 到 172.31.255.255(或记为 172.16.0.0/12，它又称为 20 位块)。

(3) 192.168.0.0 到 192.168.255.255(或记为 192.168.0.0/16，它又称为 16 位块)。

这三个地址块分别相当于一个 A 类网络、16 个连续的 B 类网络和 256 个连续的 C 类网络。由于在互联网中的所有路由器对目的地址是这些专用地址的数据报一律不进行转发，因此它们只能用于一个机构的内部通信，而不能用于和互联网上的主机通信。

2. 虚拟专用网

有时一个很大的机构的许多部门分布的范围很广，这些部门经常要互相交换信息。但租用电信公司的通信线路为本机构专用的租金又太高，一般难于承受。这时，可以利用公用的互联网作为本机构各专用网之间的通信载体，这样的专用网又称为虚拟专用网(VPN，Virtual Private Network)。

图 3-30 以两个场所为例说明如何使用 IP 隧道技术实现虚拟专用网。假定某个机构在两个相隔较远的场所建立了专用网 A 和 B，其网络地址分别为专用地址 10.1.0.0 和 10.2.0.0，并通过公用的互联网构成一个 VPN。路由器 R_1、R_2 和互联网的接口地址必须是合法的全球 IP 地址，而它们和各自专用网内部网络的接口地址则是本地地址。

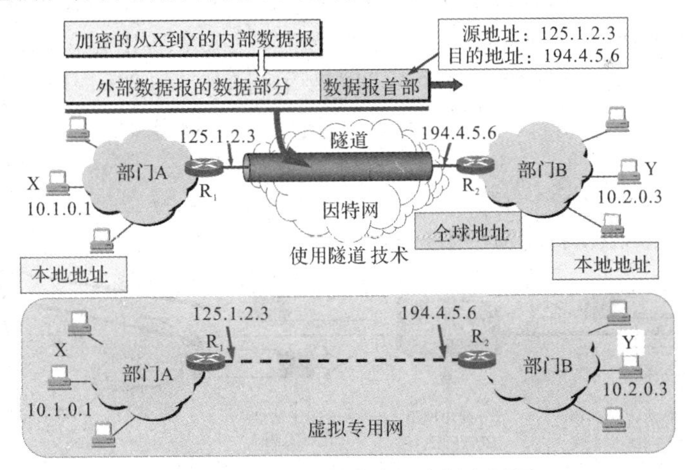

图 3-30　用隧道技术实现虚拟专用网

在每一个场所 A 或 B 内部的通信量都不经过互联网。但如果场所 A 的主机 X(IP 地址 10.1.0.1)要和另一个场所 B 的主机 Y(IP 地址 10.2.0.3)通信，那么就必须经过路由器 R_1 和 R_2。路由器 R_1 收到内部数据报后，发现其目的网络必须通过互联网才能到达，就把整个的内部数据报进行加密(这样就保证了内部数据报的安全)，然后重新加上数据报的首部，封装成为在互联网上发送的外部数据报，其源地址是路由器 R_1 的全球地址 125.1.2.3，而目的地址是路由器 R_2 的全球地址 194.4.5.60。路由器 R_2 收到数据报后将其数据部分取出进行解密，恢复出原来的内部数据报(目的地址是 10.2.0.3)，交付主机 Y。可见，虽然 X 向

Y 发送的数据报通过了公用的互联网，但在效果上就好像是在本部门的专用网上传送一样。如果主机 Y 要向 X 发送数据报，那么所进行的步骤也是类似的。

请注意，数据报从 R_1 传送到 R_2 可能要经过互联网中的很多个网络和路由器。但从逻辑上看，在 R_1 到 R_2 之间好像是一条直通的点对点链路，就像一条“隧道”一样。

有的公司可能并没有分布在不同场所的部门，但却有很多流动员工在外地工作，远程接入 VPN(Remote Access VPN)则可以满足这种工作需求。在外地工作的员工通过拨号接入互联网，而驻留在员工个人电脑中的 VPN 软件可以在员工的个人电脑和公司的主机之间建立 VPN 隧道，因而外地员工与公司通信的内容也是保密的，员工们感到好像就是使用公司内部的本地网络。

3.3.8　网络地址转换

在另一种情况下，就是在专用网内部的一些主机本来已经分配到了本地 IP 地址(即仅在本专用网内使用的专用地址)，但现在又想和互联网上的主机通信(并不需要加密)，那么应当采取什么措施呢？

1. NAT 工作原理

网络地址转换(NAT，Network Address Translation)是一种把内部私有网络地址翻译成合法全球网络地址的技术，允许一个整体机构以一个公用 IP 地址出现在 Internet 上。这种方法需要在专用网连接到互联网的路由器上安装 NAT 软件。装有 NAT 软件的路由器叫作 NAT 路由器，它至少有一个有效的外部全球 IP 地址。这样，所有使用本地地址的主机在和外界通信时，都要在 NAT 路由器上将其本地地址转换成全球 IP 地址，才能和互联网连接。

图 3-31 给出了 NAT 路由器的工作原理。专用网 192.168.0.0 内所有主机的 IP 地址都是本地 IP 地址 192.168.x.x。NAT 路由器至少要有一个全球 IP 地址 202.17.2.17，才能和互联网相连。

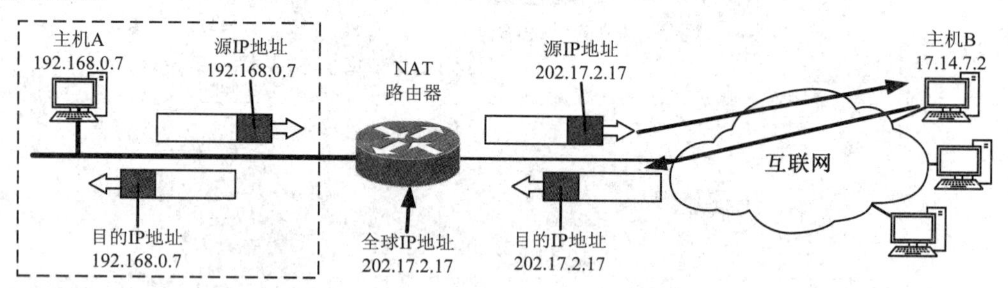

图 3-31　NAT 路由器的工作原理

NAT 路由器收到从专用网内部的主机 A 发往互联网上主机 B 的 IP 数据报(源 IP 地址 192.168.0.7、目的 IP 地址 17.14.7.2)。NAT 路由器把 IP 数据报的源 IP 地址 192.168.0.7 转换为新的源 IP 地址即 NAT 路由器的全球 IP 地址 202.17.2.17，然后转发出去。因此，主机 B 收到这个 IP 数据报时，以为 A 的 IP 地址是 202.17.2.17。当 B 给 A 发送应答时，IP 数据报的目的 IP 地址是 NAT 路由器的 IP 地址 172.38.1.5。B 并不知道 A 的专用地址为 192.168.0.7。实际上，即使知道了也不能使用，因为互联网上的路由器都不转发目的地址是专用网本地 IP 地址的 IP 数据报。当 NAT 路由器收到互联网上的主机 B 发来的 IP 数据报时，还要进行一次 IP 地址的转换。通过 NAT 地址转换表，就可把 IP 数据报上的目的 IP 地址 202.17.2.17 转换为新的目的 IP 地址 192.168.0.7——主机 A 的 IP 地址。

2. NAT 实现方式

NAT 的实现方式有三种，即静态转换(Static NAT)、动态转换(Dynamic NAT)和网络地址端口转换(NAPT，Network Address and Port Translation)。

(1) 静态转换是指将内部网络的私有 IP 地址转换为公有 IP 地址，IP 地址对是一对一的，是一成不变的。借助于静态转换，可以实现外部网络对内部网络中某些特定设备(如服务器)的访问。

(2) 动态转换是指将内部网络的私有 IP 地址转换为公用 IP 地址时，IP 地址是不确定的，是随机的，所有被授权访问 Internet 的私有 IP 地址可随机转换为任何指定的合法 IP 地址。当 ISP 提供的合法 IP 地址略少于网络内部的计算机数量时，可以采用动态转换的方式。

(3) 网络地址端口转换是在传统 NAT 转换表的基础上把传输层的端口号也利用上。它能更加有效地利用 NAT 路由器上的全球 IP 地址，是目前互联网络中应用最多的方式。

3. NAT 的缺陷

NAT 的缺陷主要表现在以下几方面：

(1) 不能从公网访问内部网络服务。由于内网是私有 IP，所以不能直接从公网访问内部网络服务，比如 Web 服务，对于这个问题，我们可以采用建立静态映射的方法来解决。比如有一条静态映射，是把 218.70.201.185:80 与 192.168.0.88:80 映射起的，当公网用户要访问内部 Web 服务器时，它就首先连接到 218.70.201.185:80，然后 NAT 设备把请求传给 192.168.0.88:80，192.168.0.88 把响应返回 NAT 设备，再由 NAT 设备传给公网访问用户。

(2) 有一些应用程序虽然是用 A 端口发送数据的，但却要用 B 端口进行接收，不过 NAT 设备翻译时却不知道这一点，它仍然建立一条针对 A 端口的映射，结果对方响应的数据要传给 B 端口时，NAT 设备却找不到相关映射条目而会丢弃该数据包。

(3) 一些 P2P 应用在 NAT 后无法进行。对于那些没有中间服务器的纯 P2P 应用(如电视会议、娱乐等)来说，如果大家都位于 NAT 设备之后，双方是无法建立连接的。因为没有中间服务器的中转，NAT 设备后的 P2P 程序在 NAT 设备上是不会有映射条目的，也就是说对方是不能向你发起一个连接的。不过现在已经有一种叫作 P2P NAT 穿越的技术来解决这个问题。

3.3.9 IPv6 协议

NAT 技术无可否认在 IPv4 地址资源短缺时候起到了极大缓解作用，在减少用户申请 ISP 服务的花费和提供比较完善的负载平衡功能等方面都带来了不少好处。但是 NAT 技术不能改变 IP 地址空间不足的本质，在安全机制上也潜藏着威胁，在配置和管理上也是一个挑战。如果要从根本上解决 IP 地址资源的问题，采用 IPv6 才是最根本之路。

1. IPv6 的特点

IPv6 的主要特点有：

(1) 具有更大的地址空间。IPv6 把地址从 IPv4 的 32 位增大到 128 位，即最大地址个数为 2^{128}，使地址空间增大了 2^{96} 倍。这样大的地址空间在可预见的将来是够用的。

(2) 具有更高的安全性。在 IPv6 网络中，用户可以对网络层的数据进行加密并对 IP 报文进行校验，在 IPv6 中的加密与鉴别选项提供了分组的保密性与完整性，极大地增强了网络的安全性。

(3) 更好的首部格式。IPv6 数据报的首部和 IPv4 的并不兼容，它使用了新的首部格式。其选项与基本首部分开，如果需要，可将选项插入到基本首部与上层数据之间。这就简化和加速了路由选择过程，因为大多数的选项不需要由路由选择。

(4) 使用更小的路由表。IPv6 的地址分配一开始就遵循聚类的原则，这使得路由器能在路由表中用一条记录表示一片子网，大大减小了路由器中路由表的长度，提高了路由器转发数据包的速度。

(5) 增加了增强的组播支持以及对流的控制，这使得网络上的多媒体应用有了长足发展的机会，为服务质量控制提供了良好的网络平台。

(6) 加入了对自动配置的支持。这是对 DHCP 协议的改进和扩展，使得网络尤其是局域网的管理更加方便和快捷。

(7) 允许协议继续扩充。这一点很重要，因为技术总是在不断发展(如网络硬件的更新)，而新的应用也还会出现，而 IPv4 的功能是固定不变的。

2. IPv6 地址的记法

在 IPv6 中，每个地址占 128 位，地址空间大于 3.4×10^{38}。如果整个地球表面(包括陆地和水面)都覆盖着计算机，那么 IPv6 允许每平方米拥有 7×10^{23} 个 IP 地址。如果地址分配速率是每微秒分配 100 万个地址，则需要 1019 年的时间才能将所有可能的地址分配完毕。

巨大的地址范围还必须使维护互联网的人易于阅读和操纵这些地址。IPv6 采用冒号十六进制记法，即把每个 16 位的值用十六进制值表示，各值之间用冒号分隔，如：

240E : 3A1 : 52B0 : 44A0 : 483F : E9D8 : 9C8B: 2

在十六进制记法中，允许把数字前面的 0 省略，如上面的 3A1、2。该记法还采用了零压缩技术，即一连串连续的零可以用双冒号来取代，例如：BA12:0:0:0:0:0:0:A7 可压缩为 BA12::A7。因为会有许多地址包含较长连续的零串，为了保证零压缩有一个不含混的解释，规定在任一地址中只能使用一次零压缩。

其次，冒号十六进制记法可结合 IPv4 的点分十进制记法的后缀。这种结合在 IPv4 向 IPv6 的转换阶段特别有用。因此，30:0:0:0:0:0:128.10.2.1 这个串是一个合法的冒号十六进制记法。

3. IPv6 地址的划分

IPv6 协议主要定义了三种地址类型：单播地址(Unicast Address)、组播地址(Multicast Address)和任播地址(Anycast Address)。任播是 IPv6 新增加的一种类型，其终点是一组计算机，但数据报只交付其中的一个，通常是距离最近的一个。

IPv6 单播地址的划分方法非常灵活，可以是如图 3-32 所示的任何一种。可把整个的 128 比特都作为一个结点的地址，也可用 *n* 比特作为子网前缀，用剩下的(128 – *n*)比特作为接口标识符，相当于 IPv4 的主机号。还可以划分为三级，用 *n* 比特作为全球路由选择前缀，用 *m* 比特作为子网前缀，而用剩下的(128 – *n* – *m*)比特作为接口标识符。

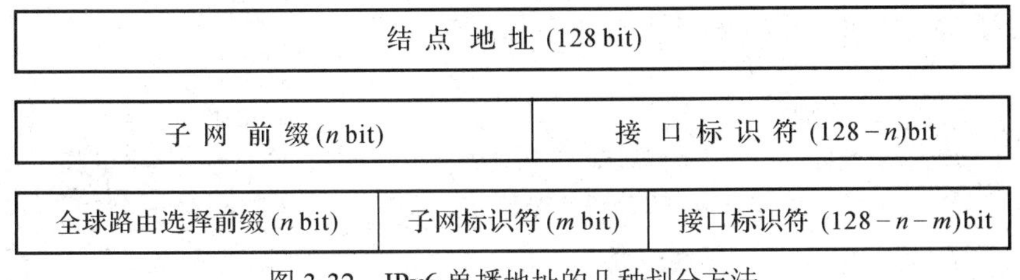

图 3-32　IPv6 单播地址的几种划分方法

4. 从 IPv4 向 IPv6 过渡

现在整个互联网的规模太大，向 IPv6 过渡只能采用逐步演进的办法，新安装的 IPv6 系统必须能够向后兼容，要能够接收和转发 IPv4 分组，并且能够为 IPv4 分组选择路由。双协议栈和隧道技术是目前主要使用的两种向 IPv6 过渡的策略。

双协议栈(Dual Stack)是指在完全过渡到 IPv6 之前，使一部分主机(或路由器)装有双协议栈：一个 IPv4 和一个 IPv6。因此双协议栈主机(或路由器)既能够和 IPv6 的系统通信，又能够和 IPv4 的系统通信。双协议栈的主机(或路由器)记为 IPv6/IPv4，表明它同时具有两种 IP 地址：一个 IPv6 地址和一个 IPv4 地址。并且，它是使用域名系统 DNS 来查询是 IPv6 地址还是 IPv4 地址。

隧道技术则是在 IPv6 数据报要进入 IPv4 网络时，把 IPv6 数据报封装成 IPv4 数据报，整个的 IPv6 数据报变成了 IPv4 数据报的数据部分。而原来的 IPv6 数据报就好像在 IPv4 网络的隧道中传输，什么都没有变化。当 IPv4 数据报离开 IPv4 网络中的隧道时，再把数据部分(即原来的 IPv6 数据报)交给主机的 IPv6 协议栈。

3.4 传　输　层

传输层有两大核心协议：TCP(Transmission Control Protocol，传输控制协议)和 UDP(User Datagram Protocol，用户数据报协议)。TCP 是一个可靠的面向链接的协议，UDP 是不可靠的或者说无连接的协议。它们都是负责接收来自网络层的数据包，用端口号区分它们，然后转发给不同的应用程序。可以用打电话和发短信来说明这种关系：UDP 就好似发短信，只管发出去，至于对方是不是空号(网络不可到达)、能不能收到(丢包)等并不关心。TCP 好像打电话，双方要通话，首先要确定对方是不是开机(网络可以到达)，然后要确定是不是没有信号、对方是否接听(通信链接)。

3.4.1　进程间通信

从通信和信息处理的角度看，传输层向它上面的应用层提供通信服务，它属于面向通信部分的最高层，同时也是用户功能中的最低层。当处在网络边缘部分中的两台主机使用网络的核心部分的功能进行端到端的通信时，只有主机的协议栈才有传输层，而网络核心部分中的路由器在转发分组时都只用到下三层的功能。

在图 3-33 中，局域网 LAN_1 上的主机 A 和局域网 LAN_2 上的主机 B 通过互连的广域网 WAN 进行通信。网络层的 IP 协议仅能够把源主机 A 发送出的分组，按照首部中的目的地址，送交到目的主机 B，为主机之间提供逻辑通信。

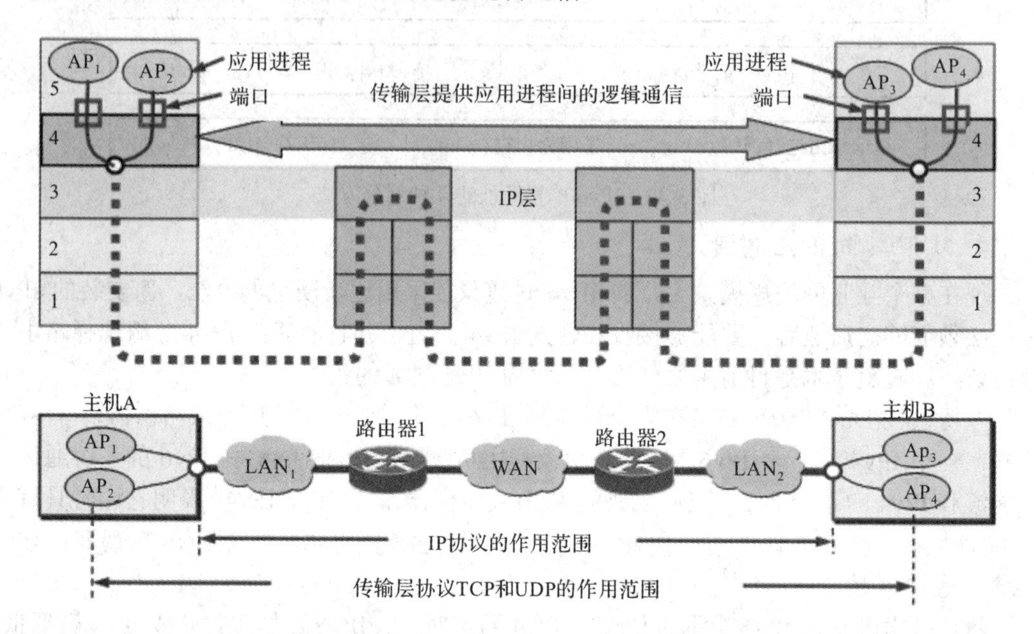

图 3-33　传输层为相互通信的应用进程提供了逻辑通信

从传输层的角度看，通信的真正端点并不是主机，而是主机中的进程，是应用进程之间的通信，即主机 A 的应用进程 AP_1 和主机 B 的应用进程 AP_3 进行通信。

传输层向高层用户屏蔽了下面网络核心的细节如网络拓扑、所采用的路由选择协议等，它使应用进程看见的就是好像在两个传输层实体之间有一条端到端的逻辑通信信道，但这条逻辑通信信道对上层的表现却因传输层使用的不同协议而有很大的差别。当传输层采用面向连接的 TCP 协议时，尽管下面的网络是不可靠的(只提供尽最大努力服务)，但这种逻辑通信信道就相当于一条全双工的可靠信道。但当传输层采用无连接的 UDP 协议时，这种逻辑通信信道仍然是一条不可靠信道。

3.4.2　端口地址

复用(Multiplexing)和分用(Demultiplexing)是传输层的重要功能。在图 3-33 中，主机 A 的应用进程 AP_1 和主机 B 的应用进程 AP_3 通信。而与此同时，应用进程 AP_2 也和对方的应用进程 AP_4 通信。不同的应用进程则通过端口地址(Port)来识别。

端口地址用一个 16 位端口号来标识。端口号只具有本地意义，因此在互联网的不同计算机中，相同的端口号是没有关联的。16 位的端口号可允许有 65 535 个不同的端口号，这个数目对一台计算机来说是足够用的。

传输层的端口号分为以下两大类：

(1) 服务器端使用的端口号。这里又分为两类，最重要的一类叫作熟知端口号(Well-known Port Number)或系统端口号，数值为 0～1023。这些数值可在网址 www.iana.org

查到。IANA(The Internet Assigned Numbers Authority，互联网数字分配机构)通常将这些端口号指派给 TCP/IP 最重要的一些应用程序，以让所有的用户都知道。表 3-3 给出了一些常用的应用程序的熟知端口号及用到的传输层协议。

表 3-3　常用的应用程序熟知端口号及其传输层协议

端口号	服务进程	传输层协议
20	FTP(文件传输协议：数据连接)	TCP
21	FTP(文件传输协议：控制连接)	TCP
23	TELNET(网络虚拟终端协议)	TCP
25	SMTP(简单邮件传输协议)	TCP
53	DNS(域名服务器)	UDP
67/68	DHCP(动态主机配置协议)	UDP
69	TFTP(简单文件传输协议)	UDP
80	HTTP(超文本传输协议)	TCP
110	POP3(邮局协议版本 3)	TCP
161/162	SNMP(简单网络管理协议)	UDP
443	HTTPS(超文本传输安全协议)	TCP
520	RIP(路由信息协议)	UDP

另一类叫作登记端口号，数值为 1024～49 151。这类端口号是供没有熟知端口号的应用程序使用的。使用这类端口号必须在 IANA 按照规定的手续登记，以防止重复。

(2) 客户端使用的端口号。数值为 49 152～65 535。由于这类端口号仅在客户进程运行时才动态选择，因此又叫作短暂端口号。当服务器进程收到客户进程的报文时，就知道了客户进程所使用的端口号，因而可以把数据发送给客户进程。通信结束后，刚才已使用过的客户端口号就不复存在，这个端口号就可以供其他客户进程使用。

3.4.3　用户数据报协议

UDP(用户数据报协议)只在 IP 服务之上增加了很少的功能，如复用和分用的功能、差错检测的功能。UDP 的主要特点有：

(1) UDP 是无连接的，即发送数据之前不需要建立连接，发送数据结束时也没有连接可释放，因此减少了开销和发送数据之前的时延。

(2) UDP 是尽最大努力交付，即不保证可靠交付，因此主机不需要维持复杂的连接状态表。

(3) UDP 是面向报文的。UDP 对应用层交下来的报文，既不合并，也不拆分，在添加首部后就向下交付 IP 层。在接收方的 UDP，对 IP 层交上来的 UDP 用户数据报，在去除首部后就原封不动地将一个完整的报文交付上层的应用进程。因此，应用程序必须选择合适大小的报文。若报文太长，UDP 把它交给 IP 层后，IP 层在传送时可能要进行分片，这会降低 IP 层的效率。反之，若报文太短，UDP 把它交给 IP 层后，会使 IP 数据报的首部的相对长度太大，这也降低了 IP 层的效率。

(4) UDP 没有拥塞控制，因此网络出现的拥塞不会使源主机的发送速率降低。这对某些实时应用是很重要的。很多的实时应用(如 IP 电话、实时视频会议等)要求源主机以恒定的速率发送数据，并且允许在网络发生拥塞时丢失一些数据，但却不允许数据有太大的时延。UDP 正好适合这种要求。

(5) UDP 支持一对一、一对多、多对一和多对多的交互通信。

(6) UDP 的首部开销小，只有源端口、目的端口、长度和检验和共 8 个字节，如图 3-34 所示。在进行检验和计算时，UDP 增加 12 个字节的伪首部参与计算，以增加数据传输的可靠性。

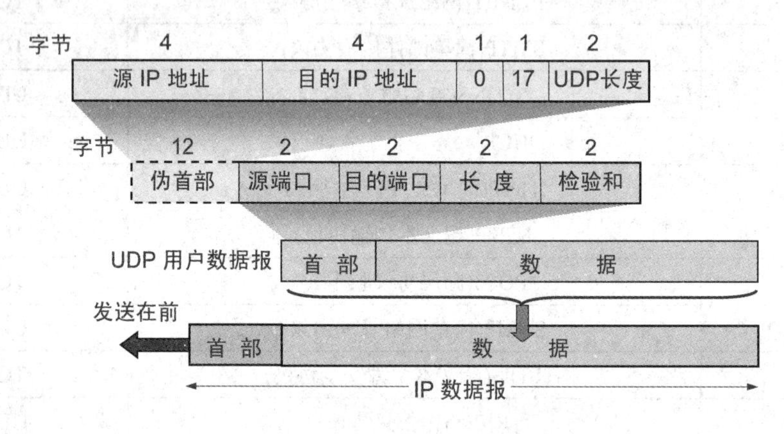

图 3-34　UDP 用户数据报的首部和伪首部

3.4.4　传输控制协议

1. TCP 的特点

TCP(传输控制协议)是 TCP/IP 体系中非常复杂的一个协议，由于 TCP 要提供可靠的、面向连接的传输服务，因此不可避免地增加了许多的开销，如确认、流量控制、计时器以及连接管理等。这不仅使协议数据单元的首部增大很多，还要占用许多的处理机资源。它的主要特点有：

(1) TCP 提供面向连接的服务，应用程序在使用 TCP 协议之前，必须先建立 TCP 连接。在传送数据完毕后，必须释放已经建立的 TCP 连接。

(2) TCP 提供可靠交付的服务，通过 TCP 连接传送的数据无差错、不丢失、不重复，并且按序到达。

(3) 每条 TCP 连接只能是一对一，只能有两个端点。TCP 不提供广播或多播服务。

(4) TCP 提供全双工通信，允许通信双方的应用进程在任何时候都能发送数据。TCP 连接的两端都设有发送缓存和接收缓存，用来临时存放双向通信的数据。在发送时，应用程序在把数据传送给 TCP 的缓存后就可以做自己的事了，而 TCP 则在合适的时候把数据发送出去。在接收时，TCP 把收到的数据放入缓存，上层的应用进程在合适的时候读取缓存中的数据即可。

(5) TCP 面向字节流传输。虽然应用程序和 TCP 的交互是一次一个大小不等的数据块，但 TCP 把这些数据仅仅看成是一连串的无结构的字节流。也就是说，TCP 并不关心应用进程一次把多长的报文发送到 TCP 的缓存中，而是根据对方给出的窗口值和当前网络拥塞的程度来决定一个报文段应包含多少个字节。如果应用进程传送到 TCP 缓存的数据块太长，TCP 就把它划分得短一些再传送。如果应用进程一次只发来一个字节，TCP 也可以等待积累有足够多的字节后再构成报文段发送出去。

2. TCP 的连接

TCP 传输连接的建立和释放是每一次面向连接的通信中必不可少的过程。传输连接共有三个阶段，分别是连接建立、数据传送和连接释放。

TCP 建立连接的过程叫作握手，握手需要在客户和服务器之间交换三个 TCP 报文段，如图 3-35 所示。在主机下面的方框分别是 TCP 进程所处的状态。

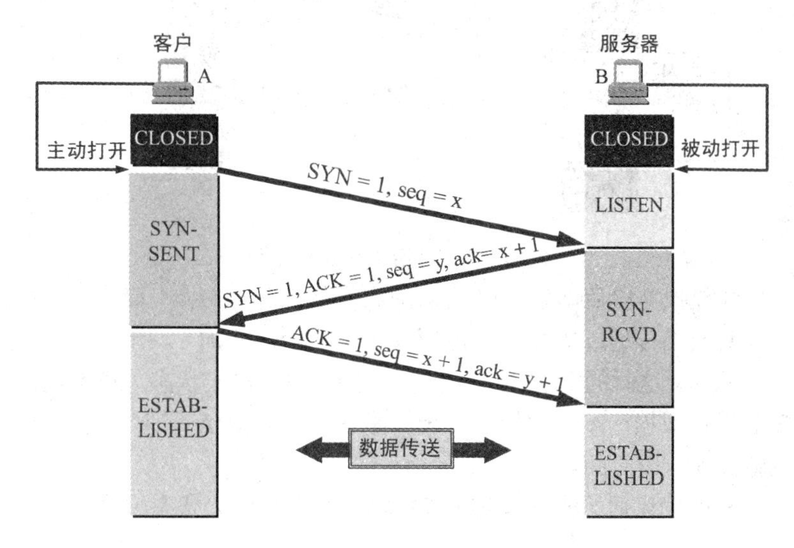

图 3-35　TCP 的三次握手连接

最初两端的 TCP 进程都处于 CLOSED 状态。A 主动打开连接，而 B 被动打开连接。服务器进程处于 LISTEN 状态，等待客户的连接请求。如有则做出响应。

A 在打算建立 TCP 连接时，向 B 发出连接请求报文，这时首部中的同步位 SYN = 1，同时选择一个初始序号 seq = x。这时，TCP 客户进程 A 进入 SYN-SENT(同步已发送)状态。

B 收到连接请求报文后，如同意建立连接，则向 A 发送确认。在确认报文中把 SYN 位和 ACK 位都置 1，确认号是 ack = x + 1，同时也为自己选择一个初始序号 seq = y。这时 TCP 服务器进程进入 SYN-RCVD(同步收到)状态。

TCP 客户进程 A 收到 B 的确认后，还要向 B 发出确认。确认报文段的 ACK 置 1，确认号 ack = y + 1，而自己的序号 seq = x + 1。这时，TCP 连接已经建立，A 进入 ESTABLISHED 状态。当 B 收到 A 的确认后，也进入 ESTABLISHED 状态。

3. TCP 的释放

数据传输结束后，通信的双方都可释放连接。图 3-36 中，A 和 B 都处于 ESTABLISHED 状态。A 的应用进程先向其 TCP 发出连接释放报文，并停止再发送数据，主动关闭 TCP 连接。A 把连接释放报文段首部的终止控制位 FIN 置 1，其序号 seq = u，它等于前面已传送过的数据的最后一个字节的序号加 1。这时 A 进入 FIN-WAIT-1(终止等待 1)状态，等待 B 的确认。

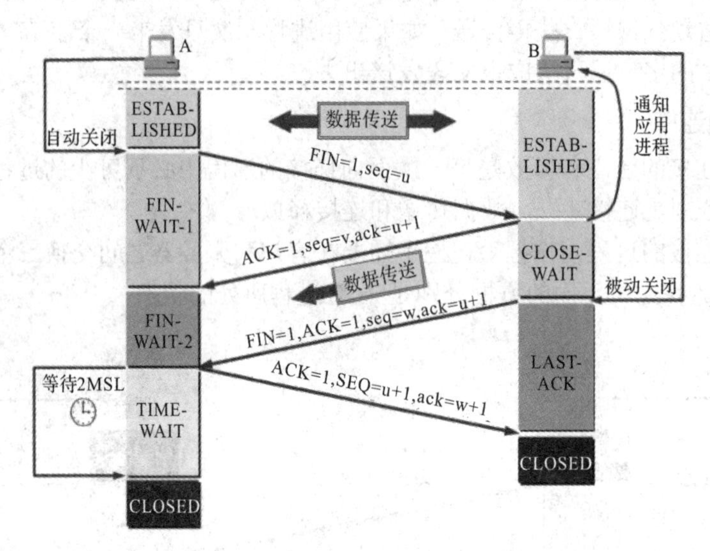

图 3-36 TCP 连接释放的过程

B 收到连接释放报文段后即发出确认，确认号是 ack = u + 1，而这个报文段自己的序号是 v，等于 B 前面已传送过的数据的最后一个字节的序号加 1。然后 B 就进入 CLOSE-WAIT(关闭等待)状态。这时的 TCP 连接处于半关闭(half-close)状态，即 A 已经没有数据要发送了，但 B 若发送数据，A 仍要接收。也就是说，从 B 到 A 这个方向的连接并未关闭，这个状态可能会持续一段时间。

A 收到来自 B 的确认后，就进入 FIN-WAIT-2(终止等待 2)状态，等待 B 发出的连接释放报文。

若 B 已经没有要向 A 发送的数据，其应用进程就通知 TCP 释放连接。这时 B 发出的连接释放报文必须使 FIN = 1。现假定 B 的序号为 w(在半关闭状态 B 可能又发送了一些数据)。B 还必须重复上次已发送过的确认号 ack = u + 1。这时 B 就进入 LAST-ACK(最后确认)状态，等待 A 的确认。

A 在收到 B 的连接释放报文段后，必须对此发出确认。在确认报文段中把 ACK 置 1，确认号 ack = w + 1，而自己的序号是 seq = u + 1。然后进入到 TIME-WAIT(时间等待)状态。此时 TCP 连接还没有释放掉，必须经过时间等待计时器(TIME-WAIT timer)设置的时间 2MSL(Maximum Segment Lifetime，最长报文段寿命)后，A 才进入到 CLOSED 状态。

3.4.5 套接字

1. 套接字概述

TCP 把连接作为最基本的抽象。每一条 TCP 连接有两个端点，该连接端点叫作 Socket(套接字或插口)。根据 RFC 793 的定义，端口号拼接 IP 地址即构成了套接字，因此，套接字的表示方法是在点分十进制的 IP 地址后面写上端口号，中间用冒号或逗号隔开：

套接字 socket = (IP 地址：端口号)

例如，若 IP 地址是 192.168.1.1，而端口号是 8080，那么得到的套接字就是(192.168.1.1: 8080)。

每一条 TCP 连接唯一地被通信两端的两个端点(即两个套接字)所确定。

$$\text{TCP 连接} = \{socket_1,\ socket_2\} = \{(IP_1:\ port_1),\ (IP_2:\ port_2)\}$$

这里 IP_1 和 IP_2 分别是两个端点主机的 IP 地址，而 $port_1$ 和 $port_2$ 分别是两个端点主机中的端口号。TCP 连接的两个套接字就是 $socket_1$ 和 $socket_2$。要注意的是：同一个 IP 地址可以有多个不同的 TCP 连接，而同一个端口号也可以出现在多个不同的 TCP 连接中。

2. Socket 系统调用

现在 TCP/IP 协议软件已驻留在操作系统中，套接字已成为操作系统内核的一部分。微软公司在其操作系统中采用了 Windows Socket 作为套接字接口 API，简称为 WinSock。图 3-37 给出了 Socket 系统调用的过程。

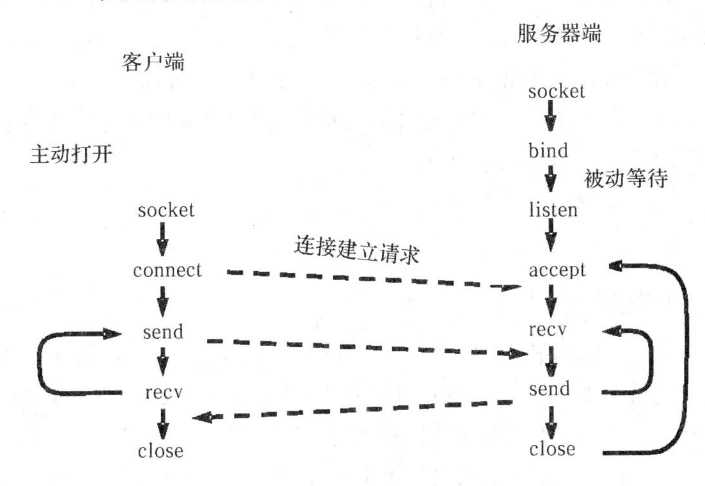

图 3-37 Socket 系统调用过程

(1) 当应用进程发出 Socket 系统调用并创建套接字后，调用 bind 来绑定套接字的本地地址(本地端口号和本地 IP 地址)。在服务器端把熟知端口号和本地 IP 地址填写到已创建的套接字中。在客户端也可以不调用 bind，这时由操作系统内核自动分配一个动态端口号并在通信结束后由系统收回。

(2) 服务器在调用 bind 后，还必须调用 listen 把套接字设置为被动方式，以便随时接受客户的服务请求。

(3) 服务器紧接着就调用 accept，以便把远地客户进程发来的连接请求提取出来。调用 accept 要完成的动作较多，这是因为一个服务器必须能够同时并发处理多个连接。

(4) 当使用 TCP 协议的客户创建好 socket 套接字后，客户进程就调用 connect 发出连接请求，以便和远地服务器建立连接。在 connect 系统调用中，客户必须指明远程服务器的 IP 地址和端口号。

(5) 客户和服务器都在 TCP 连接上使用 send 系统调用传送数据，使用 recv 系统调用接收数据。

(6) 一旦客户或服务器结束使用套接字就调用 close 释放连接和撤销套接字。

有些系统调用在一个 TCP 连接中可能会循环使用。另外，由于 UDP 服务器只提供无连接服务，因此不使用 listen 和 accept 系统调用。

3.5 应 用 层

传输层为应用进程提供了端到端的通信服务，但不同的网络应用的进程之间还需要有不同的通信规则，需要位于不同主机中的多个应用进程之间的通信和协同工作。

应用层的协议都是基于客户服务器方式。即使是 P2P 对等通信方式，实质上也是一种特殊的客户服务器方式。每一个应用层协议都着眼于解决某一类具体的应用问题，因此协议非常多，如 DNS(Domain Name System，域名系统)、HTTP(Hyper Text Transfer Protocol，超文本传输协议)、DHCP(Dynamic Host Configuration，动态主机配置协议)、FTP(File Transfer Protocol，文件传送协议)、TFTP(Trivial File Transfer Protocol，简单文件传送协议)、SMTP(Simple Mail Transfer Protocol，简单邮件传送协议)、POP3(Post Office Protocol 3，邮局协议版本 3)、SIP(Session Initiation Protocol，会话初始协议)、SNMP(Simple Network Management Protocol，简单网络管理协议)等。本节仅介绍与工业控制网络紧密相关的三个非常流行的应用层协议。

3.5.1 域名系统

1. 为什么需要域名系统

如果说 ARP 协议是用来将 IP 地址转换为 MAC 地址的，那么 DNS(域名系统)协议则是用来将域名转换为 IP 地址的。当然，也可以将 IP 地址转换为相应的域名地址。

从上一节我们知道，TCP/IP 中使用 IP 地址和端口号来确定网络上某一台主机上的某一个程序。那么，我们为什么不用域名来直接进行通信呢？主要原因有两点：

(1) IPv4 是 32 位地址，IPv6 是 128 位地址，它们的地址长度都是固定的，而域名是变长的，不便于计算机处理。

(2) IP 地址对于用户来说不方便记忆，而域名便于用户使用，例如 www.cslg.edu.cn 是常熟理工学院的域名(cslg 是常熟理工的首字拼音，edu 表示教育系统，cn 表示中国)。

也就是说，IP 地址是面向主机的，而域名则是面向用户的。因此，DNS 系统是一种可以将域名和 IP 地址相互映射的以层次结构分布的数据库系统，为互联网的运行提供关键性的基础服务。

2. DNS 的层次结构

早期的互联网使用了非等级的名字空间，其优点是名字简短。但当互联网上的用户数急剧增加时，用非等级的名字空间来管理一个很大的而且是经常变化的名字集合是非常困难的。因此，互联网后来就采用了层次树状结构的命名方法，就像全球邮政系统和电话系统那样。采用这种命名方法，任何一个连接在互联网上的主机或路由器，都有一个唯一的层次结构的名字——域名。它是名字空间中一个可被管理的划分，可以划分为子域，而子域还可继续划分为子域的子域，这样就形成了顶级域、二级域、三级域等等。例如，图 3-38 中 mail.cslg.edu.cn 共有四个域，从顶级至第四级的域名分别为 cn、edu、cslg、mail。

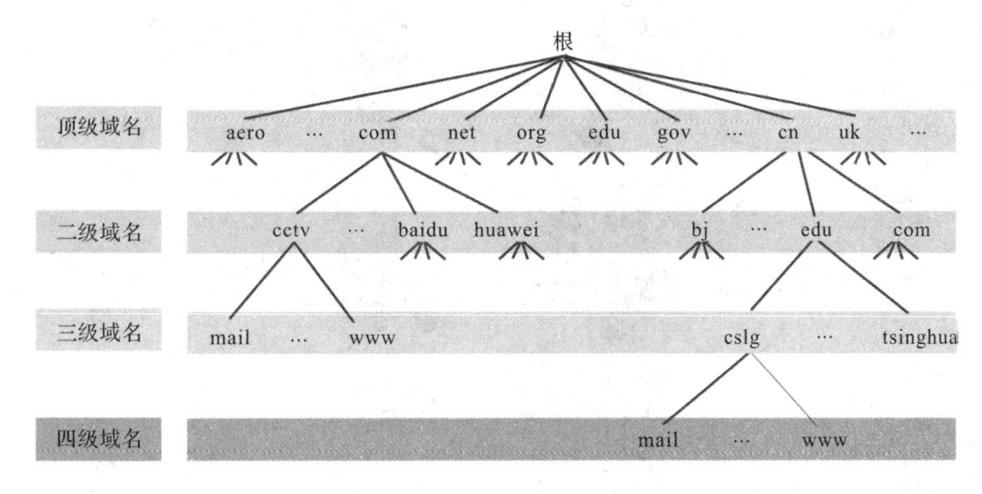

图 3-38　域名划分的层次结构

为了达到域名全球唯一性的目的，DNS 在命名时还规定：

(1) 每一个域名都是一个标号序列，用字母(不区分大小写)、数字和连接符“-”组成；

(2) 标号序列总长度不能超过 255 个字符，它由点号分割成一个个的标号；

(3) 每个标号应该在 63 个字符之内，每个标号都可以看成一个层次的域名；

(4) 级别最低的域名写在左边，级别最高的域名写在右边。

DNS 既不规定一个域名需要包含多少个下级域名，也不规定每一级的域名代表什么意思。各级域名由其上一级的域名管理机构管理，而最高的顶级域名则由 ICANN 进行管理。

顶级域名分为国家顶级域名(如 cn 表示中国，uk 表示英国，us 表示美国等)、通用顶级域名(如 com 表示公司企业，net 表示网络机构，org 表示非盈利组织等)及基础结构域名(只有一个 arpa，用于反向域名解析)三类。

二级域名则由各单位或组织自行分配，用这种方法可使每一个域名在整个互联网范围内是唯一的，并且也容易设计出一种查找域名的机制。

3. DNS 域名服务器

从理论上讲，整个互联网可以只使用一个域名服务器，使它装入互联网上所有的主机名，并回答所有对 IP 地址的查询。然而互联网规模很大，这样的域名服务器肯定会因过负荷而无法正常工作，一旦域名服务器出现故障，整个互联网就会瘫痪。

因此，互联网上的 DNS 域名服务器也是按照层次安排的。每一个域名服务器都只对域名体系中的一部分进行管辖。根据域名服务器所起的作用，可以把域名服务器划分为四种不同的类型，由高向低分别为根域名服务器、顶级域名服务器、权限域名服务器和本地域名服务器。

4. DNS 域名解析过程

假定主机 m.xyz.com 打算发送邮件给主机 y.abc.com，如图 3-39 所示，这时就必须知道主机 y.abc.com 的 IP 地址。该应用进程就调用解析程序(Resolver)，把待解析的域名放在 DNS 请求报文中，以 UDP 用户数据报方式发给本地域名服务器 dns.xyz.com，其端口号为 53。

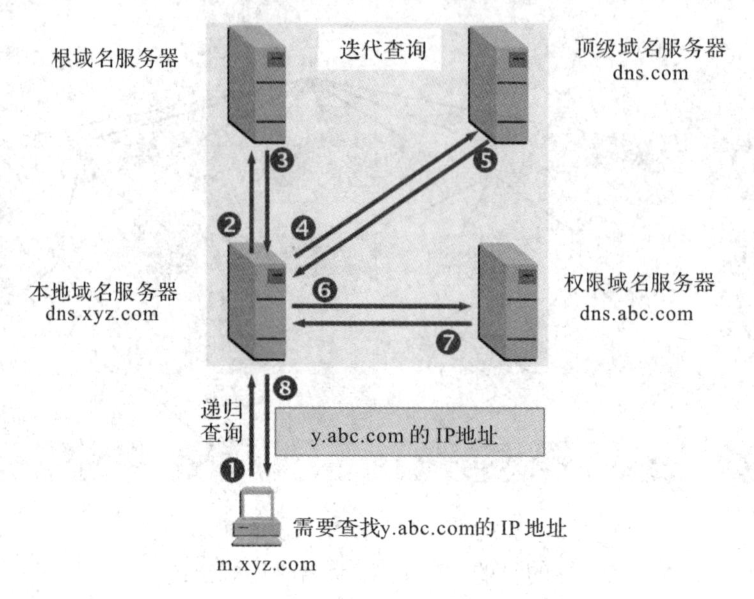

图 3-39　DNS 域名解析过程

DNS 域名解析查询过程如下：

(1) 主机 m.xyz.com 先向其本地域名服务器 dns.xyz.com 进行递归查询。

(2) 本地域名服务器先向一个根域名服务器进行迭代查询。

(3) 根域名服务器告诉本地域名服务器下一次应查询的顶级域名服务器 dns.com 的 IP 地址。

(4) 本地域名服务器向顶级域名服务器 dns.com 进行迭代查询。

(5) 顶级域名服务器 dns.com 告诉本地域名服务器下一次应查询的权限域名服务器 dns.abc.com 的 IP 地址。

(6) 本地域名服务器向权限域名服务器 dns.abc.com 进行迭代查询。

(7) 权限域名服务器 dns.abc.com 告诉本地域名服务器所查询的主机的 IP 地址。

(8) 本地域名服务器把查询结果告诉主机 m.xyz.com。

这 8 个步骤总共使用了 8 个 UDP 用户数据报的报文。本地域名服务器经过三次迭代查询后，从权限域名服务器 dns.abc.com 得到了主机 y.abc.com 的 IP 地址，最后把结果返回给发起查询的主机 m.xyz.com。

3.5.2　超文本传输协议

1. 万维网

万维网(WWW，World Wide Web)，简称为 Web，是一个大规模的、联机式的信息储藏所。万维网用链接的方法能非常方便地从互联网上的一个站点访问另一个站点，从而主动地按需获取丰富的信息。

万维网是一个分布式的超媒体(Hypermedia)系统，它是超文本(Hypertext)系统的扩充。所谓超文本是指包含指向其他文档的链接的文本(Text)，它由多个信息源链接而成，而这些信息源可以分布在世界各地，并且数目不受限制。利用一个链接可使用户找到远在异地的另一个文档，而这又可链接到其他的文档。

超媒体与超文本的区别是文档内容不同。超文本文档仅包含文本信息，而超媒体文档还包含其他表示方式的信息，如图形、图像、声音、动画以及视频图像等。

万维网以客户机/服务器方式工作。浏览器就是在用户主机上的万维网客户端程序。万维网文档所驻留的主机则运行服务器程序，因此这台主机也称为万维网服务器。客户程序向服务器程序发出请求，服务器程序向客户程序送回客户所要的万维网文档。在一个客户程序主窗口上显示出的万维网文档称为页面(Page)。

万维网必须解决以下几个问题：

(1) 怎样标志分布在整个互联网上的万维网文档？

(2) 用什么样的协议来实现万维网上的各种链接？

(3) 怎样使不同作者创作的不同风格的万维网文档，都能在互联网上的各种主机上显示出来，同时使用户清楚地知道在什么地方存在着链接？

(4) 怎样使用户能够很方便地找到所需的信息？

针对第一个问题，万维网使用统一资源定位符(URL，Uniform Resource Locator)来标志万维网上的各种文档，并使每一个文档在整个互联网的范围内具有唯一的标识符 URL。

针对第二个问题，万维网使用超文本传输协议(HTTP)来实现客户机/服务器的各种链接。

针对第三个问题，万维网使用超文本标记语言(HTML，Hyper Text Markup Language)，使得万维网页面的设计者可以很方便地用链接从本页面的某处链接到互联网上的任何一个万维网页面，并且能够在自己的主机屏幕上将这些页面显示出来。

最后，用户可使用搜索引擎工具如百度、Google 等在万维网上方便地查找所需的信息。

2. 统一资源定位器

只要能够对资源定位，系统就可以对资源进行各种操作，如存取、更新、替换和查找其属性。统一资源定位器就是用来表示从互联网上得到的资源位置和访问这些资源的方法。互联网上的所有资源都有 个唯 确定的 URL，只有知道了这个资源在互联网上的什么地方，才能对它进行操作。

URL 相当于一个文件名在网络范围的扩展，是与互联网相连的机器上的任何可访问对象的一个指针。由于访问不同对象所使用的协议不同，URL 需指出读取某个对象时所使用的协议。URL 的一般形式由以下四部分组成：

<协议>://<主机>:<端口>/<路径>

URL 的第一部分<协议>是指使用什么协议来获取该万维网文档，如 http、ftp、https 等。“://”是规定的格式。它后面的第二部分<主机>指出这个万维网文档是在哪一台主机上，即互联网上的域名。再后面是第三和第四部分<端口>和<路径>，有时可省略。

很多浏览器为了方便用户，在输入 URL 时，可以把最前面的“http://”甚至把主机名最前面的“www”省略。HTTP 的默认端口号是 80，通常可省略。

3. HTTP 工作原理

HTTP 定义了浏览器(即万维网客户进程)怎样向万维网服务器请求万维网文档，以及服务器怎样把文档传送给浏览器。从层次的角度看，HTTP 是面向事务的应用层协议，它是万维网上能够可靠地交换文件的重要基础。它不仅传送完成超文本跳转所必需的信息，而且也传送任何可从互联网上得到的信息。万维网的大致工作过程如图 3-40 所示。

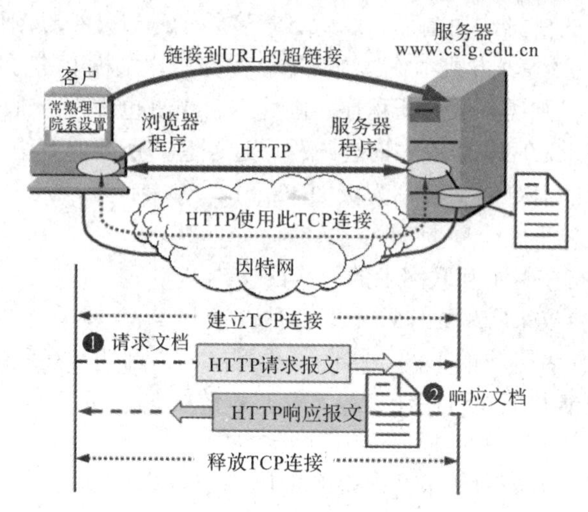

图 3-40　HTTP 的工作原理

每个万维网网点都有一个服务器进程，它不断地监听 TCP 的端口 80，以便发现是否有万维网客户即浏览器向它发出连接建立请求。一旦监听到有连接建立请求并建立了 TCP 连接之后，浏览器就向万维网服务器发出浏览某个页面的请求。服务器接着就返回所请求的页面作为响应。最后，TCP 连接就被释放了。

在浏览器和服务器之间的请求和响应的交互，必须按照规定的格式和遵循一定的规则。这些格式和规则就是超文本传送协议(HTTP)。

用户浏览页面的方法有两种。一种方法是在浏览器的地址窗口中键入所要找的页面的 URL。另一种方法是在某一个页面中用鼠标点击一个可选部分，这时浏览器会自动在互联网上找到所要链接的页面。

HTTP 使用了面向连接的 TCP 作为传输层协议，保证了数据的可靠传输，因此 HTTP 不必考虑数据在传输过程中被丢弃后又怎样被重传。但是 HTTP 协议本身是无连接的，通信的双方在交换 HTTP 报文之前不需要先建立 HTTP 连接。

另外，HTTP 协议是无状态的(Stateless)。同一个客户第二次访问同一个服务器上的页面时，服务器的响应与第一次被访问时的相同(服务器未更新该页面)。这是因为服务器并不记得曾经访问过的这个客户，也不记得为该客户曾经服务过多少次。HTTP 的无状态特性简化了服务器的设计，使服务器更容易支持大量并发的 HTTP 请求。当然，很多网站应用如网上购物，常常希望能够识别并记住用户，或者限制某些用户的访问，则可以在 HTTP 中使用 Cookie 技术来跟踪用户。

3.5.3　动态主机配置协议

1. 动态主机配置协议的作用

为了把协议软件做成通用的和便于移植的，协议软件的编写者不会把所有的细节都固定在源代码中，而是将其参数化。因此协议软件在使用之前必须是已正确配置的。连接到互联网的计算机的协议软件需要配置的项目包括 IP 地址、子网掩码、默认路由器的 IP 地址及 DNS 域名服务器的 IP 地址。

然而，用人工来进行这些协议配置不仅很不方便，而且非常容易出错。DHCP(动态主机配置协议)作为一种即插即用协议，则能够使主机自动地获取以上网络配置信息并接入网络，大大地方便了网络管理人员，还被广泛地应用于有主机频繁加入和离开网络的住宅接入网与无线局域网中。

当计算机使用 Windows 操作系统时，点击“控制面板”的“网络”图标就可以找到某个连接中的“网络”下面的菜单，找到 TCP/IP 协议后点击其“属性”按钮，若选择“自动获得 IP 地址”和“自动获得 DNS 服务器地址”，则表示使用 DHCP 协议。

2. DHCP 的地址分配方式

DHCP 使用客户机/服务器方式。DHCP 服务器负责接收客户端的 DHCP 请求，集中管理所有客户机的 IP 地址设定信息，并负责处理客户端的 DHCP 请求，通过“租约”来实现 IP 分配的功能，实现 IP 的分时复用，从而解决 IP 资源短缺的问题。其地址分配方式有如下三种：

(1) 人工配置：由管理员对每台具体的计算机指定一个地址。

(2) 自动配置：服务器为第一次连接网络的计算机分配一个永久地址，DHCP 客户端第一次成功地从 DHCP 服务器端分配到一个 IP 地址之后，就永久使用这个地址。

(3) 动态配置：在一定的期限内将地址租给计算机。每次使用完后，DHCP 客户端就得释放这个 IP 地址，并且租期结束后客户必须续租或者停用该地址，而对于路由器，经常使用的地址分配方式是动态配置。

3. DHCP 工作过程

DHCP 工作过程如图 3-41 所示。客户端使用的 UDP 端口是 68，服务器使用的 UDP 端口是 67。

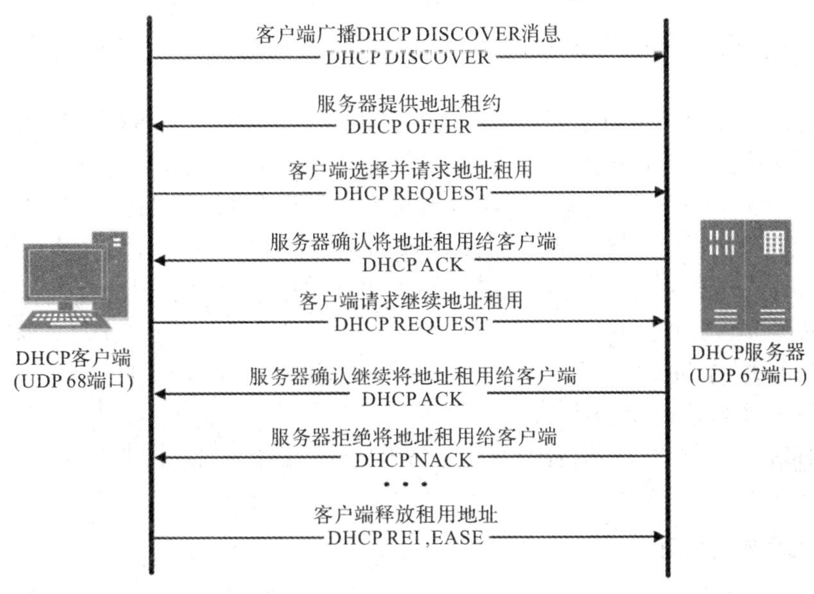

图 3-41 DHCP 工作过程

(1) DHCP 客户端启动时，计算机发现本机上没有任何 IP 地址设定，将以广播方式通过 UDP 68 端口发送 DHCP DISCOVER 发现信息来寻找 DHCP 服务器，因为客户机还不知道自己属于哪一个网络，所以广播包的源地址为 0.0.0.0，目的地址为 255.255.255.255，向网络发送特定的广播信息。网络上每一台安装了 TCP/IP 协议的主机都会接收这个广播信息，但只有 DHCP 服务器才会做出响应。

(2) DHCP 服务器收到客户端发出的 DHCP DISCOVER 广播后，通过解析报文，查询配置文件，从那些还没有租出去的地址中，选择最前面的空置 IP，连同其他 TCP/IP 设定，通过 UDP 67 端口响应给客户端一个 DHCP OFFER 数据包(包含 IP 地址、子网掩码、地址租期等信息)。告诉 DHCP 客户端，该 DHCP 服务器拥有资源，可以提供 DHCP 服务。

(3) DHCP 客户端接收到 DHCP OFFER 提供的信息之后，如果客户机收到网络上多台 DHCP 服务器的响应，一般是最先到达的那个，然后以广播的方式回答一个 DHCP REQUEST 数据包(包中包含客户端的 MAC 地址、接受的租约中的 IP 地址、提供此租约的 DHCP 服务器地址等)。告诉所有 DHCP 服务器它将接受哪一台服务器提供的 IP 地址，其他的 DHCP 服务器撤销提供，以便将 IP 地址提供给下一次 IP 租用请求。此时，由于还没有得到 DHCP 服务器的最后确认，客户端仍然使用 0.0.0.0 为源 IP 地址，255.255.255.255 为目标地址进行广播。

(4) 在 DHCP 服务器接收到客户机的 DHCP REQUEST 之后，会广播返回给客户机一个 DHCP ACK 消息包，表明已经接受客户机的选择，告诉 DHCP 客户端可以使用它提供的 IP 地址，并将这一 IP 地址的合法租用以及其他的配置信息都放入该广播包发给客户机。

(5) 以后 DHCP 客户端每次重新登录网络时，就不需要再发送 DHCP DISCOVER 信息了，而是直接发送包含前一次所分配的 IP 地址的 DHCP REQUEST 请求信息。当 DHCP 服务器收到这一信息后，它会尝试让 DHCP 客户机继续使用原来的 IP 地址，并回答一个 DHCP ACK 确认信息。如果此 IP 地址已无法再分配给原来的 DHCP 客户端使用时，则 DHCP 服务器给 DHCP 客户端回答一个 DHCP NACK 否认信息。当原来的 DHCP 客户机收到此 DHCP NACK 否认信息后，它就必须重新发送 DHCP DISCOVER 信息来请求新的 IP 地址。

(6) DHCP 服务器向 DHCP 客户机出租的 IP 地址一般都有一个租借期限，期满后 DHCP 服务器便会收回出租的 IP 地址。如果 DHCP 客户机要延长其 IP 租约，则必须更新其 IP 租约。客户端会在租期过去 50%的时候，直接向为其提供 IP 地址的 DHCP 服务器发送 DHCP REQUEST 消息包。如果客户端接收到该服务器回应的 DHCP ACK 消息包，客户端就根据包中所提供的新的租期以及其他已经更新的 TCP/IP 参数，更新自己的配置，IP 租用更新完成。如果在租期过去 50%的时候没有更新，则客户端将在租期过去 87.5%的时候再次向为其提供 IP 地址的 DHCP 联系。如果还不成功，到租约的 100%时候，客户端必须放弃这个 IP 地址，重新申请。

(7) DHCP 客户端可以随时提前终止服务器所提供的租用期，这时只需向 DHCP 服务器发送释放报文 DHCP RELEASE。

4. DHCP 中继代理

尽管 DHCP 的自动配置功能非常吸引人，但我们并不愿意在每一个局域网络上都设置一个 DHCP 服务器，因为这样会使 DHCP 服务器的数量太多，事实上也没有必要在每个物理网络都部署一个 DHCP 服务器。解决的办法是使每一个网络至少拥有一个 DHCP 中继代理(Relay Agent)，通常是一台路由器，里面配置了 DHCP 服务器的 IP 地址信息。

当 DHCP 中继代理收到主机以广播形式发送的发现报文后，就以单播方式向 DHCP 服务器转发此报文，并等待其回答。收到 DHCP 服务器回答的提供报文后，DHCP 中继代理再把此提供报文发回给主机 A。

3.6　网络协议分析工具

网络协议分析工具对于一个网络维护管理人员来说，重要性可想而知，不仅可以用来学习网络知识，还可以通过抓包分析数据报文，协议交互，排除网络故障，是网络维护工作者的必备工具。

3.6.1　协议分析器

协议分析器是一种用于监督和跟踪网络活动的诊断工具，既能用于合法网络管理，也能用于窃取网络信息。网络的运作和维护都可以通过协议分析器来完成，如监视网络流量、分析数据包、监视网络资源利用、执行网络安全操作规则、鉴定分析网络数据以及诊断并修复网络问题等。它们可以是计算机上运行的软件，也可以是包含特殊线路板和软件的特殊单元设备。

网络协议分析器又经常被称为网络嗅探器(Sniffer)、数据包分析器(Packet Analyzer)、网络嗅听器(Network Sniffing Tool)、网络分析器(Network Analyzer)等，对于 TCP/IP 网络协议的开发、调试和测试提供了一个有力的工具套件。

常用的网络协议分析软件有 Wireshark、Iris、Microsoft Network Monitor、Network Miner、Sniff Pass、Sniffer Pro、Capsa Packet Sniffer 等，下面以 Wireshark 为例，作一简要介绍。

3.6.2　Wireshark

1. Wireshark 软件简介

Wireshark 是一款非常棒的开源网络协议分析器，其前身是 Ethereal，可在 Windows、Linux、MacOS、Solaris、FreeBSD、NetBSD 及其他许多平台上运行。Wireshark 可以从以太网、IEEE 802.11、PPP/HDLC、ATM、蓝牙、USB、Token Ring、Frame Relay、FDDI 等中读取实时数据，可以深入检查数百种协议，并且一直在增加更多协议。该软件主要用于拦截流量、监控发送/接收的数据包、调查网络问题和可疑活动、生成统计数据、确认具有颜色编码的数据包类型等。Wireshark 具备极其简单的操作界面，用户可以通过捕获过滤器进行快速捕获，而且还为用户提供了显示过滤器、显示过滤器宏、应用为列、作为过滤器应用、准备过滤器、对话过滤器、启用的协议、重新载入 Lua 插件等多种分析功能，软件具有简单、易用、完善等特点。用户可从其官方网址 https://www.wireshark.org/download.html 下载该软件。

2. Wireshark 的使用

Wireshark 安装并启动后，就处于抓包状态中，所有通过该主机网卡的网络数据包都会被抓取并显示出来，其主界面如图 3-42 所示。

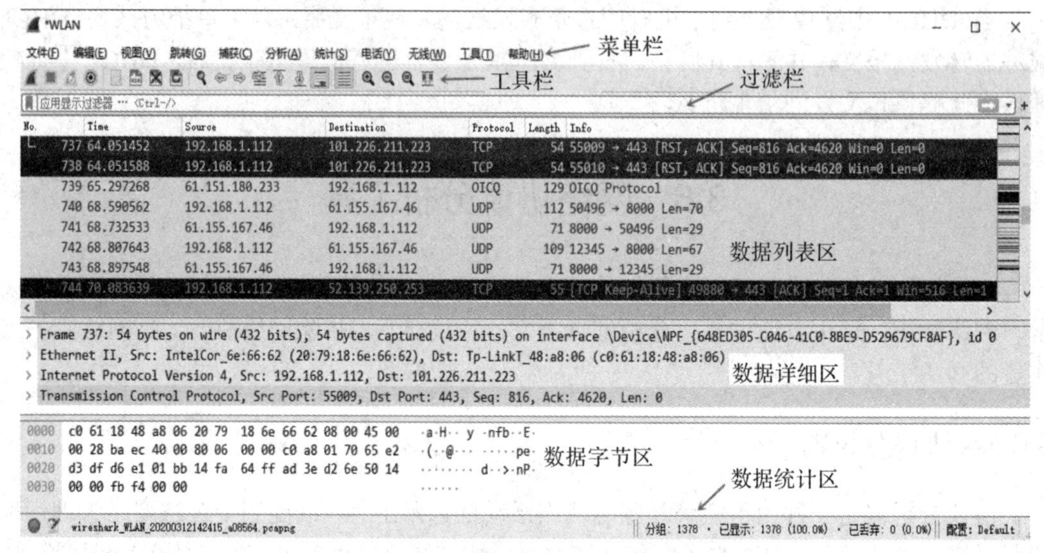

图 3-42　Wireshark 主界面

在数据列表区，会显示每一条抓取到的数据包的发送时间、源 IP 地址、目的 IP 地址、传输层协议、数据报文长度、源端口号、目地端口号、应用数据等相关信息。在数据详细区，会展开显示被选中的数据包的详细信息。在数据字节区，则是该条数据包比特流的十六进制及 ASCII 码显示。

在组网复杂或者流量较大的情况下，观察图 3-42 中的数据包列表会发现，里面含有大量的无效数据。这时可以在过滤栏，通过设置显示的过滤条件来提取和分析信息。比如，分析如图 3-29 中执行 ping www.baidu.com 所获取的数据包情况，可以在过滤栏中设置 ip.addr == 180.101.49.11 and icmp(ping 命令使用的是 ICMP 协议)，即可获得如图 3-43 所示的“有效数据”。

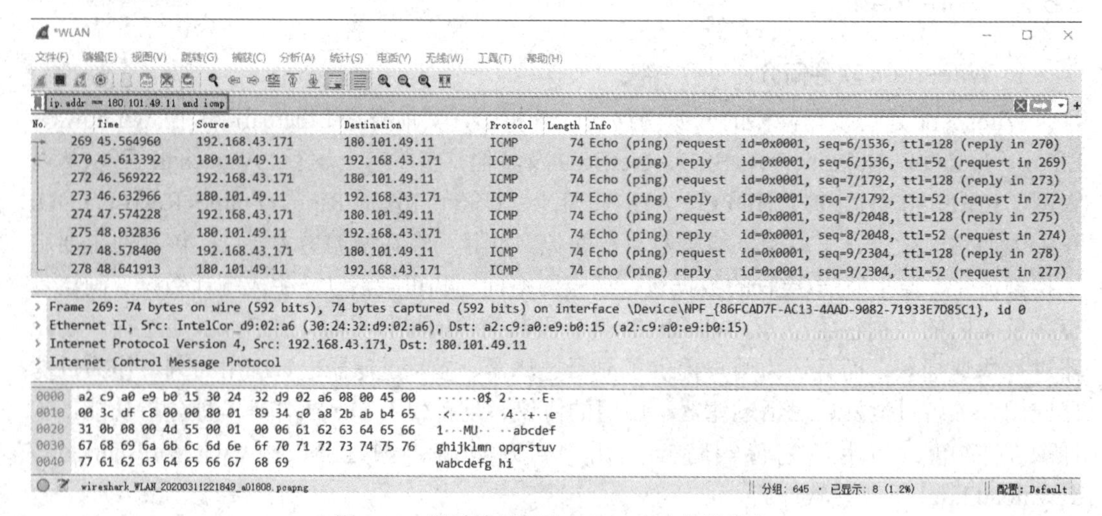

图 3-43　用过滤器获取 PING 命令的数据包

抓包过滤器有协议过滤(ether、ip、tcp、udp、http、icmp、ftp 等)、方向过滤(src、dst)、IP 地址过滤、端口地址过滤等多种形式，还可以结合各种逻辑运算符(&& 与、|| 或、! 非)进行组合，非常灵活。

Wireshark 还提供了很多统计和图表功能，供网络管理人员对数据做进一步跟踪与分析。

课 后 习 题

1. 物理层要解决哪些问题？物理层的主要特点是什么？

2. 物理层的接口有哪几个方面的特性？各包含些什么内容？

3. 试给出数据通信系统的模型，并说明其主要组成构件的作用。

4. 信号调制方法通常有哪两类？各自的调制原理是什么？

5. 试画出 0x52B7 的曼彻斯特编码及差分曼彻斯特编码。

6. 为什么要使用信道复用技术？常用的信道复用技术有哪些？

7. 常用的传输媒体有哪几种？各有何特点？

8. 试说明 100BASE-T 中的“100”“BASE”和“T”所代表的意思。

9. 什么是链路？它有什么特点？什么又是数据链路？它们的区别是什么？

10. 数据链路层的三个基本问题(封装成帧、透明传输和差错检测)为什么都必须加以解决？如果在数据链路层不封装成帧，会发生什么问题？

11. 假定要发送的数据为 1101011011，采用 CRC 的生成多项式是 $P(X)=X^4+X+1$。

(1) 试求应添加在数据后面的余数。

(2) 数据在传输过程中最后一个 1 变成了 0，问接收端能否发现？

(3) 若数据在传输过程中，最后两个 1 都变成了 0，接收端能否发现？

(4) 采用 CRC 检验后，数据链路层的传输是否就变成了可靠的传输？

12. 局域网的主要特点是什么？为什么局域网采用广播通信方式而广域网不采用呢？

13. 常用的局域网的网络拓扑有哪些种类？现在最流行的是哪种结构？为什么早期的以太网选择总线拓扑结构而不使用星型拓扑结构，但现在却改为使用星型拓扑结构？

14. 以太网使用的 CSMA/CD 协议是以争用方式接入到共享信道的。这与传统的时分复用 TDM 相比优缺点如何？

15. 网络适配器的作用是什么？网络适配器工作在哪一层？

16. 假定 1 km 长的 CSMA/CD 网络的数据率为 1 Gb/s。设信号在网络上的传播速率为 200 000 km/s。1 b 往返需要多长的时间？并求出能够使用此 CSMA/CD 协议的最短帧长。

17. MAC 帧格式由哪些部分组成？什么样的帧属于无效 MAC 帧？

18. 什么是虚拟局域网？它的主要功能是什么？

19. 网络层向上提供的服务有哪两种？试比较其优缺点。

20. 网络互联有何实际意义？进行网络互联时，有哪些共同的问题需要解决？

21. 作为中间设备，转发器、网桥、路由器和网关有何区别？

22. 试简单说明 IP、ARP、RARP 和 ICMP 协议的作用。

23. IP 地址分为几类？各类地址是如何表示的？IP 地址的主要特点是什么？

24. IP 地址与硬件地址有什么区别？为什么要使用这两种不同的地址？

25. 子网掩码为 255.255.255.0 代表什么意思？如果一个网络的子网掩码为 255.255.255.248，该网络能够连接多少台主机？

26. 一个 A 类网络的子网掩码为 255.255.0.255，它是否为有效的子网掩码？

27. 某个 IP 地址的十六进制表示是 C4.5D.74.89，试将其转换为点分十进制的形式。这个地址是哪一类 IP 地址？

28. 试辨认以下 IP 地址的网络类别：

(1) 131.36.199.3；

(2) 21.12.240.17；

(3) 219.3.6.2；

(4) 192.12.69.248。

29. 下列 IPv4 地址是否有错误？如有，请指出。

(1) 105.56.045.78；

(2) 21.34.7.9.20；

(3) 75.45.301.14；

(4) 11100010.23.14.67。

30. 有人认为："ARP 协议向网络层提供了转换地址的服务，因此 ARP 应当属于数据链路层。"这种说法为什么是错误的？

31. 试解释为什么 ARP 高速缓存每存入一个项目就要设置 10～20 分钟的超时计时器。这个时间设置得太大或太小会出现什么问题？

32. 主机 A 发送 IP 数据报给主机 B，途中经过了 5 个路由器。试问在 IP 数据报的发送过程中总共使用了几次 ARP？

33. 什么是 VPN？VPN 有什么特点和优缺点？

34. 什么是 NAT？NAPT 有哪些特点？NAT 的优点和缺点有哪些？

35. 试把以下的 IPv6 地址用零压缩方法写成简洁形式：

(1) 0000:0000:0000:0000:0000:0000:004D:ABCD；

(2) 2819:00AF:0000:0000:0000:0035:0CB2:B271

36. 从 IPv4 过渡到 IPv6 的方法有哪些？

37. 为什么有些应用程序愿意采用不可靠的 UDP，而不愿意采用可靠的 TCP？当接收方收到有差错的 UDP 用户数据报时，会如何处理？

38. 传输层有两大核心协议 TCP 和 UDP，为什么说 UDP 是面向报文的，而 TCP 是面向字节流的？

39. 端口的作用是什么？为什么端口号要划分为三种？

40. 一个 UDP 用户数据报的首部的十六进制表示是：06 32 00 45 00 1C E2 17。试求源端口、目的端口、用户数据报的总长度、数据部分长度。这个用户数据报是从客户发送给服务器还是从服务器发送给客户？程序名又是什么？

41. 在 TCP 的连接建立的三报文握手过程中，为什么第三个报文段不需要对方的确认？这会不会出现问题？

42. 什么是 Socket？一个 Socket 包含哪些部分？试简单描述 Socket 的系统调用过程。

43. 域名系统的主要功能是什么？互联网的域名结构是怎样的？域名系统中的本地域名服务器、根域名服务器、顶级域名服务器以及权限域名服务器有何区别？

44. 试举例说明域名解析的过程。

45. 设想有一天整个互联网的 DNS 系统都瘫痪了(这种情况不大会出现)，试问还有可能给朋友发送电子邮件吗？

46. 解释以下名词。各英文缩写词的原文是什么？

WWW；URL；HTTP；HTML；浏览器；超文本；超媒体；页面。

47. 假定要从已知的 URL 获得一个万维网文档。若该万维网服务器的 IP 地址开始时并不知道。试问：除 HTTP 外，还需要什么应用层协议和传输层协议？

48. DHCP 协议用在什么情况下？当一台计算机第一次运行引导程序时，其 ROM 中有没有该主机的 IP 地址、子网掩码或某个域名服务器的 IP 地址？

49. 当局域网中没有 DHCP 服务器时，如果想正常使用 DHCP 服务，为什么需要 DHCP 中继代理？

50. 试用抓包工具软件获取网络上的一条数据，并尝试对其协议内容进行分析。

第 4 章　Modbus 工业现场总线及应用

4.1　Modbus 概述

Modbus 现场总线协议作为一种串行通信协议，是由施耐德电气公司(前身是 Modicon 公司)在 1979 年发表的。当时这个协议只是应用于可编程逻辑控制器(PLC)的，后来却发展成为全球第一个真正意义上用于工业现场的总线协议。21 世纪初，施耐德公司为了更好地普及和推动基于以太网(TCP/IP)的分布式 Modbus 应用，将 Modbus 协议的所有权移交给 IDA(Interface For Distributed Automation，分布式自动化接口)组织，并专门成立了非营利的 Modbus-IDA 组织，进一步推动了 Modbus 协议的广泛应用。

Modbus 协议简单高效、通用性强、易于部署和维护，而且是开源免费的，任何人都可以自由使用。目前，Modbus 协议已经成为工业领域通信协议的业界通用标准，是工业电子设备之间常用的连接通信方式。Modbus 通信协议具有如下几个特点：

(1) Modbus 协议标准开源、免费。

(2) Modbus 协议支持多种电气接口，如 RS232、RS485、TCP/IP 等，还可以在各种介质上传输，如双绞线、光纤、无线电波等。

(3) Modbus 协议消息帧格式简单、紧凑，便于用户理解和使用，及厂商的开发和集成，可以快速形成工业控制网络。

当仪表设备需要被连接到有很多设备的分散式 I/O 系统的时候，在 Modbus 协议的帮助下，整个系统可以增加更多的现场设备，仅仅需要一根双绞线电缆，就可以把所有数据传送到 Modbus 主站设备。以 Modbus 网络的方式组网连接的时候，可以把现场设备连接到一个 DCS、PLC 设备或工业计算机系统，整个工厂的连接都能够从双绞线电缆控制室直连的方式转变为 Modbus 网络连接方式。

现代工业控制领域持续不断地诞生和应用诸如现场总线和以太网等先进的概念，尽管如此，Modbus 协议凭借其简单性以及便于在许多通信媒介上实施应用的特点一直受到广泛的支持，目前仍有着极其广泛的应用。尤其是老式控制系统，需要扩充现场仪表或者增加远程控制器的时候，基本上都会采用 Modbus 协议作为解决问题的方案。当用户试图把一个外来设备连接到既存控制系统里面时，使用设备的 Modbus 接口被证明是最容易、最可靠的办法。

总而言之，Modbus 已经发展到了极为成熟的阶段，是最普及的通信方式之一。Modbus 协议便于学习、使用，非常可靠，价格低廉，并且可以连接到工业控制领域几乎所有的传感器和控制设备上。学会并掌握 Modbus 开发将会成为一项具有广泛意义和实际应用价值的技能。

4.2　Modbus 通信协议

4.2.1　Modbus 通信模型

从协议层次上看，Modbus 协议主要描述的是应用层的信息封装格式，对应应用层报文传输协议。它在不同类型总线或网络设备之间提供主站设备/从站设备(或客户机/服务器)通信。

Modbus 的协议栈模型如图 4-1 所示，它并没有规定物理层，可以支持多种电气接口。

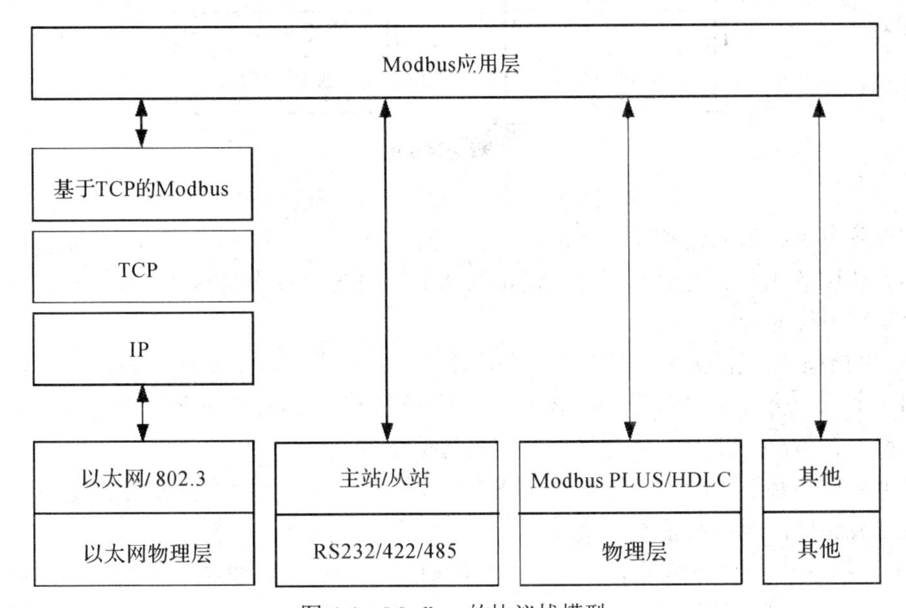

图 4-1　Modbus 的协议栈模型

Modbus 通信模式主要有如下三种：

(1) 以太网：其通信模式是 Modbus TCP/IP。

(2) 异步串行传输(各种介质如有线 RS232/422/485/，光纤、无线等)：其通信模式是 Modbus RTU 或 Modbus ASCII。

(3) 高速令牌传递网络：其通信模式是 Modbus PLUS(又称为 Modbus+ 或 MB+)，其数据链路层采用了 HDLC(High-Level Data Link Control，高级数据链路控制协议)。

对于 Modbus TCP/IP 模式，国际互联网组织规定并保留了 TCP/IP 协议栈上的 502 熟知端口，专门用于访问 Modbus 设备。Modbus PLUS 是 Modbus 协议的升级版，但由于协议并未公开，所以没有流行开来。

4.2.2　Modbus 的工作模式

作为一种单主/多从(Master/Slave)的通信协议，Modbus 协议规定在同一时间，总线上只能有一个主设备能初始化传输(查询)，但可以有一个或多个(最多 247 个)从设备根据主设备查询提供的数据做出相应反应。典型的主设备可以是主机或可编程仪表，典型的从设备有可编程控制器等。

如图 4-2 所示，Modbus 通信总是由主设备发起，而且主设备一次只能启动一个 Modbus 查询。当从设备没有收到来自主设备的请求时，不会主动发送数据，从设备之间也不能相互通信。

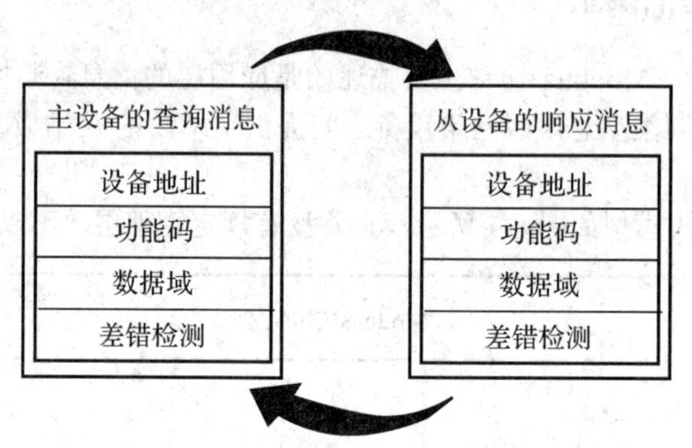

图 4-2 Modbus 主从设备的请求应答工作模式

主设备可单独和从设备通信，也能以广播方式和所有从设备通信。即主设备可以对指定的单个从设备或者线路上所有的从设备发送请求报文，而从设备只能被动接收请求报文后给出响应报文即应答。

(1) 单播模式：主设备仅仅寻址单个从设备。从设备接收并处理完请求之后，向主设备返回一个响应报文，即应答。在这种模式下，一个 Modbus 事务处理包含两个报文：一个是主设备的请求报文，一个是从设备的响应报文。

每个从设备必须有唯一的地址(地址范围为 1～247)，这样才能区别于其他从设备从而可以独立被寻址，而主设备不占用地址。

(2) 广播模式：此种模式下，主设备可以向所有的从设备发送请求指令，而从设备在接收到广播指令后，仅仅进行相关指令的事务处理而不要求返回应答。因此在广播模式下，请求指令必须是 Modbus 标准功能中的写指令。

根据 Modbus 标准协议的要求，所有从设备必须接收广播模式下的写指令，且地址 0 被保留用来识别广播通信。

4.2.3 Modbus 的数据传输模式

尽管 Modbus 通信协议有多种版本，但大多数 Modbus 设备还是通过串口(RS232/RS485)或 TCP/IP 物理层进行连接的。

Modbus 串行链路连接有两种传输模式，分为 ASCII(American Standard Code for Information Interchange，美国标准信息交换码)模式和 RTU(Remote Terminal Unit，远程终端单元)模式。这两者的协议其实是同源的，只是传输数据的字节表示上有不同。Modbus ASCII 模式是一种以 ASCII 为编码形式的传输模式，它具有相当好的可读性，但数据冗长。Modbus RTU 模式则是一种紧凑的二进制数据传输模式。

对于同一网络或链路来说，所有的设备必须保持统一的传输模式，要么统一为 ASCII

模式，要么统一为 RTU 模式。相对来说，RTU 模式传输效率更高，在当前的生产环境中获得了广泛应用，而 ASCII 模式只作为特殊情况下的选项。

但无论哪一种通信模式，其在数据模型和功能调用上都是相同的，只有传输报文的封装方式是不同的。

4.2.4　Modbus 的帧格式

Modbus 协议作为应用层协议，为了寻求一种简洁的通信格式，它定义了一个与通信层无关的协议数据单元(PDU，Protocol Data Unit)，PDU = 功能码 + 数据。而为了能够适应不同类型的总线或网络，Modbus 协议在 PDU 的基础上增加了必要的前缀(如地址域)和后缀(如差错校验)，映射成应用数据单元(ADU，Application Data Unit)。ADU = 附加域 + PDU，以实现完整而准确的数据传输。从协议分层的角度看，ADU 和 PDU 的关系如图 4-3 所示。

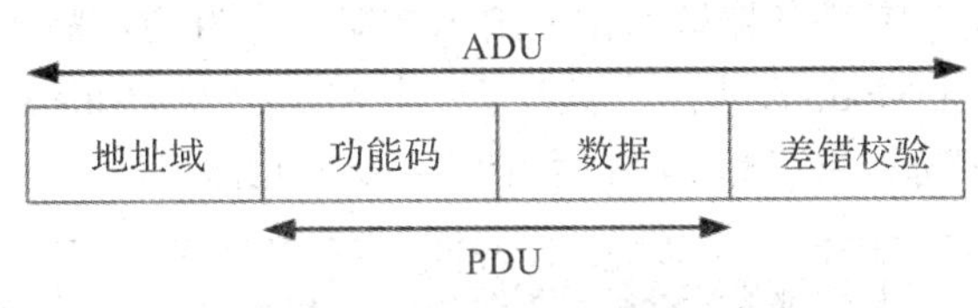

图 4-3　Modbus 帧结构

功能码和数据在不同类型的网络都是固定不变的，地址域和差错校验则因网络底层的实现方式不同而有所区别。

1. ASCII 模式帧格式

在 ASCII 模式下，消息中每个 8 位的字节都作为两个 ASCII 字符发送。消息以冒号“:”(其 ASCII 码为 3AH)开始，以回车换行符结束(ASCII 码为 0DH，0AH)。

其他域可以使用的传输字符是十六进制的 0，1，…，9，A，B，…，F。处于网络上的 Modbus 设备不断地侦测“:”字符，当接收到一个冒号时，每个设备都解码下个域(地址域)来判断是否是发给自己的。消息中发送字符的时间间隔最长不能超过 1s，否则接收的设备将认为传输错误。典型的 ASCII 帧格式如图 4-4 所示。

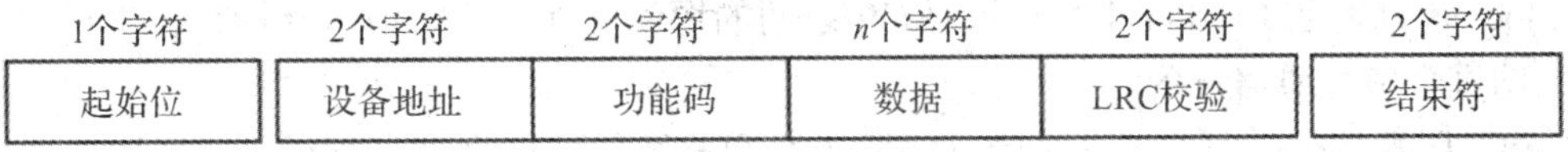

1个字符	2个字符	2个字符	*n*个字符	2个字符	2个字符
起始位	设备地址	功能码	数据	LRC校验	结束符

图 4-4　Modbus ASCII 帧格式

ASCII 模式采用 LRC(Longitudinal Redundancy Check，纵向冗余校验)进行差错校验，占用两个 ASCII 字符，不包括开始的冒号符及结束的回车换行符。

2. RTU 模式帧格式

在 RTU 模式下，消息的发送至少要以 3.5 个字符时间的停顿间隔开始。网络设备不断地侦测网络总线，计算字符间的停顿间隔时间，判断消息帧的起始点。当接收到第一个域(地址域)时，每个设备都进行解码以判断是否是发往自己的。每个设备在最后一个传输字符之后，一个至少 3.5 个字符时间的停顿标定了消息的结束。一个新的消息可在此停顿后开始。典型的 RTU 帧格式如图 4-5 所示。

不少于3.5个字符	1个字节	1个字节	n个字节	2个字节	不少于3.5个字符
起始位	设备地址	功能码	数据	CRC校验	结束符

图 4-5　Modbus RTU 帧格式

RTU 模式采用 CRC-16 循环冗余校验对消息的内容进行差错校验，占用两个字节，低字节在前，高字节在后，不包括开始的冒号符及结束的回车换行符。

需要注意的是，必须以连续的字符流发送整个报文帧。如果两个字符之间的间隔时间大于 1.5 个字符时间，那么认为整个报文帧不完整，该报文将被丢弃。

3. Modbus TCP/IP 模式帧格式

在 Modbus TCP/IP 模式中，串行链路的主/从设备变成了客户端/服务器端设备，客户端相当于主站设备，服务器端相当于从站设备。Modbus 协议通过一个完整的 TCP/IP 协议栈作支撑，Modbus TCP/IP 服务器端通常使用 502 端口作为接收报文的端口。

在 TCP/IP 网络上的 Modbus 协议，引入了一个 MBAP(ModBus Application Header)报文头字段，包含传输标识符、协议标识符、字节长度及单元标识符四个字段，如图 4-6 所示。

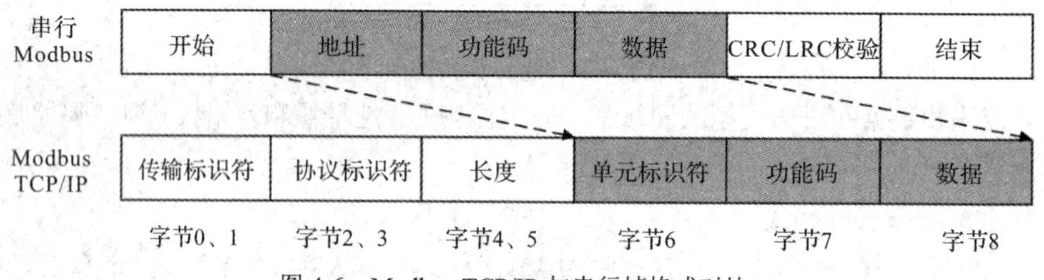

图 4-6　Modbus TCP/IP 与串行帧格式对比

与串行 Modbus 协议帧相比较，Modbus TCP/IP 主要做了以下几方面的改动：

(1) 取消了校验位。这是因为数据链路层上已进行了 CRC-32 的校验，TCP/IP 是面向连接的可靠性的协议，因此没必要再加上校验位。

(2) 从站地址换成了单元标识符。当网络里的设备都在使用 TCP/IP 时，这个地址是没有意义的，因为 IP 就能进行路由寻址。如果网络里还有串行通信设备，则需要网关来实现 Modbus TCP 到 Modbus RTU 或 ASCII 之间的协议转换，这时用单元标识符来标识网关后面的每个串行通信设备。

(3) 长度是指后面的字节总数。实际上，数据区的长度大部分能通过功能码来确定。即使有的功能码不包含数据区长度信息，但可通过数据区的字节计数来确定。有的功能码虽不能确定数据区长度，但是数据区有字节计数。在该报头增加的单元标识符是为了应对 TCP/IP 协议将应用层的数据拆包传输而造成的长度不能确定的情况。

(4) 传输标识符和协议标识符由客户机生成，服务器的响应将复制这些参数。

4.2.5　Modbus 的寄存器

Modbus 协议里的所有数据均存放于寄存器中。最初 Modbus 借鉴了 PLC 中寄存器的概念，但是随着 Modbus 协议的广泛应用，寄存器不再指具体的物理寄存器，而是泛指一块内存区域。

根据存放的数据类型以及各自的读写特性，Modbus 寄存器可分为四种类型，如表 4-1 所示。

表 4-1　Modbus 寄存器分类

寄存器种类	说　明	与 PLC 类比	举　例
线圈寄存器	输出端口，可设定端口的输出状态，也可以读取该位的输出状态，可分为两种不同的执行状态，即保持型或边沿触发型	DO(数字量输出)	电磁阀输出、MOSFET 输出、LED 显示等
离散输入状态	输入端口，通过外部设定改变输入状态，可读但不可写	DI(数字量输入)	拨码开关、接近开关等
保持寄存器	输出参数或保持参数，控制器运行时被设定的某些参数，可读可写	AO(模拟量输出)	模拟量输出设定值、PID 运行参数、传感器报警上下限等
输入寄存器	输入参数，控制器运行时从外部设备获得的参数，可读但不可写	AI(模拟量输入)	模拟量输入

各个 Modbus 寄存器的地址分配如表 4-2 所示。表中 PLC 地址可以理解为 Modbus 协议地址的变种，存放于控制器中。这些控制器可以是 PLC，也可以是触摸屏，或是文本显示器。PLC 地址一般采用十进制描述，共有 5 位，其中第一位代表寄存器的类型，其对应关系如表 4-2 所示。

表 4-2　Modbus 寄存器地址分配

寄存器种类	PLC 地址	寄存器协议地址	适用的功能码	读写状态
线圈寄存器	00001～09999	0000H～FFFFH	01H 05H 0FH	可读可写
离散输入状态	10001～19999	0000H～FFFFH	02H	只读
输入寄存器	30001～39999	0000H～FFFFH	04H	只读
保持寄存器	40001～49999	0000H～FFFFH	03H 06H 10H	可读可写

寄存器协议地址是指通信时使用的寄存器地址，例如 PLC 地址 40001 对应寻址地址 0x0000，40002 对应寻址地址 0x0001。寄存器寻址地址一般使用十六进制描述。再如，PLC 寄存器地址 40003 对应协议地址 0x0002，PLC 寄存器地址 30003 对应协议地址 0x0002。虽然两个 PLC 寄存器通信时使用相同的地址，但是需要使用不同的命令访问，所以访问时不存在冲突。

4.2.6　Modbus 的功能码

Modbus 功能码是 Modbus 消息帧的重要组成部分，是 Modbus 协议中双方的通信基础，代表消息将要执行的动作。Modbus 功能码占用一个字节，取值范围为 1～127。Modbus 规定：当出现异常时，用 129～255 的取值来表示异常码。

Modbus 标准协议中规定了 3 类功能码，分别是公共功能码、用户自定义功能码和保留功能码。其中，公共功能码是被明确定义的功能码，保证唯一性，且可进行一致性测试。表 4-3 列出了部分常用的公共功能码。

表 4-3　Modbus 部分公共功能码

功能码	名　称	寄存器 PLC 地址	位/字操作	操作数量
01	读线圈状态	00001～09999	位操作	单个或多个
02	读离散输入状态	10001～19999	位操作	单个或多个
03	读保持寄存器	40001～49999	字操作	单个或多个
04	读输入寄存器	30001～39999	字操作	单个或多个
05	写单个线圈	00001～09999	位操作	单个
06	写单个保持寄存器	40001～49999	字操作	单个
15	写多个线圈	00001～09999	位操作	多个
16	写多个保持寄存器	40001～49999	字操作	多个

功能码可分为位操作和字操作两类。位操作的最小单位为一位，字操作的最小单位为两个字节。读线圈状态(01 功能码)、读离散输入状态(02 功能码)、写单个线圈(05 功能码)和写多个线圈(15 功能码)属于位操作指令，读保持寄存器(03 功能码)、读输入寄存器(04 功能码)、写单个保持寄存器(06 功能码)和写多个保持寄存器(16 功能码)则属于字操作指令。

4.2.7　Modbus 报文传输实例

1. Modbus RTU 报文

对于 Modbus RTU 消息帧报文，例如主站设备发出查询报文：

01 01 00 00 00 10 3D C6

- 第 1 个字节 0x01：设备地址。
- 第 2 个字节 0x01：功能码 01，查表 4-3 可知，为读线圈状态。
- 第 3、4 个字节 0x00 0x00：从 Modbus 设备的起始地址 0000H 开始读(即 00001，查表 4-2)，地址高位在前，低位在后。
- 第 5、6 个字节 0x00 0x10：读取线圈的个数，此处需读取 16(0x10)个线圈状态值。
- 第 7、8 个字节 0x3D 0xC6：CRC 校验值，地址低位在前，高位在后。

从站设备返回响应报文：

01 01 02 00 03 F9 FD

- 第 1 个字节 0x01：设备地址。
- 第 2 个字节 0x01：功能码 01，与查询报文一致。
- 第 3 个字节 0x02：返回两个字节数据。因为查询报文需查询 16 个线圈的状态，因此可用 2 个字节来表示。
- 第 4、5 个字节 0x00 0x03：返回 16 个线圈的当前状态值。
- 第 6、7 个字节 0xF9 0xFD：CRC 校验值，地址低位在前，高位在后。

需要注意的是，前文帧格式中的数据区包含需要从机执行什么动作或由从机采集的返送信息。这些信息可以是数值、参考地址等。例如，功能码告诉从机读取寄存器的值，则数据区必须包含要读取寄存器的起始地址及读取长度，如上述查询报文中的第 3、4 和第 5、6 字节。对于不同的从机，地址和数据信息都不相同。

Modbus ASCII 与 Modbus RTU 相比，区别仅是每个 8 位的字节都作为两个 ASCII 字符发送，例如发送 0x02 会发送“0”“2”，写成十六进制则为 0x30 0x32。另外，最后的校验方式由 CRC 变成 LRC，此处不再赘述。

2. Modbus TCP/IP 报文

对于 Modbus TCP/IP 消息帧报文，例如客户端设备(主站)发出查询报文：

00 00 00 00 00 06 07 03 00 08 00 01

- 第 1～4 个字节 0x00 0x00 0x00 0x00：分别为传输标识符和协议标识符。
- 第 5、6 个字节 0x00 0x06：数据长度，表示后续还有 6 个字节。
- 第 7 个字节 0x07：单元标识符为 7。
- 第 8 个字节 0x03：功能码 03，查表 4-3 可知，为读保持寄存器的值。
- 第 9、10 个字节 0x00 0x08：从 Modbus 设备的起始地址 0008H 开始读(即 40009，查表 4-2)，地址高位在前，低位在后。
- 第 11、12 个字节 0x00 0x01：表示读取寄存器个数为 1。

服务器端设备(从站)返回的响应报文：

00 00 00 00 00 05 07 03 02 00 08

- 第 1～4 个字节 0x00 0x00 0x00 0x00：分别为传输标识符和协议标识符。
- 第 5、6 个字节 0x00 0x05：数据长度，表示后续还有 5 个字节。
- 第 7 个字节 0x07：单元标识符为 7。
- 第 8 个字节 0x03：功能码 03，同查询报文。
- 第 9 个字节 0x02：返回数据字节数。
- 第 10、11 个字节 0x00 0x08：返回寄存器当前的值。
- 在 Modbus TCP/IP 模式下，差错校验字段已不复存在。但在某些特殊场合，例如在 Modbus RTU Over TCP/IP 或 Modbus ASCII Over TCP/IP 等串行 Modbus 协议转 Modbus TCP 的情况下，串行协议数据可以完整地装载到 Modbus TCP 协议的数据字段，这时 CRC 或者 LRC 差错校验字段仍然存在。

4.3　Modbus 调试工具

市面上已经有了各种各样的 Modbus 开发环境、辅助控件、虚拟调试等工具，可以帮助用户事半功倍地开发 Modbus 产品。

在实际的工程应用中，功能调试是非常重要的一个环节。实机测试虽然确信度高，但是调试过程非常繁琐。因此，在产品设计的过程中，通常采用虚拟测试工具，可以在计算机之上轻松直观地仿真主站设备与从站设备间的 Modbus 通信。这里我们首推两个工具软件：Modbus Poll 和 Modbus Slave，分别代表 Modbus 主站设备和从站设备。不过，想要在一台 PC 上通信和调试，还需要安装虚拟串口软件(VSPD，Virtual Serial Port Driver)，它可以创建虚拟串口，用于连接主站设备和从站设备。借助这三种软件的帮助，我们可以在 PC 上做一些基础的实验或验证设计理念是否可行，这不仅是一种很好的入门方式，也是工程开发中常采用的方式。

4.3.1　VSPD 虚拟串口软件

VSPD 是著名的软件公司 Eltima 开发的一款虚拟串口软件，允许用户去模拟多个串口，支持所有的设置以及信号线，如同操作真正的 COM 端口一样。访问 http://www.eltima.com/ 即可下载 VSPD.exe 安装程序。Virtual Serial Port Driver Pro 9 的软件主界面如图 4-7 所示。

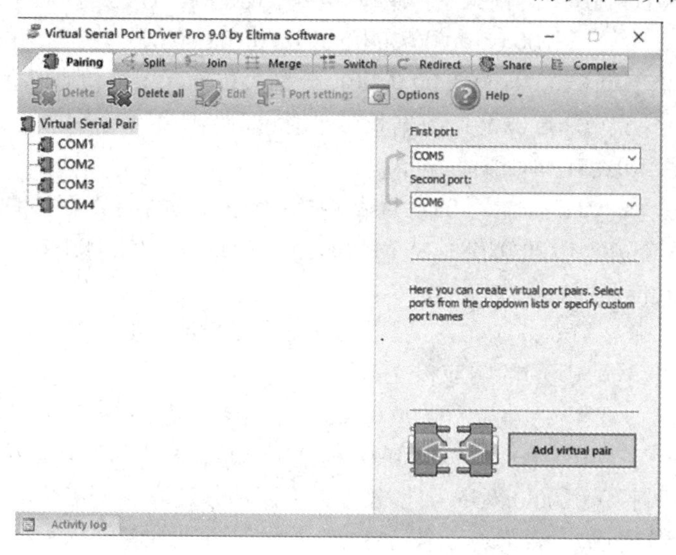

图 4-7　VSPD 软件界面

使用者可以随时创建多个虚拟端口对。点击右下角的“Add virtual pair”按钮即可自动创建一对串口。如果创建成功，则可以在“Pairing”一栏中看到“Virtual Serial Pair”。图 4-7 创建了两对串口对，分别是 COM1-COM2 和 COM3-COM4。

如图 4-8 所示，可通过计算机中的“设备管理器”来确认虚拟串口是否安装成功。当然也可以通过串口调试助手等软件进一步确认串口对是否已经互联互通。

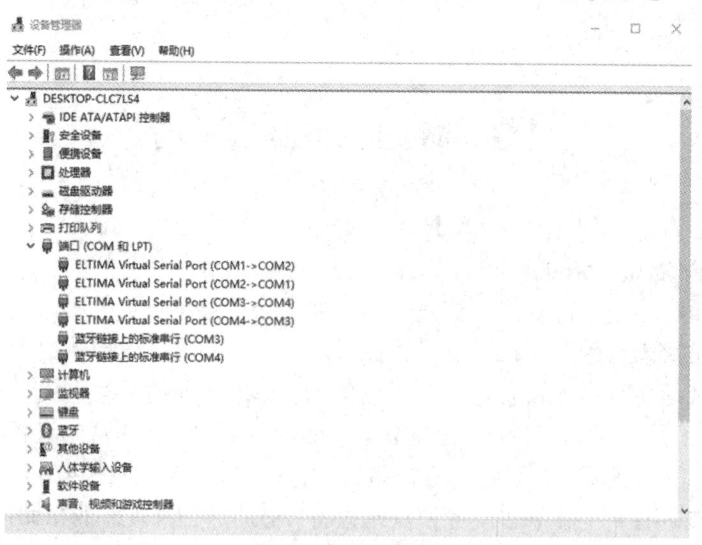

图 4-8　设备管理器界面

若一对串口是互相连接的，对其中一个串口进行写入操作时，可以从另一个串口中读出数据。而且虚拟串口的创建没有任何硬件、时间限制，不会有串行端口短缺的困扰，也不需要额外的硬件。

4.3.2 Modbus Poll

Modbus Poll 是 Modbus 工具箱中的主站设备仿真器，是由 Witte Software 公司设计开发的，我们可以从 https://www.modbustools.com 中获取。Modbus Poll 支持多文档接口，可以同时监视和调试多个 Modbus 从站设备。通过它可以很方便地观察 Modbus 通信过程中的各种报文数据。该软件可支持 Modbus RTU、Modbus ASCII、Modbus TCP/IP、Modbus RTU Over TCP/IP、Modbus ASCII Over TCP/IP、Modbus UDP/IP、Modbus RTU Over UDP/IP、Modbus ASCII Over UDP/IP 等协议模式。这些协议都是 Modbus 协议为了适用不同的应用场景所设计出的变体。

Modbus Poll 的主要功能如下：

(1) 读/写多达 125 个寄存器；

(2) 读/写多达 2000 个输入/输出线圈；

(3) 提供 Test Center 菜单；

(4) 打印和打印预览；

(5) 监视串行数据流量；

(6) 通信数据可以多种形式(.txt、.Excel)导出；

(7) 提供多种数据格式的显示方式；

(8) 起始基地址可调整(0、1)；

(9) 提供字体和颜色选项；

(10) 提供 Modbus 广播功能。

现在我们打开 Modbus Poll 软件的主界面，如图 4-9 所示。每个窗口可简单地设定从站设备 ID、功能、起始地址、寄存器数量和轮询间隔。其中，Tx 表示向主站发送数据帧的次数，图中为 0 次；Err 表示通信错误次数，图中为 0 次；ID 表示模拟的 Modbus 子设

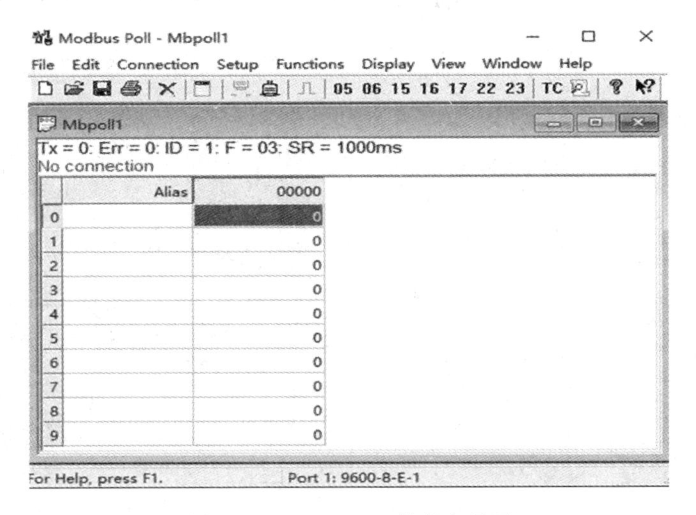

图 4-9　Modbus Poll 软件主界面

备的设备地址，图中地址为 1；F 表示所使用的 Modbus 功能码，其含义在上文中已经介绍过了；SR 则表示扫描周期。下面一行的红字部分为各种各样的错误信息，没有错误即不显示。例如图中显示“No Connection”，就表示未连接状态。

双击主界面中的地址栏，可以修改每个寄存器的实际值。选中一个地址，再点击“Display”，可以修改该地址的数值显示形式，或者按快捷键“Alt + Shift + H”，可以将数值改为十六进制。除此之外，还有多种数值显示模式可供选择，例如 32 位/64 位无符号整型、32 位/64 位浮点型、双字型浮点数等。数值类型可以逐一设置，也可以选中多个批量设置。

4.3.3 Modbus Slave

Modbus Slave 是与 Modbus Poll 对应的从站模拟调试工具，它可以接收主设备的命令包，并回传数据包。其直观的界面便于观察 Modbus 通信过程中的各种报文数据。其安装包虽然不大，但是功能强大。与 Modbus Poll 一样，它也支持多种协议模式，只要是 Modbus Poll 支持的，Modbus Slave 均完美支持。

4.3.4 Modbus Poll 与 Modbus Slave 的互联

由于我们是在一台 PC 上进行主站、从站的互通互联实验，因此需要设置虚拟串口。这里使用之前介绍的虚拟串口软件 Virtual Serial Port Driver，设置了 COM1 和 COM2 一对虚拟串口，它们之间是互相连接的，因此可以通过这对串口将 Modbus Poll 和 Modbus Slave 连接起来进行通信。

首先，配置从站 Modbus Slave 端。如图 4-10 所示，在“Connection Setup”中选择我们创建的虚拟串口。在图 4-11 寄存器设置中选择功能码为 03 的保持寄存器。在 Modbus Poll 端需要做同样的连接设置，而且串口参数必须一一对应，因此略去设置图示。

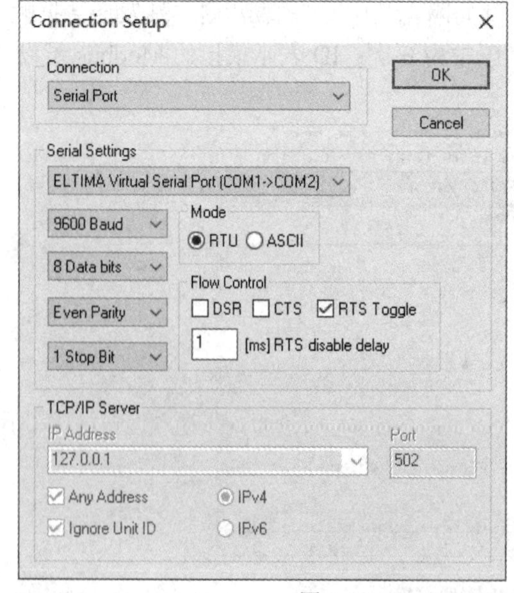

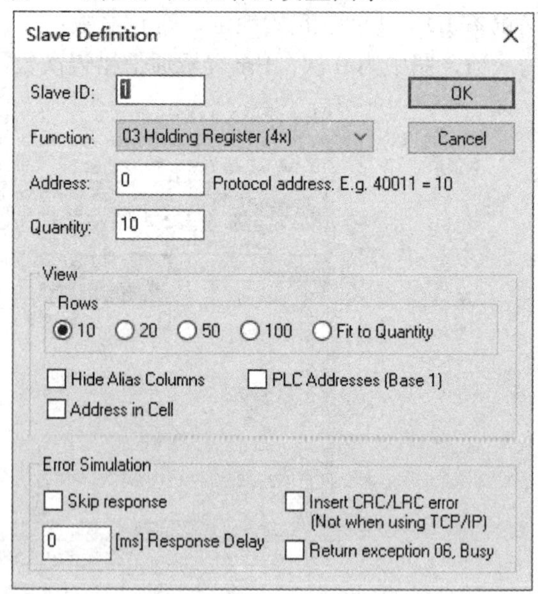

图 4-10 Modbus Slave 连接设置及寄存器设置

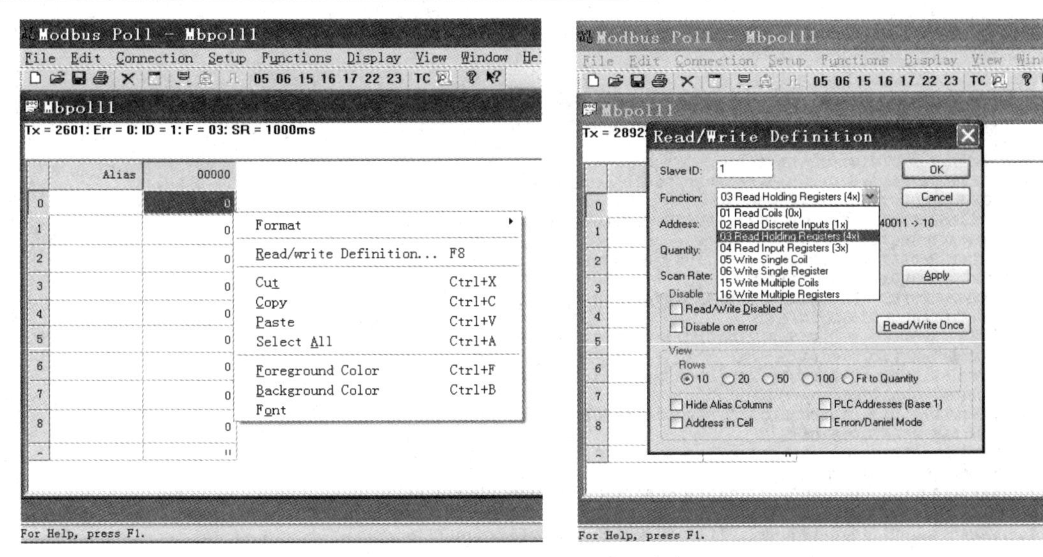

图 4-11　Modbus Poll 读写定义

连接和寄存器都设置完毕后，返回主界面，可以看到红色的“No connection”消失了，这就说明 Modbus Poll 与 Modbus Slave 已经成功配置好并已建立了连接。另外，我们在 Modbus Poll 主界面的寄存器位置点击鼠标右键，选中“Read/write Definition…”，对每个寄存器分别进行功能码、起始地址、数据长度、扫描频率等的设置，如图 4-11 所示。之后即可观察当前所有寄存器的读取情况，如图 4-12 所示。

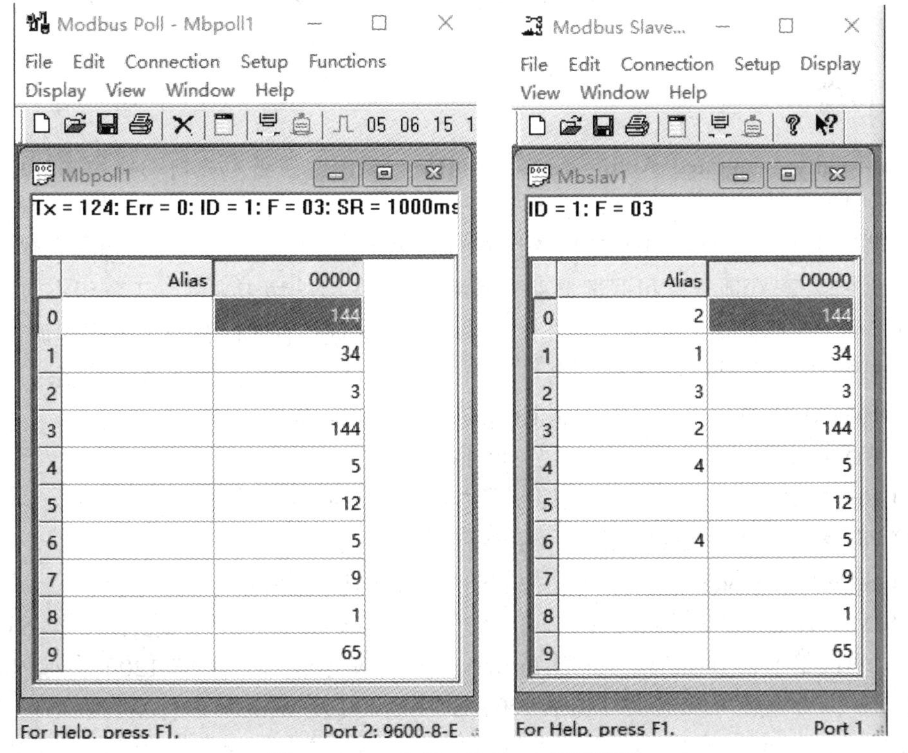

图 4-12　Modbus Poll-Slave 读写测试

在通信过程中，可以选择“Display”→“Communication…”菜单，在弹出的通信数据对话框中对每一帧的实际数据进行分析，如图 4-13 所示。

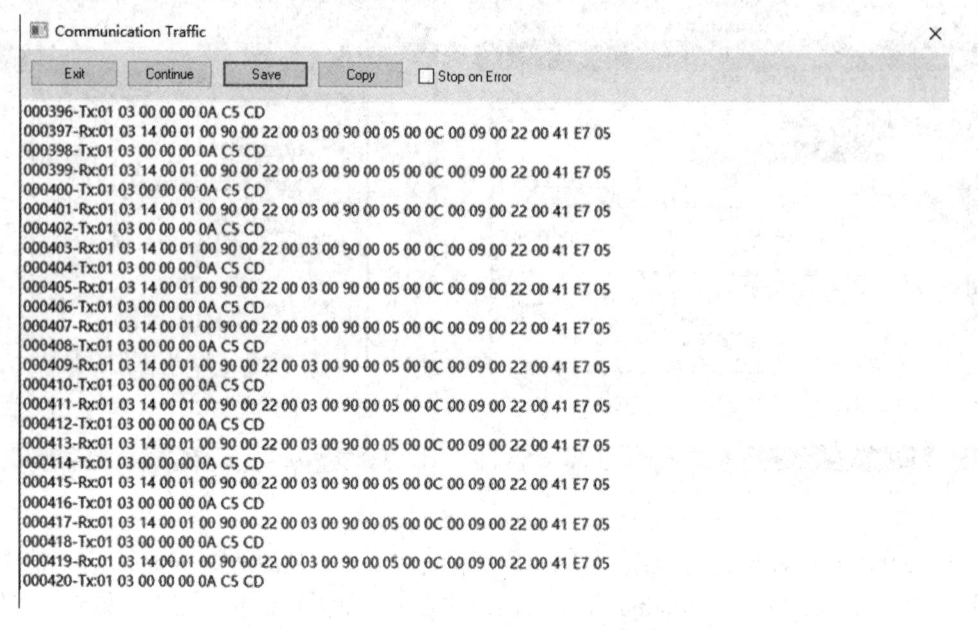

图 4-13　Modbus Poll-Slave 通信流量监测

4.4　Modbus 在西门子系列 PLC 中的应用

4.4.1　博途软件

TIA(Totally Integrated Automation Portal)是一款由西门子工业自动化集团打造的全集成自动化编程软件，中文经常称为“博途”软件。它是业内首个采用统一的工程组态和软件项目环境的自动化软件，几乎适用于所有自动化任务。借助该全新的工程技术软件平台，用户能够快速、直观地开发和调试自动化系统。TIA 作为一切未来软件工程组态包的基础，可对西门子全集成自动化中所涉及的所有自动化和驱动产品进行组态、编程和调试。

不同版本的软件包支持的产品也是不一样的，TIA 主要包含如下软件系统：

(1) SIMATIC STEP 7：用于控制器(PLC)与分布式设备的组态和编程；

(2) SIMATIC WinCC：用于人机界面(HMI)的组态；

(3) SIMATIC Safety：用于安全控制器(Safety PLC)的组态和编程；

(4) SINAMIC Startdrive：用于驱动设备的组态与配置；

(5) SIMOTION Scout：用于运动控制的配置、编程与调试。

其中，SIMATIC STEP 7 可以对 S7-1200/1500、S7-300/400 系列 PLC 进行编程。STEP7 包括两个版本：基本版(Basic)和专业版(Professional)。基本版只能对 S7-1200 系列 PLC 进行编程组态，而专业版可以对 S7-1200/1500、S7-300/400 及 WinAC 进行组态和编程。

最新版的 TIA Portal v16 完美支持 Windows 10 操作系统，并增强了对 SIMATIC S7-1200/1500、S7-300/400 和 WinAC 控制器的支持，同时还提升了软件的启动速度。

4.4.2　S7-1200 PLC 中的 Modbus 通信

本例中将创建和组态两台 S7-1200 PLC，其中 PLC_1 为 Modbus 通信主站，PLC_2 为 Modbus 通信从站。博途软件为 Modbus 通信专门封装了三个模块，分别为 Modbus_Comm_Load、Modbus_Master 和 Modbus_Slave，其功能如表 4-4 所示。

表 4-4　TIA 中的 Modbus 相关指令

指　令	含　义
Modbus_Comm_Load	允许组态 Modbus RTU 的通信模块接口
Modbus_Master	允许通过 PtP 端口作为 Modbus 主站进行通信
Modbus_Slave	允许通过 PtP 端口作为 Modbus 从站进行通信

1. 硬件组态

首先打开博途软件，创建新项目，并命名为“两台 PLC 之间的 Modbus 通信”，点击“创建”按钮，即可新建项目，如图 4-14 所示。

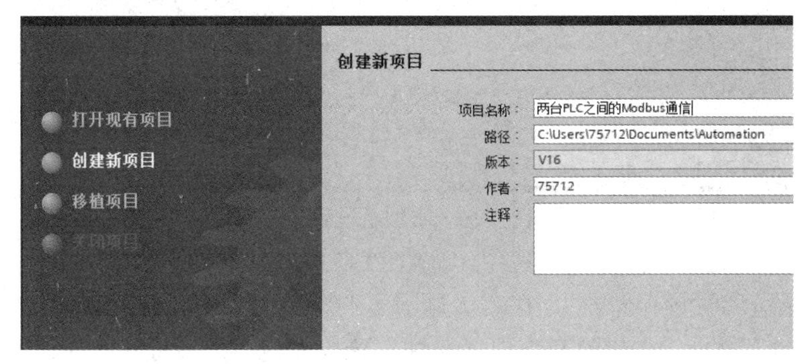

图 4-14　创建新项目

创建好项目后，如图 4-15 所示，点击“打开项目视图”，再点击项目树中的“添加新设备”，即可弹出设备选择菜单，如图 4-16 所示。设备名称一栏可自定义名称，在这里命名为 PLC_1，并在控制器列表中展开 SIMATIC S7-1200 下拉列表，再点击 CPU 列表，点击 CPU 1214C DC/DC/Rly，选择 6ES7 214-1HG40-0XB0，界面右侧出现设备的详情页面，在版本选项中选择 V4.1，最后点击“确定”。

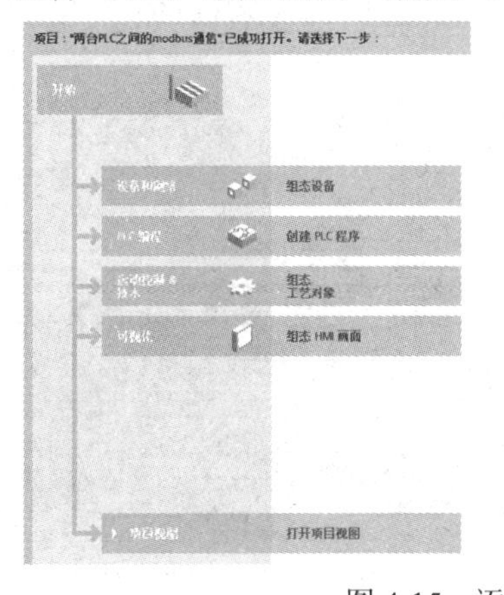

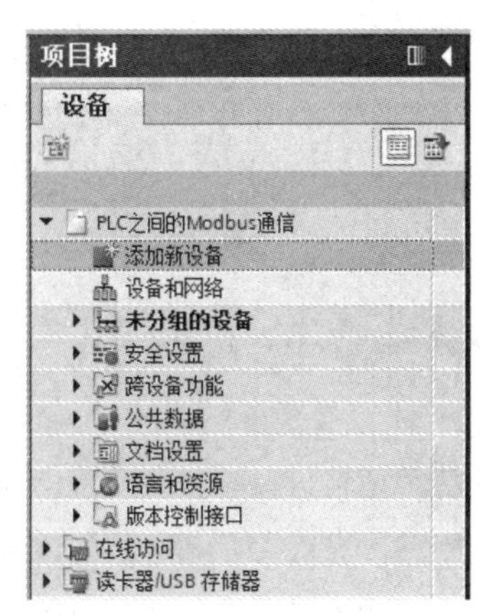

图 4-15　添加新设备(1)

图 4-16　添加新设备(2)

新设备添加完成后，打开设备视图，选中 PLC 设备，点击下面的“属性”选项，再选择“常规”“系统和时钟存储器”，在右边显示出的“启用系统存储器字节”的复选框中打上钩，如图 4-17 所示。如果没有出现“属性”菜单，也可以鼠标右击 PLC，在弹出的菜单中选择最下面的“属性”，如图 4-18 所示。

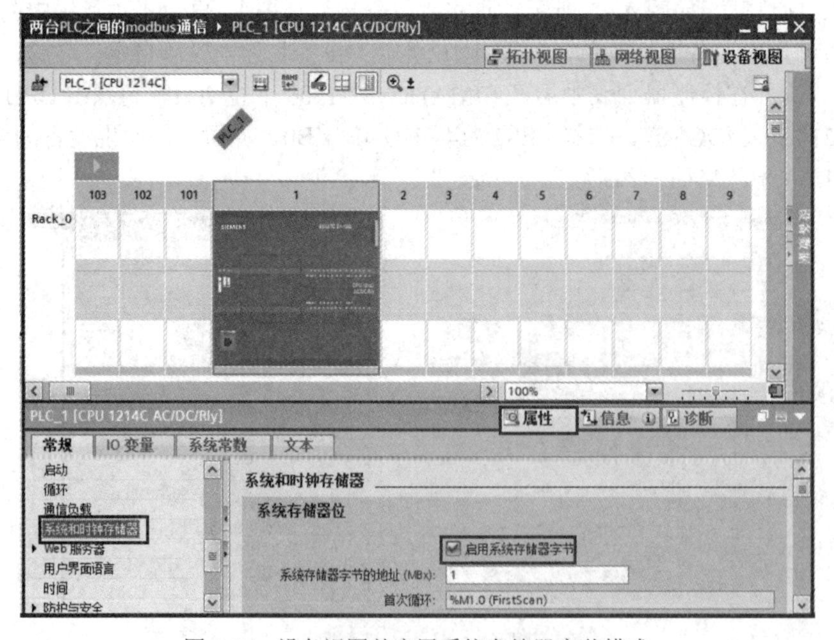

图 4-17　设备视图并启用系统存储器字节模式

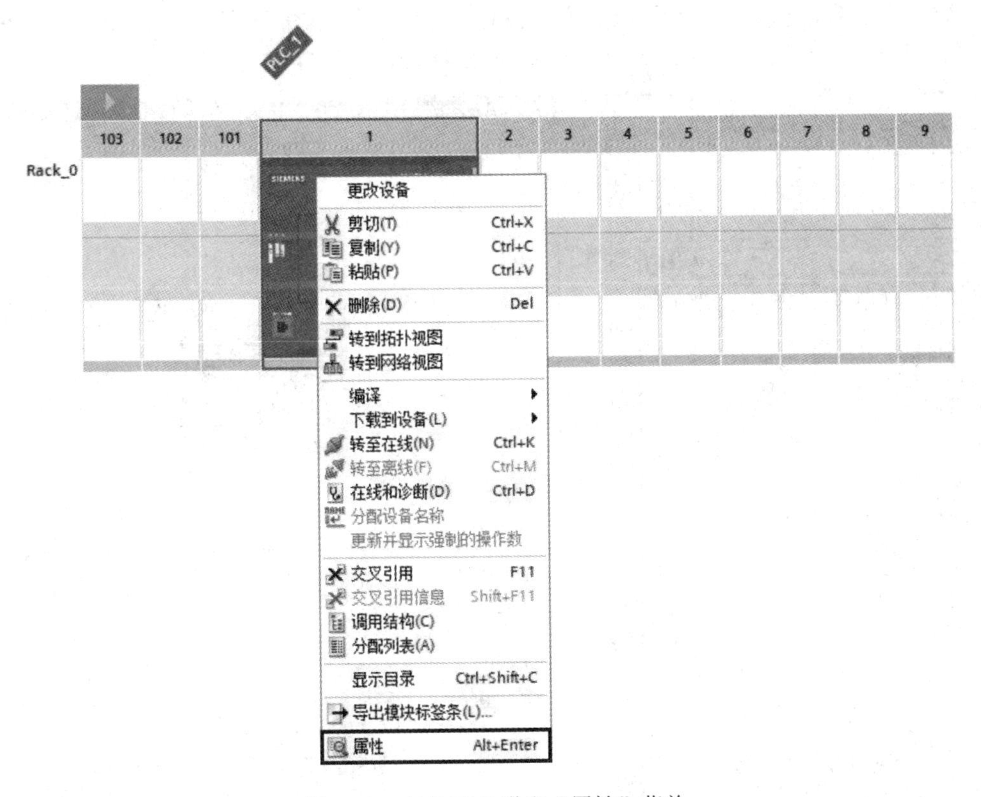

图 4-18　右击 PLC 弹出“属性”菜单

接着，再选中 PLC_1 设备中的以太网口，在以太网地址设置 PLC_1 的 IP 地址为 192.168.0.1，如图 4-19 所示。

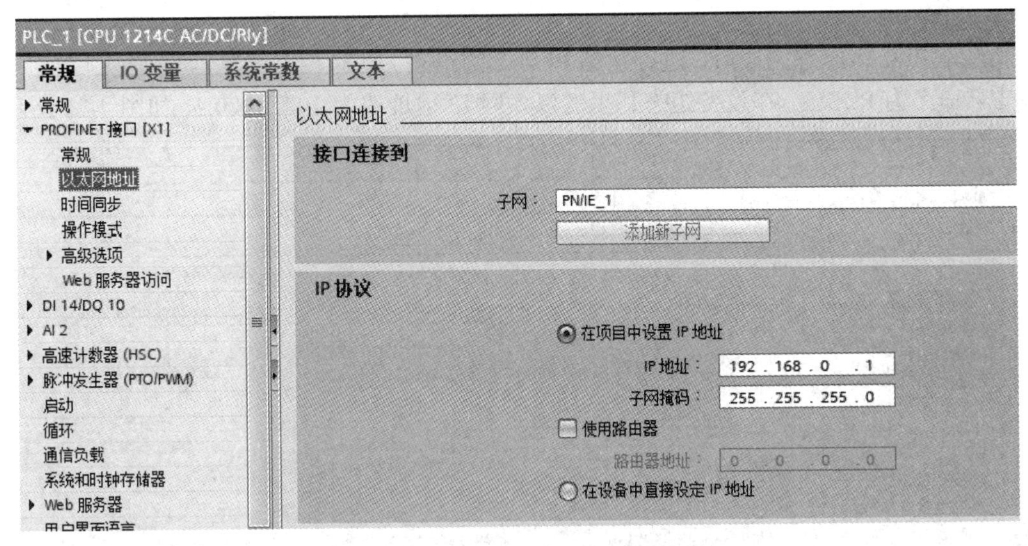

图 4-19　设置 PLC_1 的以太网 IP 地址

在界面右侧打开“硬件目录”菜单，展开“通信模块”选项，选择“点到点”列表，可以看到通信模块 CM 1241(RS485)，再次点击选中具体的设备，拖动到 101 导轨上即完成部署，如图 4-20 所示。

然后选中 CM 1241(RS485)模块，转到属性设置，在常规选项中，展开“RS-485 接口”列表，打开“IO-Link”设置，选择波特率为 9.6 kb/s，如图 4-21 所示。

图 4-20　添加通信模块

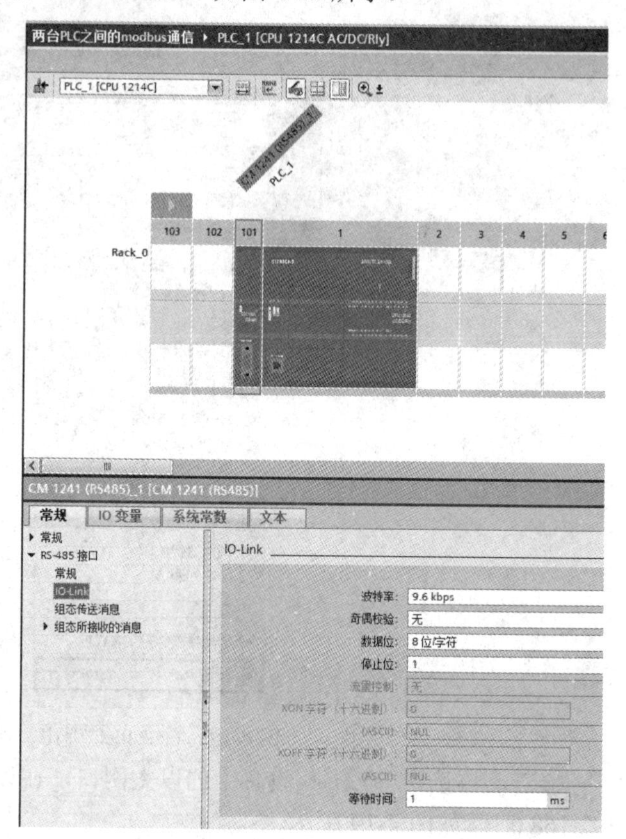

图 4-21　设置通信模块 CM1241

主站 PLC_1 组态完成后，进行从站 PLC_2 的组态。此时相对简单，可以复制 PLC_1，并重新命名为 PLC_2，在设备组态那里的以太网 IP 地址改为 192.168.0.2，如图 4-22 所示。

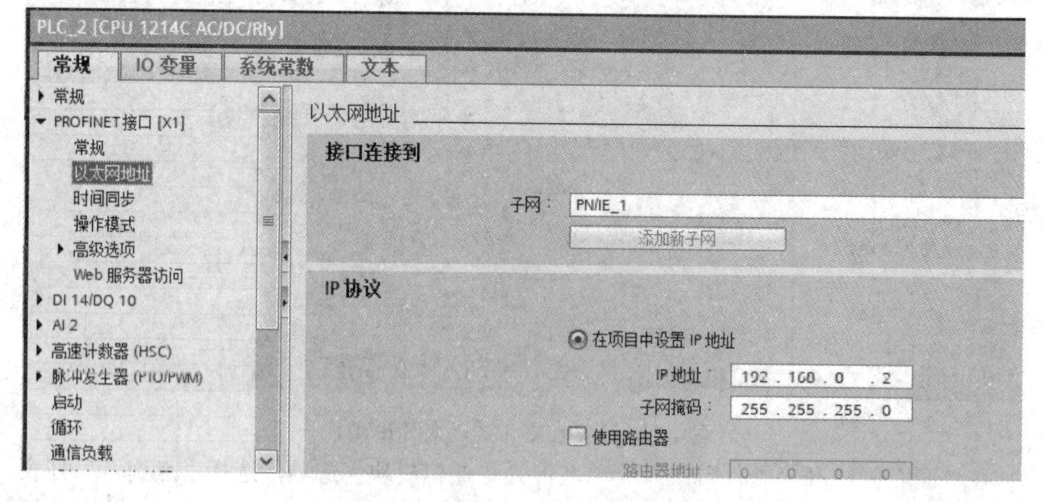

图 4-22　设置 PLC_2 以太网 IP 地址

下面进行拓扑图连接。首先点击“拓扑视图”按钮，此时在界面右侧出现“硬件目录”

菜单，分别添加“具有 1 个端口的 PC”和“CSM 1277”，可以通过搜索关键词的方式或展开目录列表查找，如图 4-23 所示。

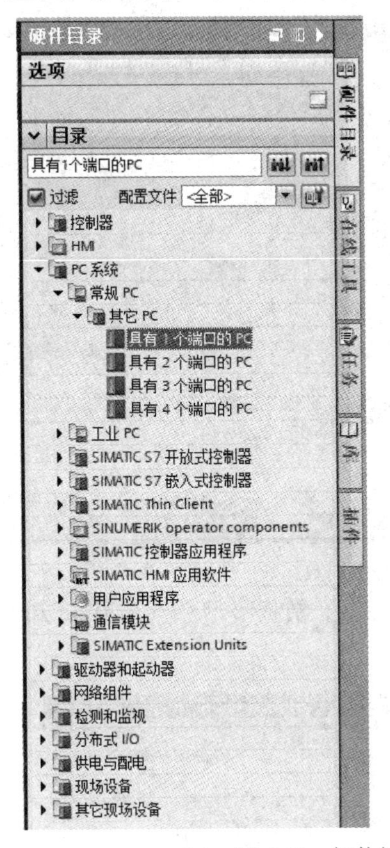

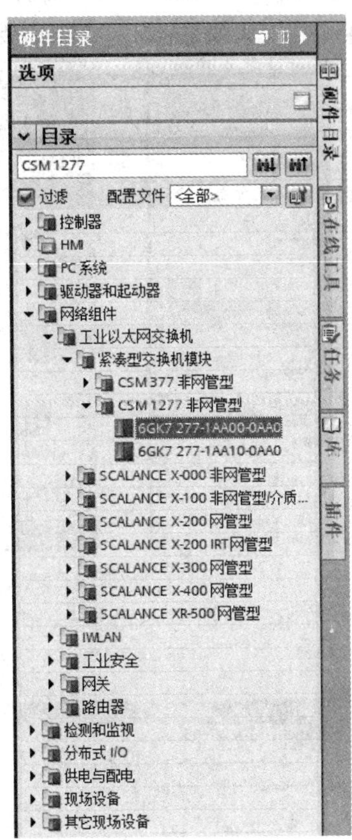

图 4-23　拓扑组态选择的硬件目录

首先用鼠标将需要的设备拖动到拓扑视图页面，然后将鼠标在绿色端口上拖动，连接到对应的端口，如图 4-24 所示。

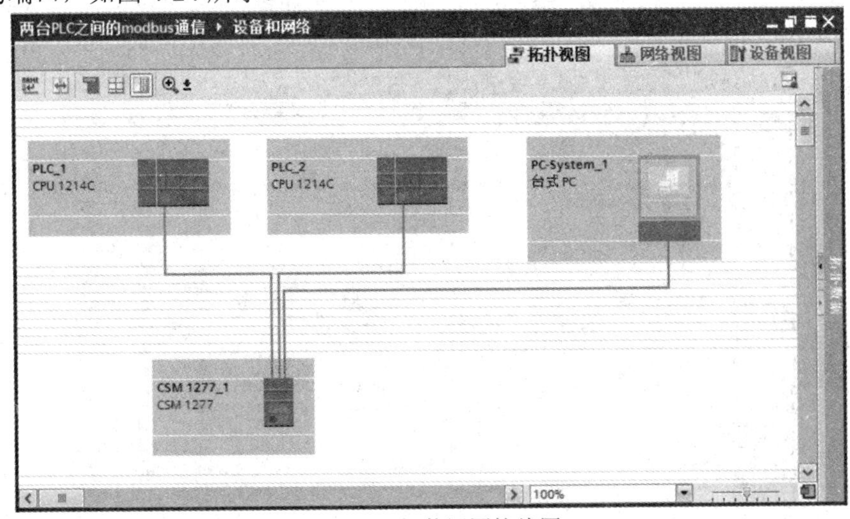

图 4-24　拓扑视图接线图

至此，硬件设备组态完成。

2. 软件编程

首先，在 PLC_1 中添加全局数据块，命名为 md-master，如图 4-25 所示。

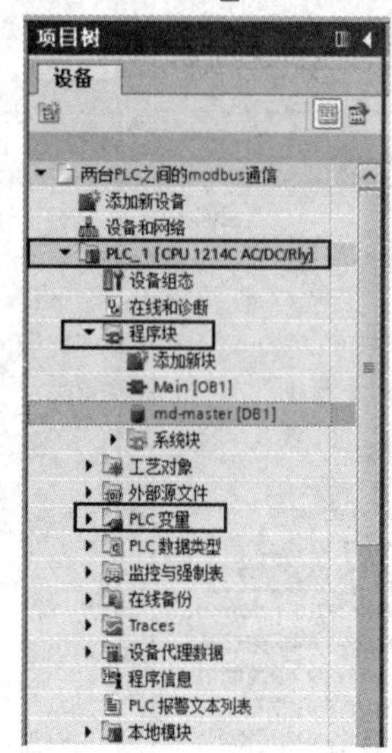

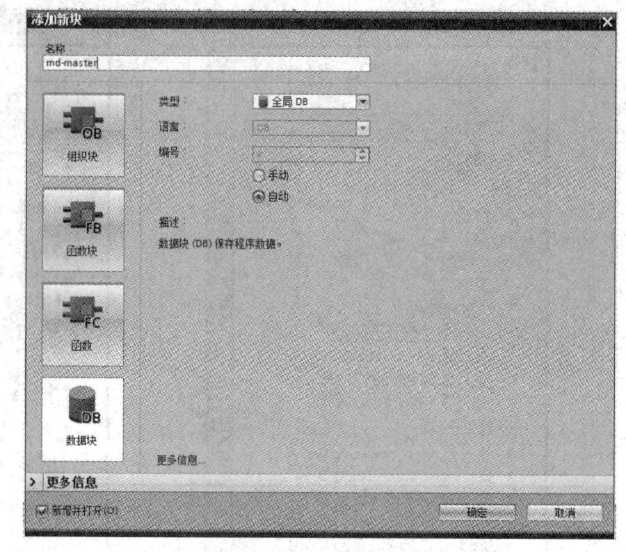

图 4-25　添加新的全局数据块

建立两个数组，分别为 read-array 和 write-array，数据类型分别为 Bool 和 Word，如图 4-26 所示。

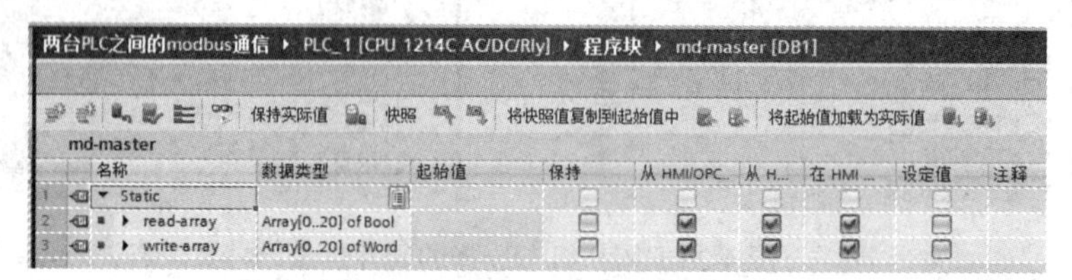

两台PLC之间的modbus通信 ▸ PLC_1 [CPU 1214C AC/DC/Rly] ▸ 程序块 ▸ md-master [DB1]

md-master

	名称	数据类型	起始值	保持	从 HMI/OPC...	从 H...	在 HMI ...	设定值	注释
1	▼ Static			☐	☐	☐	☐	☐	
2	▸ read-array	Array[0..20] of Bool		☐	☑	☑	☑	☐	
3	▸ write-array	Array[0..20] of Word		☐	☑	☑	☑	☐	

图 4-26　PLC_1 全局数据块

然后在 PLC_1 项目树下的“PLC 变量”栏目下，添加变量表_1，并在变量表_1 中添加如图 4-27 所示的变量。同时，设置相应的数据类型和地址，使得后续的程序编写更加直观。

两台PLC之间的modbus通信 ▸ PLC_1 [CPU 1214C AC/DC/Rly] ▸ PLC 变量 ▸ 变量表_1 [16]

变量表_1

	名称	数据类型	地址	保持	从 H...	从 H...	在 H...
1	b-done	Bool	%M10.0	☐	☑	☑	☑
2	b-error	Bool	%M10.1	☐	☑	☑	☑
3	mw-status	Word	%MW12	☐	☑	☑	☑
4	b-read-di-req	Bool	%M20.0	☐	☑	☑	☑
5	b-done-fc02	Bool	%M20.1	☐	☑	☑	☑
6	b-busy-fc02	Bool	%M20.2	☐	☑	☑	☑
7	b-err-fc02	Bool	%M20.3	☐	☑	☑	☑
8	mw-status-fc02	Word	%MW22	☐	☑	☑	☑
9	b-write-hr-req	Bool	%M30.0	☐	☑	☑	☑
10	b-done-fc16	Bool	%M30.1	☐	☑	☑	☑
11	b-busy-fc16	Bool	%M30.2	☐	☑	☑	☑
12	b-err-fc16	Bool	%M30.3	☐	☑	☑	☑
13	mw-status-fc16	Word	%MW32	☐	☑	☑	☑
14	b-history1	Bool	%M50.0	☐	☑	☑	☑
15	b-history2	Bool	%M50.1	☐	☑	☑	☑
16	b-history3	Bool	%M50.2	☐	☑	☑	☑
17	<新增>			☐	☑	☑	☑

图 4-27　定义 PLC_1 变量表_1

接着在 PLC_2 中添加全局数据块，命名为 slave-hr，并在里面建立数组，名称为 HR-AYYAY，建立 0～20 的 Word 类型的数据，如图 4-28 所示。

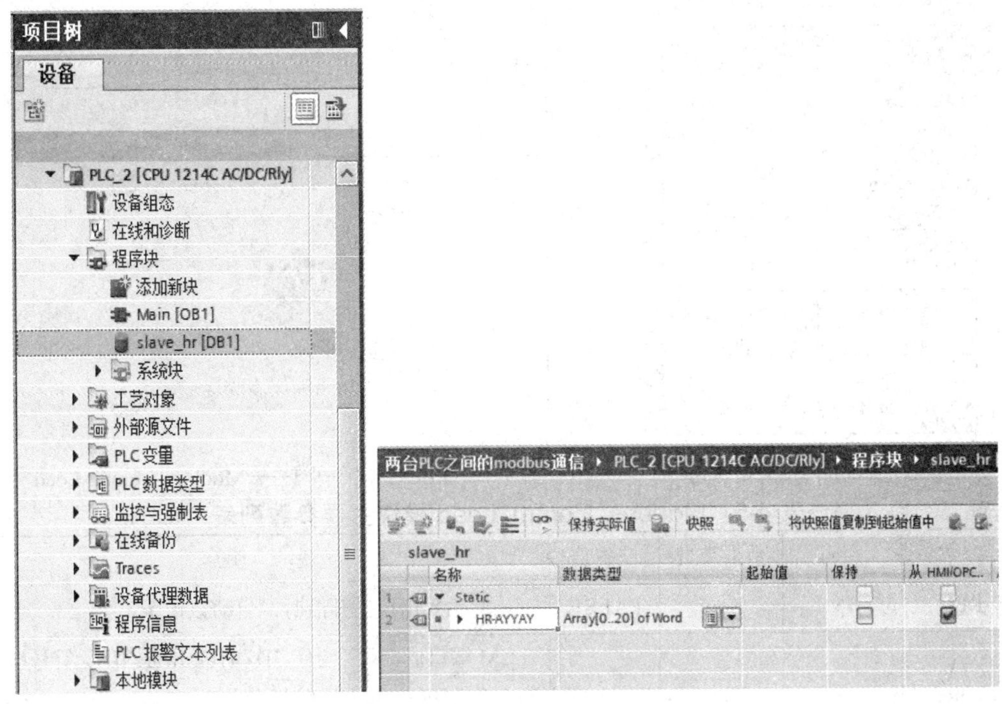

图 4-28 给 PLC_2 添加全局数据块

同样，在 PLC_2 项目树下的“PLC 变量”栏目下，添加变量表_1，变量定义如图 4-29 所示。

变量表_1

	名称	数据类型	地址	保持	从 H...	从 H...	在 H...
1	b-done	Bool	%M10.0	☐	☑	☑	☑
2	b-error	Bool	%M10.1	☐	☑	☑	☑
3	mw-status	Word	%MW12	☐	☑	☑	☑
4	b-ndr-slave	Bool	%M20.0	☐	☑	☑	☑
5	b-dr-slave	Bool	%M20.1	☐	☑	☑	☑
6	b-err-slave	Bool	%M20.2	☐	☑	☑	☑
7	mw-status-slave	Word	%MW22	☐	☑	☑	☑
8	b-history	Bool	%M50.0	☐	☑	☑	☑
9	<新增>			☐	☑	☑	☑

图 4-29 定义 PLC_2 变量表_1

回到 PLC_2 中，在程序块中打开“Main [OB1]”，按照图 4-30 所示，在指令树下找到并拖动到程序区中，添加指令“MB_COMM_LOAD”，并生成背景数据块 DB2 “Modbus_Comm_Load_DB”。可根据图 4-31 所示，编写好各个形参的实际参数。其中，“Modbus_Comm_Load”模块的主要参数功能如表 4-5 所示。本例中波特率为 9600 b/s，无奇偶校验，所以这些参数使用缺省设置即可。

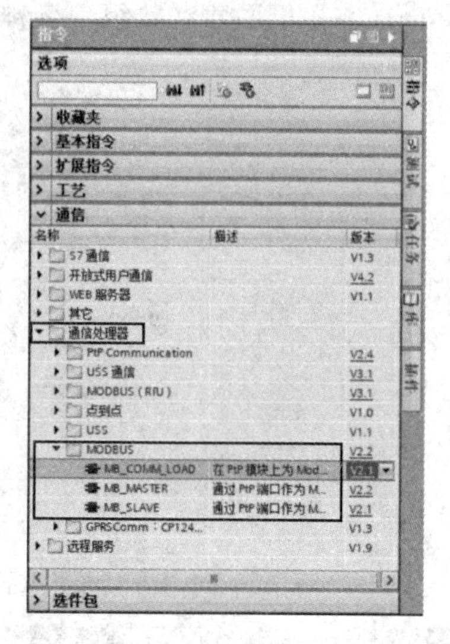

图 4-30　Modbus 相关指令树

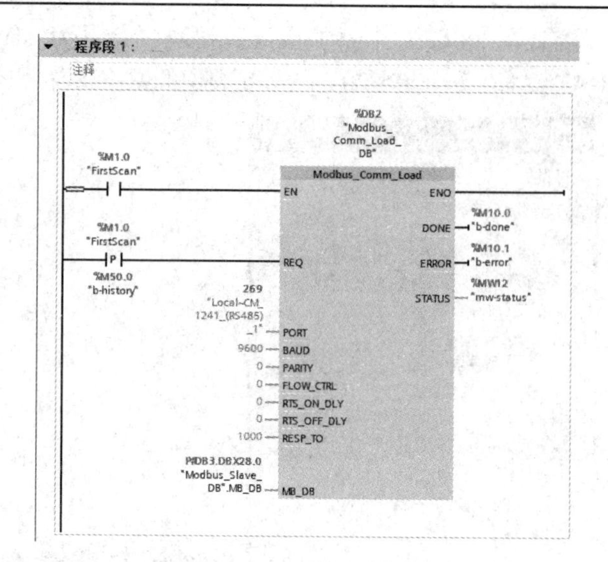

图 4-31　PLC_2 程序段 1——Modbus_Comm_Load

表 4-5　Modbus_Comm_Load 模块主要参数列表

参数	声明	数据类型	缺省值	说　明
REQ	IN	Bool	FALSE	当此输入出现上升沿时，启动该指令
PORT	IN	Port	0	CM 端口值，即“硬件 ID”(Hardware ID)。符号端口名称在 PLC 变量表的“系统常数”(System constants)选项卡中指定
BAUD	IN	UDInt	9600	选择数据传输速率，有效值为 300、600、1200、2400、4800、9600、19200、38400、57600、76800、115200 b/s
PARITY	IN	UInt	0	选择奇偶校验： • 0——无； • 1——奇校验； • 2——偶校验
MB_DB	IN/OUT	MB_BASE		对 Modbus_Master 或 Modbus_Slave 指令的背景数据块的引用。MB_DB 参数必须与 Modbus_Master 或 Modbus_Slave 指令的静态参数 MB_DB 关联
MODE	Static	USInt	0	工作模式。有效的工作模式包括： • 0 = 全双工(RS232)； • 1 = 全双工(RS422)四线制操作(点对点)； • 2 = 全双工(RS422)四线制模式(多点主，CM PtP (ET200SP))； • 3 = 全双工(RS422)四线制模式(多点从，CM PtP (ET200SP))； • 4 = 半双工(RS485)二线制模式

另外，本例中使用的是点对点的 RS485 模式，端口的工作模式 MODE＝4。因此需要将“Modbus_Comm_Load”背景数据中静态变量的“MODE”参数赋值为 4。赋值既可以通过“Move”指令来完成，也可以通过直接修改该静态变量的默认值来实现。本例使用后一种方法，如图 4-32 所示。

图 4-32　给工作模式 MODE 赋值

在程序段 2 中添加指令 Modbus_Slave，并生成背景数据块 DB3“Modbus_Slave_DB”，各个形参的实参如图 4-33 所示。其中，该 Modbus 从站地址设为 2。

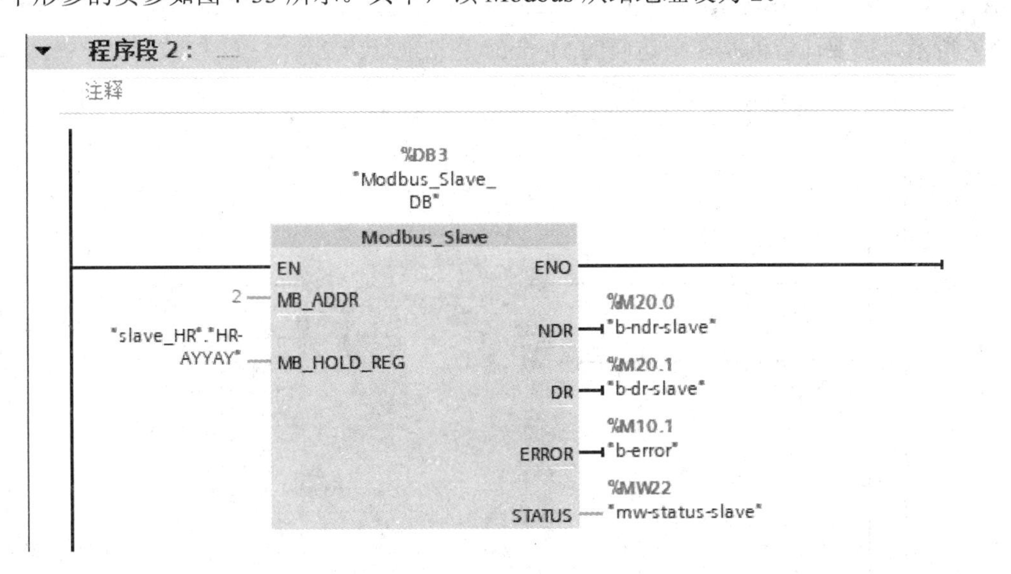

图 4-33　PLC_2 程序段 2——Modbus_Slave

至此，PLC_2 的程序已经完成，存盘编译。

回到 PLC_1 中的主程序 main，同样在程序段 1 中添加指令 Modbus_Comm_Load，并生成背景数据块 DB2“Modbus_Comm_Load_DB”，并编写好各个形参的实参，如图 4-34 所示。

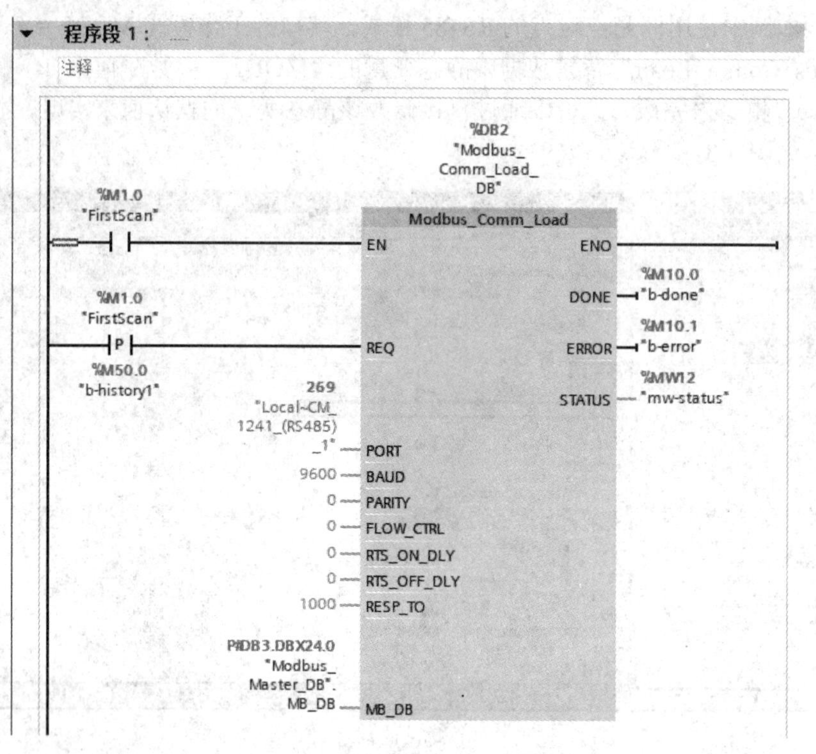

图 4-34　PLC_1 程序段 1——Modbus_Comm_Load

在程序段 2 中添加指令 Modbus_Master，并生成背景数据块 DB3“Modbus_Master_DB”，各个形参的实参如图 4-35 所示。其中，“Modbus_Master”模块的主要参数功能如表 4-6 所示。需要注意的是，要访问的 Modbus 从站地址为 2。

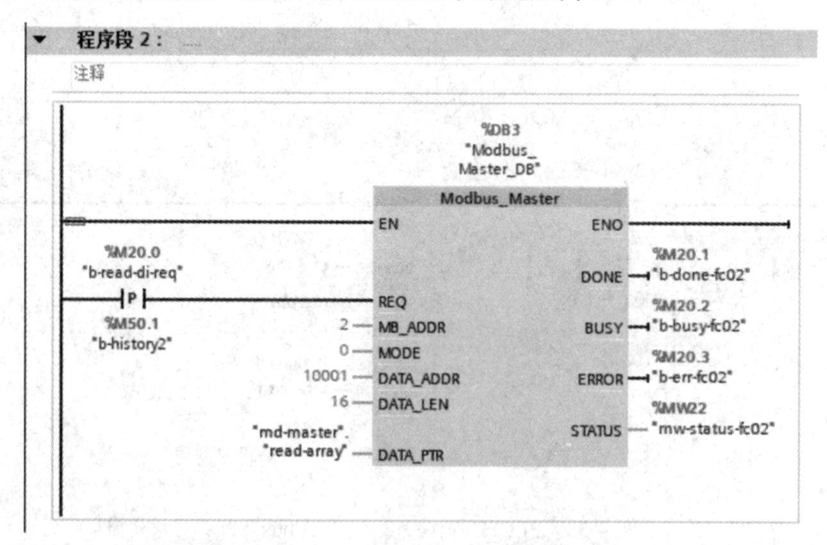

图 4-35　PLC_1 程序段 2——Modbus_Master

在该程序段中，MODE =0，DATA_ADDR = 10001。结合查表 4-2、表 4-3 可知，这两个参数共同决定 Modbus 功能码为 02(读离散输入状态)。因此该程序段负责读取起始地址为 10001，数据长度 DATA_LEN = 16 个字的离散输入状态。

表 4-6　Modbus_Master 模块主要参数列表

参数	声明	数据类型	缺省值	说　明
REQ	IN	Bool	FALSE	FALSE = 无请求 TRUE = 请求向 Modbus 从站发送数据
MB_ADDR	IN	UInt	0	Modbus RTU 站地址： 标准地址范围(1～247 以及 0，用于 Broadcast)； 扩展地址范围(1～65535 以及 0，用于 Broadcast)； 值 0 为将帧广播到所有 Modbus 从站预留。广播仅支持 Modbus 功能代码 05、06、15 和 16
MODE	IN	USInt	0	模式选择：指定请求类型(读取 0、写入 1 或诊断)
DATA_ADDR	IN	UDInt	0	从站中的起始地址：指定在 Modbus 从站中访问的数据的起始地址
DATA_LEN	IN	UInt	0	数据长度：指定此指令将访问的位或字的个数
DATA_PTR	IN/OUT	Variant		数据指针：指向要进行数据写入或数据读取的标记或数据块地址

接着，复制程序段 2 到程序段 3 中，修改各个形参的实参，如图 4-36 所示。在该程序段中，MODE = 1，DATA_ADDR = 40001。结合查表 4-2、表 4-3 可知，这两个参数共同决定 Modbus 功能码为 16(写多个保持寄存器)。因此该程序段负责写起始地址为 40001，数据长度 DATA_LEN = 5 个字的保持寄存器。

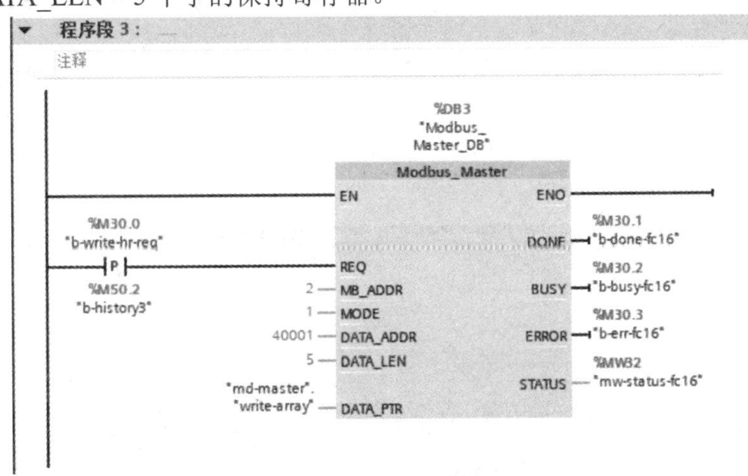

图 4-36　PLC_1 程序段 3——Modbus_Master

至此，PLC_1 和 PLC_2 的软件编程已经全部完成了。

3. 下载测试

在下载测试之前，需要确保 PLC S7-1200 已正确配置并与 PC 保持连接，若无硬件，可以使用 SIEMENS 自带的仿真程序 S7-PLCSIM V16。本例以软件仿真为例介绍 Modbus 的下载与测试。程序可以在两台 PC 上进行仿真测试，也可以在一台 PC 上打开两个仿真程序分别对应主站 PLC_1 和从站 PLC_2 进行测试。操作过程类似，下文相同的部分仅以 PLC_2 为例进行描述。再次强调，我们需建立两个仿真项目。

打开 S7-PLCSIM V16，点击左上角的“项目”选项，创建新的项目，如图 4-37 所示。

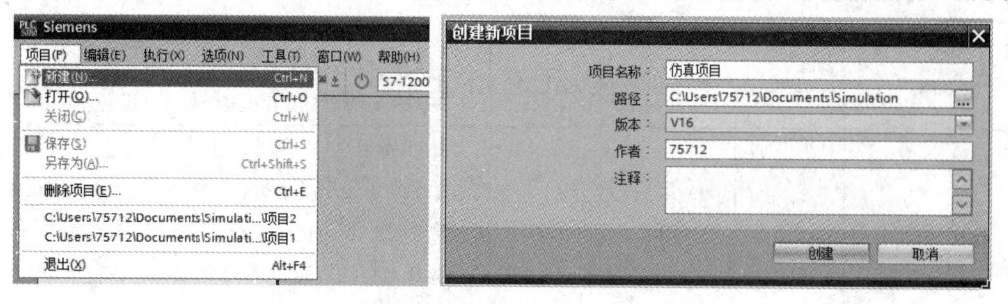

图 4-37　创建新的仿真项目

创建项目后，在界面右侧有“在线工具”一栏，在操作面板中点击 S7-1200 左侧的启动按钮，即可使能 PLC。但 PLC 此时使能后还无法运行程序，RUN 为黄色状态，如图 4-38 所示。

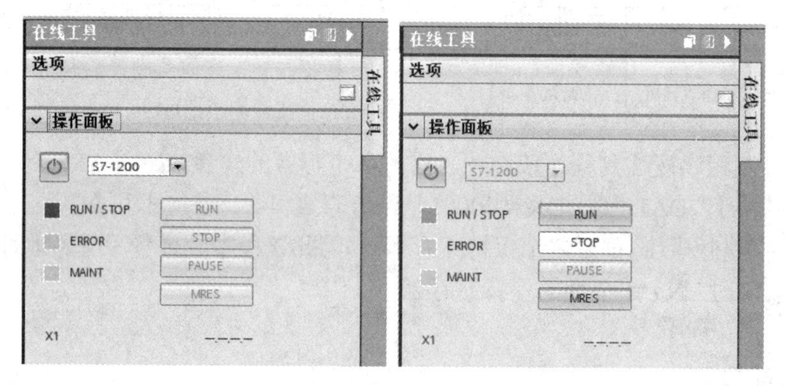

图 4-38　PLC 在线工具操作面板

返回 TIA Portal V16 软件，选中 PLC 设备并点击鼠标右键，将硬件配置下载到仿真设备中，如图 4-39、图 4-40 所示。

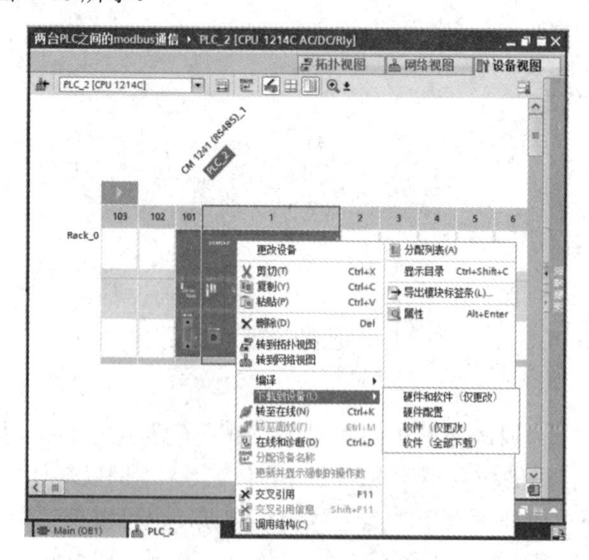

图 4-39　下载硬件配置

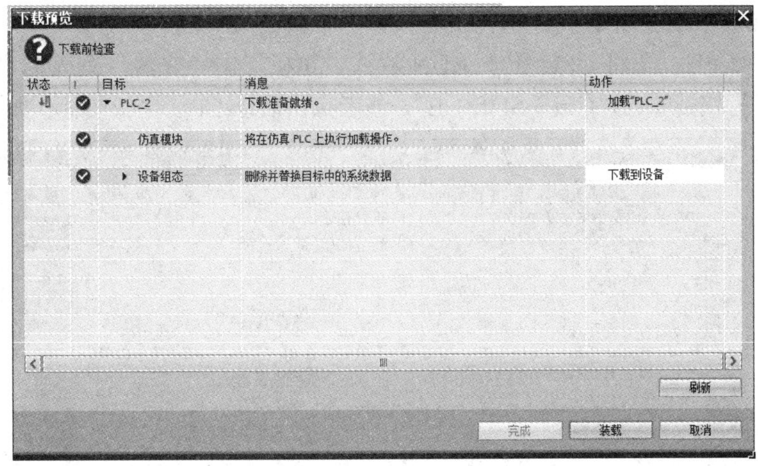

图 4-40　硬件配置下载预览

此时，打开仿真软件 S7-PLCSIM V16，可以发现页面中央多出了设备组态，如图 4-41 所示。

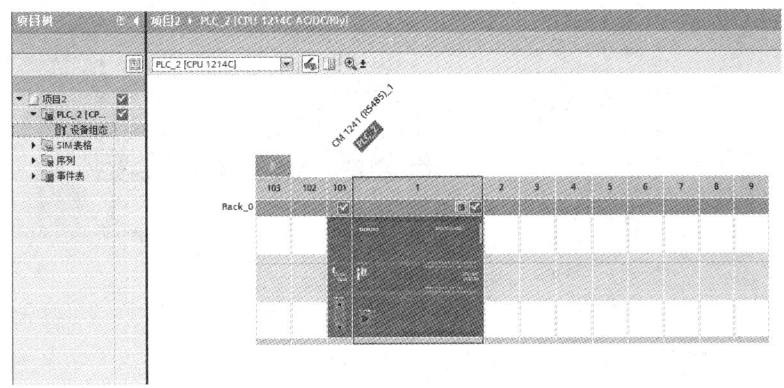

图 4-41　仿真页面设备视图

此时，返回至 TIA Portal V16 软件，按和刚才相似的步骤，将程序下载到仿真器硬件中，如图 4-42 所示。

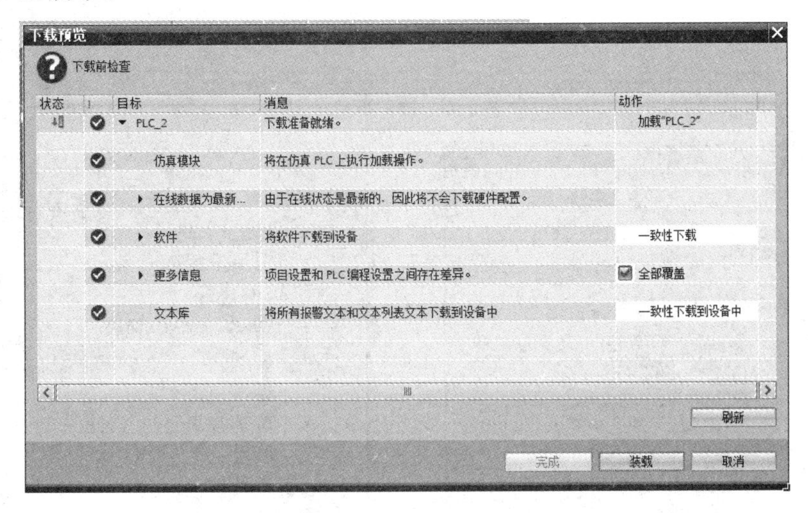

图 4-42　下载软件预览

点击装载，系统会自动执行相关步骤并弹出下载结果页面。

此时启动 CPU，即将 CPU 置于 RUN 模式，可以点击“在线”列表的“启动 CPU”按钮，或者执行快捷操作“Ctrl + Shift + E”，或者点击启动 CPU 快捷图标，如图 4-43 所示。

图 4-43　启动 CPU

此时返回仿真软件 S7-PLCSIM V16，点击“RUN”按钮，运行程序，系统会弹出进程说明。仿真程序运行后，RUN/STOP 前的指示灯显示为绿色，如图 4-44 所示。

在仿真软件 S7-PLCSIM V16 左侧的项目树中，展开 SIM 表格，双击浏览，如图 4-45 所示。

图 4-44　程序运行中

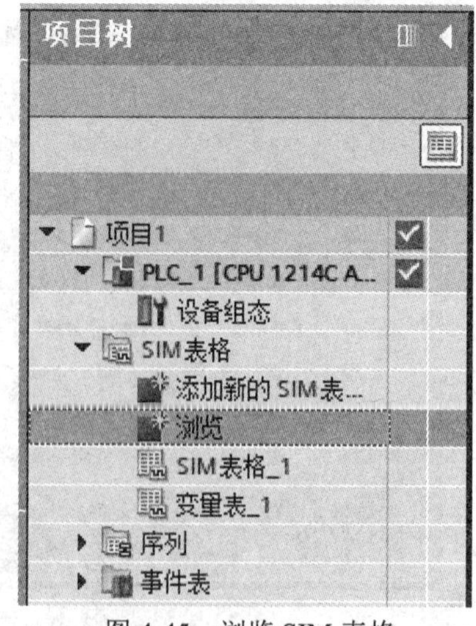

图 4-45　浏览 SIM 表格

选择事先在 TIA Portal V16 软件中根据监控需要而建立好的监控表_2，如图 4-46 及图 4-47 所示(前文未提及，可依照监控表_1 及自身观测需求建立)。

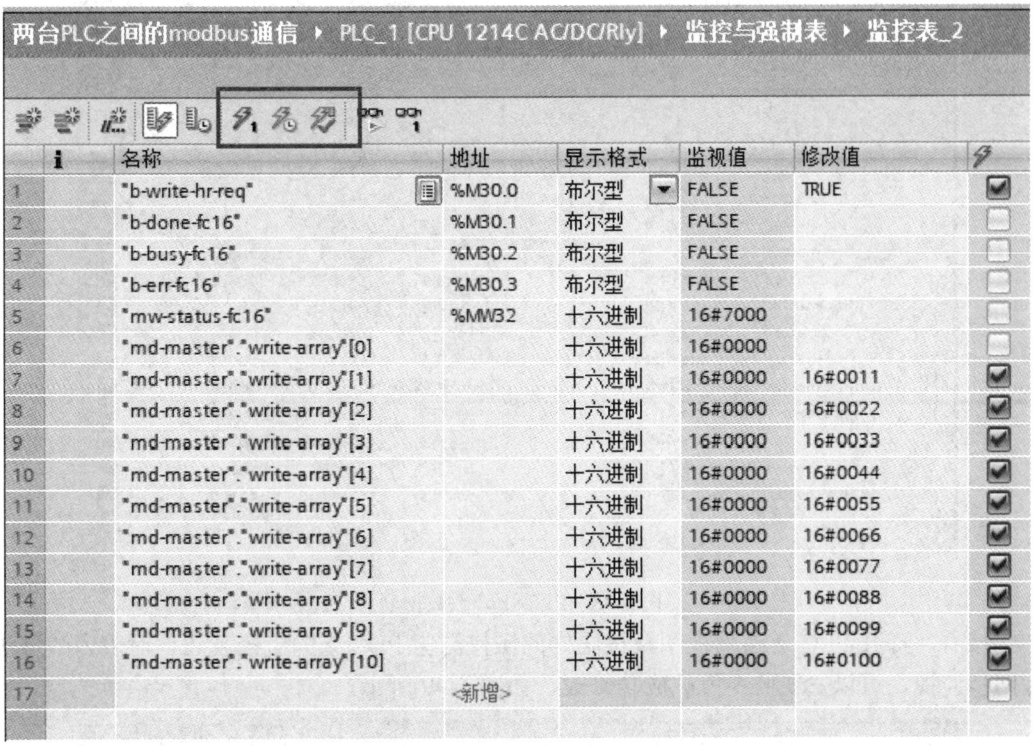

两台PLC之间的modbus通信 ▸ PLC_1 [CPU 1214C AC/DC/Rly] ▸ 监控与强制表 ▸ 监控表_2

	i	名称	地址	显示格式	监视值	修改值	🗲
1		"b-write-hr-req"	%M30.0	布尔型	FALSE	TRUE	☑
2		"b-done-fc16"	%M30.1	布尔型	FALSE		☐
3		"b-busy-fc16"	%M30.2	布尔型	FALSE		☐
4		"b-err-fc16"	%M30.3	布尔型	FALSE		☐
5		"mw-status-fc16"	%MW32	十六进制	16#7000		☐
6		"md-master"."write-array"[0]		十六进制	16#0000		☐
7		"md-master"."write-array"[1]		十六进制	16#0000	16#0011	☑
8		"md-master"."write-array"[2]		十六进制	16#0000	16#0022	☑
9		"md-master"."write-array"[3]		十六进制	16#0000	16#0033	☑
10		"md-master"."write-array"[4]		十六进制	16#0000	16#0044	☑
11		"md-master"."write-array"[5]		十六进制	16#0000	16#0055	☑
12		"md-master"."write-array"[6]		十六进制	16#0000	16#0066	☑
13		"md-master"."write-array"[7]		十六进制	16#0000	16#0077	☑
14		"md-master"."write-array"[8]		十六进制	16#0000	16#0088	☑
15		"md-master"."write-array"[9]		十六进制	16#0000	16#0099	☑
16		"md-master"."write-array"[10]		十六进制	16#0000	16#0100	☑
17			<新增>				☐

图 4-46　修改前 PLC_1 的监控表_2

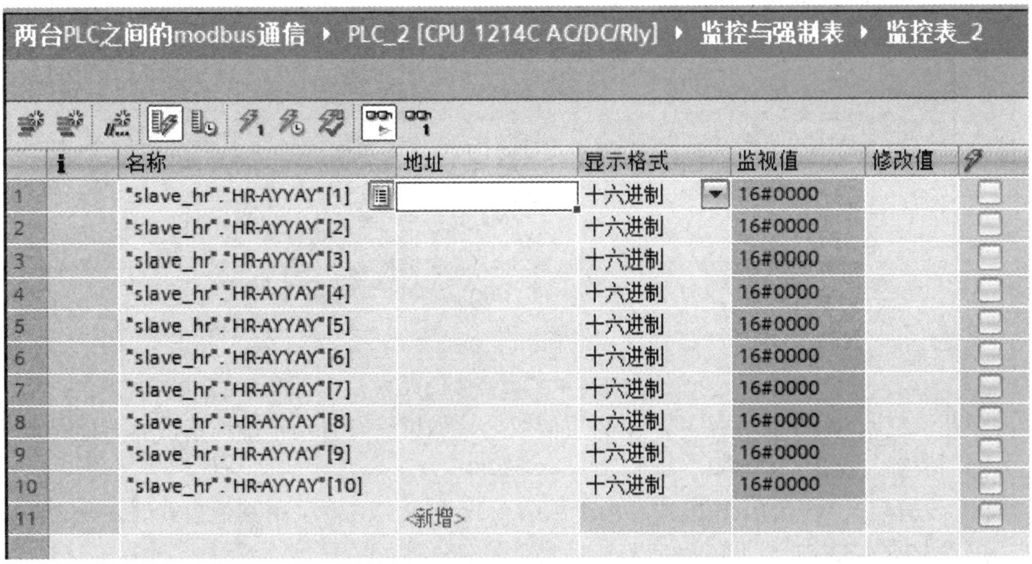

两台PLC之间的modbus通信 ▸ PLC_2 [CPU 1214C AC/DC/Rly] ▸ 监控与强制表 ▸ 监控表_2

	i	名称	地址	显示格式	监视值	修改值	🗲
1		"slave_hr"."HR-AYYAY"[1]		十六进制	16#0000		☐
2		"slave_hr"."HR-AYYAY"[2]		十六进制	16#0000		☐
3		"slave_hr"."HR-AYYAY"[3]		十六进制	16#0000		☐
4		"slave_hr"."HR-AYYAY"[4]		十六进制	16#0000		☐
5		"slave_hr"."HR-AYYAY"[5]		十六进制	16#0000		☐
6		"slave_hr"."HR-AYYAY"[6]		十六进制	16#0000		☐
7		"slave_hr"."HR-AYYAY"[7]		十六进制	16#0000		☐
8		"slave_hr"."HR-AYYAY"[8]		十六进制	16#0000		☐
9		"slave_hr"."HR-AYYAY"[9]		十六进制	16#0000		☐
10		"slave_hr"."HR-AYYAY"[10]		十六进制	16#0000		☐
11			<新增>				☐

图 4-47　修改前的 PLC_2 的监控表_2

在图 4-46 的 PLC_1“修改值”一栏输入想要传输的数据后，点击闪电样式的图标，系统会将修改值写入对应变量中，此时可以观察到，主机的数据已经被修改，如图 4-48 所示。

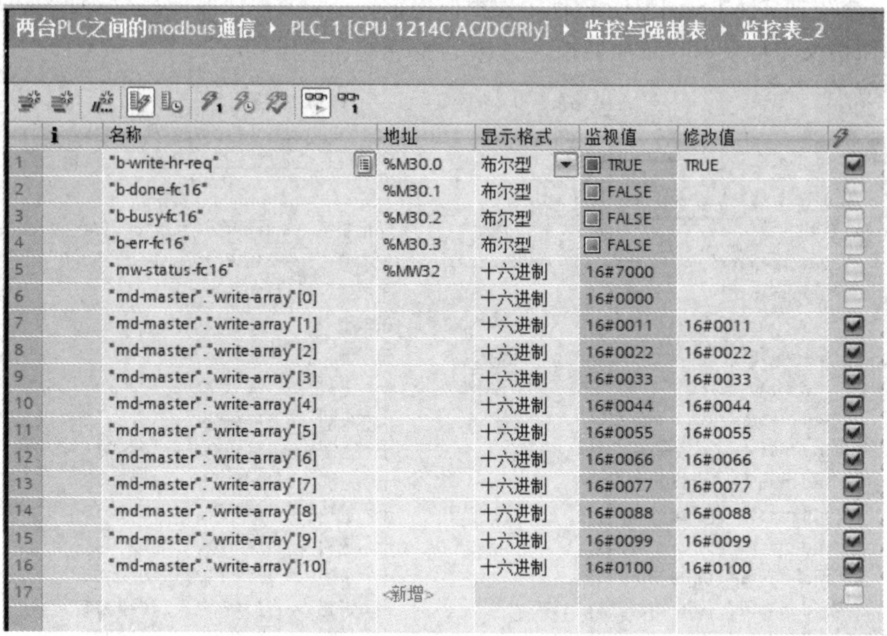

两台PLC之间的modbus通信 ▸ PLC_1 [CPU 1214C AC/DC/Rly] ▸ 监控与强制表 ▸ 监控表_2

	i	名称	地址	显示格式	监视值	修改值	⚡
1		"b-write-hr-req"	%M30.0	布尔型	TRUE	TRUE	☑
2		"b-done-fc16"	%M30.1	布尔型	FALSE		☐
3		"b-busy-fc16"	%M30.2	布尔型	FALSE		☐
4		"b-err-fc16"	%M30.3	布尔型	FALSE		☐
5		"mw-status-fc16"	%MW32	十六进制	16#7000		☐
6		"md-master"."write-array"[0]		十六进制	16#0000		☐
7		"md-master"."write-array"[1]		十六进制	16#0011	16#0011	☑
8		"md-master"."write-array"[2]		十六进制	16#0022	16#0022	☑
9		"md-master"."write-array"[3]		十六进制	16#0033	16#0033	☑
10		"md-master"."write-array"[4]		十六进制	16#0044	16#0044	☑
11		"md-master"."write-array"[5]		十六进制	16#0055	16#0055	☑
12		"md-master"."write-array"[6]		十六进制	16#0066	16#0066	☑
13		"md-master"."write-array"[7]		十六进制	16#0077	16#0077	☑
14		"md-master"."write-array"[8]		十六进制	16#0088	16#0088	☑
15		"md-master"."write-array"[9]		十六进制	16#0099	16#0099	☑
16		"md-master"."write-array"[10]		十六进制	16#0100	16#0100	☑
17			<新增>				☐

图 4-48　PLC_1 修改数据后

接着，打开 PLC_2 仿真视图，按同样的操作浏览 PLC_2 的监控表_2，对表内数据进行同步监视，可以发现监视值被成功修改，如图 4-49 所示。

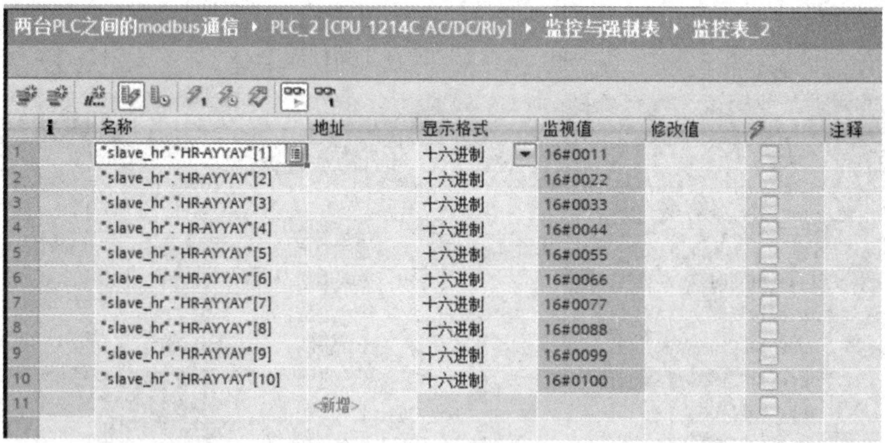

两台PLC之间的modbus通信 ▸ PLC_2 [CPU 1214C AC/DC/Rly] ▸ 监控与强制表 ▸ 监控表_2

	i	名称	地址	显示格式	监视值	修改值	⚡	注释
1		"slave_hr"."HR-AYYAY"[1]		十六进制	16#0011		☐	
2		"slave_hr"."HR-AYYAY"[2]		十六进制	16#0022		☐	
3		"slave_hr"."HR-AYYAY"[3]		十六进制	16#0033		☐	
4		"slave_hr"."HR-AYYAY"[4]		十六进制	16#0044		☐	
5		"slave_hr"."HR-AYYAY"[5]		十六进制	16#0055		☐	
6		"slave_hr"."HR-AYYAY"[6]		十六进制	16#0066		☐	
7		"slave_hr"."HR-AYYAY"[7]		十六进制	16#0077		☐	
8		"slave_hr"."HR-AYYAY"[8]		十六进制	16#0088		☐	
9		"slave_hr"."HR-AYYAY"[9]		十六进制	16#0099		☐	
10		"slave_hr"."HR-AYYAY"[10]		十六进制	16#0100		☐	
11			<新增>				☐	

图 4-49　PLC_2 监视的数据

至此，说明 Modbus 主站与从站间通信成功。如果没有看到正确通信，有可能是以下几方面的原因，可逐个排查：

(1) 没有定义端口的工作模式。由于缺省模式为 RS232，采用其他模式时，是否未定义，可参考图 4-32 进行设置。

(2) “Modbus_Comm_Load”初始化未执行。可重新执行初始化指令。

(3) “Modbus_Master”指令输入接口参数“DATA_LEN”和“DATA_PTR”不匹配，无法实现收发。

(4) “DATA_LEN”必须小于等于“DATA_PTR”指向的数据存储区。

(5) 点对点通信模块的 TX/RX 或 TXD/RXD 灯无闪烁。检查“Modbus_Comm_Load”初始化参数，确保其被正确初始化；检查“Modbus_Master”参数和“Modbus_Slave”指令参数，确保参数正确。

(6) 收发数据区使用了优化的 DB。将优化的 DB 修改为绝对 DB。

课后习题

1. Modbus 协议最早是由哪家公司发表的？其主要特点有哪些？

2. Modbus 的通信模式有哪几种？各自的特点有哪些？

3. 请简单描述 Modbus 的主/从工作方式流程。

4. Modbus 的数据传输模式有哪两种？请画出各自的帧格式，并指出它们的不同点。

5. 与串行 Modbus 协议帧相比较，Modbus TCP/IP 的帧做了哪些改动？

6. Modbus 协议里的所有数据均存放于寄存器中，这些寄存器主要分为哪几种？它们是如何与 PLC 中的输入/输出变量一一对应的？

7. 根据 Modbus 寄存器的地址分配表，如果 PLC 地址为 40005，对应寄存器寻址地址应为多少？适用哪些功能码？为什么？

8. 对于一段主站 Modbus RTU 报文：03 01 00 13 00 25 0D F6 及一段从站 Modbus RTU 报文：03 01 05 53 6B 01 F4 1B DF A8，试分析这两段报文，给出相应的报文格式解读，并用 Modbus Poll 与 Modbus Slave 工具进行仿真调试。

9. 在 Modbus PLC 通信中，如果不能正常收发数据，有可能是哪些方面的原因？

第 5 章　PROFIBUS 现场总线及应用

5.1　PROFIBUS 概述

PROFIBUS 的英文全称为 PROcess FIeld BUS，即过程现场总线。最初的 PROFIBUS 标准规范只是作为一个研究课题，1987 年这个课题得到了德国政府的大力支持和资助，随后以德国西门子(Siemens)公司为首，联合十二家公司及五个研究所共同研发这个用在自动化技术的串行现场总线标准，这就有了后来我们所熟知的 PROFIBUS 现场总线。

我们都知道，现在的 PROFIBUS 由三部分组成，PROFIBUS-FMS、PROFIBUS-DP 和 PROFIBUS-PA。其中最早提出的是 PROFIBUS-FMS 标准，它在 1989 年被作为德国国家标准 DIN19245 的第 1 部分和第 2 部分。随后 1993 年，PROFIBUS-DP 发布且作为德国国家标准的第 3 部分。

同年，欧洲电工标准化委员会(CENELEC)专门成立了一个工作组，负责制定和发展欧洲的现场总线标准。当时的欧洲大陆已经有很多不同公司、不同种类的现场总线标准，这个工作组进行了充分的技术论证和市场调研，且在 1995 年和 1996 年分别组织了两轮投票。最终于 1996 年底发布了欧洲现场总线标准 EN50170，其中就包含 PROFIBUS(FMS、DP)标准规范。后来，专为过程自动化设计的 PROFIBUS-PA 标准也于 1998 年纳入 EN50170 中。

国际标准 IEC 61158 更是一个经历严格论证、多个标准激烈竞争后的产物。在 IEC 61158 中，PROFIBUS(包括 DP 和 PA，没有 FMS)成为第 3 种标准现场总线。后来在对 IEC 61158 进行的补充中，PROFIBUS 补充得最多，主要是对 DP 在原有的 V0 基础上增加了 DP-V1 和 DP-V2 两个衍生标准。更重要的是，新一代基于工业以太网技术的自动化总线标准 PROFINET 成为了第 10 种现场总线标准。

到目前为止，世界上有超过 50 万个 PROFIBUS 网络，近 1600 万个各种 PROFIBUS 设备稳定运行在工业现场；250 多个制造和供应商提供了 2000 多种 PROFIBUS 产品。同时，PROFIBUS 形成了世界范围内最完善的支持网络，1989 年在德国成立了 PROFIBUS 用户组织(PNO)，目前在 23 个国家有地区性的 RPAs(Regional PROFIBUS Associations)，在 15 个国家有近 30 个 PCCs(PROFIBUS Competency Centers)，所有这些机构都可以为广大的用户提供技术培训、咨询和交流等方面的技术支持。

PROFIBUS 是世界范围内目前应用最广泛的现场总线之一。PROFIBUS 之所以有如今的成就，不仅和它成熟的技术、可靠的应用以及其他方面优秀的表现有关，更与其不断的发展进取有关。PROFIBUS 技术仍在继续发展和深化中，始终保持充足的动力和热情。各个工作小组都在为 PROFIBUS 的发展和完善进行着多方面的研究和开发。正是因为这些因素，PROFIBUS 才能成为世界上唯一能够同时覆盖工厂自动化和过程自动化应用领域的现场总线。

5.2　PROFIBUS 通信协议

5.2.1　PROFIBUS 分类

PROFIBUS 作为面向工厂自动化、流程自动化的一种国际性的现场总线标准，是一种具有广泛应用范围的、开放的数字通信系统，适合于快速、时间要求严格和可靠性要求高的各种通信任务，广泛适用于制造业自动化、流程工业自动化和楼宇、交通电力等其他领域自动化。

PROFIBUS 网络通信的本质是 RS485 串口通信，按照不同的行业应用，主要有三种通信行规：PROFIBUS-DP(Decentralized Peripherals)、PROFIBUS-FMS(Field Message Specification)和 PROFIBUS-PA(Process Automation)行规。

(1) PROFIBUS-DP 是一种高速低成本通信，用于设备级控制系统与分散式 I/O 的通信。该网络符合 IEC 61158-2/EN 61158-2 标准，采用了令牌总线和主站/从站的混合访问协议，可实现 9.6 kb/s～12 Mb/s 的数据传输速率。使用 PROFIBUS-DP 可取代 24 V DC 或 4～20 mA 信号传输。

(2) PROFIBUS-PA 是用于过程自动化的 PROFIBUS。它可将 PROFIBUS-DP 通信协议与 MBP(曼彻斯特总线供电)传输技术相连接以满足 IEC 61158-2 标准的要求。PROFIBUS-PA 网络基于屏蔽双绞线线路进行了本征安全设计，因此适合在危险区域中使用(危险 0 区和 1 区)。其数据传输速率为 31.25 kb/s。

(3) PROFIBUS-FMS 则主要用于车间级监控网络，是一个令牌结构的实时多主网络。

它们的性能简要对比如表 5-1 所示。

表 5-1　PROFIBUS 各分支的性能对比

名称	PROFIBUS-FMS	PROFIBUS-DP	PROFIBUS-PA
用途	通用目的自动化	工厂自动化	过程自动化
目的	通用	快速	面向应用
特点	大范围联网通信多主通信	即插即用，高效、廉价	总线供电本征安全
传输介质	RS485 或光纤	RS485 或光纤	IEC 61158-2

PROFIBUS 是一种适用于工厂自动化车间级监控和现场设备层数据通信与控制的现场总线技术，可实现现场设备层到车间级监控的分散式数字控制和现场通信网络，能为实现工厂综合自动化和现场设备智能化提供可行的解决方案。图 5-1 给出了一个典型的 PROFIBUS 三种行规在工厂自动化系统中的应用及地位。

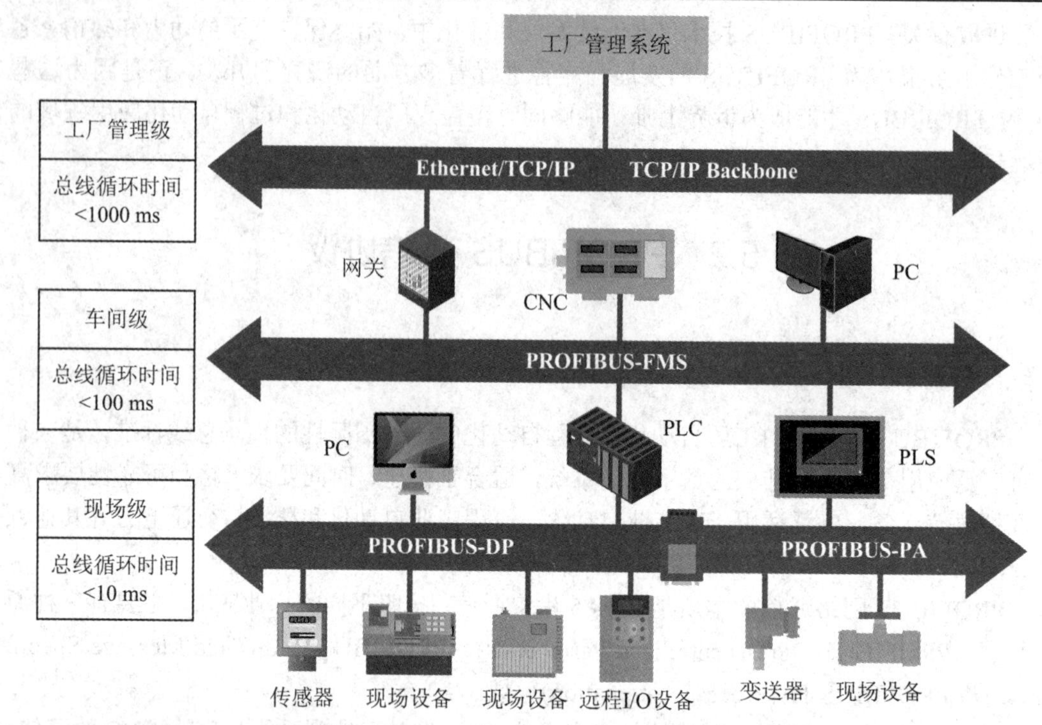

图 5-1　PROFIBUS 的典型工厂自动化应用

PROFIBUS-DP/PA 控制系统位于工厂自动化系统中的底层，即现场级。两者可通过耦合器进行耦合连接，其主要功能是连接现场设备，如分散式 I/O、传感器、驱动器、执行机构、开关设备等，完成现场设备控制及设备间连锁控制。主站(PLC、PC 或其他控制器)负责总线通信管理及所有从站的通信。

PROFIBUS-FMS 则位于车间级，用来完成车间各生产设备之间的连接，可对生产设备状态进行在线监控、对设备故障报警及维护等。另外，还可进行生产统计、生产调度等生产管理。这一级网络主要负责大容量信息的传送，对数据传输速率的要求是次要的。

最上面的工厂级属于车间办公管理网，负责将车间的生产数据通过交换机、路由器、网桥等传送到车间管理层。通常采用以太网、TCP/IP 通信协议标准。

随着现场总线的应用领域不断扩大，PROFIBUS 技术也在不断地发生着变化，例如 FMS 行规目前已经不再使用，而 DP 和 PA 的应用会越来越多，另外类似 PROFIdrive 和 PROFIsafe 等新的行规也都会随着应用而逐渐普及。

5.2.2　PROFIBUS 系统的典型网络结构

典型的 PROFIBUS 系统由 3 类站点设备组成。

- 一类主站：PLC、PC 或可做一类主站的控制器。一类主站有中央控制器，有能力控制若干从站，从而完成总线通信控制与管理。
- 二类主站：操作员工作站(如 PC 加图形监控软件)、编程器、操作员接口等，完成各站点的数据读写、系统配置和故障诊断等。
- 从站：通信上从属于一类主站管理，提供 I/O 数据，又可细分为 3 类设备，它们是：

(1) 以 PLC 为代表的智能型 I/O 设备。它们自身有 CPU、程序存储，可执行程序并驱动 I/O，且开辟一段特定区域作为与主站通信的共享数据区，接受主站的控制。

(2) 分散式 I/O，如电源、通信适配器、接线端子等非智能型设备。它们通常由主站统一编址，没有程序存储，接收主站指令来驱动 I/O，并将 I/O 输入及故障诊断等返回给主站。

(3) 驱动器、执行器、传感器等带 PROFIBUS 接口的现场设备。此类设备为被动站点，由主站在线完成系统配置、参数修改和数据交换等功能。

图 5-2 给出了一个典型的单主站 PROFIBUS 系统结构图。在该网络中，一个从站只能被一个主站所控制，这个主站是这个从站的一类主站；如果网络上还有编程器和操作面板控制从站，这个编程器和操作面板是这个从站的二类主站。

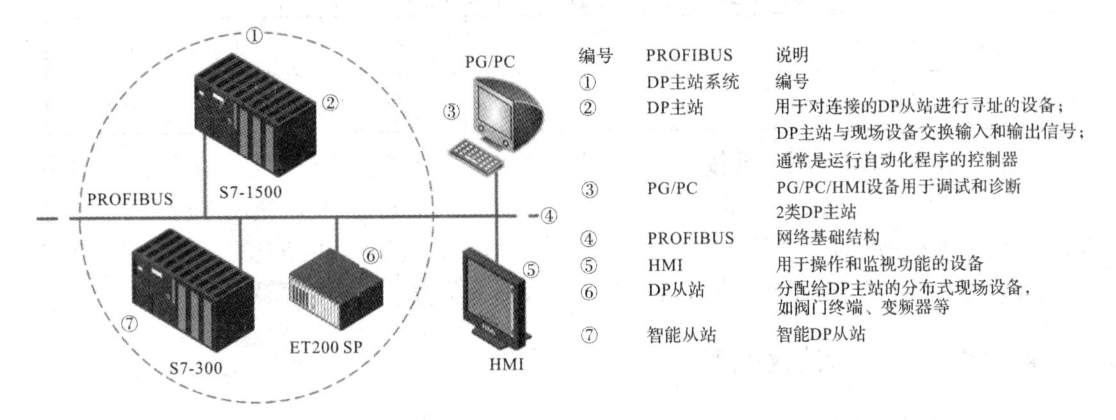

图 5-2　PROFIBUS-DP 中的典型设备和单主站网络结构

另外一种情况，在多主网络中，一个从站只有一个一类主站，一类主站可以对从站执行发送和接收数据操作，其他主站只能有选择地接收从站发送给一类主站的数据。这样的主站也是这个从站的二类主站，二类主站不直接控制该从站。

实际上，一个 PROFIBUS 系统也有可能由多个主站和隶属于各自主站的多个从站构成，这样的系统构成较复杂。在系统设计初期就要做好规划，各个站点的地址不能重复。

5.2.3　PROFIBUS 网络拓扑规则

PROFIBUS 网络本质上是 RS485 串口通信，半双工，支持光纤通信；每个网络理论上最多可连接 127 个物理站点，其中包括主站、从站以及中继设备；一般情况下 0 默认是 PG 的地址，1～2 为主站地址，126 为软件设置地址的从站的默认地址，127 是广播地址，因而这些地址不再分配给从站，故 DP 从站最多可连接 124 个，站号设置一般为 3～125；每个物理网段最多 32 个物理站点设备，物理网段两终端都需要设置终端电阻或使用有源终端电阻；网络的通信波特率为 9.6 kb/s～12 Mb/s，通信波特率与网段通信的距离具有一定的对应关系，如表 5-2 所示。

表 5-2　波特率与电缆的长度对应表

波特率/(kb · s^{-1})	9.6～187.5	500	1500	3000～12 000
电缆长度/m	1000	400	200	100
两个站之间的最大距离/m	10 000	4000	2000	1000

每个网段的通信距离或者设备数如果超限，需要增加 RS485 中继器进行网络拓展，中继器最多可级联 9 个，但不可超过两个站点的最大距离；每个中继设备(RS485 中继器、OLM、OBT)也作为网络中的一个物理站点，但没有站号；网络支持多主站，但在同一网络中，不建议多于 3 个主站。

在 STEP 7 软件中进行 PROFIBUS 网络组态时，建议按照从小到大的顺序设置从站站号，且应该连续；如果网络中涉及分支电缆，则应注意分支电缆的长度应当严格遵守 PROFIBUS 的协议规定，比如：波特率为 1.5 Mb/s 时，查表 5-3 可知网段中分支电缆总长度最大为 6.6 m，波特率大于 1.5 Mb/s 时则不能出现分支电缆。

表 5-3 波特率与分支电缆的长度对应表

波特率/(kb · s^{-1})	9.6	97.75	187.5	500	1500
分支电缆长度/m	500	100	33	20	6.6

在进行 PROFIBUS 网络连接之前，首先应当考虑拓扑结构的设计是否有问题。如果拓扑结构有问题，将来网络通信很可能出现问题。另外，从波特率与距离的对应关系中可以看到，波特率越高，则对应的通信距离越近，因而如果现场遇到 PROFIBUS 的通信有通信不上或者通信不稳定的情况，也可以考虑先将波特率降低，再进行观察处理。

5.2.4 PROFIBUS 协议框架

PROFIBUS 是将分散的现场总线过程控制设备与集中控制系统底层进行连接。处于底层的过程控制数字通信的基本要求是数据传输时间短，通信协议简单、可靠，以满足控制系统与分散外围设备的快速响应要求。如果按照 OSI 七层模式的参考模型，由于层间操作与转换的复杂性，网络接口的造价与时间开销显得过高。为满足实时性要求，也为了实现工业网络的低成本，PROFIBUS 现场总线采用的协议结构在 OSI 模型的基础上进行了一定程度的简化，其协议结构如图 5-3 所示。

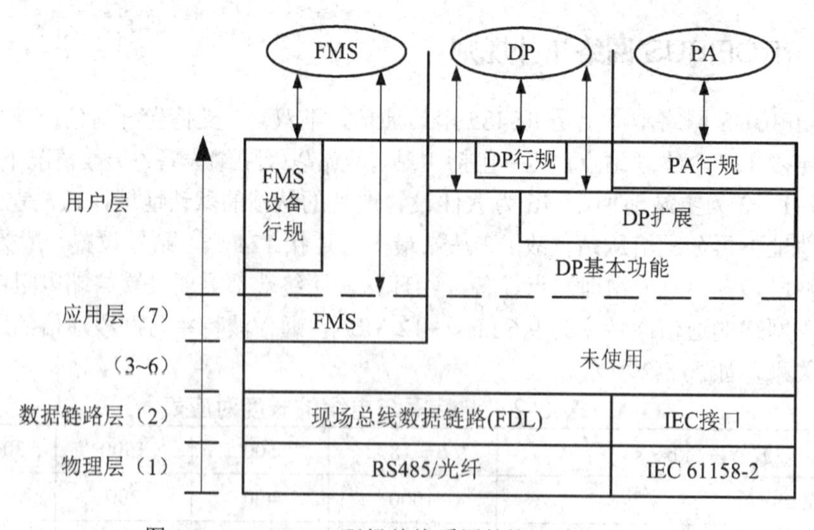

图 5-3 PROFIBUS 现场总线采用的协议结构

PROFIBUS-DP 使用第一、二层和用户接口。这种结构确保了数据传输的快速和有效进行，直接数据链路映像(DDLM)为用户接口提供第二层功能映像。用户接口规定了用户和系统以及不同设备可调用的应用功能，并详细说明了各种不同 PROFIBUS-DP 设备的设备行为。

PROFIBUS-PA 的数据传输采用扩展的 PROFIBUS-DP 协议。另外，PA 还描述了设备行为的 PA 行规。根据 IEC 61158-2 标准，PA 的传输技术可确保其本征安全性，而且还可通过总线给现场设备供电。使用连接器可在 DP 上扩展 PA 网络。

PROFIBUS-FMS 定义了第一、二、七层，应用层包括 FMS 现场总线信息规范和底层接口(LLI，Lower Layer Interface)。FMS 包括应用协议并向用户提供了可广泛选用的强有力的通信服务。LLI 协调不同的通信关系并提供不依赖设备的第二层访问接口。

5.2.5 PROFIBUS-DP 报文格式

PROFIBUS-DP 的物理层是采用异步串口通信，以 UART 格式进行数据传输。每个字符的数据长度有 11 位，包括一位起始位、八位数据位、一位偶校验位和一位停止位，其中起始位为 0，停止位为 1。

1. PROFIBUS-DP 报文格式

PROFIBUS-DP 的传输报文主要有以下五种类型的格式：

(1) SD1：无数据域，用于查询总线上激活的站点。

SD1	DA	SA	FC	FCS	ED
0x10	xx	xx	xx	xx	0x16

该报文格式用于主站与从站间的站点查询。建立好通信网络后，主站便会向从站发送总线上在线站点的查询，在线的从站收到查询本从站的请求帧，便会回应相应的应答帧。在通信时，主站会时不时地发送查询帧，确保能与总线上的所有站点进行通信。

(2) SD2：可变数据域，参数最多，是 PROFIBUS 中使用最多的一种帧结构。

SD2	LE	LEr	SDr	DA	SA	FC	DU	FCS	ED
0x68	xx	xx	0x68	xx	xx	xx	x…x	xx	0x16

(3) SD3：固定 8 字节数据域。

SD3	DA	SA	FC	DU	FCS	ED
0xA2	xx	xx	xx	x…x	xx	0x16

(4) SD4：令牌帧，用于主站间的令牌传递。

SD4	DA	SA
0xDC	xx	xx

(5) SC：用于对主站请求帧的短回应帧，是由从站发出的。

SC
0xE5

上述五种类型的帧中各个参数域的意义如表 5-4～表 5-8 所示。

表 5-4　PROFIBUS-DP 报文各参数域解析

参数域	含义
LE	数据长度，仅存在 SD2 帧中，指明 DA + SA + FC + DU 的总长度，需 < 250。LEr 和 LE 内容相同
DA	目标地址，低 7 位表示实际地址，最高位为扩展标识位，0：无 DSAP，1：有 DSAP(详见表 5-7)
SA	源地址，低 7 位表示实际地址，最高位为扩展标识位，0：无 SSAP，1：有 SSAP(详见表 5-7)
FC	功能码域，详见表 5-5、表 5-6、表 5-8
DU	数据域，最大长度为 246B。包含两部分：扩展地址部分 DSAP、SSAP 和真正传输的用户数据部分 PDU。其中 DSAP 和 SSAP 定义了通信的服务类型，详见表 5-7 的定义
FCS	帧校验位，其值等于 DA、SA、FC、DU 4 个域的二进制代数和。在 SD1、SD3 帧中没有 DU，则等于 DA + SA + FC
ED	终止定界符(16H)

表 5-5　FC 功能码说明

B7	B6	B5	B4	B3	B2	B1	B0
0	1：请求帧 0：响应帧	FCB FCV 标志		功能码			

表 5-6　FC 功能码 FCB FCV 标志含义

B6	B5	B4	含　义
0	0	0	从站
	0	1	主站未准备好
	1	0	主站已就绪，无令牌
	1	1	主站已就绪，在令牌环上
1	0		FCB 不可用
	1		FCB 可用
	X		根据 FCV 确定 FCB 可变

表 5-7　DSAP 和 SSAP 的服务定义表

服　务	主站 SAP	从站 SAP
数据交换	无	无
获取从站地址	0x3E	0x37
读输入	0x3E	0x38
读输出	0x3E	0x39
全局变量	0x3E	0x3A
获取组态	0x3E	0x3B
从站诊断	0x3E	0x3C
参数设置	0x3E	0x3D
检查组态	0x3E	0x3E

表 5-8　FC 功能码低四位含义

功能码	请求帧 B6 = 1	响应帧 B6 = 0
0	—	肯定确认：OK
1	—	否定确认：用户出错
2	—	否定确认：无响应源
3	—	否定确认：SAP 未被激活
4	SDN 低	—
5	—	—
6	SDN 高	—
7	SRD 多播	—
8	—	SRD 低优先级响应
9	带应答的 FDL 状态请求	否定确认：无响应
A(10)	—	SRD 的高优先级响应
B(11)	—	—
C(12)	SRD 低	SRD 低优先级响应异常：无源
D(13)	SRD 高	SRD 高优先级响应异常：无源
E(14)	带应答的 ID 请求	—
F(15)	—	—

2. PROFIBUS-DP 常用报文

根据 PROFIBUS-DP 的通信机制，主站与从站建立通信时，预先发送总线查询帧得知哪些从站处于总线激活状态，一旦确定总线上的激活站点后，便开始对激活站点进行参数化、组态并诊断，只有当所有配置正确后才可进入数据交换阶段。

1) 诊断报文

诊断请求报文：基本请求报文(主站—从站)：

SD2	LE	LEr	SDr	DA	SA	FC	DSAP	SSAP	FCS	ED
0x68	xx	xx	0x68	xx	xx	xx	0x3C	0x3E	xx	0x16

诊断响应报文：基本响应报文(从站—主站)：

SD2	LE	LEr	SDr	DA	SA	FC	DSAP	SSAP	DU	FCS	ED
0x68	xx	xx	0x68	xx	xx	xx	0x3E	0x3C	x…x	xx	0x16

2) 参数化报文

参数设置请求：基本请求报文(主站—从站)：

SD2	LE	LEr	SDr	DA	SA	FC	DSAP	SSAP	DU	FCS	ED
0x68	xx	xx	0x68	xx	xx	xx	0x3D	0x3E	x…x	xx	0x16

基本响应报文(从站—主站)：

0xE5

3) 组态报文

检查组态请求：基本请求报文(主站—从站)：

SD2	LE	LEr	SDr	DA	SA	FC	DSAP	SSAP	DU	FCS	ED
0x68	xx	xx	0x68	xx	xx	xx	0x3E	0x3E	x…x	xx	0x16

基本响应报文(从站—主站)：

0xE5

4) 数据交换报文

数据报文(主站—从站)：

SD2	LE	LEr	SDr	DA	SA	FC	DU	FCS	ED
0x68	xx	xx	0x68	xx	xx	xx	x…x	xx	0x16

基本响应报文(从站—主站)：

SD2	LE	LEr	SDr	DA	SA	FC	DU	FCS	ED
0x68	xx	xx	0x68	xx	xx	xx	x…x	xx	0x16

3. PROFIBUS-DP 报文传输实例

下面给出了一段完整的 PROFIBUS-DP 主站与从站通信的过程及报文解析：

DC 04 04

SD4，主站间的令牌帧，04 04 表示当前的令牌被地址为 04 的主站持有。

10 01 04 49 4E 16

SD1，主站查询总线上的激活站点，采用轮询的方式，现在查询地址为 01 的从站。

10 02 04 49 4F 16

SD1，主站查询总线上的激活站点，采用轮询的方式，现在查询地址为 02 的从站。

10 04 02 00 06 16

SD1，地址为 02 的从站处于激活状态，因此应答主站的查询站点帧。

68 05 05 68 82 84 6D 3C 3E ED 16

SD2，主站 4 发送从站 2 的请求帧，查询从站 2 的诊断报文。其中，05 为数据长度，是 DA + SA + FC + DU 的总长度。由表 5-4 知，DA 与 SA 的最高位表示有无 DSAP 或者 SSAP，此帧有，因此地址分别由 02、04 变为 82 和 84。6D 为功能码，可写成二进制，由对应表 5-5、表 5-6、表 5-8 中获得它的功能。3C 3E 为 OSAP、SSAP 标识，表明诊断请求报文，可查表 5-7 获得它的功能，ED 为 FCS 帧校验，以下不再赘述。

68 0B 0B 68 84 82 08 3E 3C 02 05 00 FF 00 08 96 16

SD2，从站 2 回应诊断报文给主站 4，诊断报文的数据段包括 6 个字节：02 05 00 FF 00 08，具体表示从站 2 未准备好数据交换，必须重新设置参数，FF 表示从站 2 未被任何主站控制或未进行参数设置，00 08 是从站的设备 ID 号。

68 0C 0C 68 82 84 5D 3D 3E B8 12 13 0B 00 08 00 CE 16

SD2，主站 4 发送参数化报文给从站 2，参数化报文的数据段包括 7 个字节：B8 12 13 0B 00 08 00，其中 B8 表示主站 4 要锁定从站 2，打开从站 2 的 SYNC、FREEZE 模式和看门狗，其中看门狗系数为 12 和 13，最小从站的响应时间为 0B，从站的设备 ID 号：00 08，且属于组 00。

E5

SC，从站 2 回应短应答帧给主站 4，告诉主站 4 已收到参数化报文。

68 07 07 68 82 84 7D 3E 3E 11 21 31 16

SD2，主站 4 发送给从站 2 组态报文帧，包含 2 个字节的组态数据：11 21，具体表示数据交换时，数据的格式为 2 个字节输入和 2 个字节输出。

E5

SC，从站 2 回应短应答帧给主站 4，告诉主站 4 已收到组态报文。

68 05 05 68 82 84 5D 3C 3E DD 16

SD2，主站 4 发给从站 2 诊断请求帧，由于之前参数化和组态后，不知道从站有没有配置好以进入数据交换阶段，故需要发送诊断请求帧让从站把配置后的结果告诉主站。

68 0B 0B 68 84 82 08 3E 3C 00 04 00 04 00 08 98 16

SD2，从站 2 回应诊断报文给主站 4，诊断报文的数据段包含 6 个字节：00 04 00 04 00 08，具体表示从站 2 已经准备好进行数据交换，且通信的主站地址为 04。

68 05 05 68 02 04 7D 00 00 83 16

SD2，主站 4 发送给从站 2 数据请求帧，在主站 4 得知从站 2 已经配置好后，发送数据请求帧给从站 2，进入数据交换阶段，其中数据段为 00 00。

68 05 05 68 04 02 08 01 02 11 16

SD2，从站 2 回应数据帧给主站 4，数据段为 01 02。

68 05 05 68 02 04 5D 00 00 63 16

SD2，主站 4 发送给从站 2 数据请求帧，在主站 4 得知从站 2 已经配置好后，发送数据请求帧给从站 2，进入数据交换阶段，其中数据段为 00 00。

68 05 05 68 04 02 08 02 03 11 16

SD2，从站 2 回应数据帧给主站 4，数据段为 02 03。

从报文中很明显地能看出，主站与从站进入数据交换阶段之前，先发出诊断报文帧，查看从站是否已经准备就绪，若没有，对其进行参数化及组态。只有两者的配置都成功后，才说明从站已经准备就绪，可以进入数据交换阶段。若配置不成功，主站就一直向从站发送参数化及组态报文，直到配置正确。

5.3 PROFIBUS 现场总线在西门子系列 PLC 中的应用

5.3.1 PROFIBUS-DP 通过 CPU 集成 DP 口连接 S7-300 智能从站

PROFIBUS-DP 的从站类型丰富，可以是 ET200 系列的远程 I/O 站，也可以是一些智能从站。如带集成 DP 接口和 PROFIBUS 通信模块的 S7-300 站、S7-400 站(V3.0 以上)等都可以作为 DP 的从站。本节以在同一个 STEP 7 项目中的两个 CPU 315-2 DP 通过集成 DP 接口之间进行主从通信为例，介绍连接智能从站的组态方法。

本例中，PROFIBUS-DP 主站和从站选用了同款 SIMATIC S7-300 CPU 315-2 DP，其订货号为 6ES7 315-2AG10-0AB0。软件只要是 STEP7 V5.x 以上版本的均可，其网络拓扑图如图 5-4 所示。

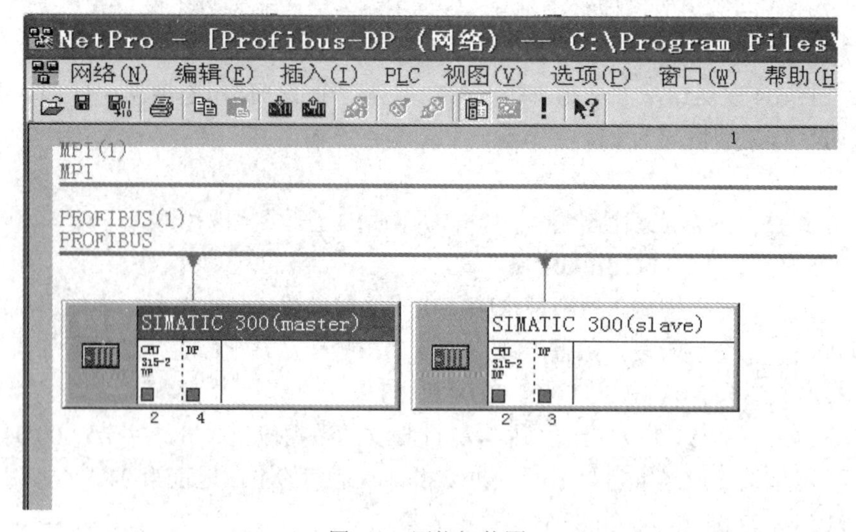

图 5-4 网络拓扑图

首先，在 STEP 7 中创建一个新项目，然后选择插入新对象 SIMATIC 300 站点，插入两个 S7-300 站，这里分别命名为 SIMATIC 300(master)和 SIMATIC 300(slave)。当然也可完成一个站的配置后，再建另一个，如图 5-5 所示。

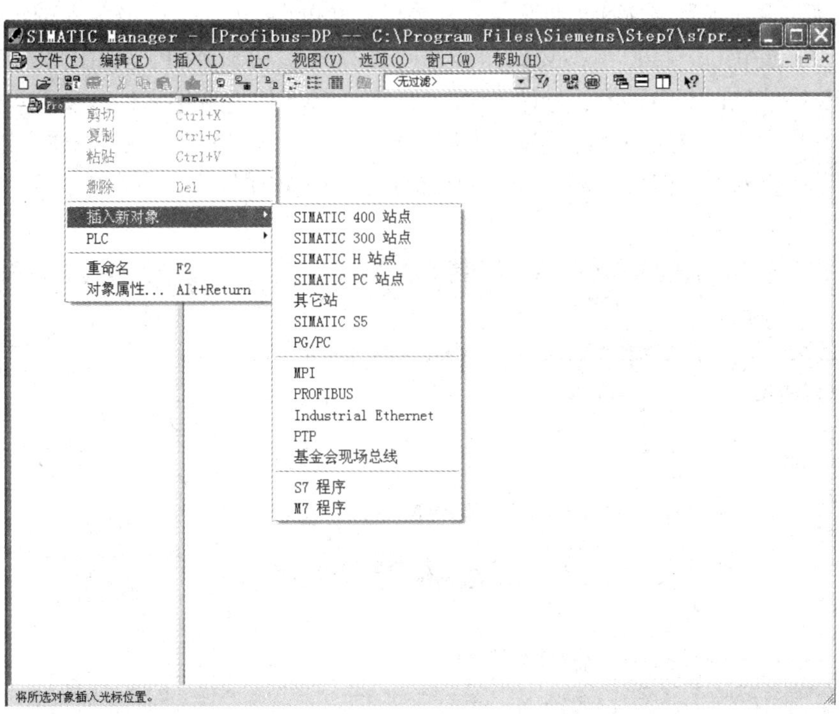

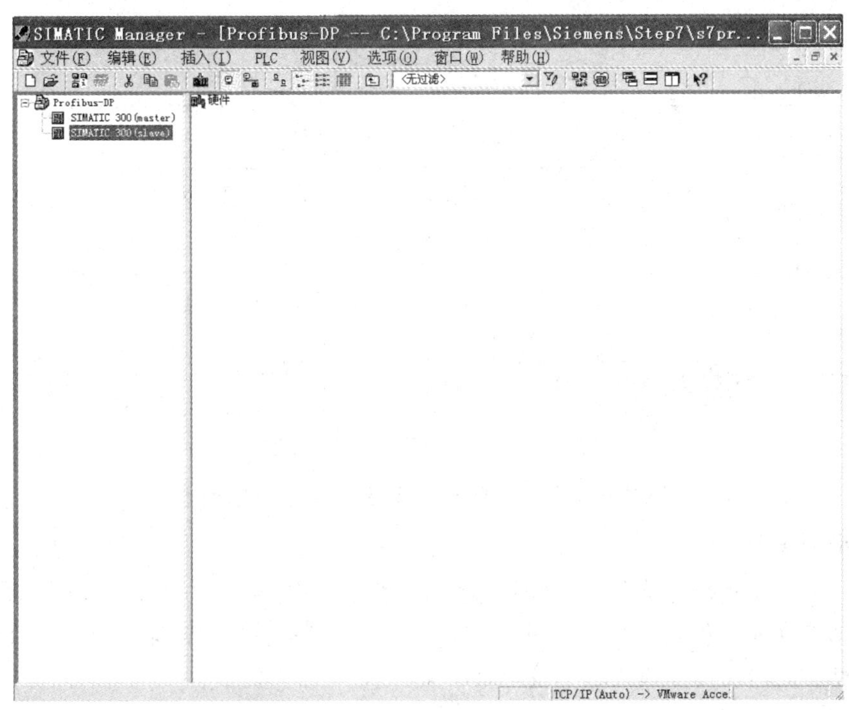

图 5-5　在 STEP 7 硬件组态中插入两个 S7-300 站

1. 从站硬件组态

在两个CPU进行主从通信组态配置时，原则上要先组态从站。双击SIMATIC 300(slave)站的“硬件”，进入硬件组态窗口，在功能按钮栏中点击“目录”图标打开硬件目录，按硬件安装顺序和订货号依次插入机架Rack、电源、CPU等进行硬件组态。插入CPU时会同时弹出PROFIBUS接口组态窗口，点击“新建”按钮新建PROFIBUS网络，分配PROFIBUS站地址，本例设为3号站。点击“属性”按钮组态网络属性，选择“网络设置”进行网络参数设置，如波特率、行规。本例传输速率为1.5 Mb/s，行规为DP，如图5-6所示。也可以在插入CPU后，双击DP(X2)插槽，打开DP属性窗口点击“属性”按钮进入PROFIBUS接口组态窗口。

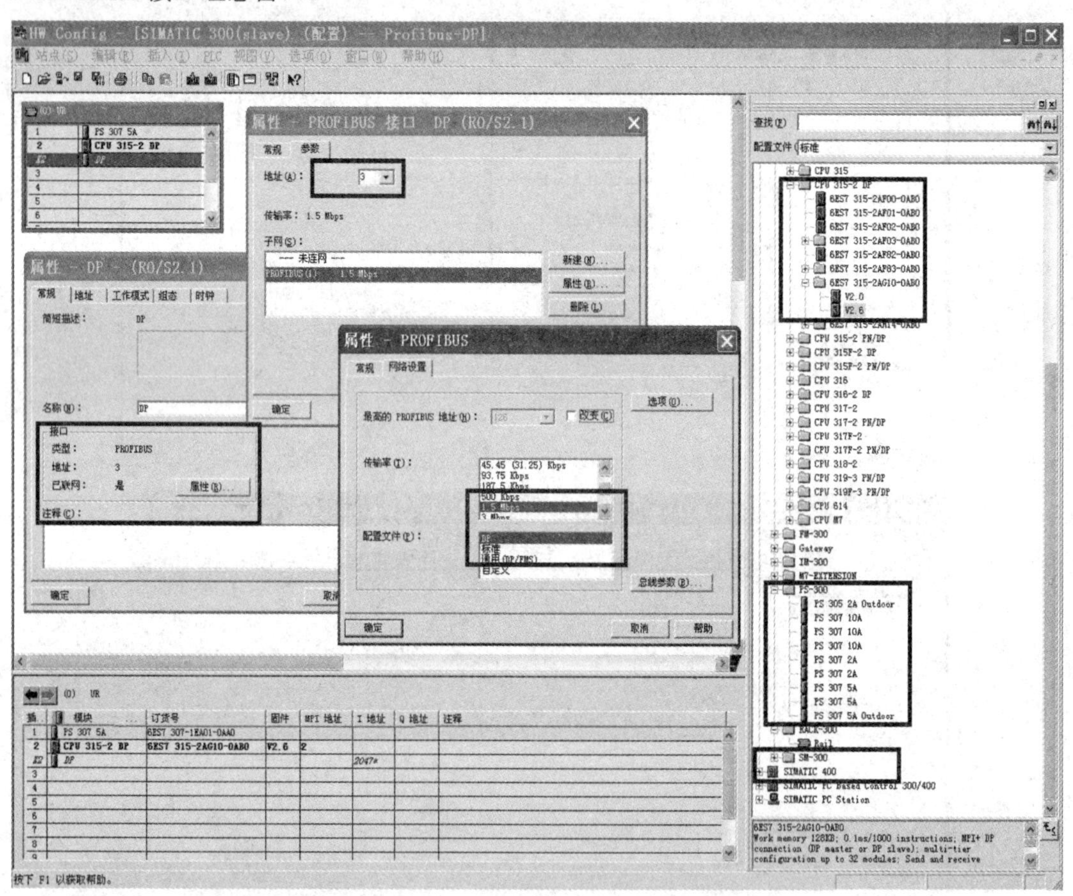

图 5-6　PROFIBUS DP 网络参数设置

确认上述设置后，PROFIBUS接口状态如图5-6左边方框所示。

2. DP模式选择

接下来，在DP属性设置对话框中，选择“工作模式”标签，激活“DP从站”操作模式，如图5-7所示。如果“测试、调试和路由”选项被激活，则意味着这个接口既可以作为DP从站，同时还可以通过这个接口监控程序。

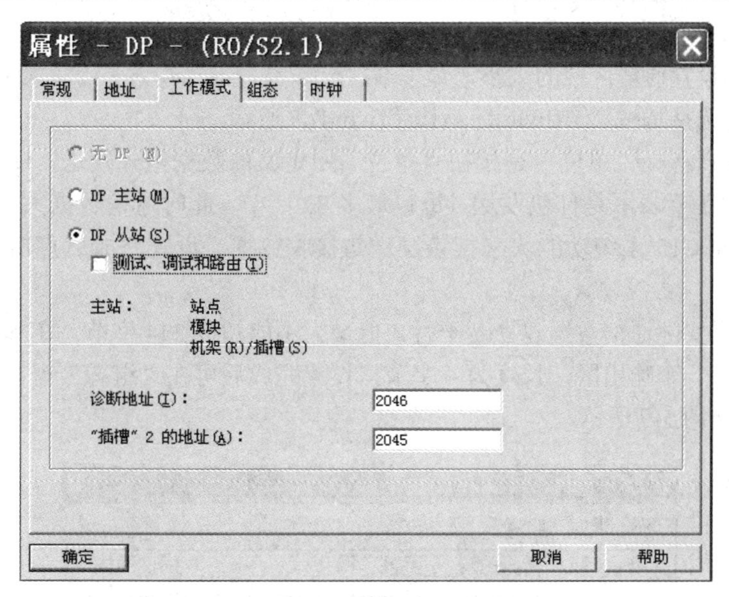

图 5-7　PROFIBUS DP 模式选择

3. 定义从站通信接口区

接下来定义从站通信接口区。选择“组态”标签，打开 I/O 通信接口区属性设置窗口，点击“新建”按钮新建通信接口区，从图 5-8 可以看到当前组态模式为“主站-从站组态”。注意此时只能对本地(从站)进行通信数据区的配置。

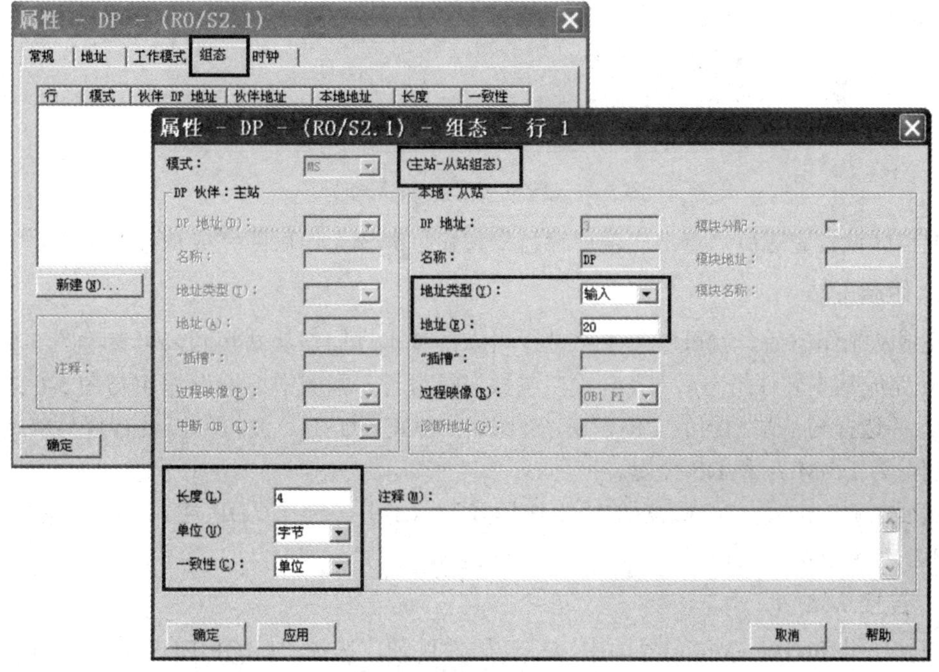

图 5-8　通信接口区设置

图中需要设置的几个参数分别是：

- 地址类型：选择“输入”对应输入区，“输出”对应输出区。

- 地址：设置通信数据区的起始地址，此处设置为 20。
- 长度：设置通信区域的大小，最多 32 字节。
- 单位：选择是按字节(byte)还是按字(word)来通信。
- 一致性：选择“单位”是按在“单位”中定义的数据格式发送，即按字节或字发送；若选择“所有”表示是打包发送，每包最多 32 字节。此时通信数据大于 4 个字节时，应用 SFC14、SFC15 系统功能块来打包发送与接收数据。设置完成后点击“应用”按钮确认。

我们可根据实际通信数据建立若干行，但最大不能超过 244 字节。在本例中分别创建了一个输入区和一个输出区，长度为 4 字节，设置完成后可在“组态”窗口中看到这两个通信接口区，如图 5-9 所示。

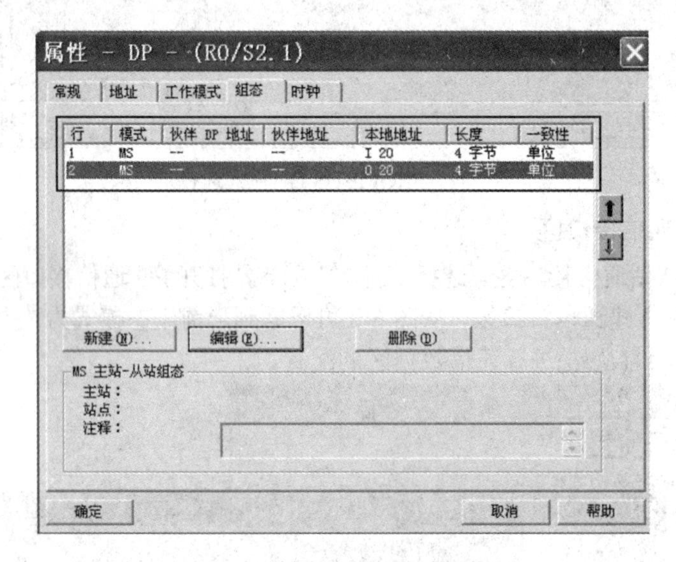

图 5-9 设置完成后的从站通信区

通信区设置完成后，点击“编译存盘”按钮，编译无误后即完成从站的组态。

4. 组态主站

完成从站组态后，就可以对主站进行组态，基本过程与从站相同，可参考图 5-6 及图 5-7。在完成基本硬件组态后对 DP 接口参数进行设置，本例中地址设为 4(与图 5-6 的选择不同)，并选择与从站相同的 PROFIBUS 网络(PROFIBUS1)。波特率以及行规与从站设置应相同，为 1.5 Mb/s 和 DP 行规。

然后在 DP 属性设置对话框的“工作模式”标签中，选择“DP 主站”操作模式(与图 5-7 的选择不同)。

5. 连接从站

在硬件组态(HW Config)界面中，打开硬件目录，选择“PROFIBUS DP→Configured Stations”文件夹，将 CPU 31x 拖曳到主站系统 DP 接口的 PROFIBUS 总线上，这时会同时弹出“DP 从站属性”对话框，选择所要连接的从站后，点击“连接”按钮确认，如图 5-10 所示。需要注意的是，如果有多个从站存在，要依次一一连接。

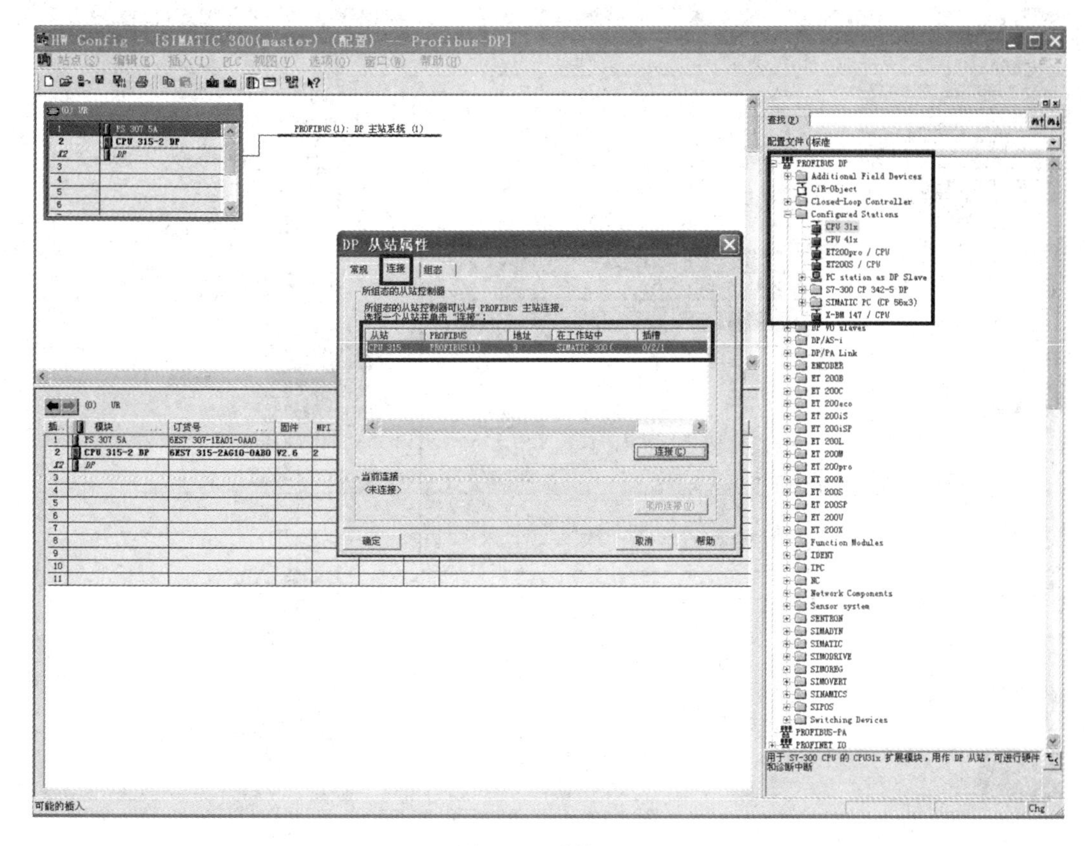

图 5-10　连接从站

6. 定义主站通信接口区

连接完成后，点击“组态”标签，设置主站的通信接口区，从站的输出区与主站的输入区相对应，从站的输入区同主站的输出区相对应，如图 5-11 所示。图 5-12 为设置完成的 I/O 通信区。

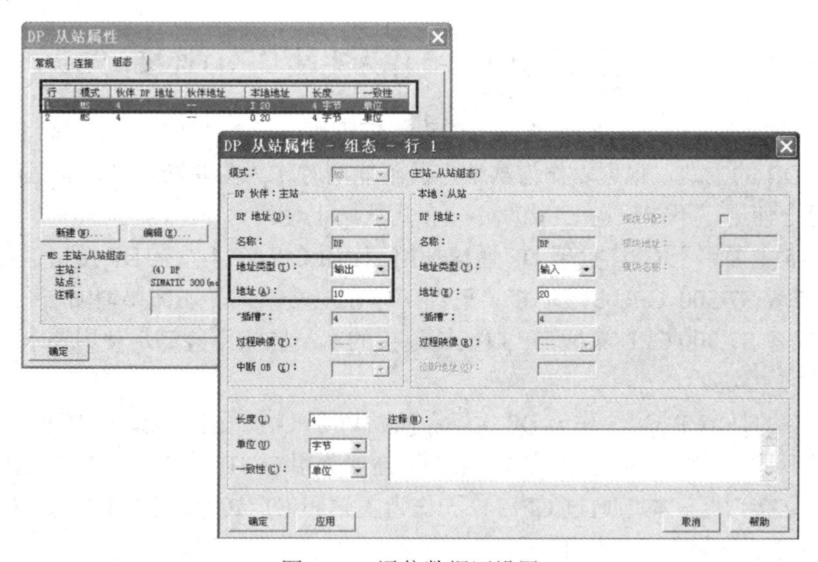

图 5-11　通信数据区设置

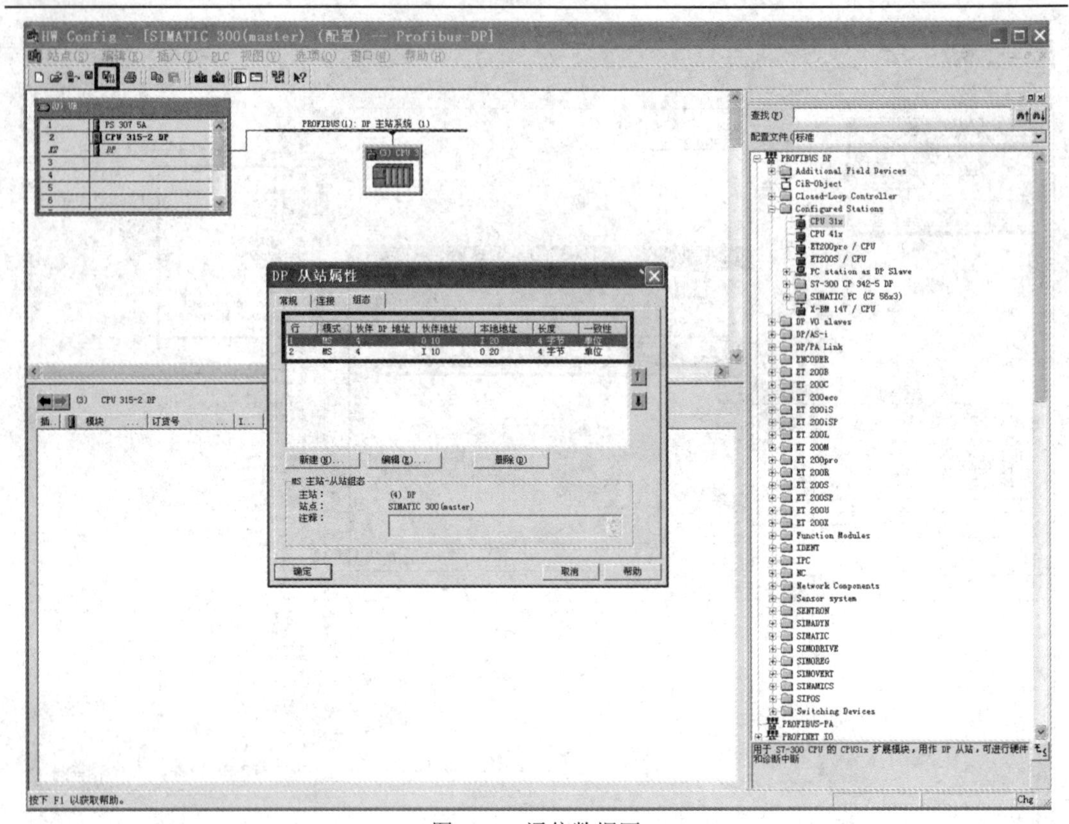

图 5-12　通信数据区

确认上述设置后，在硬件组态界面中，点击“编译存盘”按钮，编译无误后即完成主从通信组态配置。

所有配置完成以后，分别将配置下载到各自的 CPU 中初始化接口数据，并进行简单编程。在程序调试阶段，建议将 OB82、OB86、OB122 下载到 CPU 中，这样可使在 CPU 有上述中断触发时，CPU 仍可运行。相关 OB 的解释可以参照 STEP 7 帮助。

5.3.2　PROFIBUS-DP 通过 CP 342-5 作为主站 DP 口连接

CP 342-5 是 S7-300 系列的 PROFIBUS 通信模块，带有 PROFIBUS 接口，可以作为 PROFIBUS-DP 的主站，也可以作为从站，但不能同时作为主站和从站，且只能在 S7-300 的中央机架上使用，不能放在 ET 200M 分布式从站上使用。

CP 342-5 主要用于 CPU 扩展 DP 通信使用，比如 CPU 314 没有 DP 接口但还需要进行 DP 通信，或者 S7-300 CPU 的 DP 接口已经工作在主站模式，还需要增加一个 DP 的从站模式接口，或者 S7-300 CPU 集成 DP 口能够连接的从站数量不能满足使用要求就需要选择增加 CP 342-5 模块。

需要注意的是，CP 342-5 作为 DP 主站和从站与 CPU 集成 DP 接口有些不同，它对应的通信接口区不是 I 区和 Q 区，而是虚拟通信区，需要调用 FC1(DP_SEND)和 FC2(DP_RECV)功能块来建立接口区。本节通过 CP 342-5 作为主站和 ET 200M 进行 DP 通信的组态实例来介绍 CP 342-5 作为主站的使用方法。

本例中的主站硬件为带 CP 342-5 的 S7-300 站，CPU 选择 315-2 DP，其订货号为 6ES7 315-2AH14-0AB0，从站为 ET 200M，实际连接时还需要 PROFIBUS 电缆及接头。

1. 主站硬件组态

首先，在 STEP 7 中创建一个新项目并命名为 CP 342-5_master，然后选择插入新对象 SIMATIC 300 站点，插入一个 S7-300 站，这里命名为 SIMATIC 300-CP 342-5。

双击 SIMATIC 300-CP 342-5 目录下的硬件图标，打开硬件组态界面，并在主界面的左侧按硬件安装顺序和订货号依次插入机架 Rack、电源、CPU 等进行硬件组态。在配置 CPU 时，会自动弹出一个对话框，此时不用做任何设置，直接点击“确定”即可。

同时在机架的 4 号槽位插入 CP 342-5(SIMATIC 300→CP 300→PROFIBUS 目录下，订货号为 6GK7 342-5DA03-0XE0)模块。由于该实例将 CP 342-5 作为主站，因此在配置 CP 342-5 网络设置时，需先新建一条 PROFIBUS 网络，然后组态 PROFIBUS 的属性，和前例类似，仍选择传输速率为 1.5 Mb/s 和 DP 行规，无中继器和 OBT 光纤总线终端等网络元件，点击“确定”按钮确认。

接着定义 CP 342-5 的站地址，本例中为 2 号站。加入 CP 后，双击该栏，在弹出的对话框中，选择“工作模式”标签，选择“DP 主站”模式，此时也可看到系统会提示需调用 FC1 与 FC2 功能块进行 I/O 数据交换，调用 FC3 和 FC4 功能块用于执行诊断和控制功能，如图 5-13 所示。点击“确定”按钮确认主站组态完成。

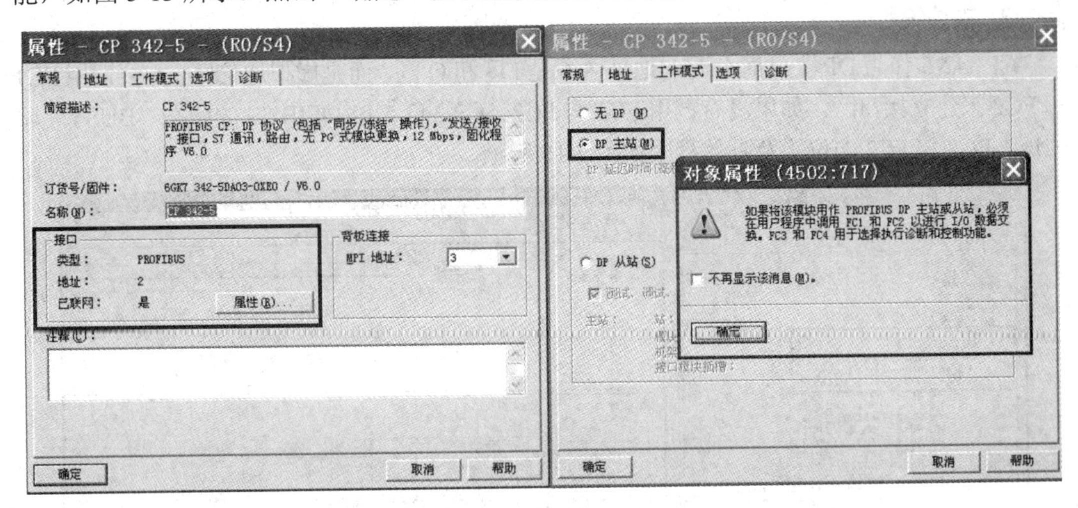

图 5-13　PROFIBUS-DP 网络的属性设置

2. 从站硬件组态

在硬件组态界面中，在目录中选择 ET 200M(IM153-2)(PROFIBUS DP→DP V0 slaves→ET 200M 目录下，订货号为 6ES7 153-2*A0*-0XB0)模块，如图 5-14 所示，并为其配置 2 个字节的输入和 2 个字节的输出点(订货号为 6ES7 323-1BL00-0AA0)，地址从 0 开始。

由于它们是虚拟地址映射区，是不占用 CPU 的 I 区和 Q 区的。虚拟地址的输入区在主站上要调用 FC1(DP_SEND)与之一一对应，虚拟地址的输出区在主站上要调用 FC2 (DP_RECV)与之一一对应。如果修改 CP 342-5 的从站开始地址，比如输入、输出从地址 0 改为从 2 开始，那么相应的 FC1 和 FC2 对应的地址区也要相应偏移 2 个字节。如果要配置多个从站，虚拟地址区则需依次顺延。

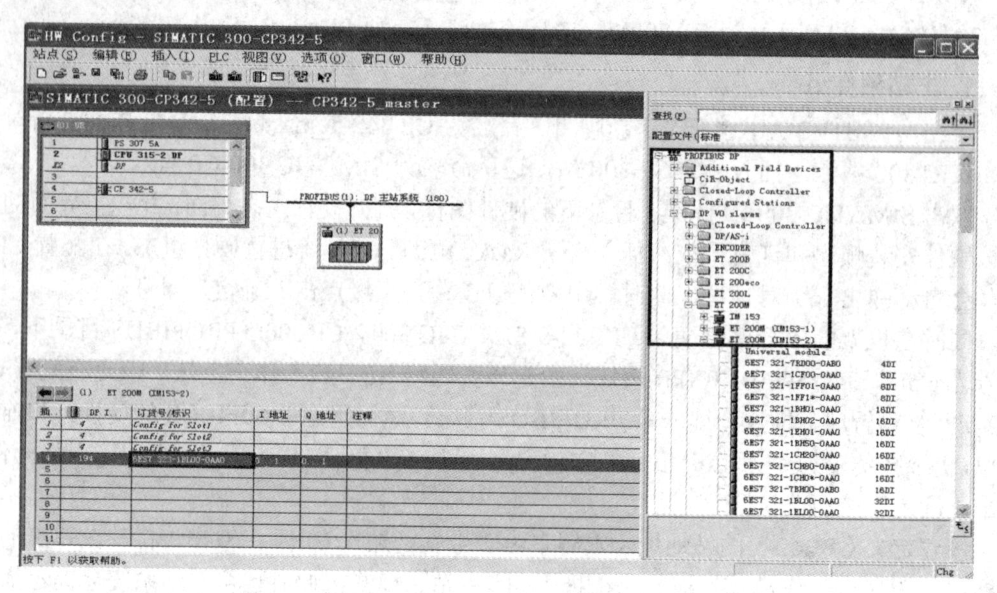

图 5-14　PROFIBUS-DP 网络的 ET 200M 从站设置

组态完成后编译存盘退出，但需在 OB1 中调用 FC1 与 FC2 后才能建立通信。

3. 软件编程

CP 342-5 作为 DP 主站时分配的地址区不是 I 区和 Q 区，而是虚拟通信区，需要调用 FC1 和 FC2 来建立接口区。如果没有调用 FC1 与 FC2，CP 342-5 PROFIBUS 的状态“BUSY”将闪烁。FC1 和 FC2 的位置及具体程序如图 5-15 所示。

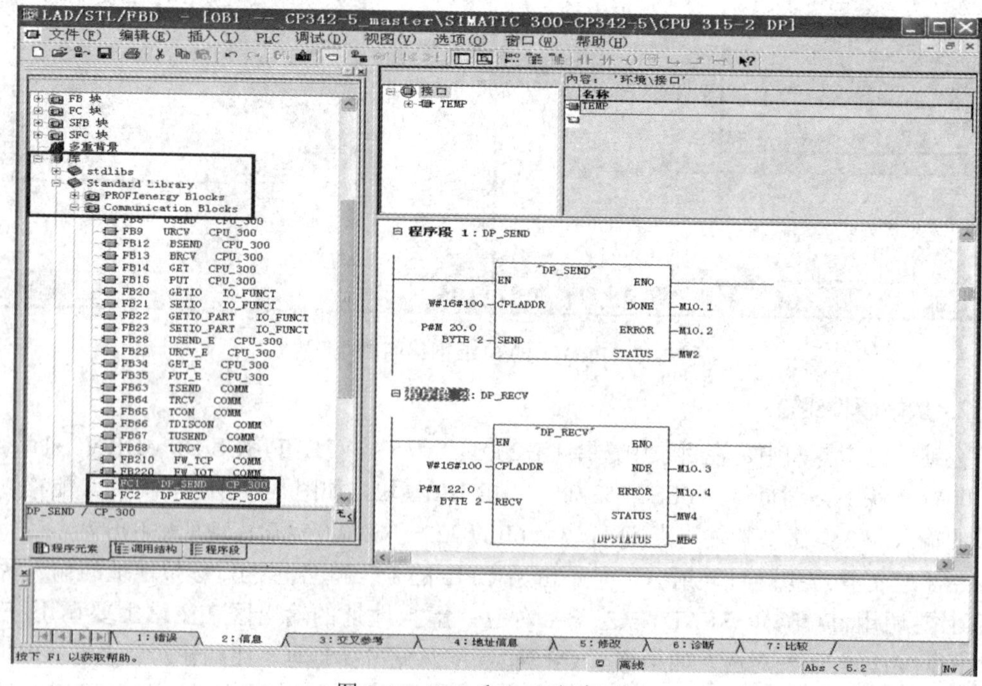

图 5-15　FC1 和 FC2 程序示例

两个功能块所包含的各项参数含义如下：

- CPLADDR：CP 342-5 的地址。
- SEND：发送区，对应从站的输出区。
- RECV：接收区，对应从站的输入区。
- DONE：发送完成一次产生一个脉冲。
- NDR：接收完成一次产生一个脉冲。
- ERROR：错误位。
- STATUS：调用 FC1、FC2 时产生的状态字。
- DPSTATUS：PROFIBUS-DP 的状态字节。

从上面的程序参数可以看出，MB20、MB21 对应从站输出的第一个字节和第二个字节，MB22、MB23 对应从站输入的第一个字节和第二个字节。

需要注意的是，当连接多个从站时，虚拟地址将向后延续和扩大。而调用 FC1、FC2 只考虑全部虚拟地址的长度，不会考虑各个从站的站号。如果分配虚拟地址的起始地址不为 0，那么调用 FC 的长度也将会增加。比如虚拟地址的输入区起始为 4，长度为 10 个字节，那么对应的接收区偏移 4 个字节，相应长度为 14 个字节，接收区的第 5 个字节对应从站输入的第一个字节，如接收区为 P#M0.0 BYTE 14，MB0～MB13，偏移 4 个字节后，MB4～MB13 与从站虚拟输入区一一对应。

编完程序下载到 CPU 中，通信建立后，PROFIBUS 的状态灯将不会闪烁。另外，当使用 CP 342-5 作为主站时，因为本身数据是打包发送的，是不需要调用 SFC14 和 SFC15 的。而且，由于 CP 342-5 寻址的方式是通过 FC1、FC2 的调用访问从站地址，而不是直接访问 I/Q 区，所以在 ET 200M 上不能插入智能模块，如：FM350-1、FM352 等。

5.3.3　PROFIBUS-DP 通过 CP 342-5 作为从站 DP 口连接

CP 342-5 作为主站需要调用 FC1、FC2 建立通信接口区，作为从站同样需要调用 FC1、FC2 建立通信接口区。本节以 S7-400 的 CPU 416-2 DP 作为主站，带 CP 342-5 的 S7-300 作为从站来说明 CP 342-5 作为从站的配置方法。其中，主站发送 16 个字节给从站，同样从站发送 16 个字节给主站。

首先，在 STEP 7 中创建一个新项目并命名为 CP 342_5_slave，然后插入两个新对象，插入一个 S7-400 站点和一个 S7-300 站点，这里分别命名为 SIMATIC 400(master)和 SIMATIC 300(slave)。当然也可完成一个站的配置后，再建另一个。

1. 从站硬件组态

在两个 CPU 进行通信组态配置时，原则上要先组态从站。因此先双击 SIMATIC 300(slave)目录下的硬件图标，打开硬件组态界面，并在主界面的左侧按硬件安装顺序和订货号依次插入机架 Rack、电源、CPU(订货号 6ES7 314-1AG14-0AB0)等进行硬件组态，如图 5-16 所示。

同时在机架的 4 号槽位插入 CP 342-5(SIMATIC 300→CP 300→PROFIBUS 目录下，订货号为 6GK7 342-5DA02-0XE0)模块。由于该实例将 CP 342-5 作为从站且首先配置，因此在配置 CP 342-5 网络设置时需先新建一条 PROFIBUS 网络，然后再组态 PROFIBUS 的属性。和前例类似，仍选择传输速率为 1.5 Mb/s 和 DP 行规，无中继器和 OBT 光纤总线终端等网络元件，点击“确定”按钮确认。

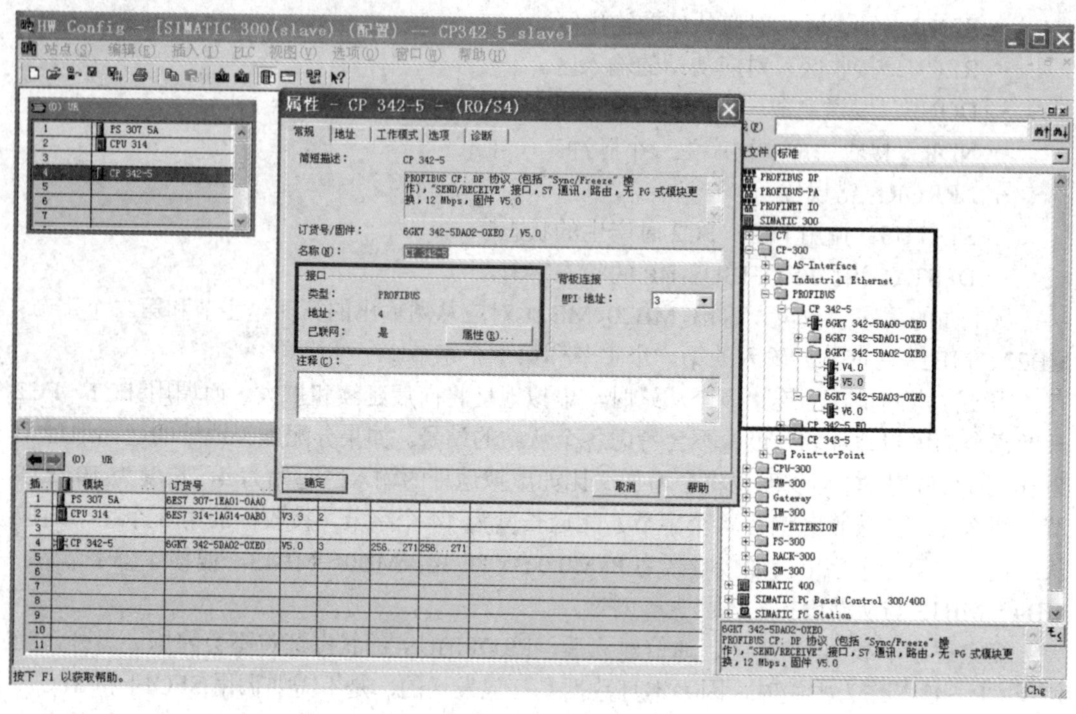

图 5-16　S7-300 从站配置界面

接着定义 CP 342-5 的站地址，本例中为 4 号站。加入 CP 后，双击该栏，在弹出的对话框中，选择“工作模式”标签，选择“DP 从站”模式，此时也可看到系统会提示需调用 FC1 与 FC2 功能块进行数据通信，调用 FC3 和 FC4 功能块用于执行诊断和控制功能，如图 5-17 所示。点击“确定”按钮确认从站组态完成。

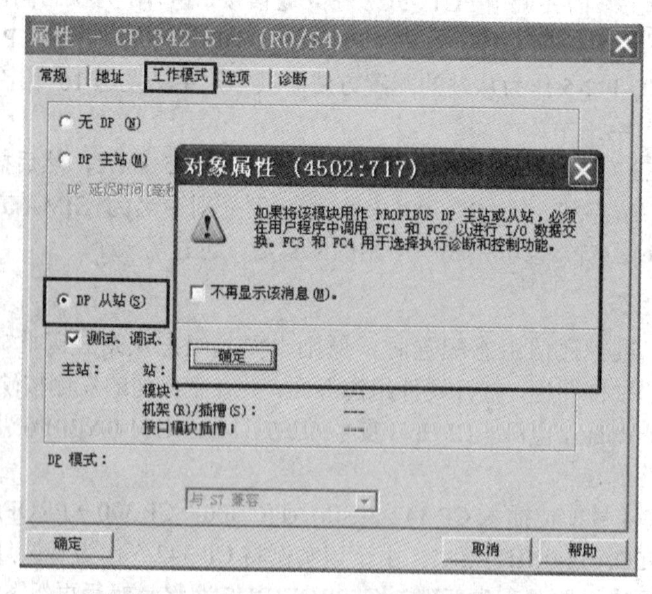

图 5-17　CP 342-5 从站工作模式设置

2. 主站硬件组态

完成从站组态后，就可以对主站进行组态，基本过程与从站相同。双击 SIMATIC 400(master)目录下的硬件图标，打开硬件组态界面，在左侧按硬件安装顺序和订货号依次插入机架 Rack、电源、CPU(订货号为 6ES7 416-2XN05-0AB0)等进行硬件组态。在配置 CPU 时，会自动弹出一个对话框，选择与从站相同的 PROFIBUS 网络(PROFIBUS1)，地址在本例中设为 2 号站。波特率以及行规与从站应设置相同，为 1.5 Mb/s 和 DP 行规。也可以在插入 CPU 后，双击 DP(X2)插槽，打开 DP 属性窗口点击“属性”按钮进入 PROFIBUS 接口组态窗口。

CPU 组态后会出现一条 PROFIBUS 网络。在硬件目录中选择“PROFIBUSDP→Configured Stations→S7-300 CP 342-5 DP”，选择与订货号、版本号相同的 CP 342-5，然后拖到 PROFIBUS 网络上，如图 5-18 所示。

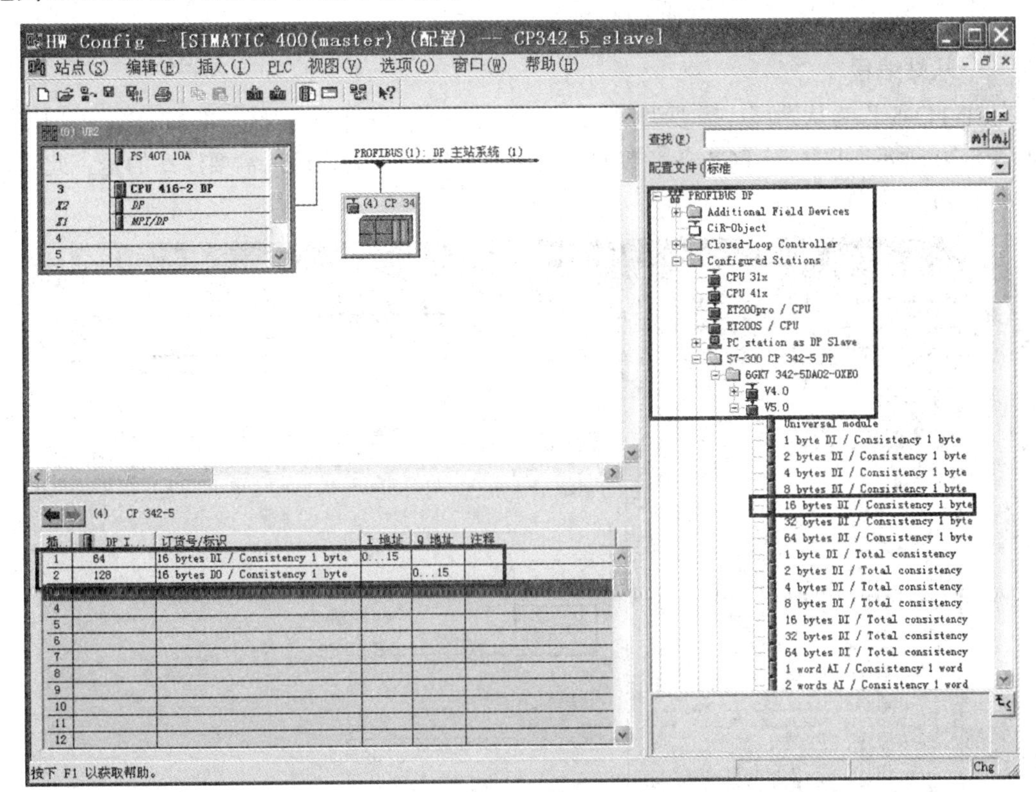

图 5-18 S7-400 主站及 PROFIBUS-DP 网络配置界面

双击该从站属性，刚才已经组态完的从站会出现在列表中，点击“连接”将选中的从站连接到主站的 PROFIBUS 网上，如图 5-19 所示。

连接完成后，点击从站组态通信接口区，插入 16 个字节的输入和 16 个字节的输出，如果选择“Total”，主站 CPU 要调用 SFC14、SFC15 对数据包进行处理，本例中选择按字节通信，在主站中不需要对通信进行编程，组态如图 5-18 下方所示。

组态完成后编译存盘下载到 CPU 中，从图 5-18 中可以看到主站发送到从站的数据区为 QB0～QB15，主站接收从站的数据区为 IB0～IB15，从站需要调用 FC1、FC2 建立通信区。

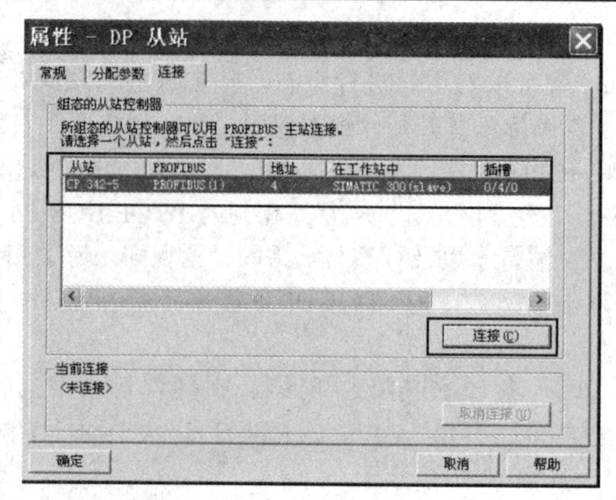

图 5-19　将从站添加到主站系统

3. 从站编程

CP 342-5 作为从站同样需要调用 FC1 与 FC2 来建立通信接口区，并在 OB1 中调用，如图 5-20 所示。FC1 与 FC2 各参数的含义可参考上一节的描述，需要注意的是，此实例传输了 16 个字节。

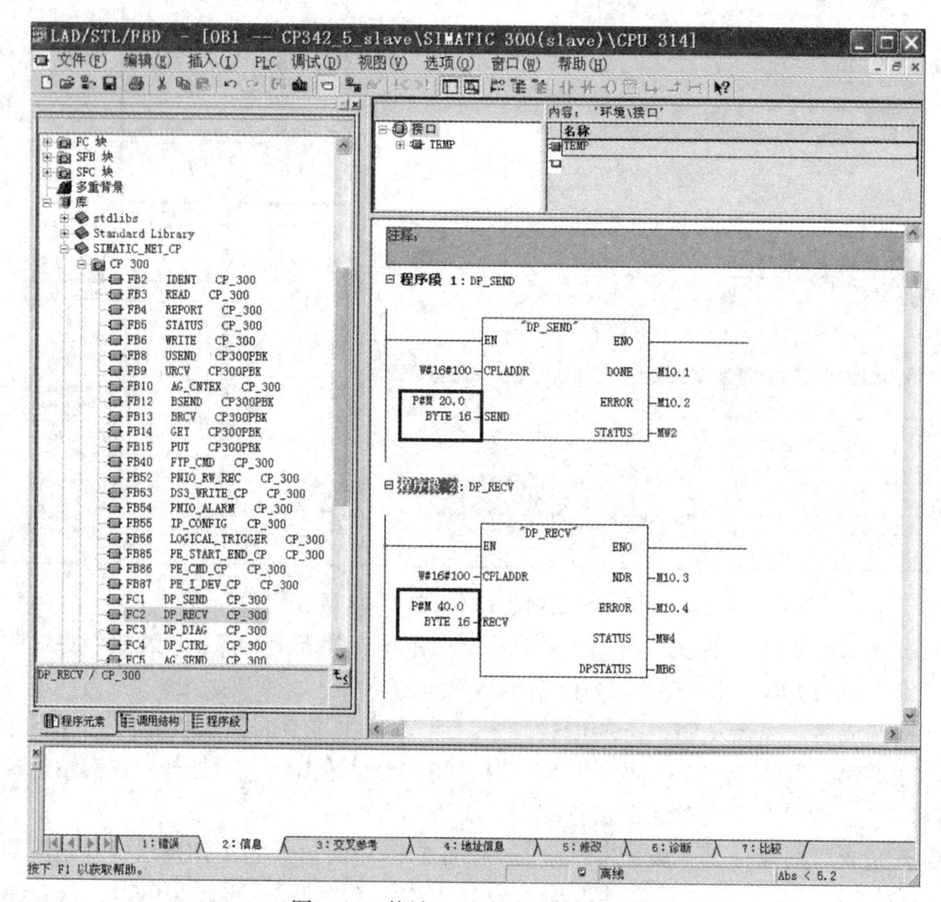

图 5-20　从站 FC1 和 FC2 程序示例

编译存盘并下载到 CPU 中，这样通信就建立起来了，主从站之间通信接口区对应关系如表 5-9 所示。

表 5-9　主站和从站通信接口区的对应关系

主站 S7-400	传输方向	从站 CP 342-5
QB0～QB15	⟶	MB40～MB55
IB0～IB15	⟵	MB20～MB35

5.3.4　PROFIBUS-DP 通过 GSD 文件与第三方设备通信

PROFIBUS-DP 作为一种通信标准，只要符合 PROFIBUS-DP 规约的第三方设备就可以加入到 PROFIBUS 网络上。支持 PROFIBUS-DP 的设备都会有 GSD 文件，是对设备一般性的描述，描述了设备相关的特性及 PROFIBUS 接口参数，主要包括以下三个部分：

(1) 总规范，包括厂商和设备名称、软硬件版本情况、支持的波特率、监控时间间隔及总线插头的信号分配。

(2) 与 DP 主站有关的规范，包括所有只适用于 DP 主站的参数(例如可连接的从站的最多台数或加载和卸载能力)。

(3) 与 DP 从站有关的规范，包括与从站有关的所有规范(例如 I/O 通道的数量和类型、诊断测试的规格及 I/O 数据的一致性信息)。

GSD 文件通常以 *.GSD 或 *. GSE 文件名出现。将 GSD 文件导入到 STEP 7 软件中就可以在硬件配置界面的目录中找到这个设备并组态从站的通信接口。

如果是要实现不在一个 STEP 7 项目中的两个 CPU 集成 DP 接口之间的主从通信也需要导入从站 CPU 的 GSD 文件。系列常用 PROFIBUS 产品 GSD 文件可从其全球技术资源库网站 https://support.industry.siemens.com/cs/cn/en/ps/14280 下载。

现将 CPU 314C-2 DP 集成的 DP 接口作为主站，另一个 CPU 314C-2 DP 集成的 DP 接口作为从站，两个 S7-300 CPU 分别在两个 STEP 7 项目中进行配置为例，详细介绍怎样导入 GSD 文件，组态从站通信接口区进而建立通信。

1. GSD 文件导入

在上述链接里点击 SIMATIC 目录后，找到 CPU 314-2C.ZIP 文件，并下载，如图 5-21 所示。

图 5-21　CPU 314-2C 的 GSD 文件下载界面

打开 SIMATIC Manager，进入硬件组态界面，选择菜单栏的“选项”→“安装 GSD 文件…”，如图 5-22 所示。

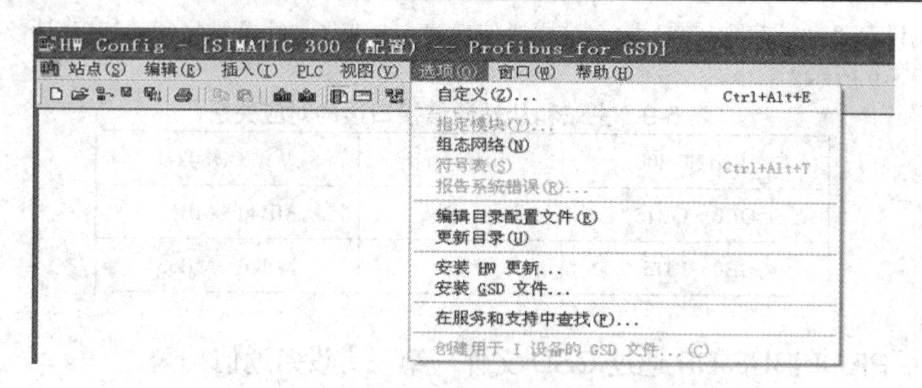

图 5-22　安装 GSD 文件

进入 GSD 安装界面后，选择“浏览...”，选择相关 GSD 文件的保存文件夹及对应的 GSD 文件(这里选择语言为英文的“*.GSE”文件)，点击“安装”按钮进行安装，如图 5-23 所示。

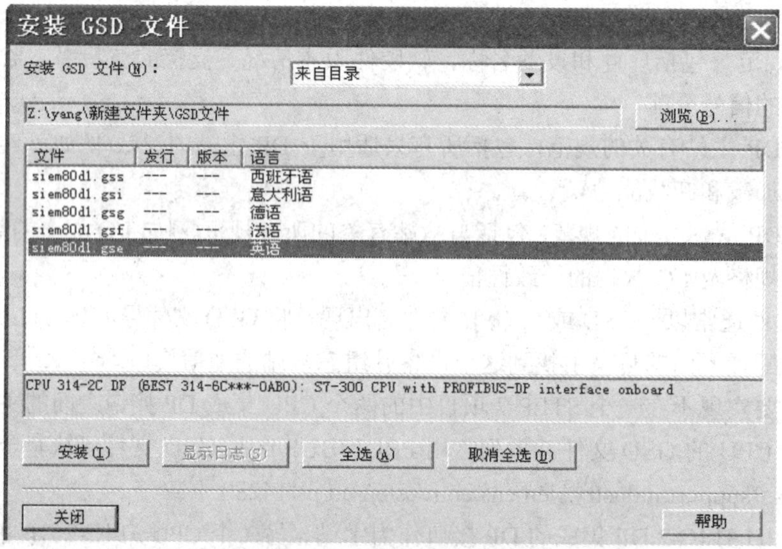

图 5-23　选择安装 GSD 文件

安装完成后可以在下面的路径中找到 CPU 314-2C DP，如图 5-24 所示。

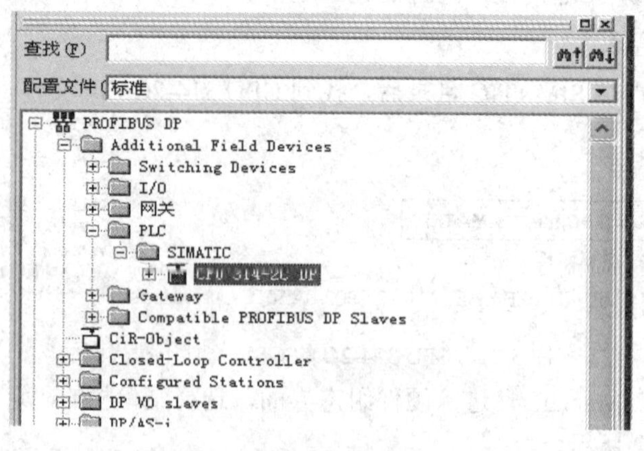

图 5-24　硬件目录中的位置路径

2. 从站组态

本例中的两个 S7-300 站点是在两个 STEP 7 项目中进行配置，打开第一个 STEP 7 项目，与 5.3.1 节类似，插入 SIMATIC S7-300 站，并依次添加机架、电源及 CPU 314C-2 DP，双击 DP 接口，分配一个 PROFIBUS 地址，然后在“工作模式”中选择“DP 从站”模式，波特率、行规默认为 1.5 Mb/s 及 DP，如图 5-25 所示。

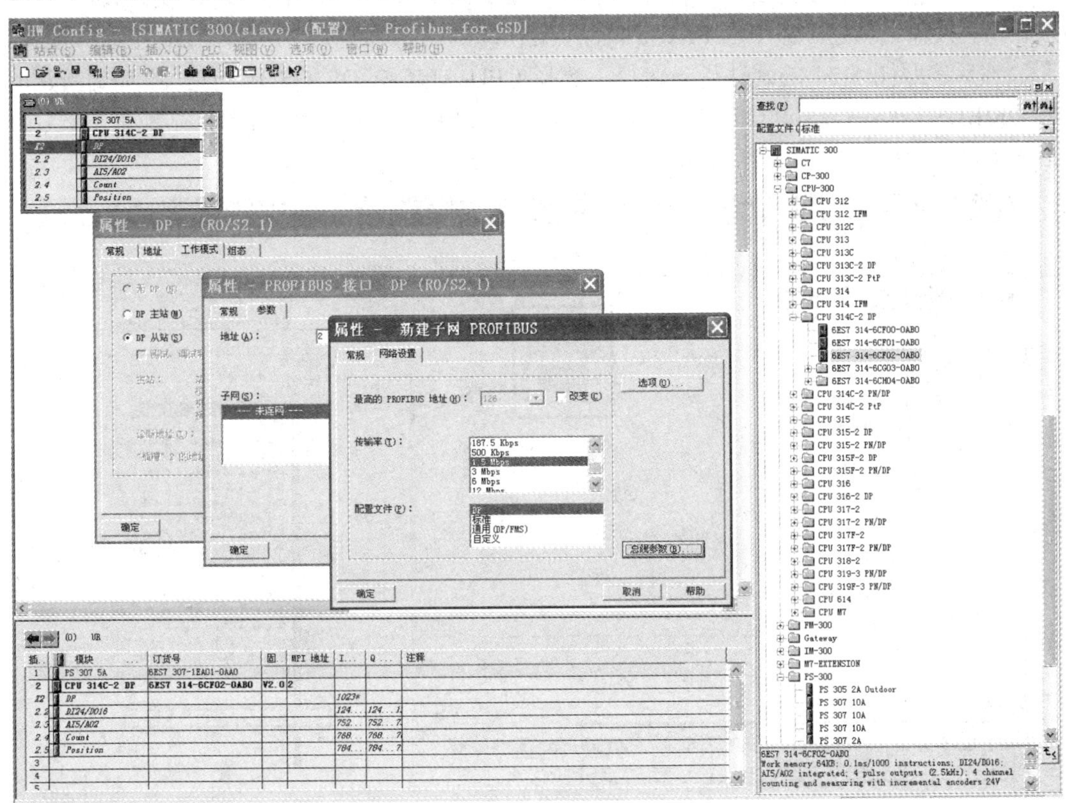

图 5-25　从站相关配置

然后进入“组态”标签页，新建两行通信接口区，如图 5-26 所示。

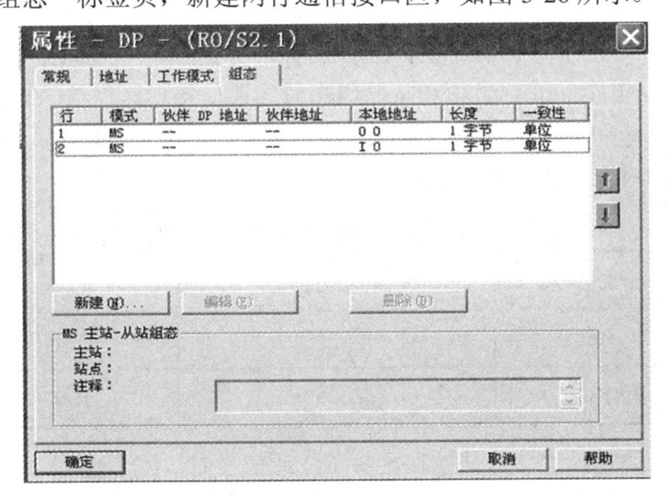

图 5-26　从站通信接口区

此处需注意的是，从站组态的通信接口区要与主站导入 GSD 从站后配置的通信接口区在顺序、长度和一致性上保持匹配。在本例中分别创建了一个输出区和一个输入区，长度为 1 字节。

3. 主站组态

打开第二个 STEP 7 项目，新建 S7-300 站，依次添加机架、电源及 CPU 314C-2 DP，双击 DP 接口，新建一条 PROFIBUS 网络。然后在“工作模式”中选择“DP 主站”模式。

然后参照图 5-24 的硬件目录路径，选择 CPU 314C-2 DP GSD 文件，添加到新建的 PROFIBUS 网络中，为其分配 PROFIBUS 地址，该地址要与之前配置的从站地址一致。最后为 CPU 314C-2 DP 从站组态通信接口区，如图 5-27 所示。

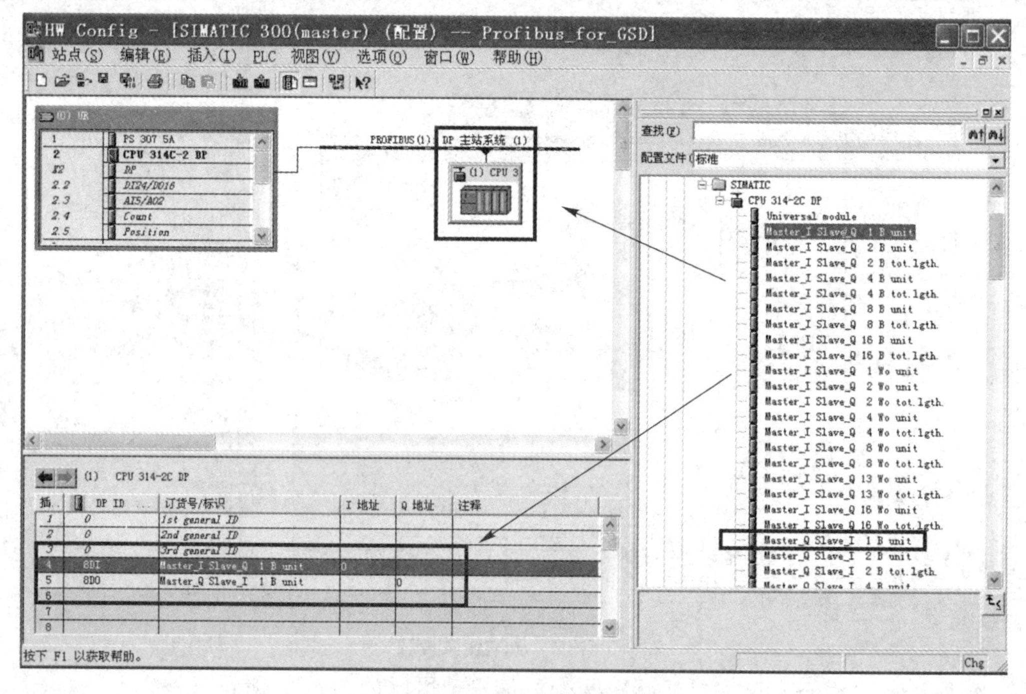

图 5-27　主站组态

本例在硬件目录中 CPU 314-2C DP GSD 文件下方选择了“Master_I Slave_Q 1B unit”和“Master_Q Slave_I 1B unit”，必须和从站组态时的通信接口区保持一致，如图 5-27 所示。

配置完以后，分别将配置下载到各自的 CPU 中初始化接口数据。在本例中，主站和从站通信接口区的对应关系如表 5-10 所示。

表 5-10　主站和从站通信接口区的对应关系

主站	传输方向	从站
IB0	⟶	QB0
QB0	⟵	IB0

需要特别注意的是，主站、从站在配置 I/O 通信区时，除了顺序、长度和一致性要匹配外，输入和输出也要相互对应。

5.3.5 PROFIBUS-DP 在 FDL 自由第 2 层方式下的通信

FDL 是 PROFIBUS 的第二层——数据链路层(Fieldbus Data Layer)的缩写，它可以提供高等级的传输安全保证，能有效地检测出错位，进行双向数据传输，即发送方和接收方可以同时触发发送和接收响应。

在 PROFIBUS-DP 通信中，具有令牌功能的 PROFIBUS-DP 主站轮询无令牌功能的从站进行数据交换。与此不同，FDL 实现了 PROFIBUS 主站和主站之间的通信，PROFIBUS FDL 的每一个通信站点都具有令牌功能，通信以令牌环的方式进行数据交换，每一个 FDL 站点都可以和多个站点建立通信连接。FDL 允许发送和接收最大 240B 的数据。

本节配置了一台 314C-2 DP 和一台 314C-2 PtP 通过 CP 342-5 和 CP 343-5 之间的 FDL 通信进行示例。

1. 硬件组态

首先，根据系统的配置在 STEP 7 中创建两个 STEP 7 项目，在硬件组态界面中分别进行硬件组态，如图 5-28 所示。插入 CP 342-5 时，需要创建 PROFIBUS Networked，并在“工作模式”标签页中选择“无 DP”方式，如图 5-29 所示。

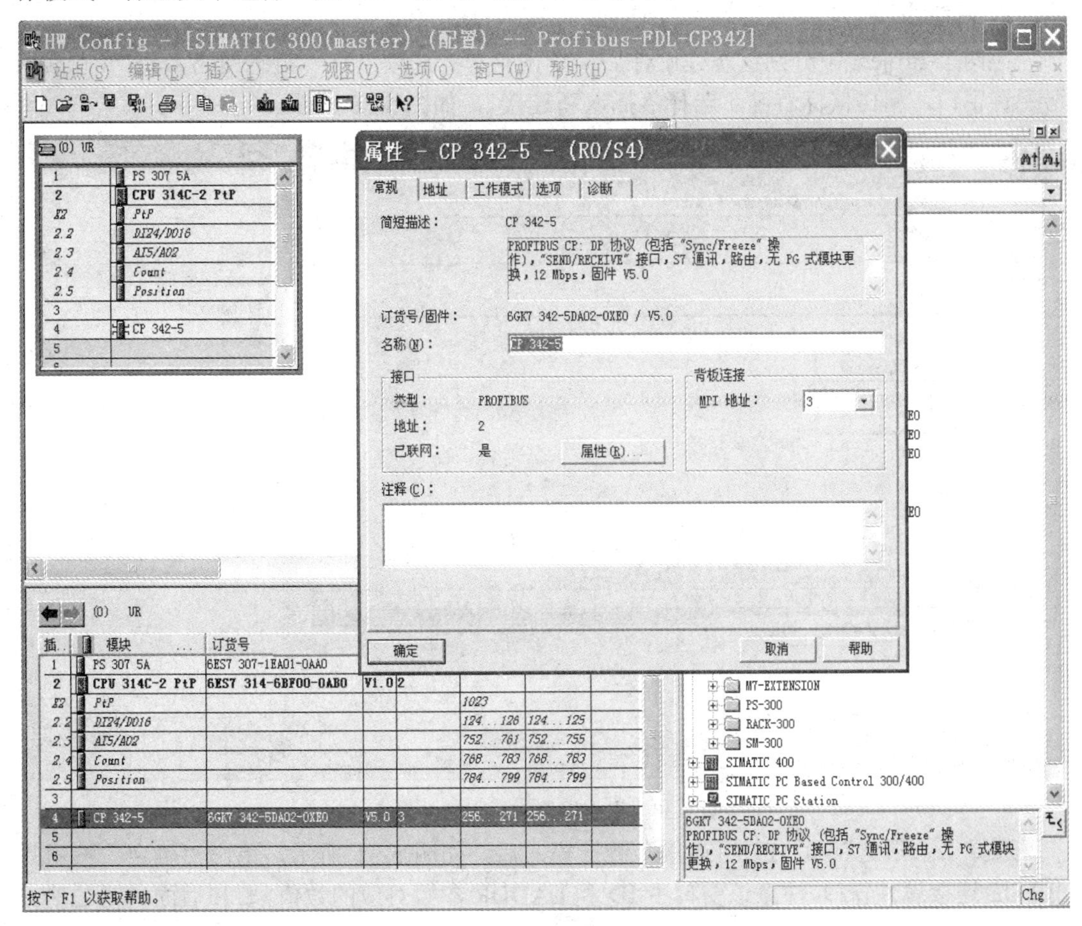

图 5-28　硬件组态

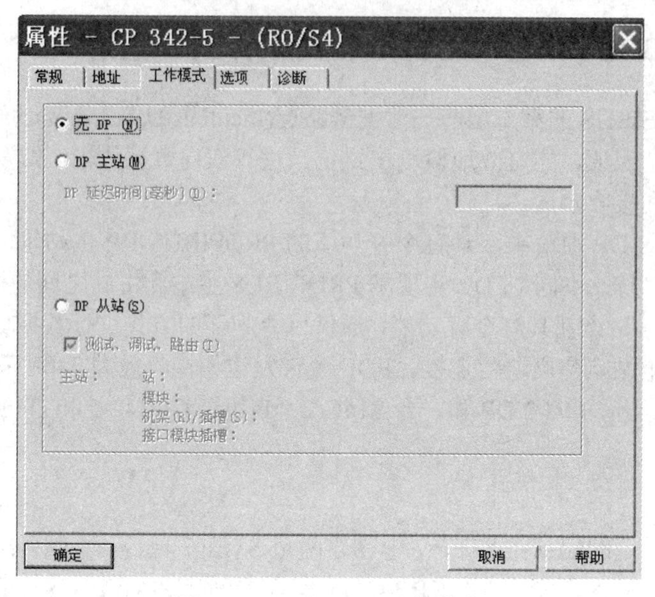

图 5-29　PROFIBUS 工作模式

2. 网络组态

在两个 Project 中分别组态完硬件后，单击菜单“选项”→“组态网络”，打开总线网络配置窗口，单击鼠标右键，选择“插入新连接”，如图 5-30 所示。

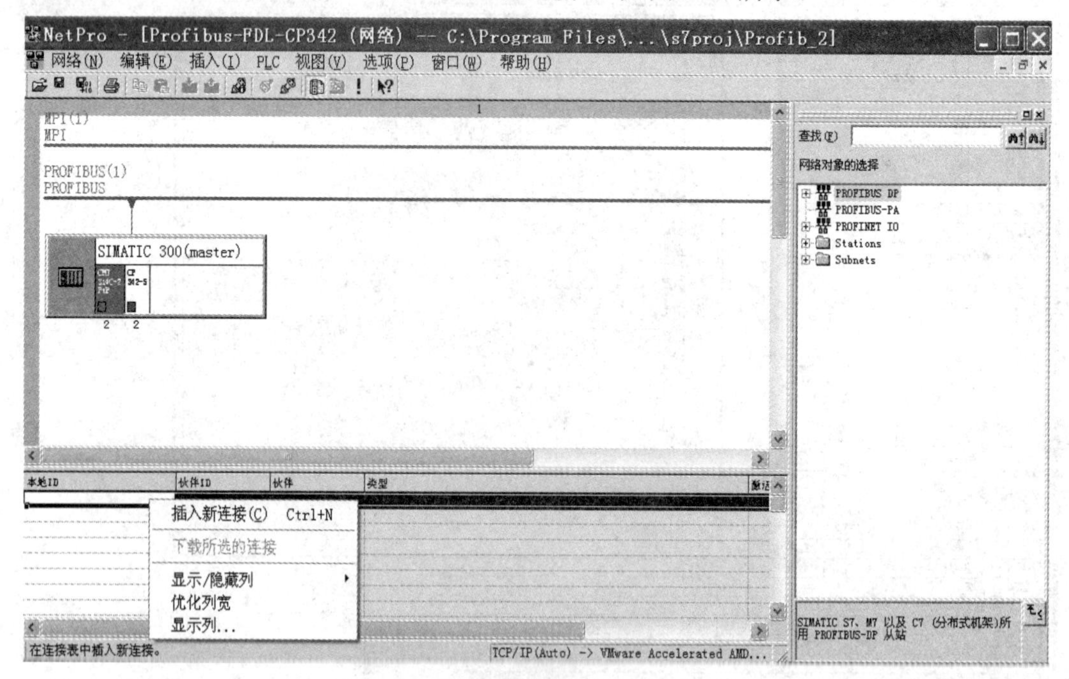

图 5-30　组态网络中插入新的连接

选择“未指定”和“FDL 连接”链接模式后，如图 5-31 所示，单击“确定”按钮弹出 FDL 连接属性窗口，注意该窗口中 ID 和 LADDR 参数对应的数值，要和后面编写的 FC5 和 FC6 所填写的值一致，如图 5-32 所示。

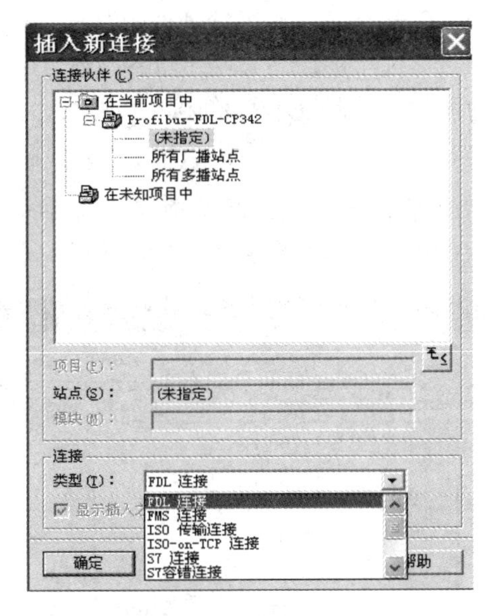

图 5-31　将新连接的通信方式选为 FDL

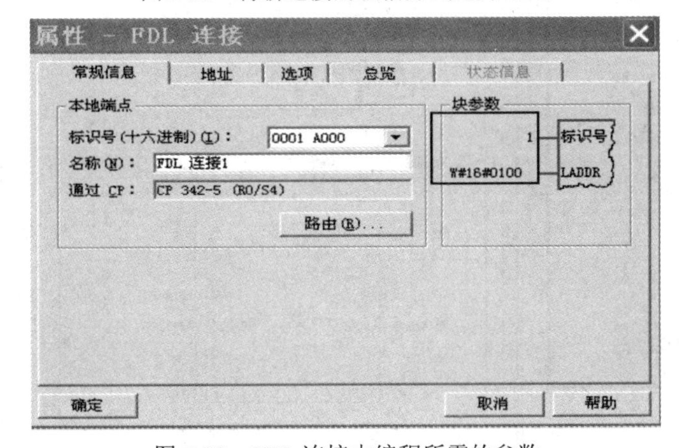

图 5-32　FDL 连接中编程所需的参数

在“地址”标签页中选中“空闲第二层访问”选项，并且记住 PROFIBUS 地址和 LSAP 值，因为这两个值要填写在发送数据的前两个字节当中，如图 5-33 所示。

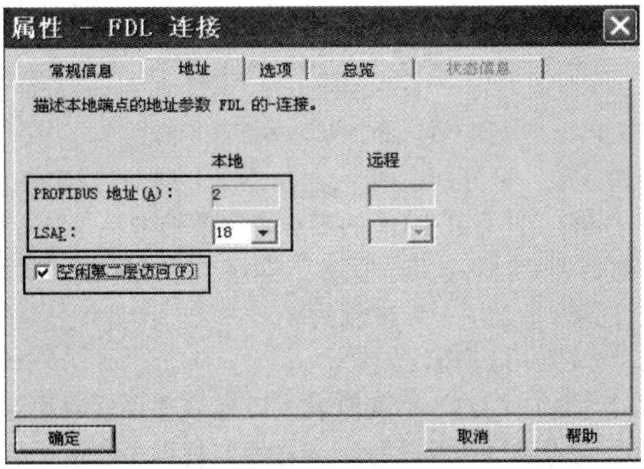

图 5-33　FDL 连接中 PROFIBUS 站地址参数

单击“确定”按钮，连接创建完成，并进行硬件的存盘、编译、下载。

一号站组态网络完成后，再依次进行二号站“组态网络”中自由第二层协议链接的创建。该过程的详细操作与前面类似，此处不再赘述。

3. 软件编程

硬件组态和网络链接完成后，需分别在两个项目中的各自站点中的 OB1 块里插入“AG_SEND(FC5)”和“AG_RECV(FC6)”程序块，其程序示例如图 5-34 所示。

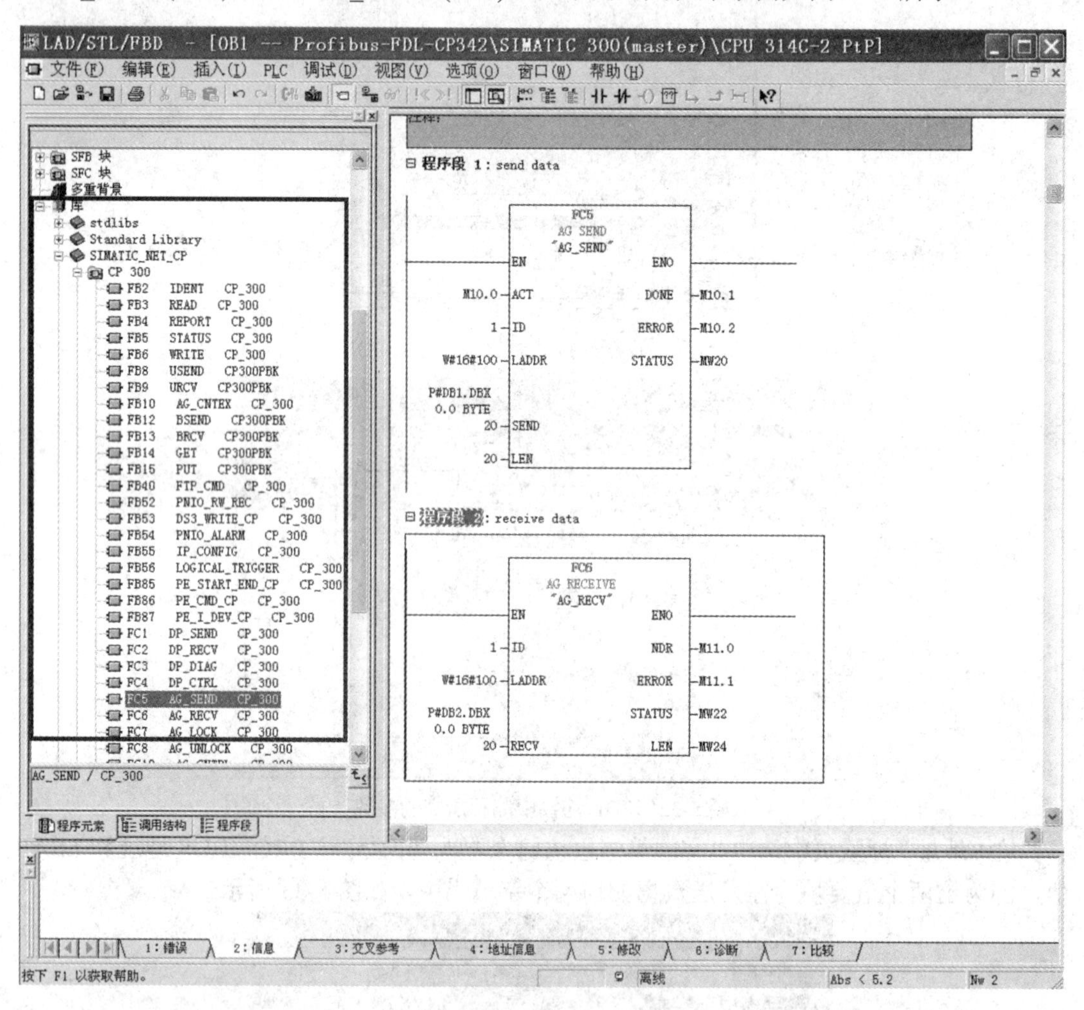

图 5-34　FC5 和 FC6 程序示例

为了观察数据传递效果，可分别在两个站的 S7 程序中，创建收发数据区 DB1(Send_Data)和 DB2(Receive_Data)。并且在 DB1 的第一个字节当中填写对方的 PROFIBUS 地址，第二个字节当中填写对方的 LSAP 数值。第三、四字节空出不用，从第五个字节开始填写要发送的字节。需要注意这里采用十六进制的表示方式，因此图 5-33 中设定的 LSAP 值 18，应该为 B#16#12，如图 5-35 所示。

另外，我们可在 S7 程序中创建一个变量表 VAT1，在里面实时设置 FC5 功能块的 ACT 位(发送使能位)M10.0，触发发送程序执行，其在线监视程序的运行情况可参考图 5-36。

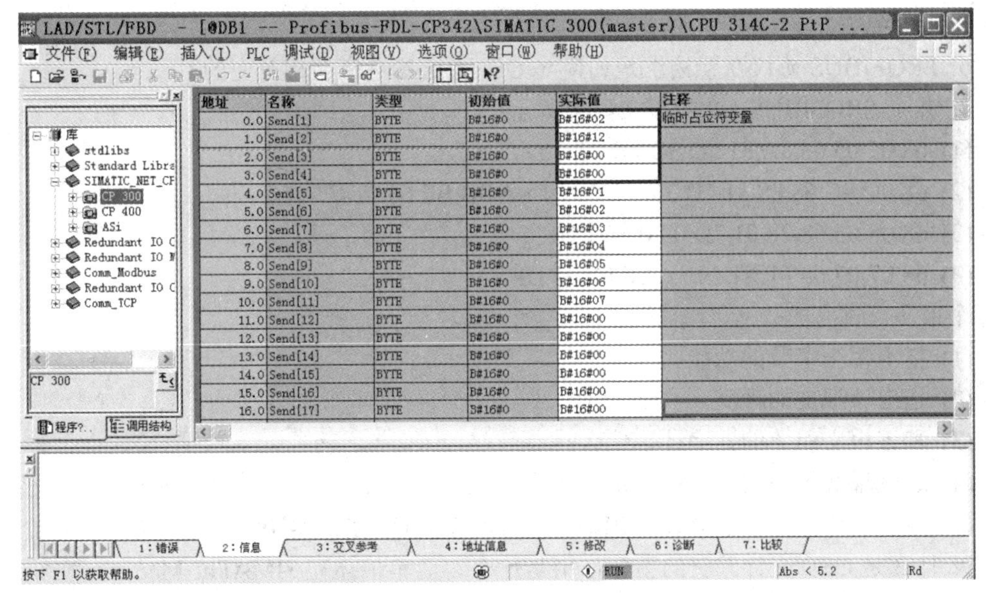

地址	名称	类型	初始值	实际值	注释
0.0	Send[1]	BYTE	B#16#0	B#16#02	临时占位符变量
1.0	Send[2]	BYTE	B#16#0	B#16#12	
2.0	Send[3]	BYTE	B#16#0	B#16#00	
3.0	Send[4]	BYTE	B#16#0	B#16#00	
4.0	Send[5]	BYTE	B#16#0	B#16#01	
5.0	Send[6]	BYTE	B#16#0	B#16#02	
6.0	Send[7]	BYTE	B#16#0	B#16#03	
7.0	Send[8]	BYTE	B#16#0	B#16#04	
8.0	Send[9]	BYTE	B#16#0	B#16#05	
9.0	Send[10]	BYTE	B#16#0	B#16#06	
10.0	Send[11]	BYTE	B#16#0	B#16#07	
11.0	Send[12]	BYTE	B#16#0	B#16#00	
12.0	Send[13]	BYTE	B#16#0	B#16#00	
13.0	Send[14]	BYTE	B#16#0	B#16#00	
14.0	Send[15]	BYTE	B#16#0	B#16#00	
15.0	Send[16]	BYTE	B#16#0	B#16#00	
16.0	Send[17]	BYTE	B#16#0	B#16#00	

图 5-35　DB1 中的 Send 数据块内容

变量 - [VAT_1 -- @Profibus-FDL-CP342\SIMATIC 300(maste...

	地址	符号	显示格式	状态值	修改数值
1	M 10.0		BOOL	true	true
2	DB1.DBB 0		HEX	B#16#02	B#16#02
3	DB1.DBB 1		HEX	B#16#12	B#16#12
4	DB1.DBB 2		HEX	B#16#00	B#16#00
5	DB1.DBB 3		HEX	B#16#00	B#16#00
6	DB1.DBB 4		HEX	B#16#01	B#16#01
7	DB1.DBB 5		HEX	B#16#02	B#16#02
8	DB1.DBB 6		HEX	B#16#03	B#16#03
9	DB1.DBB 7		HEX	B#16#04	B#16#04
10	DB1.DBB 8		HEX	B#16#05	B#16#05
11	DB1.DBB 9		HEX	B#16#06	B#16#06
12	DB1.DBB 10		HEX	B#16#07	B#16#07

图 5-36　通过 VAT 变量表对数据进行设置

同样，我们在 2 号站的 DB2 中可以对应地观察所收到的数据，此处略去。

课 后 习 题

1. PROFIBUS 协议包含哪三个子集，分别针对哪种应用？
2. 在 PROFIBUS 网络中，主要包括哪几种设备？
3. 在 PROFIBUS 网络中，一类主站和二类主站的功能有何不同？
4. 在 PROFIBUS 中，主站和主站之间、主站和从站之间是怎样进行数据交换的?
5. PROFIBUS 协议支持的通信波特率为多少？不同的波特率对电缆有什么长度要

求？分支电缆呢？

6. PROFIBUS 协议在架构上是如何与 OSI 七层参考模型相对应的？

7. 几个 PROFIBUS-DP 的报文如下所示：

(1) 68 05 05 68 8A 81 5D 3C 3E D2 16

(2) 68 0C 0C 68 88 81 7D 3D 3E 98 01 0A 0B B7 60 01 C7 16

(3) 68 05 05 68 28 01 7D 00 01 A7 16

(4) 68 07 07 68 FF 81 54 3A 3E 02 00 DF 16

对每个报文，试完成：

(1) 指出每个字节的功能。

(2) 指出该报文的种类。

(3) 和该报文相关的站地址是什么?

(4) 这些报文希望的响应报文是什么?

8. 试通过 CPU 集成的 PROFIBUS-DP 口，连接和组态 S7-300 智能从站。

9. 什么是 GSD 文件？它的主要作用是什么？简单描述在 SIMATIC Manager 软件下如何导入 GSD 文件。

第 6 章　PROFINET 工业以太网及应用

6.1　PROFINET 概述

6.1.1　PROFINET

PROFINET 作为一种基于工业以太网和 TCP/IP 的现场总线通信系统，是由 PROFIBUS & PROFINET 国际协会组织于 2001 年 8 月发表的新一代通信系统。在 2003 年 4 月 IEC 颁布的现场总线国际标准 IEC 61158 第 3 版中，PROFINET 被正式列为国际标准 IEC 61158 Type 10。

作为一种工业以太网标准，PROFINET 将原有的 PROFIBUS 与互联网技术相结合，利用高速以太网的主要优点克服了 PROFIBUS 总线的传输速率限制，无需对原有 PROFIBUS 系统或其他现场总线系统做任何改变，就能完成与这些系统的无缝集成，能够将现场控制层和企业信息管理层有机地融合为一体。

PROFINET 解决了工业以太网和实时以太网的技术统一。它在应用层使用了大量软件新技术，如 COM、OPC、XML、TCP/IP、ActiveX 等，推出了基于组件对象模型的分布式自动化系统，规定了 PROFINET 现场总线和标准以太网之间的开放、透明的通信，提供了一个独立于制造商、包括设备层和系统层的系统模型。由于 PROFINET 能透明地兼容现场工业控制网络和办公室以太网，因此 PROFINET 可以在整个工厂内实现统一的网络构架，实现“E 网到底”。

6.1.2　PROFINET 的技术特点

PROFINET 的主要技术特点有：

(1) PROFINET 的基础是组件技术。组件对象模型(COM，Component Object Model)是微软公司提出的一种面向对象的设计技术，允许基于预制组件的应用开发。PROFINET 使用此类组件模型，为自动化应用量身做了 COM 对象。在 PROFINET 中，每个设备都被看作一个具有 COM 接口的自动化设备，都拥有一个标准组件，组件中定义了单个过程内、同设备上的两个过程之间以及不同设备的两个过程之间的通信。设备的功能是通过对组件进行特定的编程来完成的，同类设备具有相同的内置组件，对外提供相同的 COM 接口，为不同家的设备之间提供了良好的互换性和互操作性。

(2) PROFINET 采用标准以太网和 TCP/IP 协议簇，再加上应用层的 DCOM(Distributed COM)来完成结点之间的通信和网络寻址。

(3) 通过代理设备实现PROFINET与传统PROFIBUS系统及其他现场总线系统的无缝集成。当现有的 PROFIBUS 网段通过一个代理设备连接到 PROFINET 网络中时，代理设备既是一个系统的主站，又是一个 PROFINET 站点。作为 PROFIBUS 主站，代理设备协调 PROFIBUS 站点间的数据传输。与此同时，作为 PROFINET 站点，又负责在 PROFNET 上进行数据交换。代理设备可以是一个控制器，也可以是一个路由器。

(4) PROFINET 支持总线型、树型、星型和冗余环型结构。

(5) PROFINET 采用 100 Mb/s 以太网交换技术，并且可以使用标准网络设备，允许主/从站点在任一时刻发送数据，甚至可以双向同时收发数据。

(6) PROFINET 支持生产者/用户通信方式。生产者/用户通信方式用于控制器和现场 I/O 交换信息，生产者直接发送数据给用户，无须用户提出要求。

(7) 借助于简单网络管理协议，PROFINET 可以在线调试和维护现场设备。PROFINET 支持统一诊断，可高效定位故障点。当故障信号出现时，故障设备向控制器发出一个故障中断信号，控制器调用相应的故障处理程序。诊断信息可以直接从设备中读出并显示在监视站上。通道故障也会发出故障通知，由控制器确认并处理。

6.1.3 PROFINET 网络拓扑

PROFINET 支持多种网络拓扑，如星型、树型、总线型、环型(冗余)、混合型等，以 Switch 工业交换机支持下的星型以太网为主，图 6-1 分别列出了星型与总线型的拓扑连接结构。

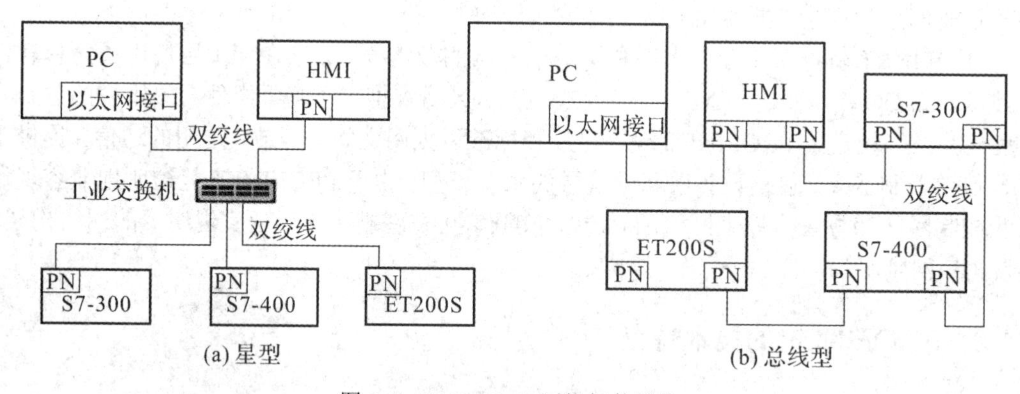

(a) 星型 (b) 总线型

图 6-1 PROFINET 网络拓扑结构

PROFINET 的 Switch 属于 PROFINET 的网络连接设备，在 PROFINET 网络中扮演着重要的角色。Switch 旨在将快速以太网(100 Mb/s，IEEE 802.3u)分成不会发生传输冲突的单个网段，并实现全双工传输，即在一个端口可以同时接收和发送数据。

在只传输非实时数据包的 PROFINET 中，其 Switch 与一般以太网中的普通交换机相同，可直接使用。但是，在需要传输实时数据的场合，如对具有 IRT(Isochronous Real-Time，等时同步实时)控制要求的运动控制来说，必须使用装备了专用 ASIC 的交换机设备。这种通信芯片能够对 IRT 应用提供“预定义时间槽”(Pre-defined Time Slots)，用于传输实时数据。

为了确保与原有系统或个别的原有终端或集线器兼容，Switch 的部分接口也支持运行 10Base-TX。

6.1.4　PROFINET 连接器

PROFINET 连接器类型主要有 RJ45 连接器、M12 连接器及混合连接器。图 6-2 及图 6-3 分别给出了不同的 RJ45 连接器与 M12 连接器的外观图，混合连接器可以同时进行通信和 24 V 供电。

(a) IP20防护FC型

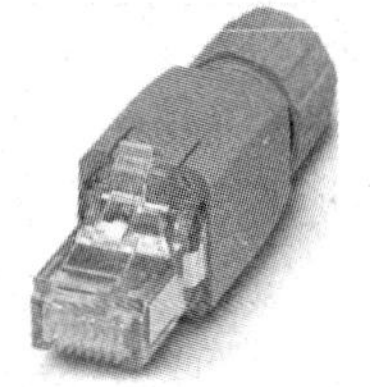

(b) IP20防护普通型

(c) IP67防护型

图 6-2　RJ45 连接器

图 6-3　M12 连接器(4 芯)

6.2　PROFINET 通信

6.2.1　PROFINET 通信体系结构

PROFINET 的体系结构如图 6-4 所示。

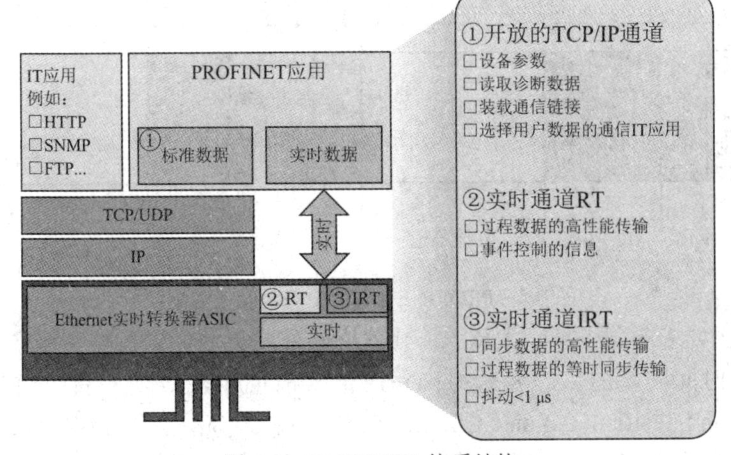

图 6-4　PROFINET 体系结构

根据响应时间的不同，PROFINET 支持下列三种通信方式。

1. 开放的 TCP/IP 标准通信

TCP/IP 是 IT 领域关于通信协议方面事实上的标准，由于 PROFINET 与其技术兼容，因此常用的各种网络协议如 HTTP、SNMP、FTP 等，也同样可以在 PROFINET 上运行。PROFINET 提供的 TCP/IP 通道的数据响应时间大约在 100 ms 数量级，主要可用于工厂控制级的设备参数赋值、诊断数据和装载数据等应用。

2. 实时通信

系统对传感器和执行器设备之间的数据交换、事件控制的信息传送等的响应时间要求较为严格，要求其典型响应时间为 5～10 ms。为此，PROFINET 在数据链路层提供了一个优化的实时通信(RT，Real-Time)通道。

同步交换机在 PROFINET 中占有十分重要的位置。普通交换机的功能是存储转发，要传递的信息必定在交换机中延迟一段时间，等待交换机翻译出信息的目的地址并转发该信息。这种基于地址的信息转发机制会对数据的传送时间产生不利的影响。为了解决这个问题，PROFINET 在实时通道中使用一种优化的优先级机制(符合 IEEE 802.1p 协议)来实现信息的转发，优先级 7 用作实时数据交换，保证实时数据比其他数据优先传送，极大地减少了数据的处理时间。

3. 等时同步实时通信

在现场级通信中，对通信实时性要求最高的是运动控制(Motion Control)，要求在 100 个结点的网络架构下，响应时间小于 1 ms，抖动误差小于 1 μs。PROFINET 的等时同步实时通道可以满足运动控制的高速通信需求。

为了实现这一功能，PROFINET 将每一个通信周期的通道分为时间确定性 IRT 通道和开放通道。周期性的实时数据在预留了固定循环间隔时间窗的时间确定性 IRT 通道内执行，其他 TCP/IP 数据则利用循环周期中剩余的时间在开放通道内执行。两种数据类型交替执行互不干扰，如图 6-5 所示。

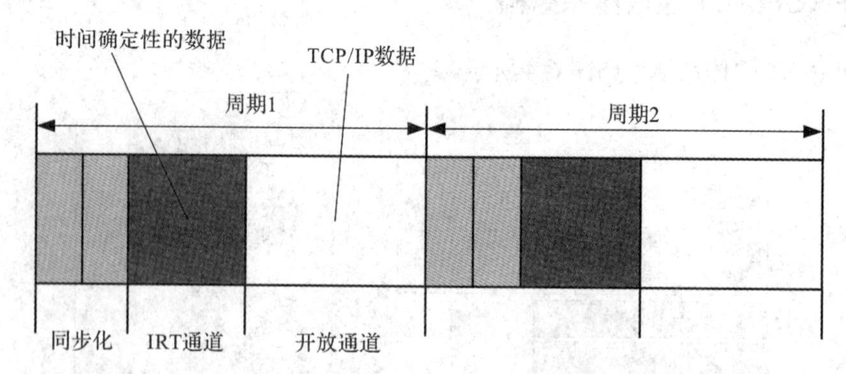

图 6-5　PROFINET 通信中的时间槽分配

但是，由于要求的同步精度太高，单纯依靠软件是无法做到在每个循环的开始处都实现非常精确的时间同步的。想要获得高精度的实时同步，必须依靠西门子公司的 IRT ASIC(Application Specific Integrated Circuit，集成电路专用芯片)来对数据链路层进行支持。目前西门子工业以太网交换机都是支持 RT 的交换机，其中的 200 系列里面有一部分是支持 IRT 的交换机。

6.2.2　PROFINET IO 与 PROFINET CBA

PROFINET 可分为 PROFINET IO 和 PROFINET CBA(Component Based Automation，基于组件的自动化)两种。

1. PROFINET CBA

PROFINET CBA 是采用 TCP/IP，以组件为基础的、模块化的分布式通信网络，特别适用于大型控制系统。PROFINET CBA 把大的控制系统分成不同功能、分布式、智能的小控制系统，把典型的控制环节做成标准组件，使用 COM/COM++ 组件自动化技术生成功能组件，利用 IMAP 工具软件来实现各个组件间的通信，以完成设备参数赋值、读取诊断数据、建立组态和交换用户数据等。注意此时 PROFINET CBA 使用标准通道，通信速率要略低于 PROFINET IO。

标准组件通常由设备制造商提供，采用标准化的 PCD(Profinet Component Description)文件描述。PCD 文件应用 XML 生成并存储，提供给硬件组态时使用。为了完成某个特殊任务，需要设计者创建组件，并生成 PCD 文件。

PROFINET CBA 大大减少了设计的工作量，组件之间只需少量的接口即可完成级联，每个模块都具有高度的自治性，从测试到诊断都无需对整个系统进行操作，单个的组件调试可提前进行，从而使系统总体调试简单化，也使系统维护变得容易。

2. PROFINET IO

PROFINET IO 与 PROFIBUS-DP 方式相似，使用在对传输时间有严格要求的实时通信的系统中，特别是数据变化率高、需周期性传输的情况下，适合模块分布式的应用。

在典型的 PROFINET IO 的组态中，I/O 控制器通过预先定义的通信关系与若干台分布式现场设备(I/O 设备)交换周期性数据。在每个周期中，将输入数据从指定的现场设备发送给 I/O 控制器，而输出数据则回送给相应的现场设备。

此时的 I/O 控制器如同 PROFIBUS 中的主站，它通过监视所接收的循环报文监控每一个 I/O 设备(从站)。如果输入帧不能在 3 个周期内到达，那么 I/O 控制器就判断出相应的 I/O 设备已发生故障。

PROFINET 本身即具有强大的兼容性，PROFINET IO 和 PROFINET CBA 可以在一个网络中自由搭配。用户数据是通过 COM 交换还是通过实时通道交换是由用户在工程设计中组态时决定的，当启动通信时，通信设备的双方必须确认是否有必要使用有实时通信能力的协议。

6.2.3　PROFINET 与 OPC 的集成

OPC(OLE for Process Control)是用于过程控制的对象链接嵌入(OLE，Object Linking and Embedding)技术。它是自动化控制业界与 Microsoft 合作开发的一套数据交换接口的工业标准。OPC 以 OLE/COM+ 技术为基础，统一了从不同地点、厂商以及不同类型的数据源获得数据的方式，支持设备之间无须编程的数据交换。

由于 PROFINET 与 OPC 均采用 DCOM 通信机制，因此 PROFINET 通信技术可以很容易地与 OPC 接口技术集成，以实现数据在更高通信层次上的交换。OPC 接口设备在工控领域的应用十分广泛，OPC 接口技术则定义了 OPC-DA 与 OPC-DX 两个通信标准，分别应用于传输实时数据和实现异类控制网络之间数据的交换。

1. OPC-DA

OPC-DA(Data Access，数据访问)作为一种工业标准，它定义了一套应用接口，使得测量和控制设备数据访问、查找 OPC 服务器和浏览 OPC 服务器成为一个标准过程。

2. OPC-DX

OPC-DX(Data Exchange，数据交换)是 OPC-DA 规范的扩展，它定义了一组标准化的接口，用于数据的互操作性交换和以太网上服务器与服务器之间的通信。OPC-DX 定义了不同厂商的设备和不同类型控制系统之间没有严格时间要求的用户数据的高层交换，例如 PROFINET 和 Ethernet/IP 之间的数据交换。OPC-DX 特别适合用于需要集成不同制造商的设备、控制系统和软件的场合。通过 OPC-DX，对多制造商设备组成的系统，使用相同的数据访问方式。但是，OPC-DX 不允许直接访问不同系统的现场层。

在 PROFINET 中集成 OPC-DX 接口可以实现一个开放的连接至其他系统，集成机制如下：

(1) 基于 PROFINET 的实时通信机制，每个 PROFINET 结点可以作为一个 OPC 服务器被寻址。

(2) 每个 OPC 服务器可以通过一个标准的适配器接口来作为 PROFINET 结点被操作。这是通过 OPC objective(组件软件)实现的，该软件以 PC 中的一个 OPC 服务器为基础实现 PROFINET 设备。此组件只需实现一次，此后可用于所有的 OPC 服务器。

PROFINET 的功能性远比 OPC 优越，PROFINET 技术与 OPC 接口技术的集成不仅可以实现自动化领域对实时通信的要求，还可以实现系统之间在更高层次上的交互。

6.2.4 PROFINET 与其他现场总线系统的集成

PROFINET 提供了与 PROFIBUS 以及其他现场总线系统集成的方法，以便能与其他现场总线系统方便地集成为混合网络，实现现场总线系统向 PROFINET 的技术转移。

PROFINET 为连接现场总线提供了基于代理设备的集成和基于组件的集成两种方法。

1. 基于代理设备的集成

代理设备 Proxy 负责将 PROFIBUS 网段、以太网设备以及其他现场总线、DCS 等集成到 PROFINET 系统中，由代理设备完成 COM 对象之间的交互。代理设备将所挂接的设备抽象成 COM 服务器，设备之间的数据交互变成 COM 服务器之间的相互调用。这种方法最大的优点就是可扩展性好，只要设备能够提供符合 PROFINET 标准的 COM 服务器，就可以在 PROFINET 系统中正常运行。这种方法可通过网络实现设备之间的透明通信(无需开辟协议通道)，确保对原有现场总线中设备数据的透明访问。

在 PROFINET 网络中，代理设备是一个与 PROFINET 连接的以太网站点设备。对 PROFIBUS-DP 等现场总线网段来说，代理设备可以是 PLC、基于 PC 的控制器或一个简单的网关。

2. 基于组件的集成

这种集成方式将原有的整个现场总线网段作为一个大“组件”集成到 PROFINET 中。在组件内部采用原有的现场总线通信机制(例如 PROFIBUS-DP)，而在该组件外部则采用 PROFINET 机制。为了使现有的设备能够与 PROFINET 通信，组件内部的现场总线主站必须具备 PROFINET 功能。

用户可以通过定义一个总线专用的组件接口(用于该总线的数据传输)映像，并将它保存在代理设备中，来集成多种现场总线系统，如 PROFIBUS、FF、DeviceNet、Interbus、CC-Link 等。这种方法方便了原有各种现场总线与 PROFINET 的连接，能够较好地保护用户对现有现场总线系统的投资。

6.3　PROFINET IO 在西门子系列 PLC 中的应用

6.3.1　PROFINET IO 设备类型

在 PROFINET 的结构中，PROFINET IO 是一个执行模块化、分布式应用的通信概念。PROFINET IO 能让用户跟所熟悉的 PROFIBUS 一样，创造出自动化的解决方案。所以不管是组态 PROFINET IO 还是 PROFIBUS，在 STEP 7 中有着相同的应用程序外观。

如图 6-6 所示，PROFINET IO 定义了如下几种设备类型：

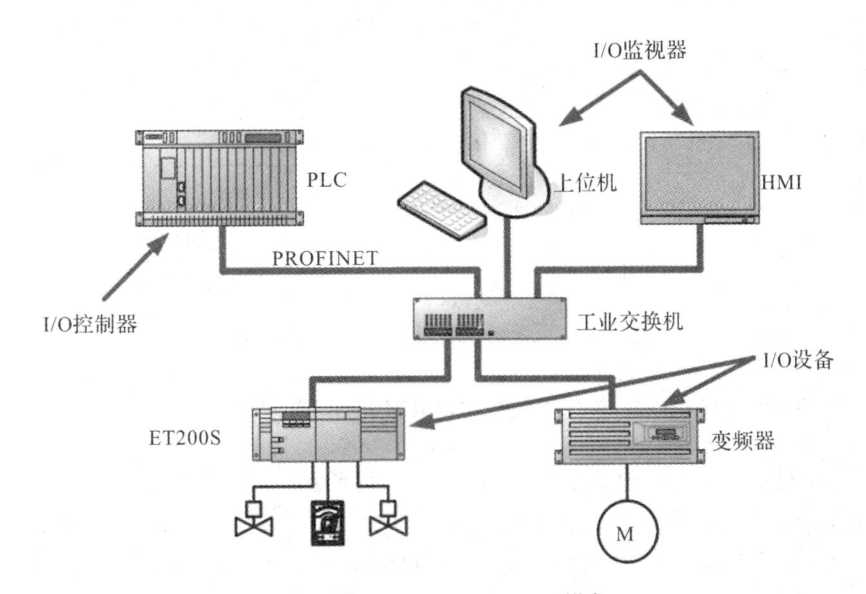

图 6-6　PROFINET IO 设备

(1) I/O 控制器。典型的是 PLC，可运行自动化程序。I/O 控制器也可以是基于 PC 的设备。对传统的现场总线来说，I/O 控制器就代表了主站。

(2) I/O 监视器。它可以是一个用于启动和诊断目的的 PC 或 HMI 设备，又常称为工作站。该监视器可用于编程、组态、连接甚至是诊断或故障查找。这意味着它可用来启动一个系统，并可在运行中断开连接。

(3) I/O 设备。I/O 设备是通过 PROFINET IO 相连接的分布式 I/O 设备。与 PROFIBUS 现场总线相比，就其功能而言，它相当于从站。它们可以直接连接到工业以太网，与 PLC 等设备通信。并且可以达到与现场总线相同或更优越的响应时间，其典型的响应时间在 10 ms 的数量级，完全满足现场级的使用。

一个子系统至少有一个 I/O 控制器和多个 I/O 设备。一个 I/O 设备可以与多个 I/O 控制器进行数据交换。

6.3.2 PROFINET IO 与 PROFIBUS-DP 的比较

在架构上，PLC 机架上的现场总线控制器主站和 PROFINET IO 控制器之间基本上没有什么不同。在使用 STEP 7 进行组态的过程中，借助于具有 PROFINET 的 PN 接口或代理服务器，一个 I/O 控制器从 I/O 设备(输入)采集数据并提供数据给过程(输出)。控制程序运行于 I/O 控制器中。另外，现有现场总线模板或设备仍可以继续使用，从而保护 PROFIBUS 用户的投资。

从使用者的角度看，PROFINET IO 也与现场总线没有什么区别，这是因为所有的数据(与 PLC 相关的)都存储在过程映像中。表 6-1 列出了 PROFINET IO 与 PROFIBUS-DP 在术语上的一些对应关系。

表 6-1　PROFINET IO 与 PROFIBUS-DP 的比较

序号	PROFINET IO	PROFIBUS-DP	解　释
1	I/O 系统	DP 主系统	
2	I/O 控制器	DP 主站	
3	I/O 监视器	PG/PC 2 类主站	调试与诊断
4	工业以太网	PROFIBUS	网络结构
5	HMI	HMI	监控与操作
6	XML	Text	设备描述 GSD 文件格式
7	I/O 设备	DP 从站	分布的现场设备分配到 I/O 控制器/DP 主站

6.3.3 S7-300 PN CPU 与 ET200S PROFINET IO 通信

PROFINET IO 的 I/O 现场设备在 PROFINET 上有着相同的等级，在网络组态时分配给一个 I/O 控制器。现场 I/O 设备的文件描述定义在 GSD(XML)文件里。其主要步骤包括：

(1) 导入 GSD 文件，并在 STEP 7 中进行硬件组态；

(2) 编写相关程序，下载到 I/O 控制器中；

(3) I/O 控制器和 I/O 设备自动的交换数据。

本节将搭建一个 PROFINET 工业以太网通信网络，选用 S7-300 带 PN 接口(ProfiNet)的 CPU，SCALANCE X206-1 为西门子工业交换机，具体 NetPro 中的网络组网配置如图 6-7 所示。

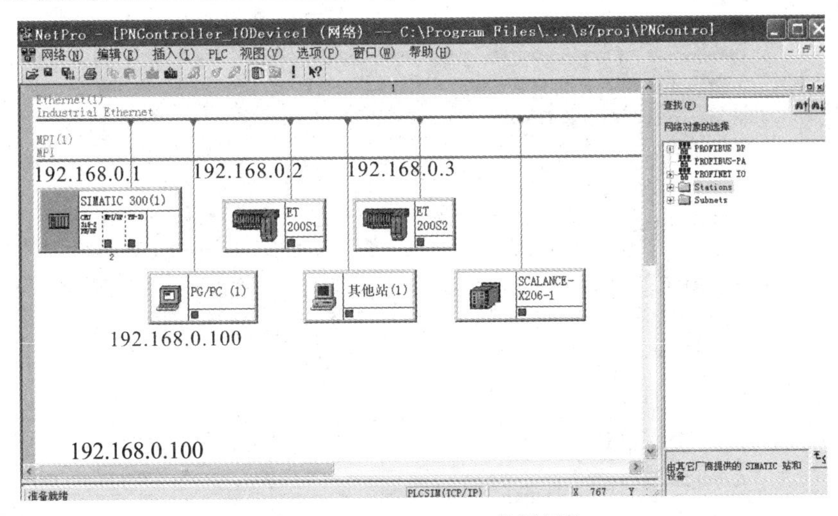

图 6-7　PROFINET IO 组网架构

1. 对 I/O 控制器进行硬件组态

在 STEP 7 中创建一个新项目，命名为 PNController_IODevice1。然后选择插入新对象 SIMATIC 300 站点。双击 SIMATIC 300(1)站的“硬件”，进入硬件组态窗口，在功能按钮栏中点击“目录”图标打开硬件目录，按硬件安装顺序和订货号依次插入机架 Rack、电源、CPU 等进行 I/O 控制器的硬件组态。此处的 CPU 选择 CPU 315-2 PN/DP(订货号为 6ES7 315-2EH14-0AB0)。

当选择好 CPU 并拖到 2 号插槽时，会出现设置以太网接口的属性界面，根据需要可以使用其他的 IP 地址信息，这里使用默认的 IP 地址和子网掩码，如图 6-8 所示。点击“新建”按钮，新建一个子网 Ethernet(1)，点击“确定”即可。这时会看到 CPU 控制器的 PN-IO 侧出现一个轨线图标，说明已经建立了一个名字为 Ethernet(1)的子网了，如图 6-9 所示。

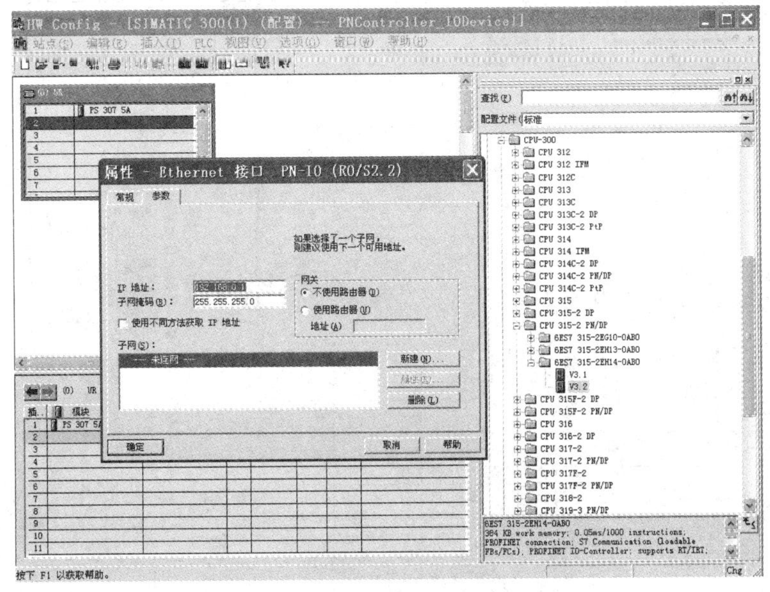

图 6-8　设置以太网接口的属性界面

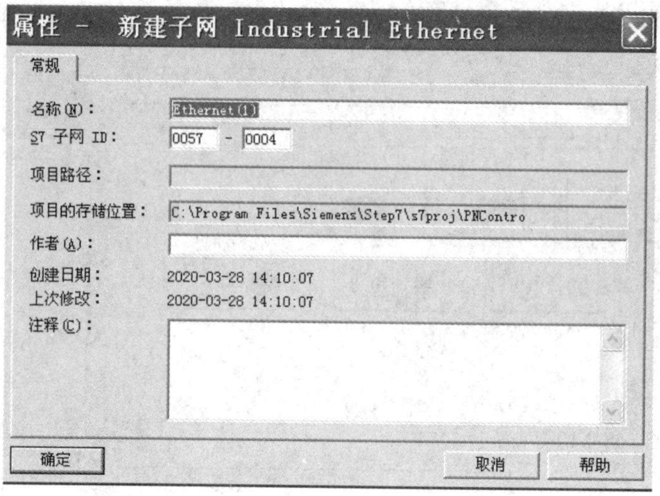

属性 - 新建子网 Industrial Ethernet

常规

名称(N)：Ethernet(1)

S7 子网 ID：0057 - 0004

项目路径：

项目的存储位置：C:\Program Files\Siemens\Step7\s7proj\PNContro

作者(A)：

创建日期：2020-03-28 14:10:07

上次修改：2020-03-28 14:10:07

注释(C)：

确定　取消　帮助

图 6-9　新建名为 Ethernet(1)的子网

2. 对 I/O 设备进行硬件组态

在这个子网 Ethernet(1)上，再配置另外两个 I/O 设备站。配置 I/O 设备站与配置 PROFIBUS 从站类似。同样在右侧的硬件组态列表栏内找到需要组态的 PROFINET IO 的 ET200S 标识，并且找到与相应的硬件相同的订货号的 ET200S 接口模块，然后使用鼠标把该接口模块的图标拖曳到 Ethernet(1)上，如图 6-10 所示。

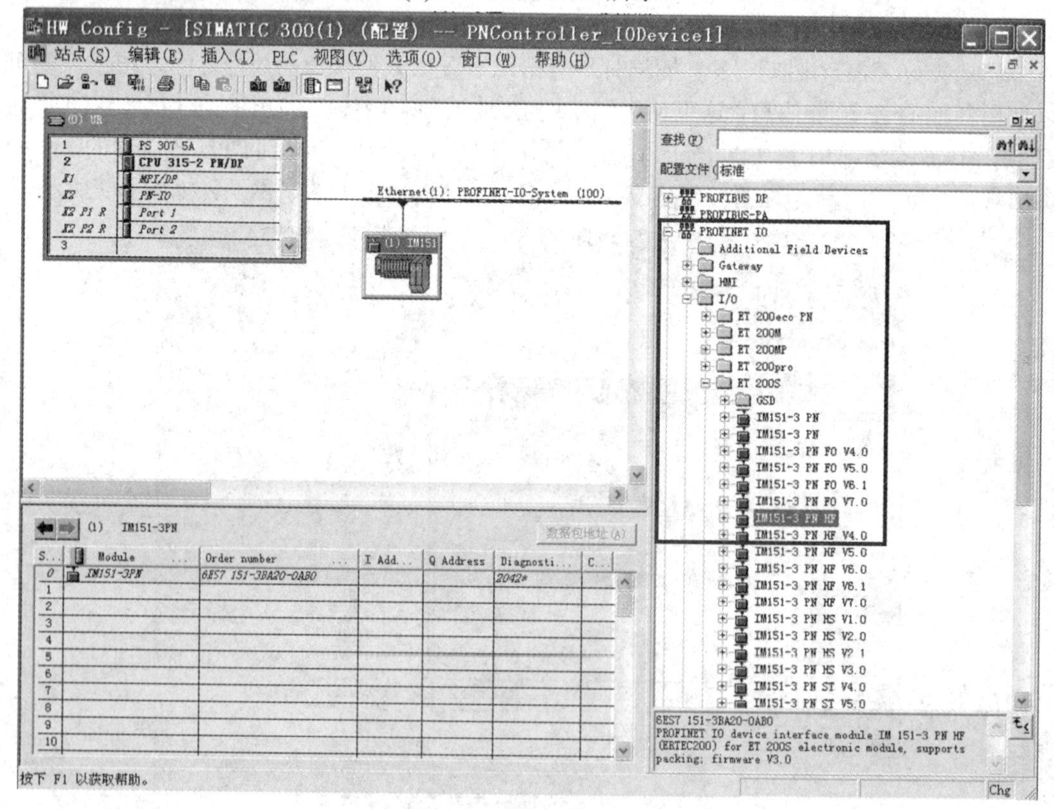

图 6-10　在子网中添加 PN IO 设备

用鼠标双击(1)IM151-3 图标，弹出该 ET200S 的属性界面，如图 6-11 所示。可以看到对于 ET200S 的简单描述、订货号、设备名称、设备号码和 IP 地址。其中“Device Name”(设备名称)可以根据工艺的需要自行修改，这里改为“ET200S1”。“Device Number”(设备号码)用于表示设备的个数。IP 地址也可以根据需要来修改。这里使用默认状态 192.168.0.2。点击“确定”按钮，关闭该对话框。

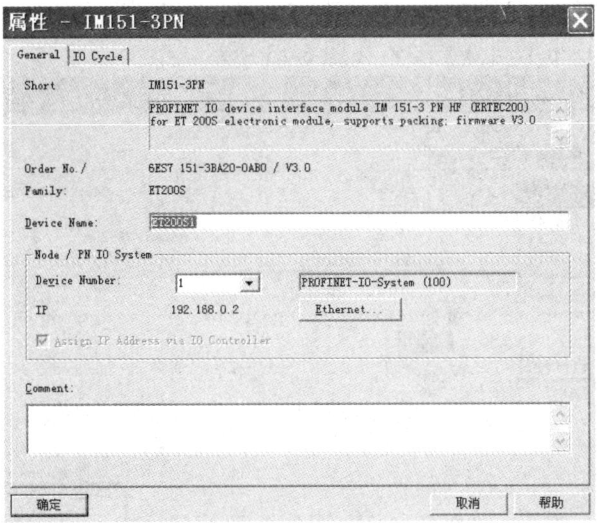

图 6-11　给 PN IO 设备命名

用鼠标单击(1)ET200S1 图标，会在左下栏中显示该 I/O 设备的模块列表，如图 6-12 所示。未插入模块前只有 PN 接口模块在槽号 0 上。在右侧的产品栏内选择其他 ET200S 的

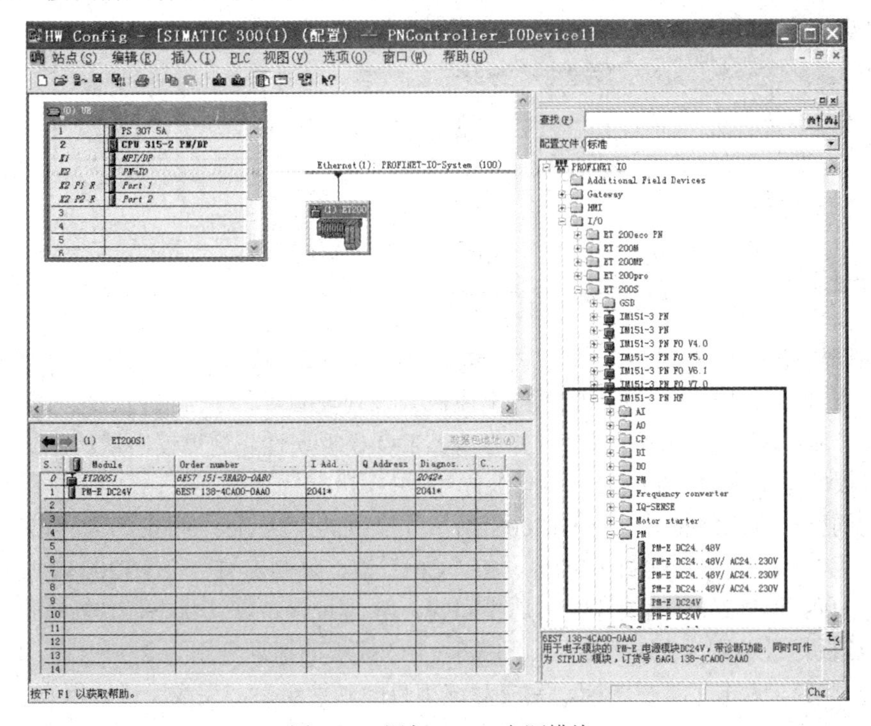

图 6-12　添加 PM-E 电源模块

模块添加到 I/O 设备的模块列表中。首先选择 PM-E 电源模块，注意该模块的订货号要与实际的配置的模块订货号相同，使用鼠标拖曳到该列表的 1 号槽内，并与实际的硬件模板顺序一致。双击该图标可以打开并修改其电源模板属性，这里使用默认方式。

使用同样的方式在右侧的产品栏内选择 4DI 模板，注意该模板的订货号要与实际配置的模板订货号要相同，使用鼠标拖曳该模板到该列表的 2 和 3 号槽内。这与实际的硬件模板顺序一致。双击该图标可以打开并修改其 DI 模板属性，这里使用默认方式。可以看到 DI 模板的地址为 0.0～0.3，1.0～1.3，如图 6-13 所示。

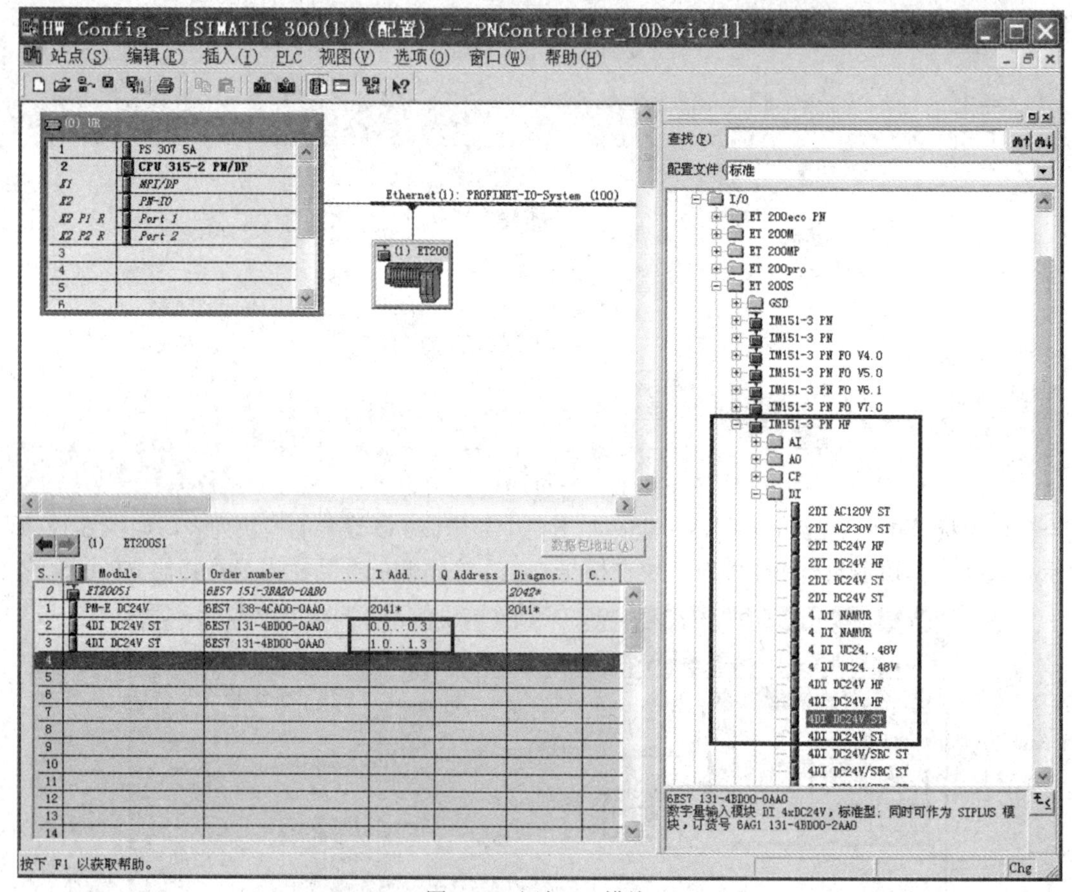

图 6-13　添加 DI 模块

使用同样的方式在右侧的产品栏内选择 2DO 模板，注意该模板的订货号要与实际的配置的模板订货号要相同，使用鼠标拖曳模板到该列表的 4 和 5 号槽内。这与实际的硬件模板顺序一致。双击该图标可以打开并修改其 DO 模板属性，这里使用默认方式。可以看到 DO 模板的地址也为 0.0～0.1，1.0～1.1，如图 6-14 所示。

使用同样的方式组态另一个 ET200S 站，并修改其“Device Name”为“ET200S2”。也可以使用鼠标点击 ET200S1 的图标，按“Ctrl”键，复制出另一个 ET200S2 站。因为实际的组态中两个 ET200S 的硬件组态是相同的。IP 地址保持默认状态，192.168.0.3。可以看到 DI 模板地址分别为 2.0～2.3，3.0～3.3。DO 模板的地址分别为 2.0～2.1，3.0～3.1，如图 6-15 所示。点击工具栏图标，完成对该项目的硬件组态，完成编译并保存。

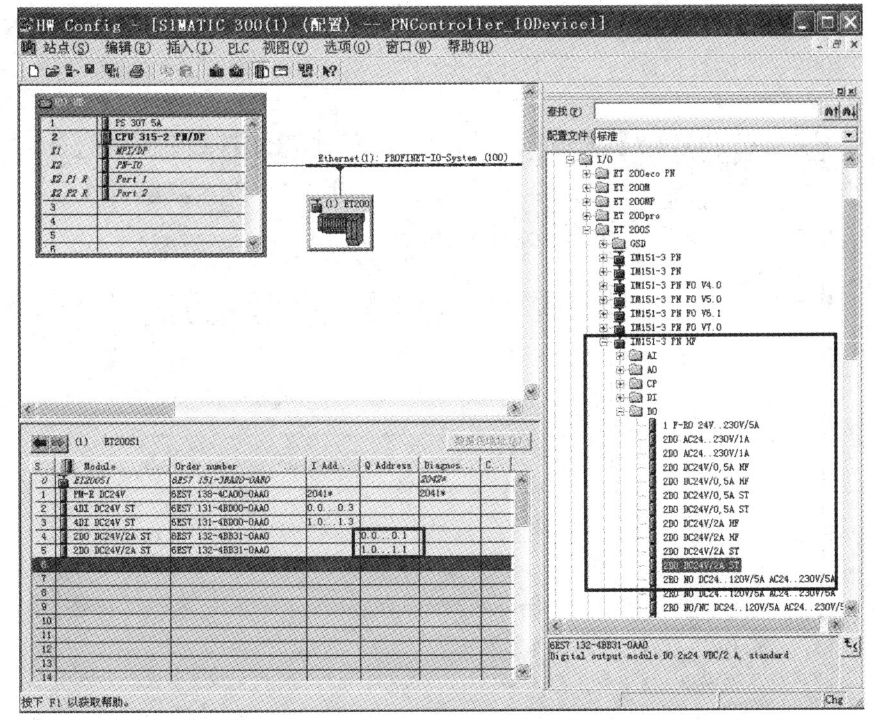

图 6-14 添加 DO 模块

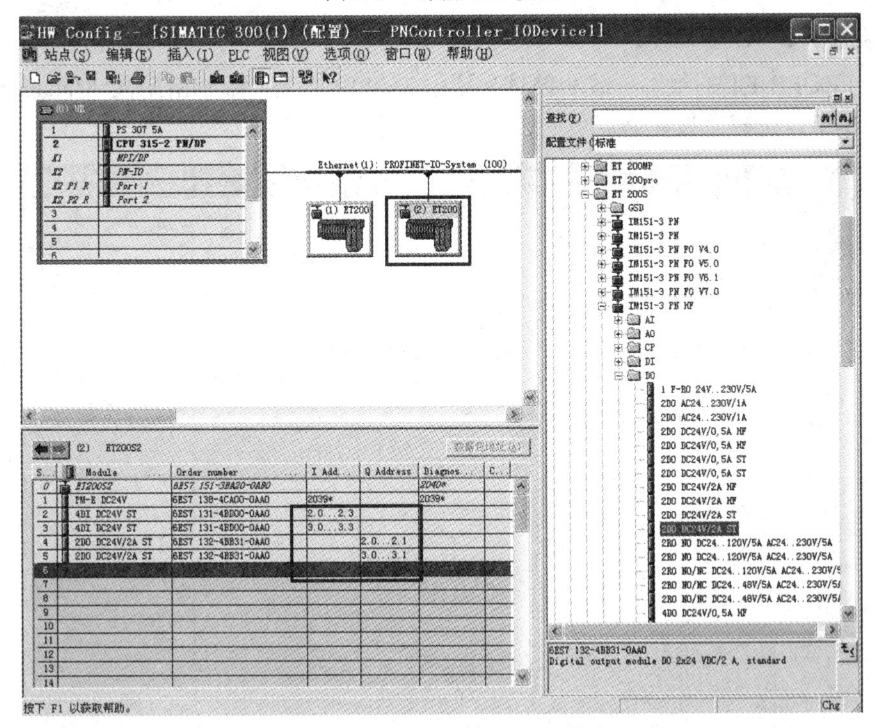

图 6-15 添加另一个 PN-IO 站点

3. 编写用户程序

在 SIMATIC Manager 中创建组织块 OB1 并进入 LAD/STL/FBD 的编程界面中，使用

STL 语言编程。根据在硬件组态中的 ET200S 两个站的 DI、DO 模板地址，在 Network1 中，对 ET200S1 进行数据读写；在 Network2 中，对 ET200S2 进行数据读写，如图 6-16 所示。点击工具栏进行保存。

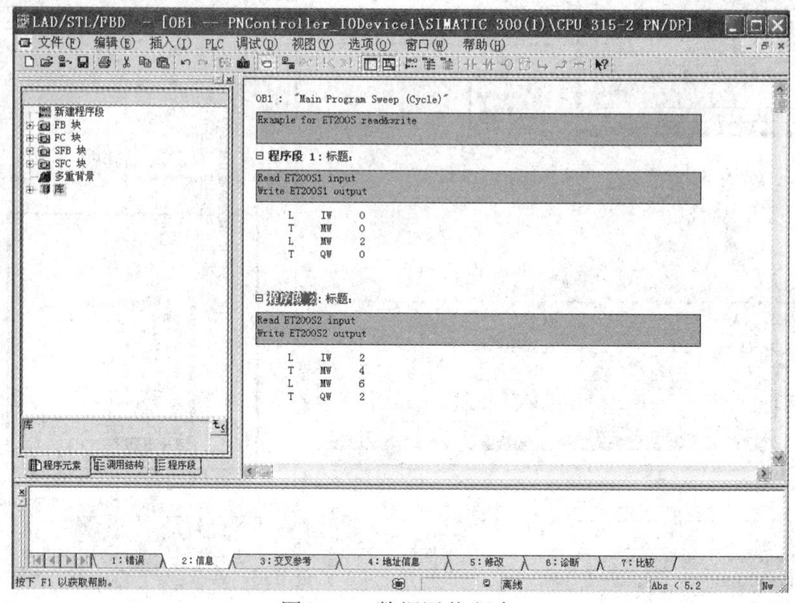

图 6-16　数据通信程序

4. 设置 PG/PC 接口

对于 PROFINET 的组态下载和调试，使用 TCP/IP 协议，在 SIMATIC Manager 中选择“选项”菜单，选择“设置 PG/PC 接口...”，如图 6-17 所示。

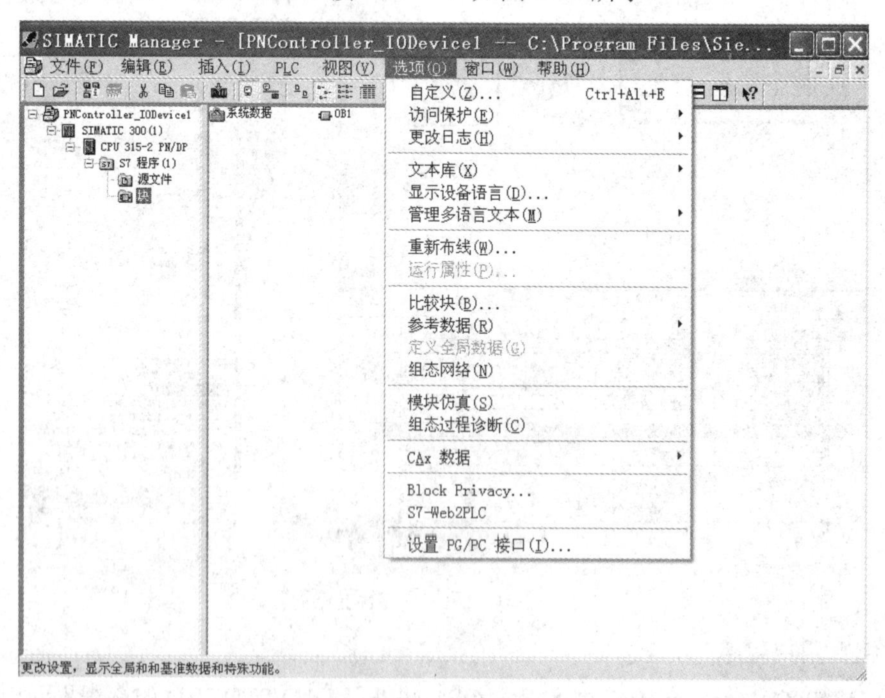

图 6-17　设置 PG/PC 接口

此时需根据自己所使用的计算机网卡来进行选择。这里我们选择“TCP/IP(Auto)-> VMware Accelerated...”接口参数，点击“确定”即可，如图 6-18 所示。然后就可以在 SIMATIC Manager 的界面状态栏中发现已经选择的 PG/PC 接口。

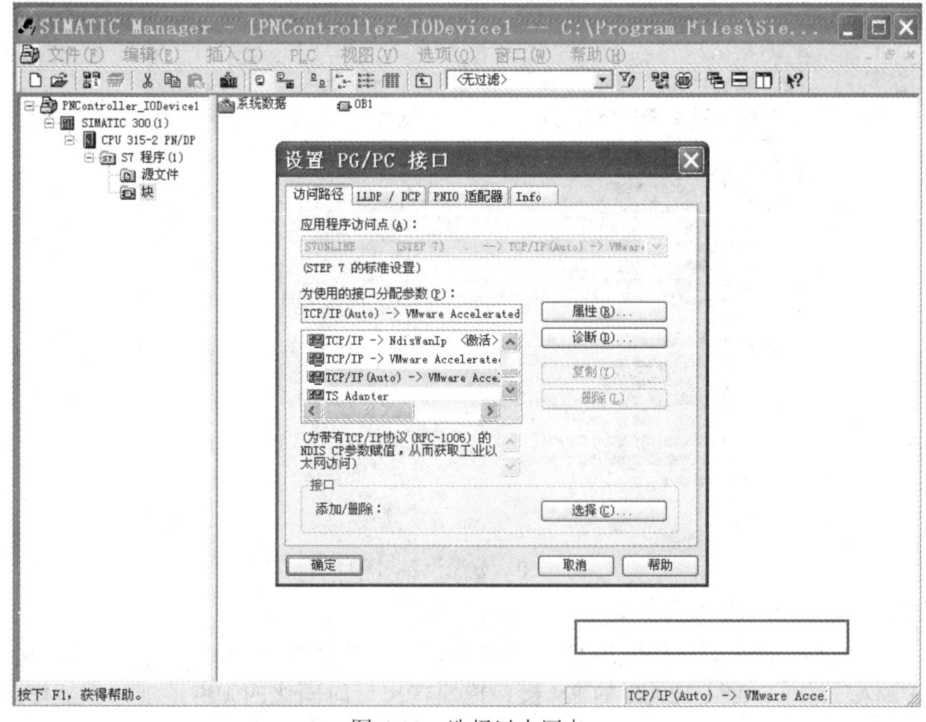

图 6-18　选择以太网卡

对本台 PG/PC 作为 I/O 监视器，通过一根 FC 标准以太网线连接 SCALANCE X206-1 交换机。双击本地网络连接图标，给本机设置 IP 地址 192.168.0.100，如图 6-19 所示。注意要使各台 PN 设备在同一个网段上 192.168.0.0。

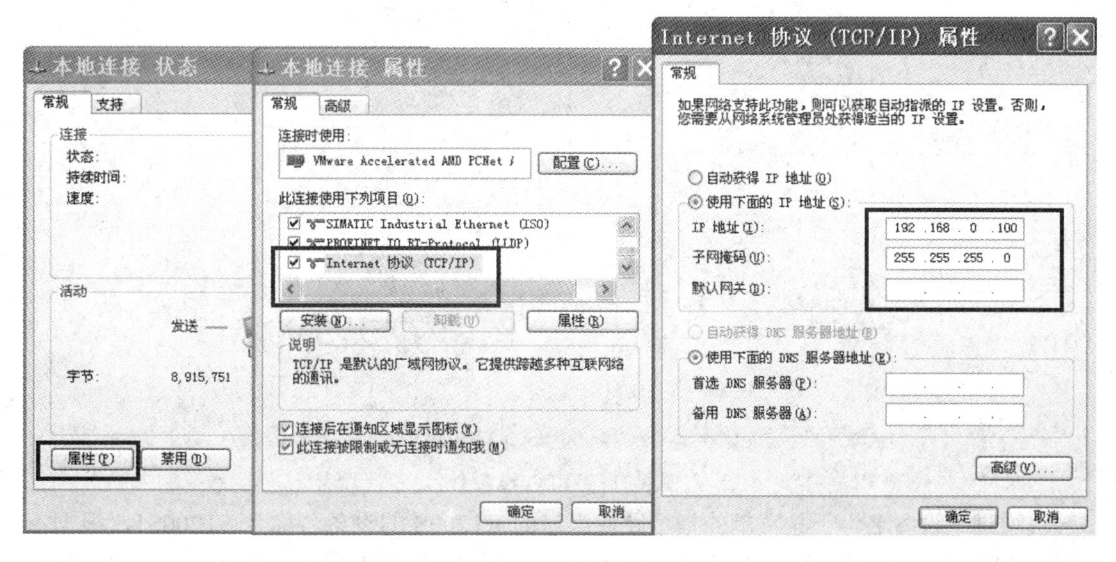

图 6-19　网段设置

5. 设置 I/O 设备名

系统上电后，在硬件组态界面中，选中图标 Ethernet(1): PROFINET-IO-System (1，然后在菜单“PLC”中点击“Assign Device Name...”，如图 6-20 所示。弹出设置 ET200S 等 I/O 设备命名界面。

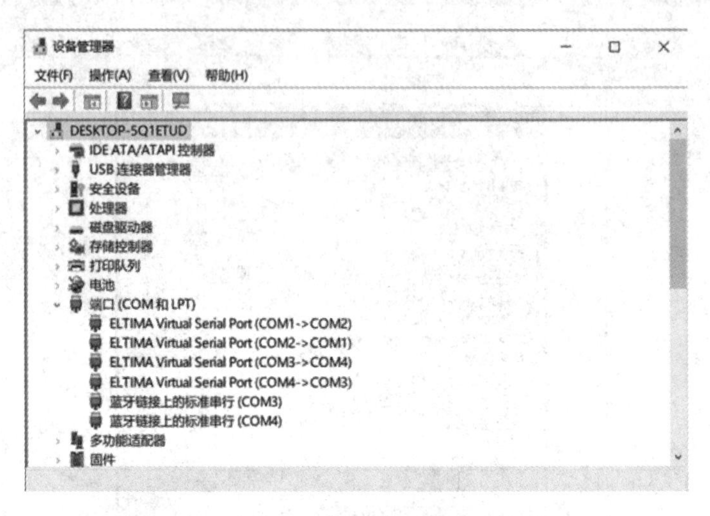

图 6-20　分配设备名称

从图 6-21 中可以看到两个 ET200S 站的一些信息。

(1) IP 地址，由于没有下载 PLC 的硬件组态，故没有 IP 地址。

(2) MAC 地址，是 ET200S 的 PN 接口模块在出厂时固化的硬件地址，不能修改。

(3) 设备类型，此时指示在 Ethernet(1)上的“PN IO”的类型均为 ET200S。

(4) 设备名，目前在 ET200S 的 MMC 卡中没有存储任何信息。

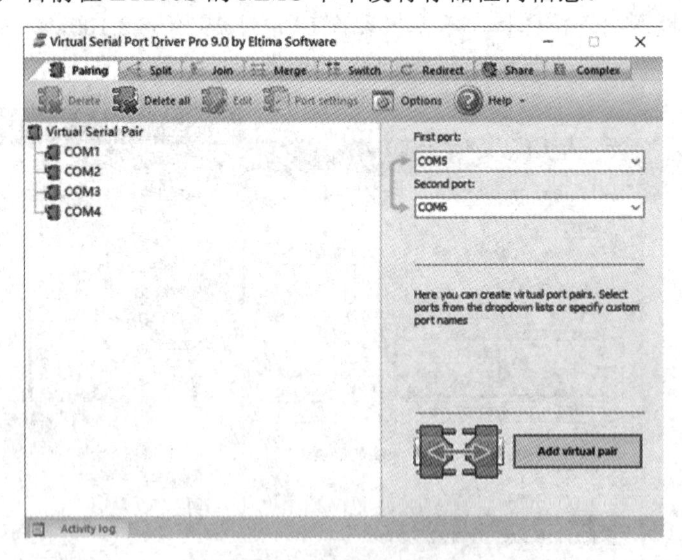

图 6-21　为 I/O 设备命名

通过“设备名”下拉菜单的指示硬件组态的 ET200S 的设备名称为 ET200S1，根据不同的 MAC 地址，选择不同的 ET200S 设备。ET200S1 的 MAC 地址在 IM151-3 的接口模块上，打开接口模块的前盖，即可以看见相应的 MAC 地址，我们需一一对应各自的 MAC

地址。本例中，选择 MAC 地址为 08-00-06-6B-F7-A6 的 ET200S，单击“分配名字”按钮，给其命名 ET200S1。同样地，选择 MAC 地址为 08-00-06-6B-F7-96 的 ET200S，给其命名为 ET200S2，如图 6-22 所示。

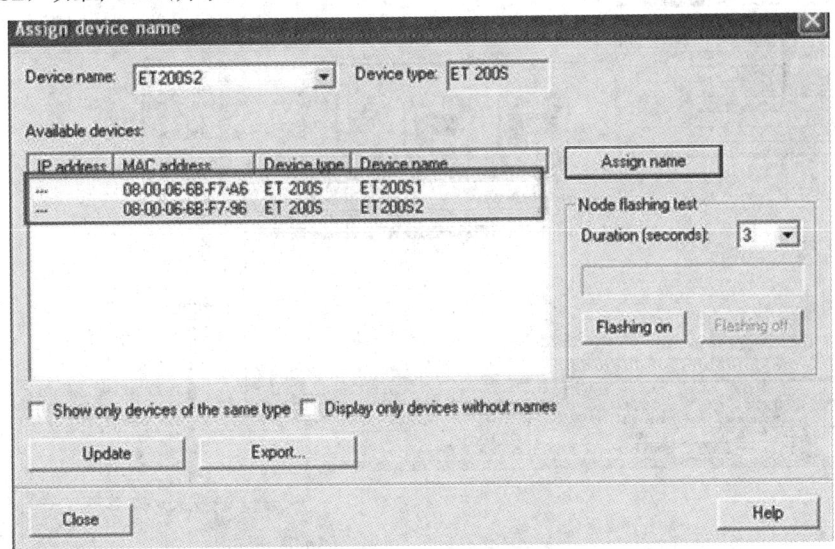

图 6-22　命好名字的 I/O 设备

设置完成后，继续选择菜单“PLC”→“Verify Device Name...”，来查看组态的设备名是否正确。绿色的√，表示正确，如图 6-23 所示。

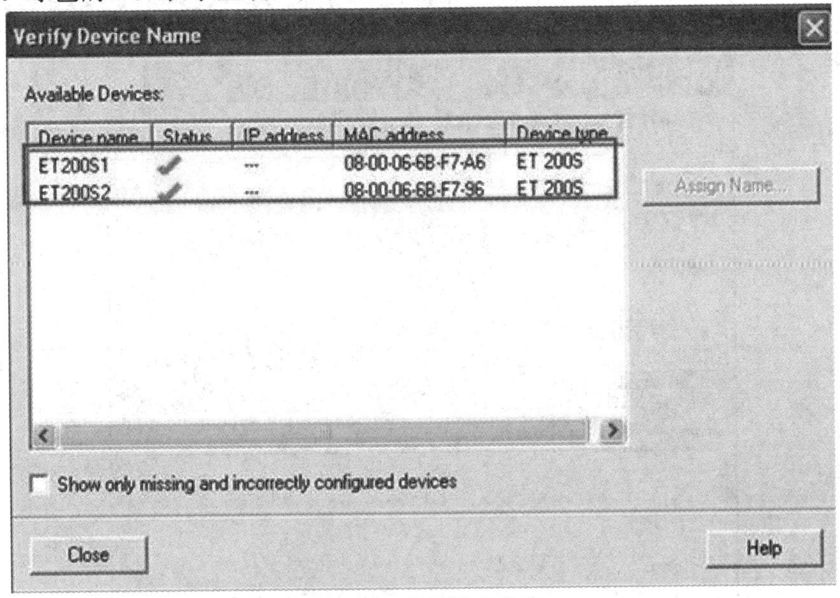

图 6-23　验证设备名称

设置完毕后保存和编译刚生成的组态。

6. 下载硬件组态

在硬件组态界面中，对硬件组态进行下载，会弹出选择目标模块界面，默认状态为 CPU 315-2 PN/DP，点击“确定”按钮，如图 6-24 所示。

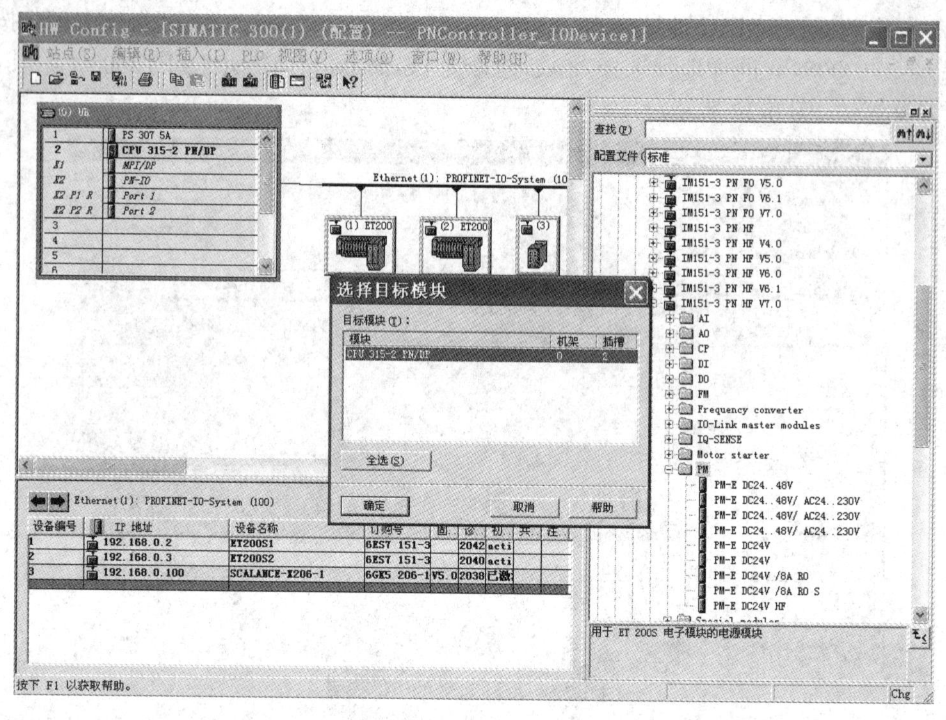

图 6-24　选择下载目标

弹出“选择节点地址”对话框。IP 地址 192.168.0.1 为已经设定的 CPU 的 IP 地址，如图 6-25 所示。

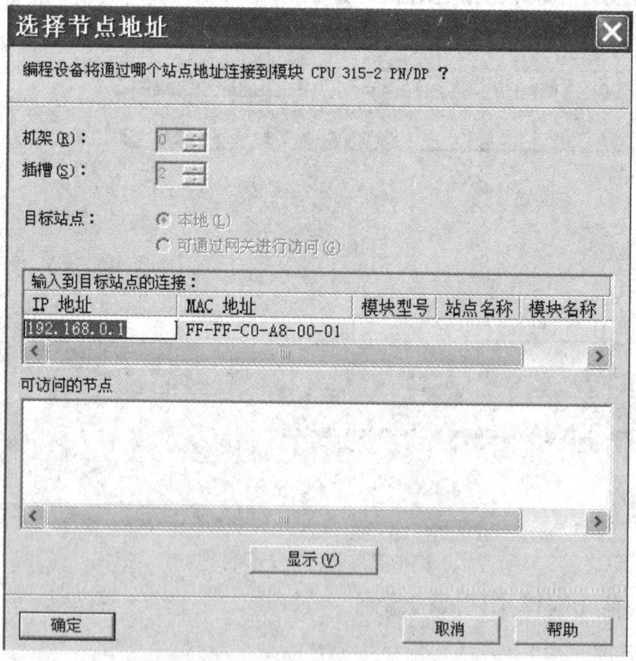

选择节点地址

编程设备将通过哪个站点地址连接到模块 CPU 315-2 PN/DP ？

机架(R)：0

插槽(S)：2

目标站点：本地(L)　可通过网关进行访问(G)

输入到目标站点的连接：

IP 地址	MAC 地址	模块型号	站点名称	模块名称
192.168.0.1	FF-FF-C0-A8-00-01			

可访问的节点

显示(V)

确定　取消　帮助

图 6-25　目标 IP 地址

点击“显示”按钮，寻找网络上的 I/O 设备。IP 地址为 192.168.0.100 是 PC/PG(I/O 监视器)的以太网地址。FF-FF-C0-A8-00-01 为 CPU 315-2 PN/DP 的 MAC 地址。

如图 6-26 所示，用鼠标点击 S7-300，那么在选择的连接目标站出现选择的 S7-300。点击“确定”按钮下载，会弹出一个对话框，询问是否将 I/O 控制器的 IP 地址设置为 192.168.0.1。点击“确定”，这时系统会给 I/O 控制器赋 IP 地址，并下载组态信息到 PLC 中。

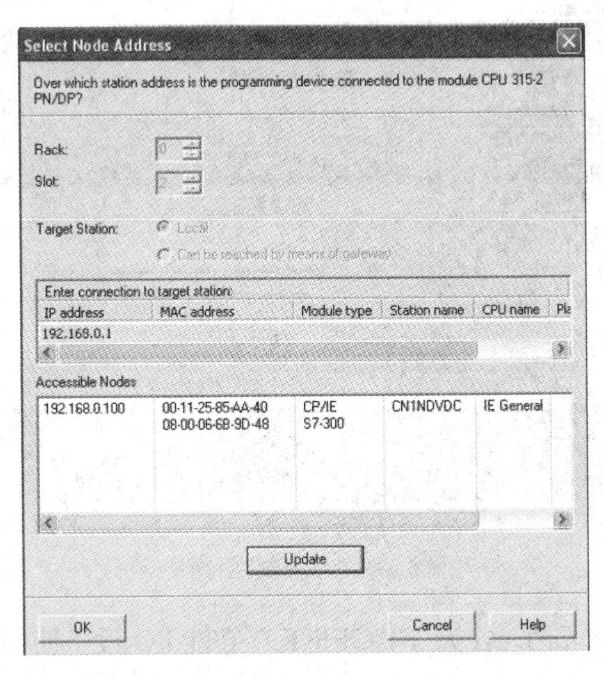

图 6-26　目标 MAC 地址

7. 下载用户程序并测试

进入 LAD/STL/FBD 编程界面，完成步骤 3 的创建组织块 OB1 并下载程序。用鼠标点击工具栏中的眼镜图标，在线测试用户程序，可以使用变量表的方式来观察。在地址栏中，添加所要观察的变量 MW0、MW4，添加所要强制的变量 MW2、MW6，并选择显示格式为二进制方式显示，如图 6-27 所示。

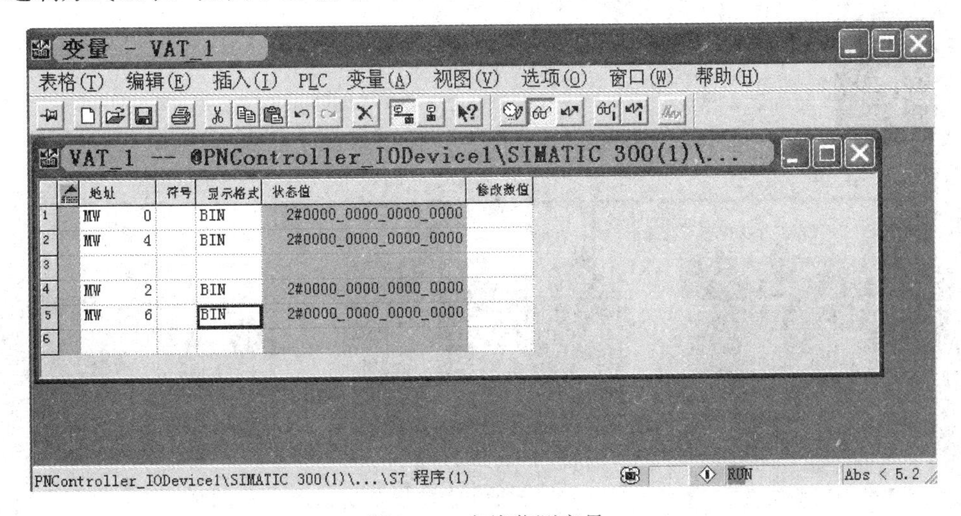

图 6-27　在线监测变量

如果 ET200S1 的 DI 模板有信号输入，那么相应的位会显示为 1。同样，可以强制 DO 模板的输出。使用鼠标在对应的“修改数值”栏中，强制用户所要的对应的输出，并观察 DO 模板的输出灯变亮，如图 6-28 所示。

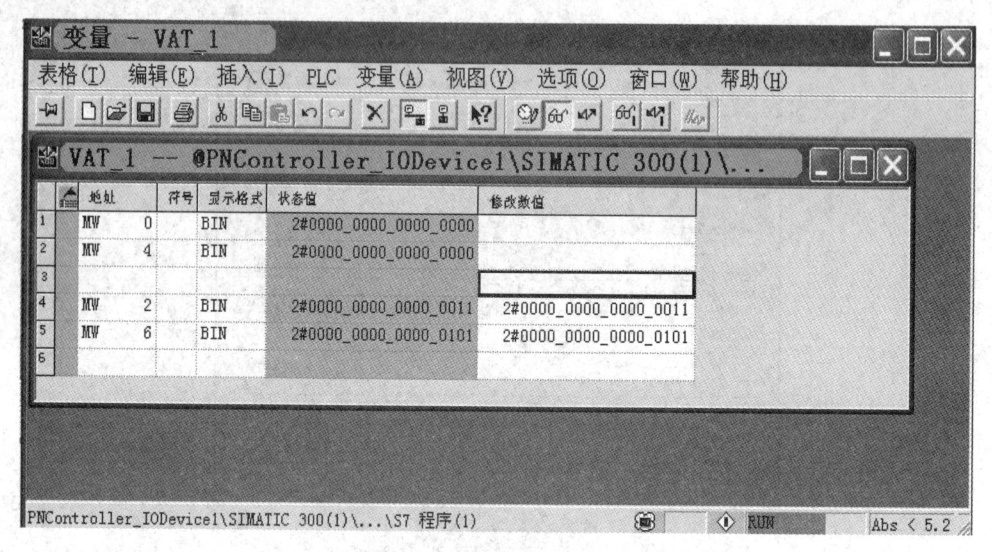

图 6-28　在线修改 DO 变量

6.3.4　S7-300 PN CPU 作为 PROFINET 智能 I/O 设备使用

PROFINET 的 CPU 支持 I/O 设备功能，即智能 I/O 设备功能，也就是该 PN 设备可以同时作为 I/O 控制器和 I/O 设备，它本身是上层 I/O 控制器的 I/O 设备，又作为下层 I/O 设备的 I/O 控制器，如图 6-29 所示。也就是说，智能 I/O 设备的 CPU 通过自身的程序处理某段工艺过程，相应的过程值发送至上层的 I/O 控制器再做相关的处理。

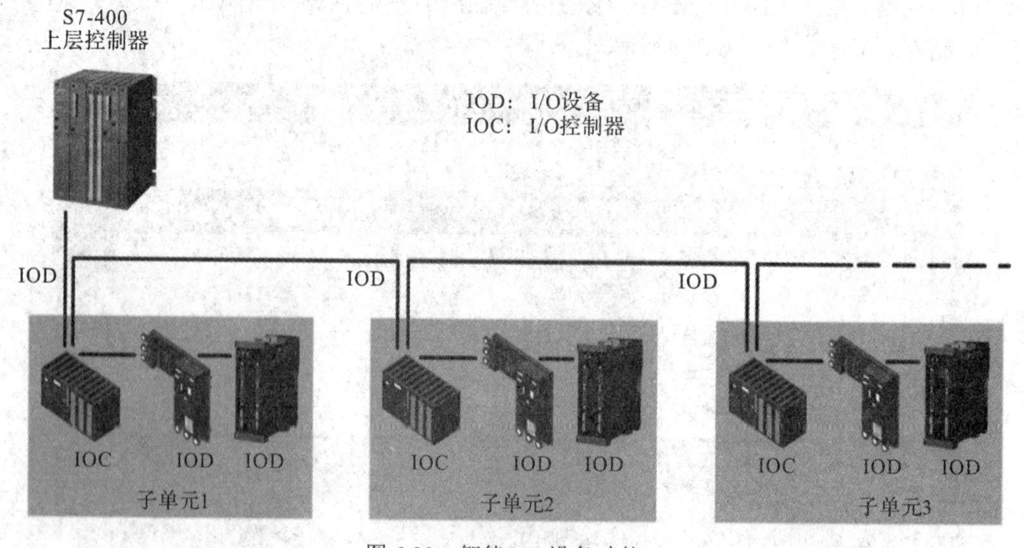

图 6-29　智能 I/O 设备功能

通过智能 I/O 设备，可以完成以下功能：

(1) 分布式处理：一个复杂的自动化任务可以划分为多个子任务，子任务的简化使得过程处理更加容易。

(2) 分割子过程：复杂和分布广泛的过程可以细分为几个子过程。这些子过程可以存储在各自的 STEP 7 项目中，且可以合并为一个完整的项目。

(3) 知识保护：智能设备的接口描述使用 GSD 文件而不是 STEP 7 项目，这样用户的知识——用户程序得以保护。

另外，智能 I/O 设备无需额外的软件工具，使用 STEP 7 V5.5 以上版本即可；智能 I/O 设备具有计算能力，处理本地过程数据一定程度上减少了通信负荷。除了支持实时通信外，还支持等时实时通信方式。

1. PROFINET 智能设备功能组态

本节将搭建了一个 PROFINET 智能设备网络架构，长虚线框架为 PROFINET IO 系统 1，点虚线框架为 PROFINET IO 系统 2，具体如图 6-30 所示。

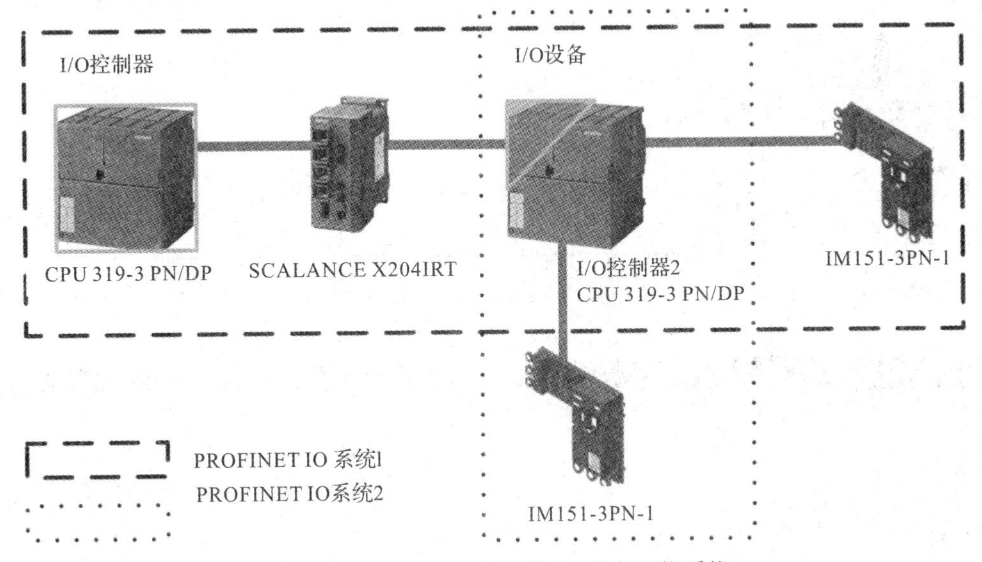

图 6-30　PROFINET 与智能 I/O 设备网络系统

I/O 控制器 CPU 319-3 PN/DP v3.2 连接 SCALANCE X204IRT v4.4 交换机和一个 ET200S IM151-3PN(6ES7 151-3BA23-0AB0)v7.0 以及 I/O 设备 CPU 319F-3 PN/DP v3.2 构成一个 PROFINET IO 系统 1。

I/O 设备 CPU 319F-3 PN/DP v3.2 同时作为 PROFINET IO 系统 2 的 I/O 控制器连接一台 I/O 设备 ET200S IM151-3PN-1。因此，CPU 319F-3 PN/DP 就是这个系统中的智能设备。

2. PROFINET IO 系统 2 组态

由于 PROFINET IO 系统 2 中的 CPU 319F-3 PN/DP 是作为整个系统中的智能设备。我们首先在 STEP 7 中对 PROFINET IO 系统 2 进行硬件组态。参考图 6-31，新建 SIMATIC 300 站点，并在硬件组态界面里依次选择机架、电源及 CPU。I/O 控制器和 ET200S 的设备名分别为 PN-IO-1、IM151-3PN-1，其 IP 地址分别为 192.168.0.11 和 192.168.0.12，如图 6-32 所示。需要注意的是，设备名和 IP 地址一定要与 PN-IO 系统 1 的设置不同。

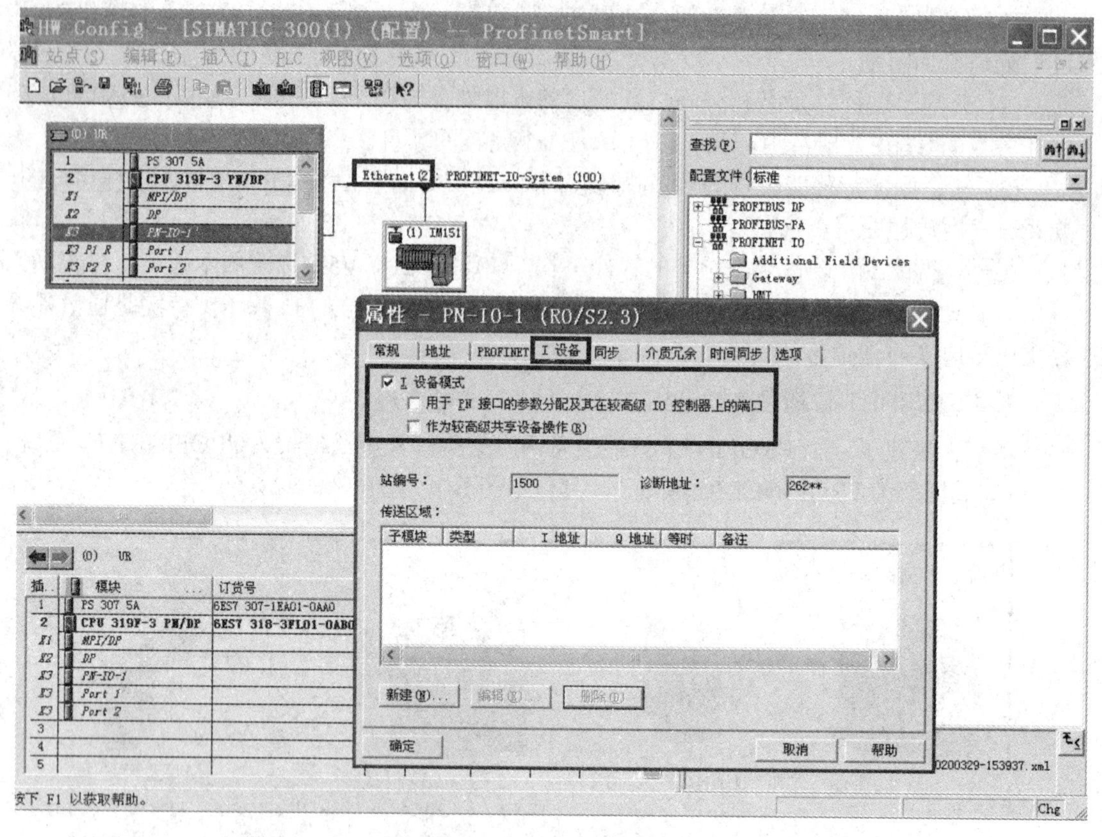

图 6-31　PROFINET IO 系统 2 组态及 PN-IO-1 属性对话框

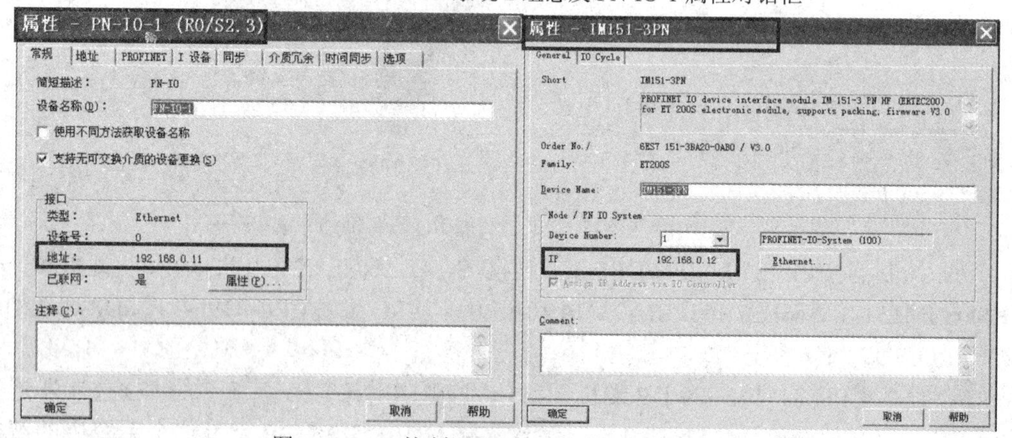

图 6-32　I/O 控制器和 ET200S 的 IP 地址设置

使用鼠标双击该站 CPU 319F-3 PN/DP 的硬件组态中的 X3 槽 PN-IO-1，弹出其属性对话框，选择“I 设备”标签页，激活“I 设备模式”选项，在这里取消“用于 PN 接口的参数分配及其在较高级 I/O 控制器上的端口”和“作为较高级共享设备操作”两个选项。前者参数表示 PN 接口和端口的属性参数由上层 I/O 控制器分配，后者的参数则表示该智能设备可以作为共享设备。

对于传输区域，点击“新建”按钮，创建 I/O 控制器和智能设备之间数据通信的传输区域。传输区域有 2 种类型，一种是应用传输区域，即控制器访问智能设备的用户程序接口。另一种是 I/O 传输区域，即控制器可以直接访问智能设备的 I/O，而智能设备不能处理该 I/O。由于 CPU 319F-3 PN/DP 不支持 I/O 传输区域，这里使用应用传输区域，分别创建输入地址区和输出地址区为 2 个字节，如图 6-33 所示。

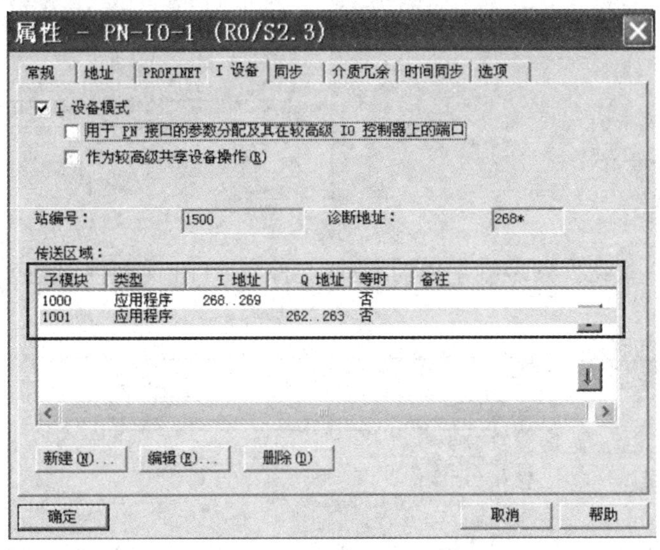

图 6-33　创建应用传输区域

保存和编译该站，然后在硬件组态界面中选择菜单“选项”→“创建用于 I 设备的 GSD 文件...”，为 PROFINET IO 系统 2 的 I/O 控制器 2 创建智能设备的 GSD 文件，如图 6-34 所示。

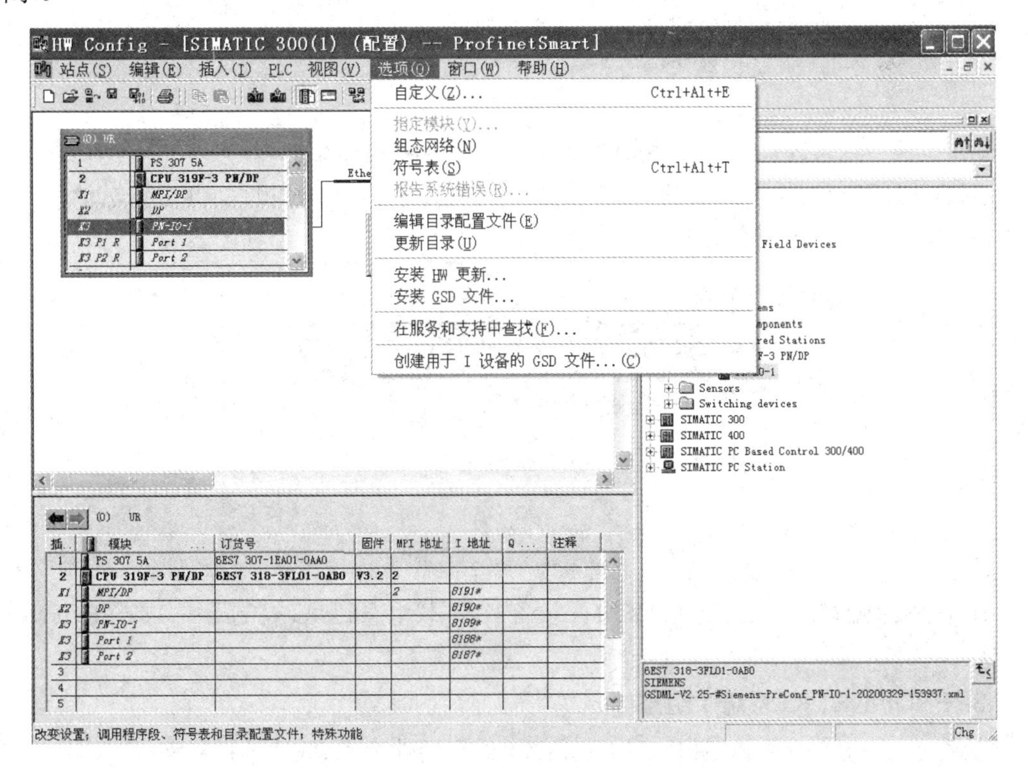

图 6-34　创建 GSD 文件菜单

弹出创建智能设备 GSD 文件对话框，如图 6-35 左侧所示。点击“创建”按钮，系统自动创建一个 GSD 文件并显示在“GSD 文件:”中，如图 6-35 右侧所示。

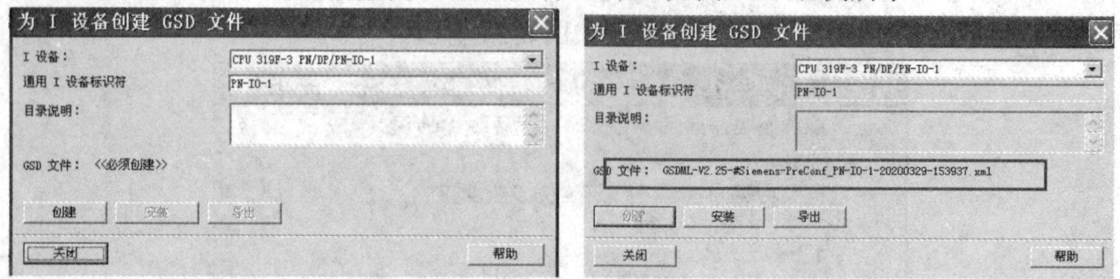

图 6-35　创建 GSD 文件

点击“安装”按钮，安装刚生成的 GSD 文件到 STEP 7 硬件组态列表中，如图 6-36 所示。

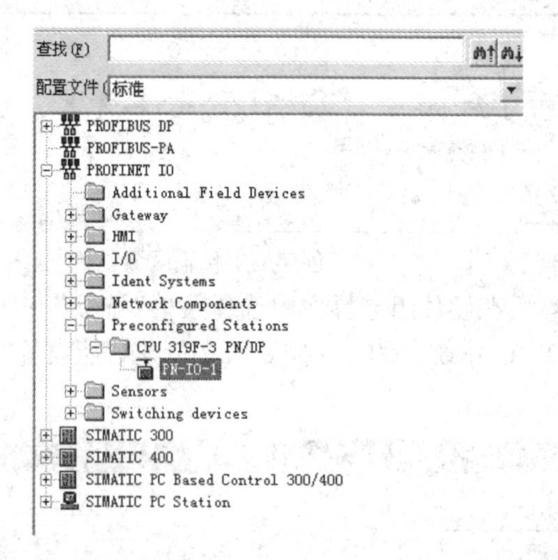

图 6-36　安装 GSD 文件后显示在 STEP 7 硬件组态列表中

创建并打开 OB1 组织块，编写对应地址的 STL 程序，这里 CPU 319F-3 PN/DP 的过程映像区为 1024，编程示例如图 6-37 所示。

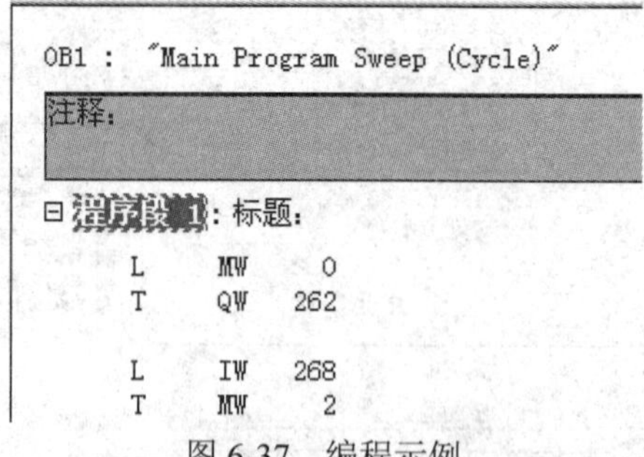

图 6-37　编程示例

最后保存编译项目并给 I/O 设备分配设备名，下载组态到 I/O 控制器中实现 PROFINET IO 通信。

3. PROFINET IO 系统 1 组态

接着在 STEP 7 中对 PROFINET IO 系统 1 进行硬件组态，依次选择机架、电源及 CPU，如图 6-38 所示。交换机 SCALANCE-X204IRT 的选择如图 6-38 右侧所示。对于智能设备 CPU 319F-3 PN/DP，与标准 I/O 一样从图 6-36 所示的硬件列表栏中拖入。前面设置的 2 个字节的输入和输出则在该系统中分别对应输出和输入。

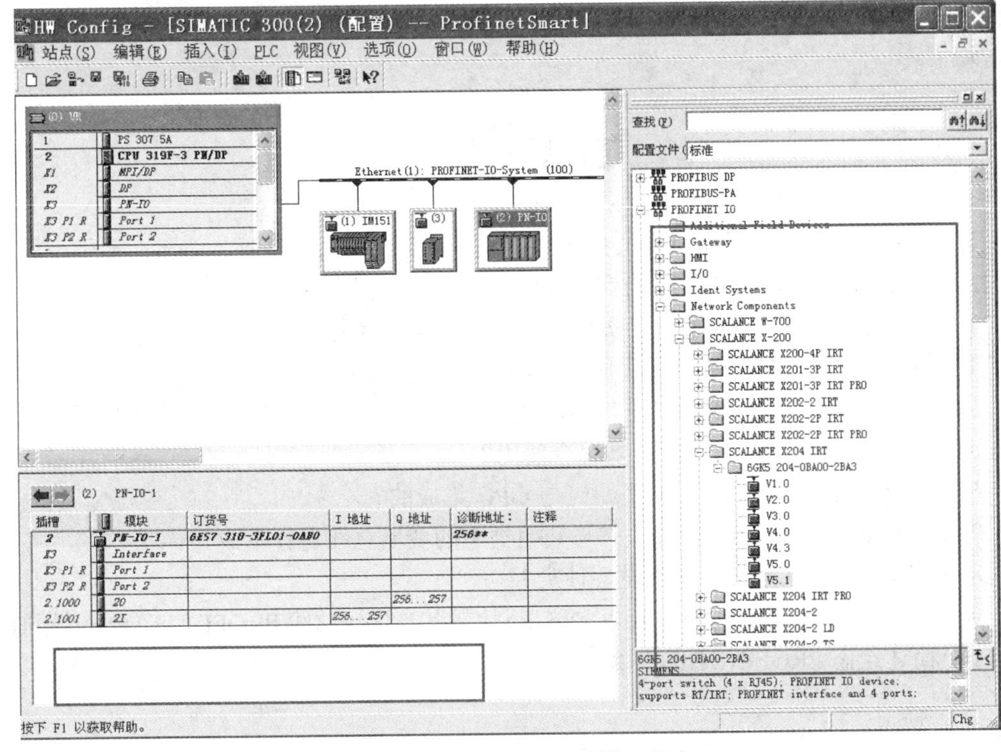

图 6-38　PROFINET IO 系统 1 组态

图 6-33 中创建的应用传输区域的 2 个字节的输入和输出，在该 PN-IO 系统 1 中分别对应输出和输入。其地址对应关系如表 6-2 所示。

表 6-2　PROFINET IO 系统 1 与 PROFINET IO 系统 2 中传输区域的地址对应关系

PROFINET IO 系统 1	传输方向	PROFINET IO 系统 2
Q256～Q257	⟶	I268～I269
I256～I257	⟵	Q262～Q263

打开 OB1，编写对应地址的 STL 程序，这里 CPU 319-3 PN/DP 的过程映像区为 256。编程示例如图 6-39 所示。

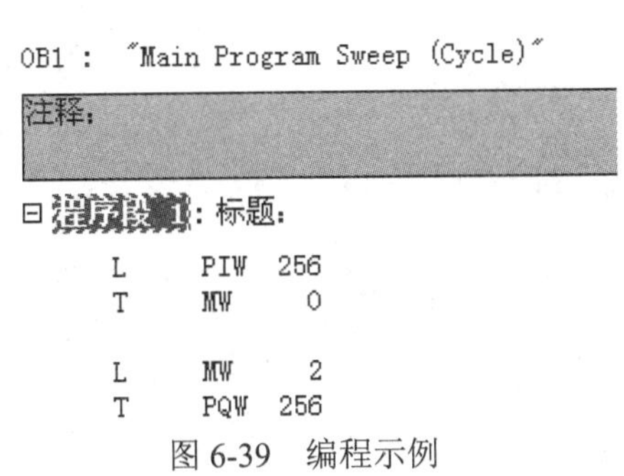

图 6-39　编程示例

最后保存编译项目，给I/O设备分配设备名并下载组态到I/O控制器中实现PROFINET IO通信。

需要注意的是，应当保持组态的传输地址区域尽可能的小。因为智能设备的总带宽＝传输地址区域带宽＋自身I/O系统带宽，如果传输区域带宽过大，会影响自身I/O系统的实时通信。

课后习题

1. 作为一种工业以太网，PROFINET有哪些特点？
2. PROFINET的网络拓扑结构有哪几种？
3. PROFINET有哪几个通信种类？它们各自的应用领域有哪些？
4. 简述PROFINET中是如何实现等时同步实时通信的。
5. PROFINET IO和PROFINET CBA是PROFINET的两种类型，它们各自有什么特点？应用领域有哪些？它们是否可以混合使用？
6. 什么是OPC？PROFINET是如何与OPC集成的？
7. PROFINET可通过哪些方法来与其他类型的现场总线进行集成？
8. PROFINET IO定义了哪些设备种类？
9. PROFINET IO作为一种工业以太网，试比较其与现场总线PROFIBUS-DP的异同点。
10. 简述组态PROFINET IO网络的步骤。

第 7 章　智 能 制 造

7.1　智能制造概述

7.1.1　定义

“智能制造”这一概念最早出现在美国学者 P.K.Wright 和 D.A.Bourne 的著作 *Manufacturing Intelligence* 中，他们将智能制造定义为机器人应用制造软件系统技术、集成系统工程以及机器人视觉等技术，实行批量生产的系统性过程。工信部出台的《智能制造发展规划(2016—2020 年)》中，将智能制造定义为基于新一代信息通信技术与先进制造技术深度融合，贯穿于设计、生产、管理、服务等制造活动的各个环节，具有自感知、自学习、自决策、自执行和自适应等功能的新型生产方式。

智能制造是通过新一代信息技术、自动化技术、工业软件及现代管理思想在制造企业全领域、全流程的系统应用而产生的一种全新的生产方式。智能制造的应用能够使制造业企业实现生产智能化、管理智能化、服务智能化与产品智能化，如图 7-1 所示。

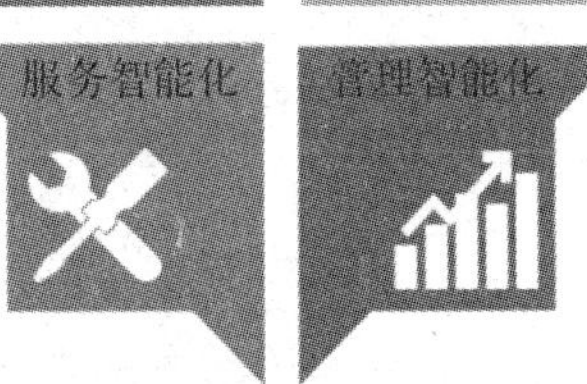

图 7-1　智能制造的内涵

智能制造代表着先进制造技术与信息化的融合，尽管概念提出至今仅 30 年的时间，但智能制造的起源可以追溯至 20 世纪中叶，其发展与演进可以大致分为三个阶段：

- 从 20 世纪中叶到 90 年代中期的数字化制造，以计算、通信和控制应用为主要特征；
- 从 20 世纪 90 年代中期发展至今的网络化制造，伴随着互联网的大规模普及应用，先进制造进入了以万物互联为主要特征的网络化阶段；

· 以新一代人工智能技术为核心的智能化制造，在大数据、云计算、机器视觉等技术突飞猛进的基础上，人工智能逐渐融入制造领域，开始步入先进的智能制造阶段。

当然，受限于人工智能技术的发展水平，以及制造业应用的尚未成熟，目前的“智能制造”还远未达到“自适应、自决策、自执行”的完全智能化阶段，智能化制造仍是未来的主要发展目标。

7.1.2 德国的工业 4.0

智能制造的概念脱胎于德国提出的“工业 4.0”战略。“工业 4.0”一词首次出现于 2012 年 3 月发布的《德国 2020 高技术战略》行动计划，并于 2013 年在汉诺威工业博览会上提出了“工业 4.0”战略。

之所以被称为工业 4.0，主要相对于前三次工业革命而言：工业 1.0 指的是 18 世纪开始的第一次工业革命，实现了由蒸汽动力驱动的机械生产代替手工劳动，从此手工业从农业分离出来，正式进化为工业；第二次工业革命始于 20 世纪初，依靠由电赋能的生产线实现批量生产，从此零部件生产与产品装配实现分工，工业进入大规模生产时代；工业 3.0 指的是 20 世纪 70 年代后，依靠电子系统和信息技术(IT)实现生产自动化，从此机器不但接管了人的大部分体力劳动，同时也接管了一部分脑力劳动，工业生产能力也自此超越了人类的消费能力，人类进入了产能过剩时代，如图 7-2 所示。

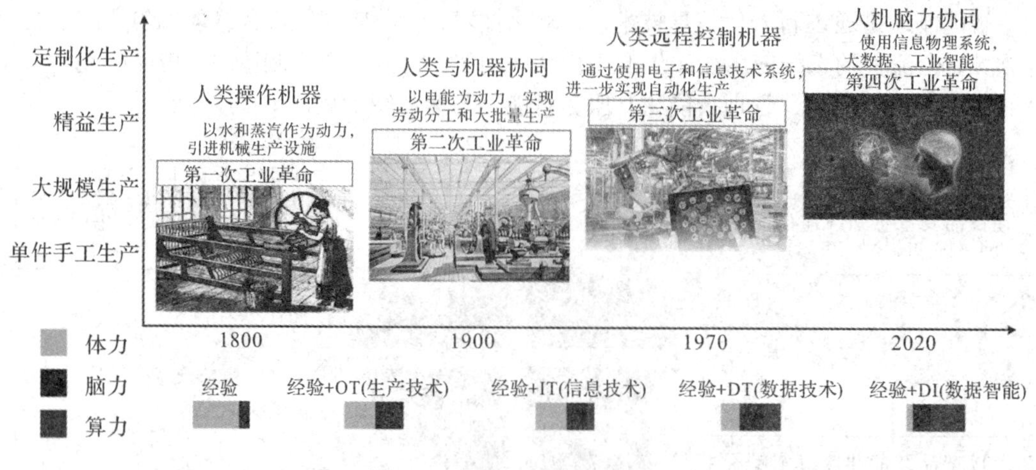

图 7-2　从工业 1.0 到工业 4.0

与工业 3.0 相比，“工业 4.0”的主要特征是大规模定制。由于产品的大批量生产已经不能满足客户个性化定制的需求，要想使单件小批量生产能够达到大批量生产同样的效率和成本，需要构建可以生产高精密、高质量、个性化智能产品的智能工厂。在这一全新的模式中，行业的界限将被打破，产业链的分工将被重组。

德国工业 4.0 概念中智能制造核心内容可以总结为：建设一个网络(信息物理系统)，研究两大主题(智能工厂、智能生产)，实现三大集成(纵向集成、横向集成、端到端集成)，推进三大转变(生产由集中向分散转变、产品由趋同向个性转变、用户由部分参与向全程参与转变)。其本意就是要实现工厂边界的突破，甚至突破生产车间的挑战。

纵向集成主要基于管理域和生产现场结合，大大提高生产的效率和柔性，更多基于内部工厂资源的整合。横向集成则是跨越了供应商的边界进行融合，形成新的价值体系。端到端集成需要跨越生产资料供应商和销售网络的边界，甚至直接进入到消费者环节，用户可以获得更好的体验和服务。这是以用户需求驱动单元生产线(甚至单元机器)的巨大挑战，是对呼声甚嚣的 C2B(用户订单定制)的回应。

7.1.3　美国的工业互联网

与德国“工业 4.0”侧重工业制造不同，美国提出的“工业互联网”将重点放在了工业服务上。

随着传感器等数据采集技术的升级，结点开始产生数据，有了“生命”。与此同时，通信技术已在不断升级，像血管和神经一样，帮助无数孤立的结点交换数据、共享数据。最后，这些数据流会到达云端，借助云计算、大数据这些信息技术升级的产物，产生价值。如此一来，所有结点就形成一个系统，一个更强大和完整的“生命体”，是 IT(Information Technology，信息技术)、CT(Communication Technology，通信技术)、OT(Operating Technology，工业设备操作技术)的全面融合和升级，如图 7-3 所示。

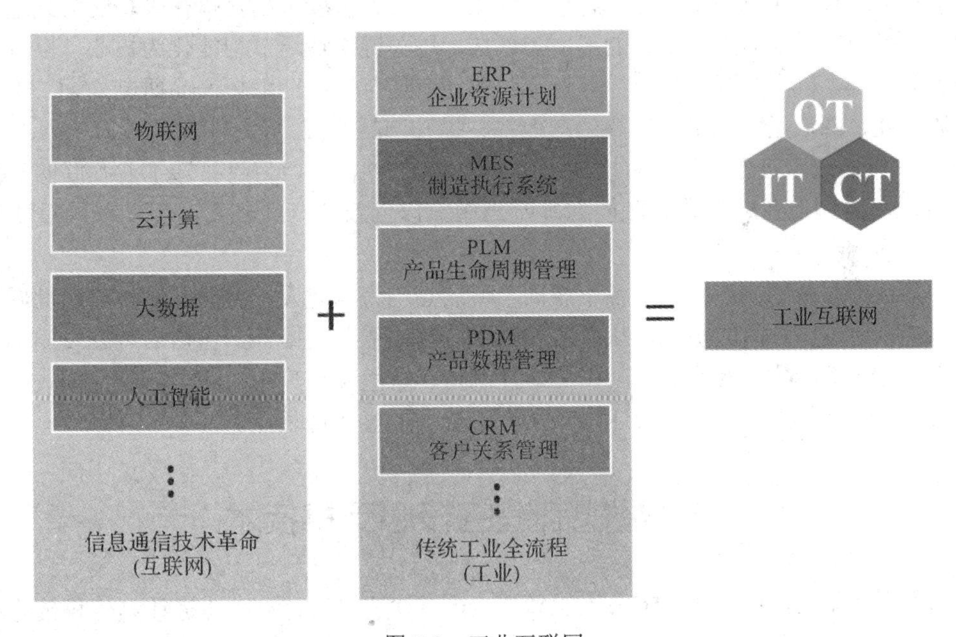

图 7-3　工业互联网

工业互联网的本质就是通过开放的、全球化的通信网络平台，把设备、生产线、员工、工厂、仓库、供应商、产品和客户紧密地连接起来，共享工业生产全流程的各种要素资源，使其数字化、网络化、自动化、智能化，从而实现效率提升和成本降低。它既是一张网络，也是一个平台，更是一个系统，实现了工业生产过程所有要素的泛在连接和整合。

7.1.4　《中国制造 2025》和“智能+”

《中国制造 2025》是中国政府实施制造强国战略第一个十年的行动纲领。《中国制造

2025》提出，坚持“创新驱动、质量为先、绿色发展、结构优化、人才为本”的基本方针，坚持“市场主导、政府引导，立足当前、着眼长远，整体推进、重点突破，自主发展、开放合作”的基本原则，通过“三步走”实现制造强国的战略目标：第一步，到2025年迈入制造强国行列；第二步，到2035年中国制造业整体达到世界制造强国阵营中等水平；第三步，到新中国成立一百年时，综合实力进入世界制造强国前列。

围绕实现制造强国的战略目标，《中国制造2025》明确了9项战略任务和重点，提出了8个方面的战略支撑和保障，实行包括制造业创新中心建设的工程、强化基础的工程、智能制造工程、绿色制造工程和高端装备创新工程的五大工程，加快包括新一代信息技术产业、高档数控机床和机器人、航空航天装备、海洋工程装备及高技术船舶、先进轨道交通装备、节能与新能源汽车、电力装备、农机装备、新材料、生物医药及高性能医疗器械等十个重点领域的研究进程。2016年4月6日国务院总理李克强主持召开国务院常务会议，会议通过了《装备制造业标准化和质量提升规划》，要求对接《中国制造2025》。

中国将智能制造定义为基于新一代信息技术，贯穿设计、生产、管理、服务等制造活动各个环节，具有信息深度自感知、智慧优化自决策、精准控制自执行等功能的先进制造过程、系统与模式。其具有以智能工厂为载体，以关键制造环节智能化为核心，以端到端数据流为基础、以网络互联为支撑等特征。智能制造可以帮助缩短产品研制周期、降低资源能源消耗、降低运营成本、提高生产效率、提升产品质量。

2019年的政府工作报告中首次提出了“智能+”的概念，将“打造工业互联网，拓展‘智能+’，为制造业转型升级赋能”确定为国家以创新培育经济发展新动能的重要发展方向。

尽管各国对智能制造的表述各不相同，但核心均为构建人、物理世界和数字世界间的闭环系统。通过三者间的融合，从而实现对现有的制造业的提升，包括缩短开发周期、降低成本、提升效率等；推动发展出包括柔性制造、绿色制造等在内的全新制造模式；加快产业智能化发展，加速市场普及应用，从而形成新的经济增长点。

7.2　智能制造的核心支撑技术

过去十多年来，物联网、5G、人工智能、数字孪生、云计算、边缘计算等科技的爆发性发展带来了算力和算法的巨大进步，传统制造业的数字化发展又带来了海量的数据。三者的日益融合逐渐形成了以“数据＋算力＋算法”为核心的智能制造技术体系，推动着万物互联(Internet of Everything)迈向万物智能(Intelligence of Everything)时代，进而带动了智能+时代的到来。

(1) 数据是基础，也是智能经济的核心生产资料，在产业链各环节产生的大量数据是驱动智能制造提高精准度的核心。

(2) 有了海量数据，就需要强有力的算力进行处理，而以云计算、边缘计算为代表的计算技术，为高效、准确地分析大量数据提供了有力支撑。

(3) 仅有数据和算力依然不够，没有先进的算法也很难发挥出数据真正的价值。以人工智能、机理模型等为代表的算法技术帮助智能制造发现规律并提供智能决策支持。

(4) 与此同时，以 5G、TSN 为代表的现代通信网络凭借其高速度、广覆盖、低时延等特点起到了关键的连接作用。它将三大要素紧密地连接起来，让它们协同作业，发挥出巨大的价值。

智能制造时代的智能经济也将呈现全新的运行规律——以数据流动的自动化，化解复杂系统的不确定性，实现资源优化配置，支撑经济高质量发展的经济新形态。智能经济的五层架构如图 7-4 所示，包括底层的技术支撑，“数据 + 算力 + 算法”的运作范式，“描述—诊断—预测—决策”的服务机理，消费端和供应端高效协同、精准匹配的经济形态，“协同化、自动化、全球化”的治理体系。

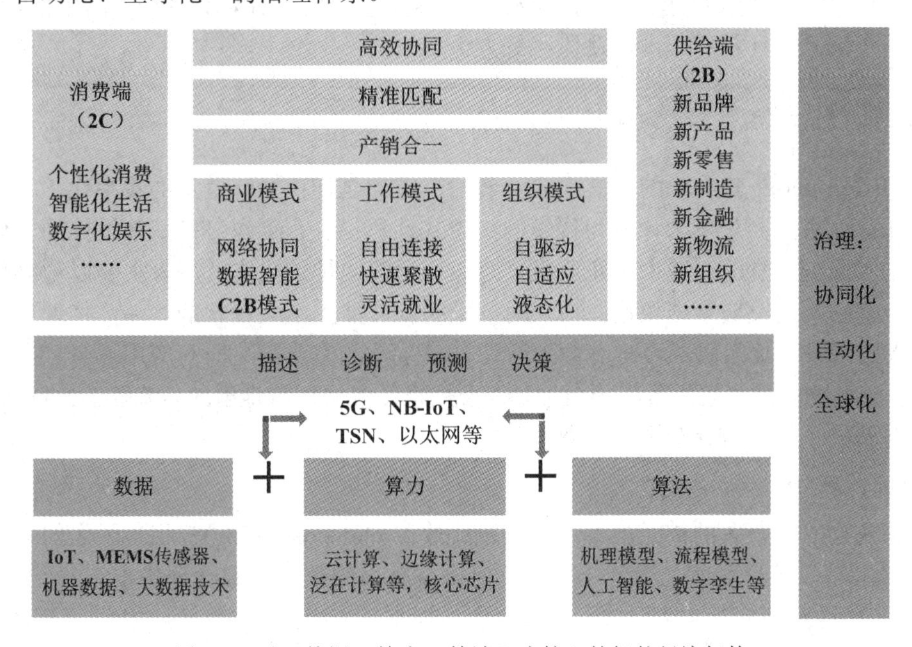

图 7-4　以“数据 + 算力 + 算法”为核心的智能经济架构

7.2.1　大数据(Big Data)

工业数据的收集和分析早在传统工业信息化时期就一直在进行，有大量的数据来自于研发端、生产制造过程、服务环节。而工业从数据到大数据，最大的区别是实现数据的两化融合，将工业化数据与自动化域数据叠加。在工业互联网时代，还需要纳入更多来自产业链上下游以及跨界的数据。实现工业大数据的主要核心技术包括物联网(IoT，Internet of Things)、MEMS 传感器和大数据技术等，其中尤以物联网和 MEMS 传感器为代表。

1. 物联网

物联网是指通过嵌入电子传感器、执行器或其他数字设备的方式将所有物品通过网络链接起来，通过万物互联来收集和交换数据，从而实现智能化识别、定位、跟踪、监控和管理。物联网的几大关键技术包括传感器技术、RFID 标签和嵌入式系统技术。这些技术可以实现透明化生产、数字化车间、智能化工厂，减少人工干预，提高工厂设施整体协作效率、提高产品质量一致性。

2. MEMS 传感器

MEMS(Micro Electro Mechanical System，微机电系统)是集微传感器、微执行器、微机械结构、微电源、信号处理和控制电路、高性能电子集成器件、接口、通信等于一体的微型器件或系统，是一个独立的智能系统，可大批量生产，其系统尺寸在几毫米乃至更小，其内部结构一般在微米甚至纳米量级。

在市场应用方面，通信、工业和汽车是 MEMS 传感器的三大主要应用场景。在智慧汽车趋势的驱动下，MEMS 传感器在汽车领域的应用增长尤为快速。由于其具有可靠性高、精度高和成本低等特点，被广泛运用于包括车辆的防抱死系统(ABS)、电子车身稳定程序(ESP)、电控悬挂(ECS)、电动手刹(EPB)、斜坡起动辅助(HAS)、胎压监控(EPMS)、引擎防抖、车辆倾角计量和车内心跳监测等方面。

7.2.2 算力

算力(Computing Power)的发展主要朝着两个方向延伸：一是资源的集中化、二是资源的边缘化。前者主要是以云计算为代表的集中式计算模式，通过 IT 基础设施的云化给产业界带来了深刻的变革，减少了企业投资建设、运营维护的成本。后者主要以边缘计算为代表，与物联网的发展紧密相连。物联网技术的发展催生了大量智能终端，物理位置上处于网络的边缘侧，而且种类多样。由于云计算模型不能完全满足所有应用场景，有一定的局限性，海量物联网终端设备趋于自治，若干处理任务可以就地解决，节省了大量的计算、传输、存储成本，使得计算更加高效。

1. 云计算

如果说物联网是人的神经中枢，那么云计算(Cloud Computing)就相当于人的大脑。云计算自动化集中式管理使大量企业无需负担日益高昂的数据中心管理成本。“云”的通用性使资源的利用率较之传统系统大幅提升。根据美国国家标准与技术研究院(NIST，National Institute of Standards and Technology)的建议，理想的“云”应该具有五个特征：按需自助服务(On-demand Self-service)、无处不在的网络访问(Broadnetwork Access)、资源共享池(Resource Pooling)、快速而灵活(Rapid Elasticity)和计量付费服务(Measured Service)。

云计算的部署模型分为四种，分别是公共云、私有云、社区云和混合云，并以三种服务模型呈现，即“软件即服务(SAAS)”“平台即服务(PAAS)”和“基础设施即服务(IAAS)”。过去几十年来，制造系统的复杂性呈几何倍数增长，传统的 IT 平台解决方案已经无法满足该系统所需要的信息响应能力，制造业的技术架构向云架构的解决方案迁移是发展的必然。

2. IoT 和边缘计算

互联网+ 实现了人人互联，而 IoT 终将实现万物互联。信息技术发展的终极目标是基于物联网平台实现设备无所不在的连接，开发各类应用，提供多种数据支撑和服务，但仅仅是连接远远不够，物联网中的设备应当具有一定的计算能力和智能能力，这令其不仅成为可监测、可控制、可优化、自主性的产品，更成为边缘计算节点和智能产品。

2018年发布的《边缘计算与云计算协同白皮书》将边缘计算定义为“在靠近物或数据源头的网络边缘侧，融合网络、计算、存储、应用核心能力的分布式开放平台，就近提供边缘智能服务，满足行业数字化在敏捷连接、实时业务、数据优化、应用智能、安全与隐私保护等方面的需求。它可以作为链接物理和数字世界的桥梁，赋能智能资产、智能网关、智能系统和智能服务。”

边缘计算(Edge Computing)的构成包括两大部分：一是资源的边缘化，具体包括计算、存储、缓存、带宽、服务等资源的边缘化分布，把原本集中式的资源纵深延展，靠近需求侧，提供高可靠、高效率、低时延的用户体验；二是资源的全局化，即边缘作为一个资源池，而不是中心提供所有的资源，边缘计算融合集中式的计算模型(例如云计算、超算)，通过中心和边缘之间的协同，达到优势互补、协调统一的目的。

因此，边缘计算与云计算之间不是替代关系，而是互补协同关系。云计算更适合全局性、非实时的较大规模资源占用的场景，边缘计算则更适合局部性、实时、短周期的小规模资源占用场景，能更好地支撑本地业务的实时智能化决策与执行。两者需要通过紧密协同才能更好地满足各种需求场景的匹配，从而放大边缘计算和云计算的应用价值。

7.2.3 算法

算法是人工智能和数字孪生这两项智能制造主要技术的核心。算法是一个有限长度的具体计算步骤，以清晰定义指令来使输入资料经过连续的计算过程后产生一个输出结果。算法在智能制造的各个环节都有着广泛的应用，是制造业实现智能化升级的精髓所在。例如，在智能制造中机器视觉主要实现以前需要人眼进行的工件定位、测量、监测等重复性劳动。其作用原理是利用相机、摄像机等传感器，配合机器视觉算法赋予智能设备以人眼的功能，从而进行物体的识别、检测和测量等功能。

1. 人工智能

人工智能(Artificial Intelligence)技术问世已经有60多年，近年来在移动互联网、大数据、超级计算和脑科学等新理论、新技术的驱动下迎来了新一轮发展热潮。新一代人工智能的核心是机器学习，就是用大量的数据来对机器进行“训练”，通过各种算法让机器从数据中学习如何寻找规律并完成任务。

目前，在全球制造业产业链的各个环节几乎都可以找到人工智能技术的应用。例如，在制造业最核心的生产制造环节，人工智能技术被运用于机器视觉检测系统，可以逐一检测生产线上的产品，从视觉上判别产品材质的各类缺陷，从而快速侦测出不合格品并指导生产线进行分拣，在降低人工成本的同时提升出厂产品的合格率。在供应链环节，机器学习模型可以整合不同路线货运定价的历史数据，又将天气、交通以及社会经济挑战等实时参数加入其中，为每一次货运交易估算出公平的交易价格，在确保运输任务规划合理的前提下实现了企业利润的最大化。

人工智能技术对生产制造领域的赋能离不开产业专家的行业洞见，只有将两者进行战略性的结合才能加深人工智能对产业链的各个环节的渗透，从而提高行业生产效率和产品的质量。

2. 数字孪生

数字孪生(Digital Twin)是指以数字化方式拷贝一个物理对象，模拟对象在现实环境中的行为，对产品、制造过程乃至整个工厂进行虚拟仿真，从而提高制造企业产品研发、制造的生产效率。与传统的产品设计不同，数字孪生技术在虚拟的三维空间里打造产品，可以轻松地修改部件和产品的每一处尺寸和装配关系，使得产品几何结构的验证工作、装配可行性的验证工作、流程的可实行性大为简化，可以大幅度减少迭代过程中的物理样机的制造次数、时间和成本。

数字孪生的真正功能在于能够在物理世界和数字世界之间全面建立准实时联系，实现物理世界与数字世界互联、互通、互操作。从具体实现路径来看，数字孪生首先对物理对象各类数据进行集成，是物理对象的忠实映射。其次，数字孪生存在于物理对象的全生命周期，与其共同进化，并不断积累相关知识。最后，数字孪生不仅对物理对象进行描述，而且能够基于模型优化物理对象，最终实现对物理世界的改造。

数字孪生将沿着两个维度演进：一是属于机械化的数字孪生，把人、流程、公司、自主化的电器和代理都规划出来；二是物理角度的数字孪生，也就是在数字化中直接进行操作，例如电的使用、供应，车辆的配置等，从办公室内部到外围，借着数字化的技术整合起来。

7.2.4　通信技术的网络集成——5G

工业通信网络是智能制造系统中极为重要的基础设施，无线通信网络作为其重要组成部分，正逐步向工业数据采集领域渗透，但目前使用的 WiFi、ZigBee 和 WirelessHART 等无线通信网络尚无法满足智能制造对于数据采集的灵活、可移动、高带宽、低时延和高可靠等通信要求，仅能充当有线网络的补充角色。智能制造中海量传感器和人工智能平台的信息交互对通信网络有多样化的需求以及极为苛刻的性能要求，并且需要引入高可靠的无线通信技术。

灵活、可移动、低时延和高可靠的通信是实现智能制造的最基本要求，而新一代信息通信 5G 技术的迅猛发展正好切合了这一需求，成为连接数据、算力和算法的桥梁，也是发动智能制造引擎的“钥匙”。随着 5G 商用部署的临近，无线通信网络在工业领域的应用将迎来爆发式增长。与传统的工业无线通信网络相比，5G 比 4G 实现单位面积移动数据流量增长 1000 倍、数据传输速率峰值可达 10 Gb/s、端到端时延缩短至原来的五分之一、联网设备的数量增加 10～100 倍，能支持时速 500 km/h 的高铁，接口时延减少了 90%。

5G 技术所定义的三大场景包括增强移动宽带(eMBB)、海量机器类通信(mMTC)和超可靠时延(URLLC)，可以将分布广泛、零散的人、设备和机器全部连接起来，构建统一的互联网络，并广泛地运用到机器人同步和工业传感器等智能制造中的核心场景和技术中，如图 7-5 所示。以机器人同步为例，只有 5G 才能提供足够的带宽和超高的可靠性，将智能装配流程中所使用的协作机器人、AR 智能眼镜和辅助系统相连接，使安装在上面的传感器在工作人员接近或准备停止机器人时，减慢机器人速度并及时发出警报，防止其对工作人员造成安全威胁。

5G 一旦实现工业领域应用，将成为支撑智能制造转型的关键技术，帮助制造企业摆脱以往无线网络技术较为混乱的应用状态，推动制造企业迈向“万物互联、万物可控”的智能制造成熟阶段。但是，5G 技术尚未全面成熟，其在智能制造领域的应用目前仅停留在规划和构想阶段，大规模落地仍需时日。

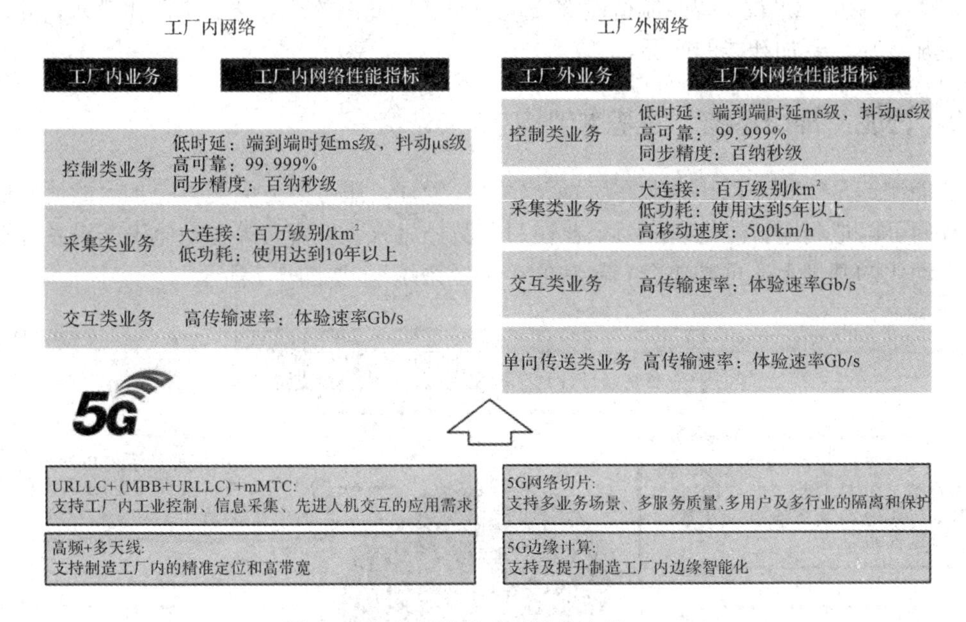

图 7-5　智能制造的重要技术支撑——5G

7.3　智能制造系统的构成

7.3.1　制造业用户分类

制造业的产品种类繁多，从高端制造装备、航天飞机到家用电器、食品饮料等，用户既有工业、建筑业、服务业等领域的企业，也包括最普通的消费者，我们可以把智能制造的需求方简单分为“B 端用户”和“C 端用户”两种类型。如图 7-6 所示，B 端用户需要智能装备与材料，而 C 端用户则需要智能产品与服务。

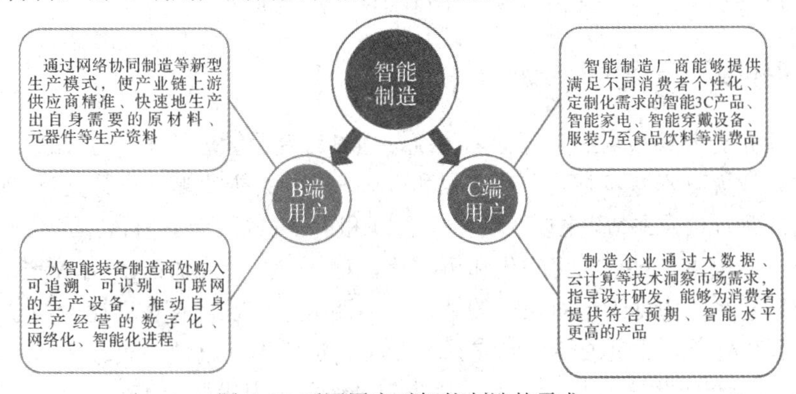

图 7-6　不同用户对智能制造的需求

智能制造能够为 B 端用户带来准确性、适用性、耐用性更加符合自身生产要求的冶金、钢铁、石化等原材料；能够为 B 端用户生产拥有感知环境、互联互通、远程可控等特性的智能装备，推动 B 端用户的智能化发展。

对于 C 端用户来说，智能制造能够实现消费者对商品的个性化、定制化需求，并持续提供更加优质、更加智能的产品。

7.3.2　智能“神经系统”的基本架构

智能制造是一种可以让企业在研发、生产、管理、服务等方面变得更加“聪明”的方法，我们可以把制造智能化理解为企业在引入数控机床、机器人等自动化生产设备并实现生产自动化的基础上，再搭建一套精密的“神经系统”，如图 7-7 所示。

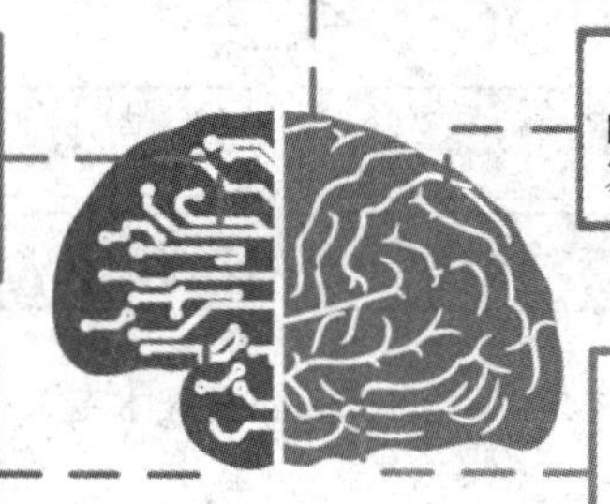

图 7-7　智能“神经系统”的基本架构

智能“神经系统”以 ERP(Enterprise Resource Planning，企业资源计划系统)、MES (Manufacturing Execution System，制造执行系统)等管理软件组成中枢神经，以传感器、嵌入式芯片、RFID 标签、条码等组件为神经元，以 PLC 为链接控制神经元的突触，以现场总线、工业以太网、NB-IoT 等通信技术为神经纤维。企业能够借助完善的“神经系统”感知环境、获取信息、传递指令，以此实现科学决策、智能设计、合理排产，提升设备使用率，监控设备状态，指导设备运行，让自动化生产设备如臂使指。

7.3.3　中枢神经——ERP + MES

ERP 系统是企业最顶端的资源管理系统，强调对企业管理的事前控制能力，它的核心功能是管理企业现有资源并对其合理调配和准确利用，为企业提供决策支持；MES 系统是面向车间层的管理信息系统，主要负责生产管理和调度执行，能够解决工厂生产过程的“黑匣子”问题，实现生产过程的可视化和可控化，如图 7-8 所示。ERP 与 MES 两大系统在制造业企业信息系统中处于绝对核心的地位，但两大系统也都存在着比较明显的局限性。尽管 ERP 系统处于企业最顶端，但它并不能起到定位生产瓶颈、改进产品质量等作用；MES 系统主要侧重于生产执行，财务、销售等业务不在其监控范畴。

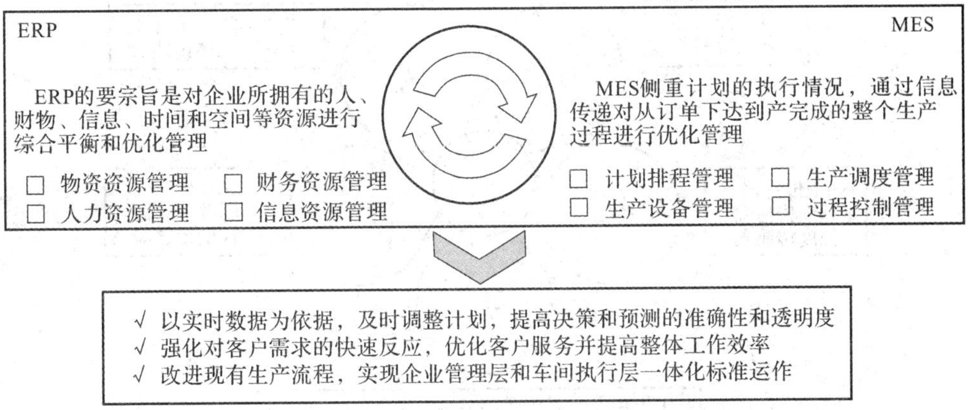

ERP

ERP的要宗旨是对企业所拥有的人、财物、信息、时间和空间等资源进行综合平衡和优化管理

□ 物资资源管理 □ 财务资源管理
□ 人力资源管理 □ 信息资源管理

MES

MES侧重计划的执行情况，通过信息传递对从订单下达到产完成的整个生产过程进行优化管理

□ 计划排程管理 □ 生产调度管理
□ 生产设备管理 □ 过程控制管理

√ 以实时数据为依据，及时调整计划，提高决策和预测的准确性和透明度
√ 强化对客户需求的快速反应，优化客户服务并提高整体工作效率
√ 改进现有生产流程，实现企业管理层和车间执行层一体化标准运作

图 7-8 ERP 与 MES 的职能与集成

企业要搭建一套健康的智能“神经系统”，ERP 与 MES 就如同“任督二脉”一般，必须要将两者打通，构成计划、控制、反馈、调整的完整系统，通过接口进行计划、命令的传递和实绩的接收，使生产计划、控制指令、实时信息在整个 ERP 系统、MES 系统、过程控制系统、自动化体系中透明、及时、顺畅地交互传递并逐步实现生产全过程数字化。

7.3.4 神经突触——PLC

PLC 即可编程逻辑控制器，主要由 CPU、存储器、输入/输出单元、外设 I/O 接口、通信接口及电源共同组成，根据实际控制对象的需要配备编程器、打印机等外部设备，具备逻辑控制、顺序控制、定时、计数等功能，能够完成对各类机械电子装置的控制任务。PLC 系统具有可靠性高、易于编程、组态灵活、安装方便、运行速度快等特点，是控制层的核心装置。

在智能制造系统中，PLC 不仅是机械装备和生产线的控制器，还是制造信息的采集器和转发器，类似于神经系统中的“突触”，一方面收集、读取设备状态数据并反馈给上位机(SCADA 或 DCS 系统)，另一方面接收并执行上位机发出的指令，直接控制现场层的生产设备。

7.3.5 神经元——传感器与 RFID 标签

神经元是神经系统的基本组成单位，在智能制造“神经系统”中，担任此角色的就是与物料、在制品、生产设备、现场环境等物理界面直接相连的传感器、RFID 标签、条码等组件。

传感器能感受到被测量的信息，并能将感受到的信息变换成为电信号或其他所需形式的信息输出，传感器使智能制造系统有了触觉、味觉、嗅觉、听觉、视觉等感官，如图 7-9 所示。RFID 标签具有读取快捷、批量识别、实时通信、重复使用、标签可动态更改等优秀品质，与智能制造的需求极为契合。通过射频识别技术，企业可以将物料、刀具、在制品、成品等一切附有 RFID 标签的物理实体纳入监测范围，帮助企业实现减少短货现象、快速准确获得物流信息等目标。

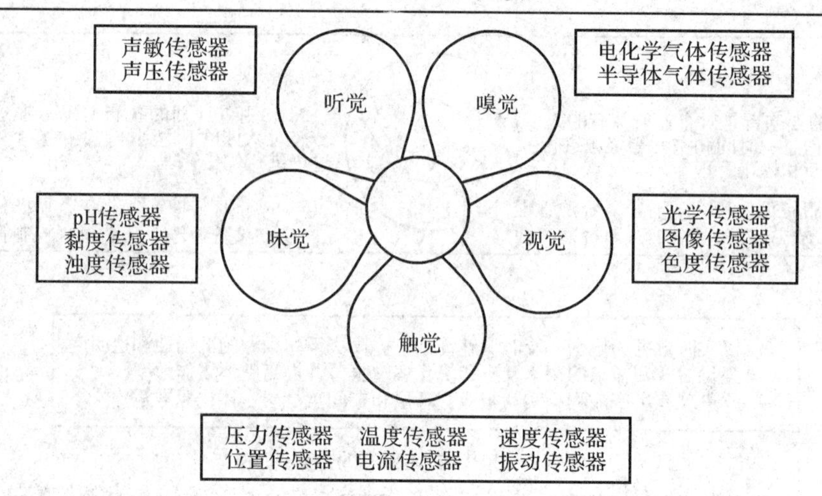

图 7-9　传感器与智能神经系统的“五感”

7.3.6　神经纤维——工业通信网络

企业在日常经营过程中，研发、计划、生产、工艺、物流、仓储、检测等各个环节都会产生大量数据，要让海量数据在智能制造神经系统内顺畅流转，就要综合利用现场总线、工业以太网、工业光纤网络、TSN、NB-IoT 等各类工业通信网络建立一套健全的神经纤维网络。工业通信网络总体上可以分为有线通信网络和无线通信网络，如图 7-10 所示。

现场总线主要解决工业现场的智能化仪器仪表、控制器、执行结构等现场设备间的数字通信以及这些现场控制设备和高级控制系统之间的信息传递问题，是连接智能现场设备和自动化系统的全数字、双向、多站的通信系统

NB-IoT是基于蜂窝网络的窄带物联网技术，它支持海量连接、有深度覆盖能力、功耗低，适合于传感、计量、监控等工业数据采集应用，可满足这些应用对广覆盖、低功耗、低成本的需求

工业以太网采用TCP/IP协议，和IEEE 802.3标准兼容，实现以太网TCP/IP协议与工业现场总线的融合，是在标准以太网协议基础上修改或增加一些特定的功能而形成的

TSN是基于以太网标准的确定性实时通信机制，定义了极其准确、极易预测的网络时间，有效地解决了工业采集数据在以太网传输中的时序性、低延时和流量整形问题

图 7-10　工业通信网络主要类型

有线通信网络主要包括现场总线、工业以太网、工业光纤网络、TSN(时间敏感网络)等，现阶段工业现场设备数据采集主要采用有线通信网络技术，以保证信息实时采集和上传，满足对生产过程实时监控的需求。

无线通信网络技术正逐步向工业数据采集领域渗透，是有线网络的重要补充，主要包括短距离通信技术(RFID、ZigBee、WIFI 等)，用于车间或工厂内的传感数据读取、物品及资产管理、AGV 等无线设备的网络连接；专用工业无线通信技术(WIA-PA/FA、WirelessHART、ISA100.11a 等)；以及蜂窝无线通信技术(4G/5G、NB-IoT)等，用于工厂外智能产品、大型远距离移动设备和手持终端等的网络连接。

7.3.7　强有力的躯干——智能制造装备

企业打造智能制造系统的核心目的是实现智能生产，智能生产的落地基础即智能制造装备。智能制造装备是指具有感知、分析、推理、决策、控制功能的制造装备，它是先进制造技术、信息技术和智能技术的集成和深度融合。目前智能制造装备的两大核心即数控机床与工业机器人，如图 7-11 所示。

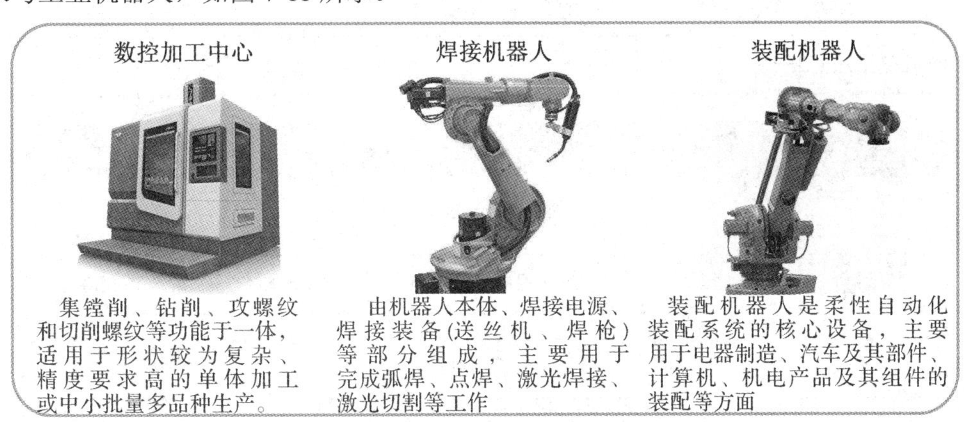

图 7-11　数控机床与工业机器人在智能制造系统中的典型应用

数控机床是一种装有程序控制系统的自动化机床，该控制系统能够逻辑地处理具有控制编码或其他符号指令规定的程序，并将其译码，通过信息载体输入数控装置。数控机床的数控系统经运算处理由数控装置发出各种控制信号，控制机床的动作，按图纸要求的形状和尺寸，自动地将零件加工出来，能够较好地解决复杂、精密、小批量、多品种的零件加工问题。

工业机器人是面向工业领域的多关节机械手或多自由度的机器装置，它可以接受人类指挥，也可以按照预先编排的程序运行。工业机器人在汽车制造、电子设备制造等领域应用广泛，有点焊/弧焊机器人、搬运/码垛机器人、装配机器人等多种类型，能够高效、精准、持续地完成焊接、涂装、组装、物流、包装和检测等工作。

7.3.8　智能制造重构生产体系

智能制造的初步体系在 2020 年前后将逐渐显现出它的“大模样”，主要特征可以概括为数据驱动、软件定义、平台支撑、服务增值和智能主导，如图 7-12 所示。

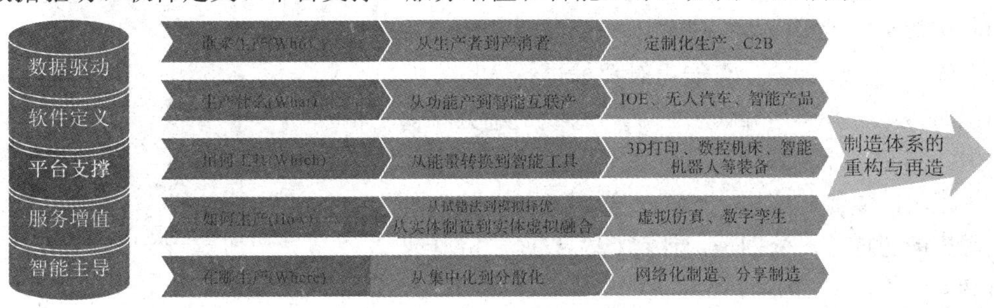

图 7-12　重构智能制造体系

具体到微观企业实践中，从产业链的视角来看，传统制造业向智能制造业的转型升级，已经在很多行业、企业开始迸发和成长。在智能制造业的体系下，虽然消费者洞察、产品研发、采购、生产和营销这五个环节的设置仍与传统体系趋同，但其中的每个环节都显现出了与传统制造体系的差异，主要表现为：智能技术和大数据驱动；消费者的全流程参与；供应链体系向协同网的转变等，如图 7-13 所示。

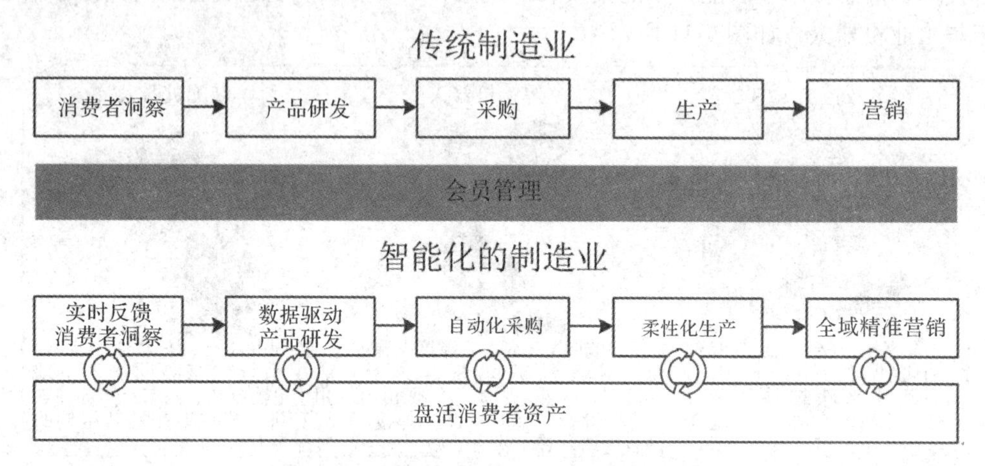

图 7-13　传统制造业和智能制造业的对比

7.4　智能制造的典型应用

7.4.1　智能决策——工业大脑

工业大脑是人类智慧与机器智慧深度融合的产物，其完全站在一个全新的角度，用数据、算力与算法破解工厂密码。工业大脑已逐渐超脱工具的角色，形成制造业的一套解决问题的方法、一种管理理念和一种精益文化。工业大脑正快速融入制造业 DNA，企业的组织、文化、流程、人才结构与商业模式也将由此发生重大改变。

工业大脑的思考过程，简单地讲是从数字到知识再回归到数字的过程。生产过程中产生的海量数据与专家经验结合，借助云计算能力对数据进行建模，形成知识的转化，并利用知识去解决问题或是避免问题的发生。同时，经验知识又将以数字化的呈现方式，完成规模化的复制与应用。一个完整的工业大脑由四块关键拼图组成——分别是云计算、大数据、机器智能与专家经验，如图 7-14 所示。

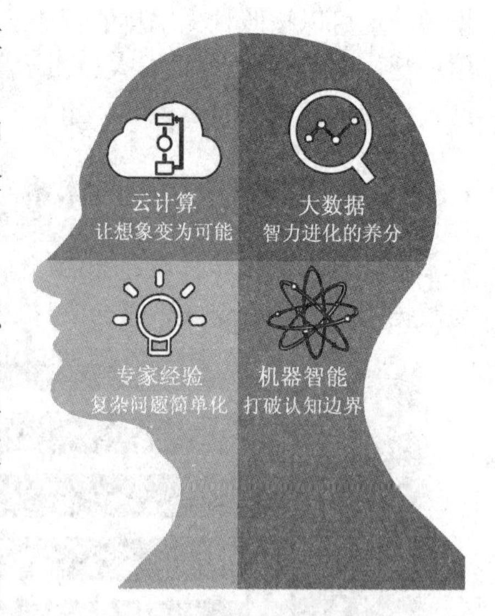

图 7-14　工业大脑结构图

工业大脑的实施使得工厂对人的依赖减少，但无论是生产设备、产线、工业应用还是生产参数如果仍然由人设计和开发，就无法杜绝对资源的浪费和不合理安排。只是浪费隐藏在数据中，更加难以发现。例如锅炉设备控制参数的不合理导致过多燃煤的消耗，或是轮胎生产过程中不同产地橡胶配比的不精确会影响轮胎的稳定性等。

只有将工业大脑与行业专家的洞见结合起来，凭借专家的经验和常识确保机器智能与实际业务需求吻合，开发出能够实现生产的低成本和高效率的模型和算法，才能切实减少生产过程中的浪费、停滞与低效。

1. 工业大脑四步走

工业大脑全局规划与顶层设计固然重要，但在执行层面则需“小、快、准”，以最低成本、最少时间、最小风险快速启动工业大脑，并逐步扩展与优化。如图 7-15 所示，工业大脑的实施路径可以分为以下四个步骤：

(1) 单点智能。工业大脑项目团队，精准聚焦关键业务场景，评估项目的可行性以及所需投入的资源。通过试验、试点的方式，快速启动，完成数据在云端的算法训练，以及实际产线上的测试与持续改进。

(2) 局部智能。第一阶段单点上形成的突破将加大管理层扩展工业大脑应用的信心，进一步尝试其他生产场景的优化与改进。同时引入数据中台，加强数据间的互联互通与数据的智能化管理，为大脑的规模化、体系化部署打下基础。

(3) 全局智能。此时工业大脑开始进入到企业的核心业务战略，企业管理层与大数据项目团队将开始系统性地对工业大脑做整体布局。大脑跨产线、跨车间、跨工厂、直至横跨价值链的大规模应用与复制，加速企业的全局智能升级。

(4) 智能平台。工业大脑的使命是“授之以渔”，目的是为企业培训出一支能看懂数据、用好数据的团队。团队获得的不止是解决问题的工具，更重要的是解决问题的能力与方法。企业最终目标是转型成为赋能行业的数字化转型专家，基于工业大脑开放平台，将能力开放给所在行业的上下游企业。

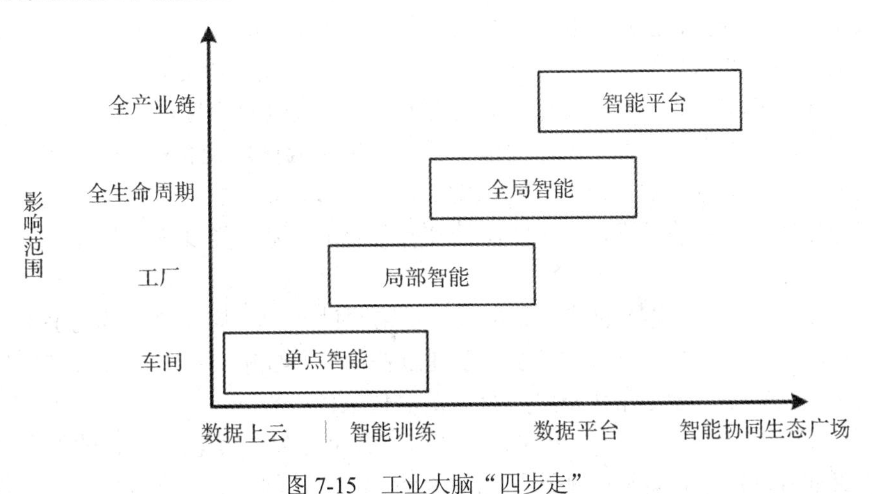

图 7-15　工业大脑“四步走”

2. 业务场景识别的“三个找寻原则”

工厂就像一片撒满碎金子的沼泽，企业需要具备灵敏的业务嗅觉，以及手术刀式的精准业务场景切入，工业大脑才能快速寻找到属于企业自己的金矿。这里可以参考业务场景识别的“三个找寻原则”，如图 7-16 所示。

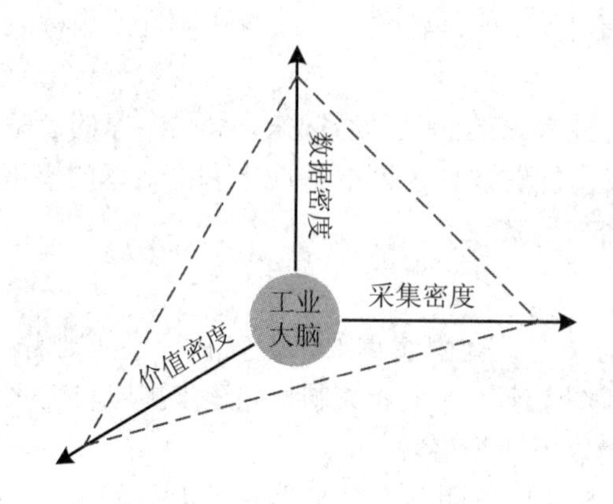

图 7-16　三个价值找寻原则

(1) 找寻数据密度最大的地方，哪个生产环节产生的数据越多，数据压强越大，工业大脑的实施的难度就越低；

(2) 找寻采集密度最强的地方，哪个环节的数据全量、全维、实时采集能力越强，且数据间可形成闭环，算法的准确性就越高；

(3) 找寻价值密度最高的地方，哪个环节对生产运营影响越大或是产生价值越高，且可以效益量化，就是工业大脑需要集中火力的地方。

3. 工业大脑的四种“超能力”

(1) 跨界复制。找寻跨行业的最小抽象，60%的工业大脑可以横跨制造全链条，且可做到跨行业复制。比如用于电池片良率提升的工艺参数推荐技术，也可以应用在多晶硅、硅片及电池组件的生产良率优化。例如，石化行业中的工业大脑项目在能耗优化上的经验积累，同样可以复制到钢铁、水泥、纺织等行业。实践证明，工业大脑在图像识别、智能排产、设备预测性维护、能耗优化等方面的沉淀，具有较强的通用性，可以跨行业复用。同时项目的交付时间从最初需要半年时间，甚至可以缩短到几周内。

(2) 认知反演。工业大脑强大的数学能力加上足够的计算速度，远远超过人类的计算承载力，可同时处理上百万种情况。大脑可以在由海量数据形成的复杂拓扑网络中，以难以置信的速度放大关键的数据节点，并识别数据间的最优量化关系。这种认知反演的方式突破了“老专家”传统的思维定式，将隐性和碎片化的工业问题变得显性化，并由此生成新的知识。

(3) 微创手术。数字世界的试错成本远低于物理世界。大脑就像做微创手术一样，并不需要大量的硬件投入与生产线的改变，仅通过在虚拟环境中对数据的改动与优化即可产生明显的价值与收益，且当路线不对时可以及时调头。

(4) 知识普惠。知识、经验、方法、工艺与实践可封装在模型、SaaS 软件和工业 APP 中，基于工业互联网平台传播，加速知识的流动。比如，阿里云工业大脑 AI 创作间将行业算法模型、行业知识、大数据能力、AI 算法融合到一起，大幅降低算法门槛，车间里的专家师傅即便不懂写代码，也一样可以进行智能应用的开发。

7.4.2 智能网联汽车

智能产品既包括数控机床、工业机器人等智能装备，也包括智能手机、智能网联汽车、智能穿戴等消费产品。在过去的10年最典型的智能产品是智能手机，在下一个10年汽车将成为新的移动智能终端，智能网联汽车的发展如火如荼，在经历了从感知到控制、从部件到整车、从单项到集成、从单向到互动之后，汽车正进入“全面感知+可靠通信+智能驾驶”的新时代。在智能化的道路上，汽车已走了很多年，但就未来发展的前景来看，汽车还处于低“智商”婴幼儿阶段，汽车的网联化、智能化还有很长的路要走。2016年8月，工业和信息化部指导发布《智能网联汽车发展技术路线图》，给出了智能网联汽车智能化发展5级定义，智能化将从驾驶辅助、部分自动、有条件自动、高度自动和完全自动演进，如图7-17所示。

等级名称	等级定义	感知	分析	决策	执行	典型应用
驾驶辅助	系统根据环境信息执行转向和加/减速操作，其他驾驶操作都由人完成	系统 人	系统 人	系统 人	系统 人	自适应巡航，辅助泊车，车道保持
部分自动驾驶	系统根据环境信息执行转向和加/减速操作，其他驾驶操作都由人完成	系统 人	系统 人	系统 人	系统 人	车道内自动驾驶，全自动泊车
有条件的自动驾驶	系统在部分情况下完成所有驾驶操作	系统 人	系统 人	系统 人	系统	高速公路、郊区公路自动驾驶
高度自动驾驶	系统完成所有驾驶操作，特定环境下系统向驾驶员提出响应请求，驾驶员可以对系统请求不进行响应	系统	系统	系统	系统	高速公路全部工况及市区有车道干涉路段
完全自动驾驶	系统可以完成驾驶员能够完成的所有道路环境下的操作，不需要驾驶员介入	系统	系统	系统	系统	全工况下自动驾驶

图7-17 智能网联汽车发展技术路线图

智能化、网联化已经成为汽车技术变革的重要方向，智能化在从辅助驾驶向最终的无人驾驶演进的过程中，网联化步伐不断加快，网联化将从单车网联、多车网联向交通体系网联演进，在这一进程中汽车感知、分析、决策、执行等各个环节技术将快速迭代，不断替代驾驶员的分析、判断和决策，高度自动驾驶和完全自动驾驶将完全由系统完成，如图7-18所示。

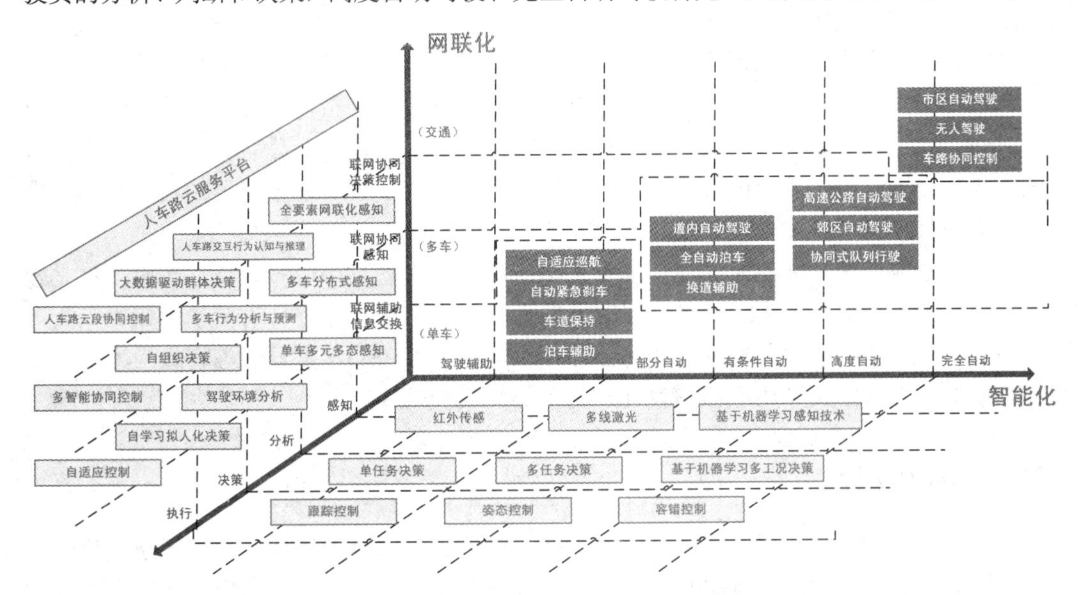

图7-18 智能网联汽车的技术趋势

汽车业传统的价值金字塔(生产—销售—服务)因为CASE(Connected、Autonomous、Shared、Electric)的影响正在失效，更多的价值创造将来自于软件、IT与服务。围绕新平台、新技术、新模式与新服务，一个更为复杂的汽车价值模型将影响到车企未来战略的设计与规划。

7.4.3　智慧城市

智慧城市是通过交通、能源、安防、环保等各系统海量的物联网感知终端，可实时全面地表述真实城市的运行状态，构建真实城市的虚拟镜像，支撑监测、预测和假设分析等各类应用，实现智能管理和调控，如图7-19所示。

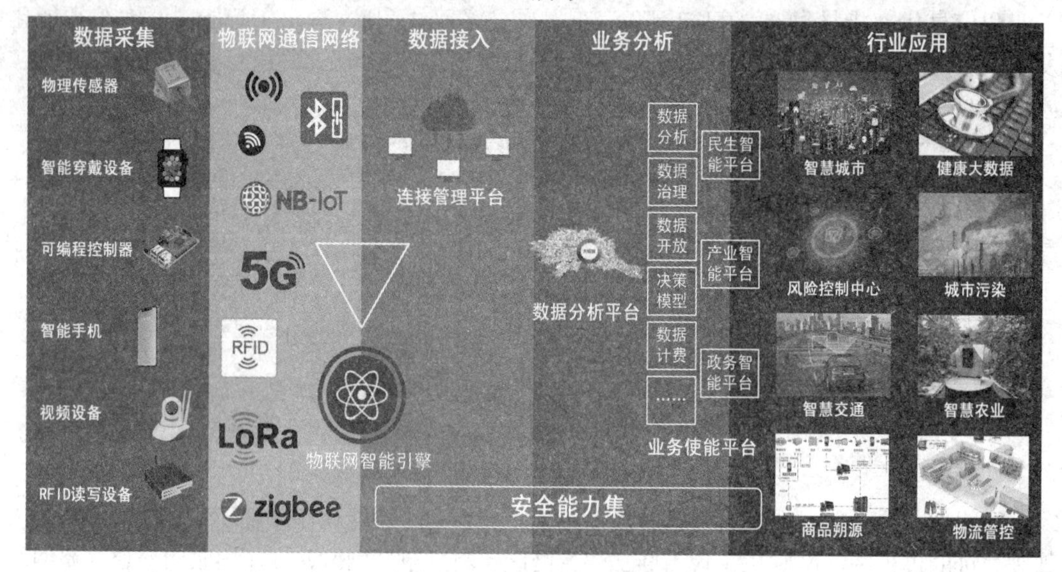

图7-19　智慧城市架构体系

在城市公用事业方面，NB-IoT、LoRa等低功耗广域网络的商用，给公用事业带来了更适用的接入网络技术。除抄表外，基于物联网的城市管网监测、供水供气调度、城市公共资产管理等应用也在不断涌现，合同管理等新的建设运营模式也在积极探索中。

交通管理方面，计算机视觉、人工智能等技术能够实时分析城市交通流量，缩短车辆等待时间；通过大数据分析公众资源数据，合理建设交通设施，为公共交通设施基础建设提供指导与借鉴；通过整合图像处理、模式识别等技术，实现对监控路段的机动车道、非机动车道进行全天候实时监控。

在家庭服务方面，智能家庭将类似于人类中枢神经系统，中心平台或“大脑”将是核心，家庭机器人将从平台接受任务。家庭机器人将完成大部分家庭体力劳动，成为人类的同伴或者助手，甚至从事财富规划师和会计师这样的脑力劳动。机器服务将成为家庭生活的普通场景，重新定义家用电器的设计、功能与人机交互。

7.4.4　智慧矿山

矿山环境恶劣，地点偏远封闭，矿上机械运作单一，重复性操作，是进行智能化转型的理想场景。徐工集团基于自主开发的汉云工业物联网平台，与中科院自动化所合作开发了智慧矿山系统，如图 7-20 所示。该系统通过形式化描述矿山作业机器行为和复杂工况环境特征，来构建信息物理设备交互运行环境。通过该环境进行计算试验，以及场景和工况预设，最终物理矿山实时交互，引领矿山机械安全高效运行。

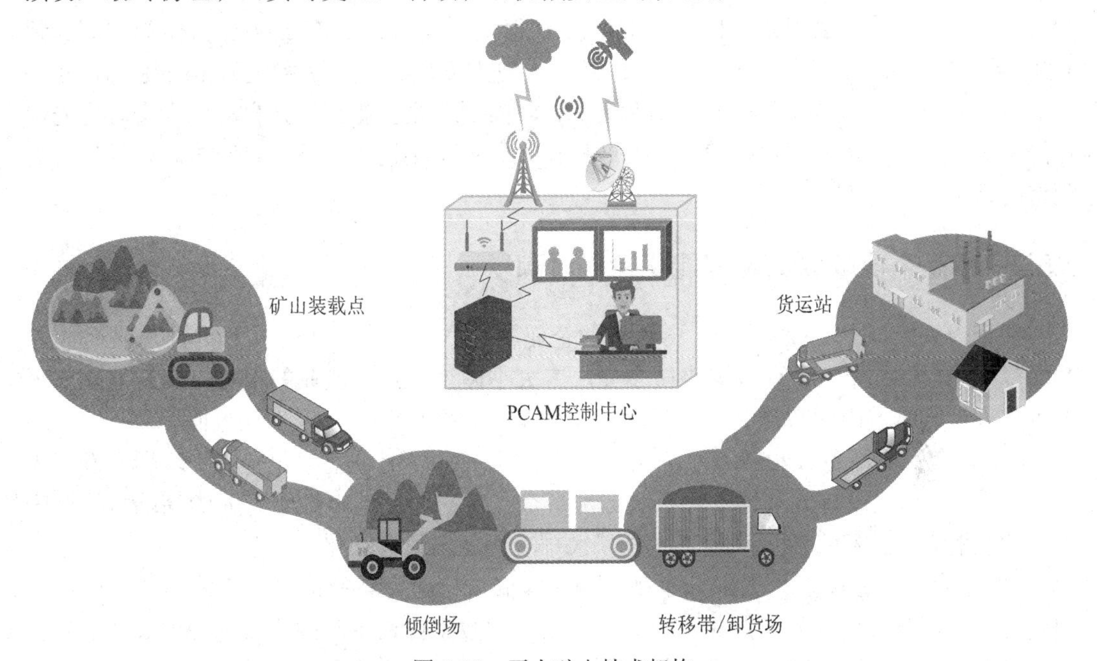

图 7-20　无人矿山技术架构

智慧矿山具有智能化、物联网网联化、无人化三大特点。平行智慧矿山实现了信息化、网络化一体的集成信息管理。其中机群管理系统是中枢神经，负责矿山管理系统调度，根据作业任务，自动匹配剥离矿山挖掘机，与运输矿卡匹配参数，矿卡根据系统下发指令自动完成安装、运输、卸载全过程，自主作业有效降低了操作手的劳动。目前无人矿卡完成了直线行驶、曲线型行驶、障碍物检测、人字形倒车、自动卸车全流程的测试，时速可以达到 20 千米。

矿山机群由挖掘机子系统、矿卡子系统、中心子系统、移动终端系统、视频监控系统等进行系统化的运营。作为核心的机群管理系统集成调度、状态监测、安全报警等功能，可以掌握矿山机械的运行状态，而且可以进行安全报警，提供预测性的防护信息，大大降低了矿山装备运行故障率，确保无故障运营。

7.5　中国智能制造面临的挑战

7.5.1　关键装备、核心零部件受制于人，短期内难以实现国产替代

智能制造系统中涉及大量的数控加工中心、工业机器人、嵌入式芯片等各种高端制造装备和核心零部件以及 ERP、MES、CAD 等各种工业软件，而上述装备、零部件以及工业软件的核心技术在国外，国内制造企业只能大量进口。目前，我国近 90%的芯片、70%

的工业机器人、80%的高档数控机床和80%以上的核心工业软件依赖进口。这造成国内制造业企业智能化改造成本居高不下，严重制约我国智能制造的整体进展。

以工业机器人为例，根据国际机器人联合会(IFR)的数据显示，中国已经连续六年成为工业机器人第一消费大国，2017年中国工业机器人销量达到了13.8万台，全球占比达到36%。而其中仅有3.5万台是由国内工业机器人制造商生产，国产率仅为25.1%，比2016年的31%还下降了近6个百分点。由此可见，中国制造业企业在提升自动化水平时优先选择的是选购国外品牌的工业机器人，国产机器人尽管发展较快，但短时间内难以满足智能制造的需求。

7.5.2　小微企业难以融入智能化发展浪潮

在全国规模以上工业企业中，84.2%的企业属于小型企业，规模以下(年主营业务收入2000万元以下)尚有200余万家小微企业。广大小微企业是制造业的根基，其智能化水平很大程度上影响着中国智能制造工程的实施效果。它们目前存在以下几方面困难：

(1) 自有资金不足。2017年，中国30余万家规模以上小型工业企业平均利润额仅为750.5万元，如果没有外来资本注入和专项资金扶持，面对动辄数十万元的高端数控机床和工业机器人，纯靠企业自身的资本投入很难短期内实现自动化。

(2) 信息化基础薄弱。大部分小微工业企业尚未构建完整的信息化系统，《2018年中国制造业痛点分析报告》数据显示，制造业企业的数字化设备联网率仅为39%、MES普及率只有18.1%，范围如缩小到小微企业，工业软件的普及率只会更低。

(3) 缺乏相关人才。制造业小微企业的从业人员多以熟练技工居多，而企业搭建智能制造系统需要管理、技术等多方面人才，尤其是既懂业务又懂智能制造的复合型人才更是紧缺，从外部招聘极为不易，内部培养又需要大量时间和精力投入。

因此，从《中国制造2025》战略提出以来，大部分中国制造业小微企业只能羡慕大企业申请智能制造试点示范项目、围观大企业开展轰轰烈烈的智能化改造，自己却难以融入智能制造的发展浪潮。相比于大中型企业，小微企业的智能化之路面临更大的试错成本和不可控风险，稍有不慎就会危及生存。

7.5.3　大部分中国企业缺少智能制造的文化内核——“工匠精神”

工业文明是建立在企业文化基础上的，对于制造业企业而言，优秀的企业文化即是“工匠精神”在微观领域的集合或集中体现，它在形成以后会向所在产业及上下游延伸、渗透，在其他企业接受并实践此种文化的过程中逐渐形成工业文明。

中国走的是一条“压缩型”的工业化道路，与美、日、德等制造业强国上百年的工业化历史相比，中国的工业化进程只有几十年，快速发展的副作用是企业为了追求急速扩张占领市场而选择忽略细节因素，大量制造业企业没有建立科学合理的企业文化，即便有，也并未真正落实到生产经营中的各个环节。

管理大师彼得·德鲁克曾说过：“对于文化来说，战略是早餐，技术是午餐，产品是晚餐。文化会吃掉后面的其他东西。”智能制造需要工匠精神的“标准、精准、创新”等核心内涵，如果一个企业内部没有形成“工匠精神”内核，即便是搭建起形式上的智能制造系统，其系统也会因文明缺失难以发挥效用。

课 后 习 题

1. 什么是智能制造？它的内涵有哪些？

2. 什么是“工业4.0”？其核心内容是什么？从“工业1.0”发展到“工业4.0”，每个阶段的主要特征是什么？

3. 与德国提出的“工业4.0”相比，美国提出的“工业互联网”的发展重点是什么？其本质又是什么？

4. 智能制造的核心支撑技术主要有哪些？请简述之。

5. 什么是算力？与它相关的技术主要有哪几个？

6. 5G通信技术对工厂内和工厂外的网络起到哪些支撑作用？

7. 智能制造的需求方可分为哪两类用户？

8. 智能“神经系统”是一个形象的比喻，它由哪些技术组成？它的各个组成部分又是如何相互配合工作的？

9. 试举例描述一下智能制造的应用案例。

10. 中国的智能制造目前面临哪些方面的挑战？

第 8 章　新型工业控制网络核心技术

8.1　工业互联网平台

正如上一章所述，工业互联网是互联网和新一代信息技术与工业系统全方位深度融合所形成的产业和应用生态，是工业智能化发展的关键综合信息基础设施。

工业互联网平台是工业云平台的延伸发展，其本质是在传统云平台的基础上叠加物联网、大数据、人工智能等新兴技术，构建更精准、实时、高效的数据采集体系，建设包括存储、集成、访问分析和管理功能的使能平台，实现工业技术、经验知识模型化、软件复用化，以工业 APP 的形式为制造企业创新各类应用，最终形成资源富集、多方参与、合作共赢、协同演进的制造业生态。

8.1.1　工业互联网平台的发展历程

工业互联网平台的发展大致经历了四个阶段，分别是云平台、大数据平台、物联网平台和工业互联网平台，如图 8-1 所示。

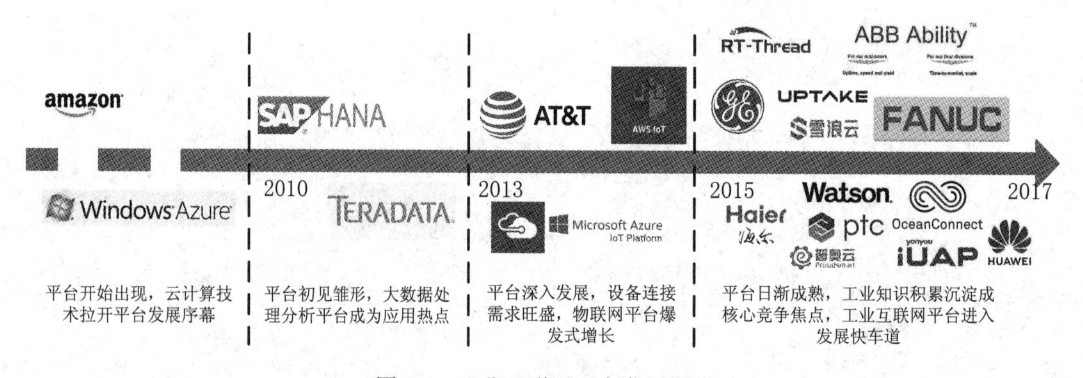

图 8-1　工业互联网平台发展历程

第一阶段，产生了以亚马逊 AWS、微软 Azure 为代表的云计算平台。

第二阶段，产生了以 SAP HANA 和 Teradata Aster 为代表的大数据平台。

第三阶段，以亚马逊 AWS IoT、IBM Watson IoT、微软 Azure IoT 为代表的物联网平台诞生。

第四阶段，以 GE Predix、西门子 MindSphere、ABB Ability 为代表的工业互联网平台快速发展，呈现爆发式增长态势。

一方面，工业互联网平台数量在持续增加；另一方面，其市场规模也在不断快速增长。美国以及欧洲和亚太地区，是工业互联网平台发展的焦点区域，诞生了众多知名的企业。

比如，美国的工业互联网领头企业有 GE、亚马逊、霍尼韦尔、微软、PTC、思科、艾默生等；而欧洲的代表是 ABB、西门子、博世、施耐德、SAP 等；至于亚太地区，在中国则有航天云网、海尔、树根互联、索为、阿里、华为、浪潮、紫光、东方国信、寄云等，以上都是起步比较早的平台开发企业。

8.1.2 工业互联网平台功能架构

为了满足智能制造的数字化、网络化、智能化的需求，工业互联网平台需构建基于海量数据采集、汇聚、分析的服务体系，以支撑制造资源的泛在连接、弹性供给和高效配置。工业互联网平台的功能架构，从下至上，主要包括边缘层、IaaS 层(Infrastructure as a Service，基础设施即服务)、平台层(工业 PaaS，Platform as a Service，平台即服务)以及应用层(工业 SaaS，Software as a Service，软件即服务)，如图 8-2 所示。

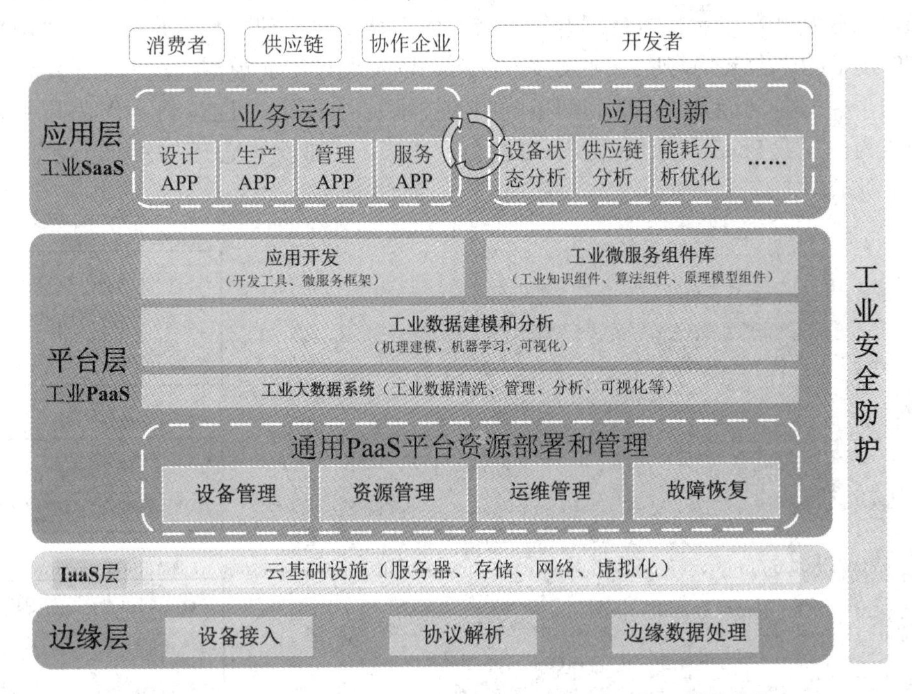

图 8-2 工业互联网平台功能架构(来源：中国工业互联网联盟)

- 边缘层主要解决生产车间以及生产过程中数据采集的集成问题，主要包括三个部分。一是设备的接入，需兼容各类协议，实现设备/软件的数据采集；二是协议的解析，需统一数据格式，实现数据集成、互操作；三是边缘存储计算，实现错误数据剔除、数据缓存等预处理以及边缘实时分析，降低网络传输负载和云端计算压力。
- IaaS 层主要指的是一些服务器的基础设施，包括服务器、存储、网络、虚拟化等。
- 工业 PaaS 层主要解决工业数据处理和知识积累沉淀问题，形成开发环境，实现工业知识的封装和复用，工业大数据建模和分析形成智能，促进工业应用的创新开发。它是整个功能框架的核心，又可分为两个子部分。下半部分是工业 PaaS 层的通用部分，包含数据存储、数据转发、数据服务、数据清洗。上半部分是工业 PaaS 层核心中的核心。对于工业 PaaS 层来说，最为核心的就是模型和算法，因为要在工业 PaaS 层做微服务和模型，就需将大量技术原理、基础工艺经验形成算法和模型，然后用各种工业 APP 来解决不同大型企业、不同细分行业中的各种问题。

· 工业 SaaS 层主要解决工业实践和创新问题，通过工业 SaaS 和 APP 等工业应用部署的方式实现设计、生产、管理等环节价值提升，借助开发社区等工业应用创新方式塑造良好的创新环境，推动基于平台的工业 APP 创新。

在工业互联网平台的功能架构的四个层次中，应用层的 APP 是关键，用来形成满足不同行业、不同场景的应用服务；工业 PaaS 是核心，用来构建一个可扩展的操作系统，为应用软件开发提供一个基础平台；IaaS 是支撑，用来使计算、存储网络资源池化；边缘层的数据采集是基础，用来构建精准、实时、高效的数据采集体系。

8.1.3 工业互联网平台的四大技术趋势

随着工业互联网平台技术持续升级，技术体系从支撑“建平台”走向支持“用平台”。基于 IT 技术的平台架构与应用开发技术创新，以及通过工业模型沉淀和场景化二次开发所带来的平台服务功能升级，成为两条鲜明的技术发展主线。目前，平台的发展主要在四个方面发力：工业 PaaS 与应用开发、工业数据建模、工业数据管理与分析以及工业边缘，如图 8-3 所示。

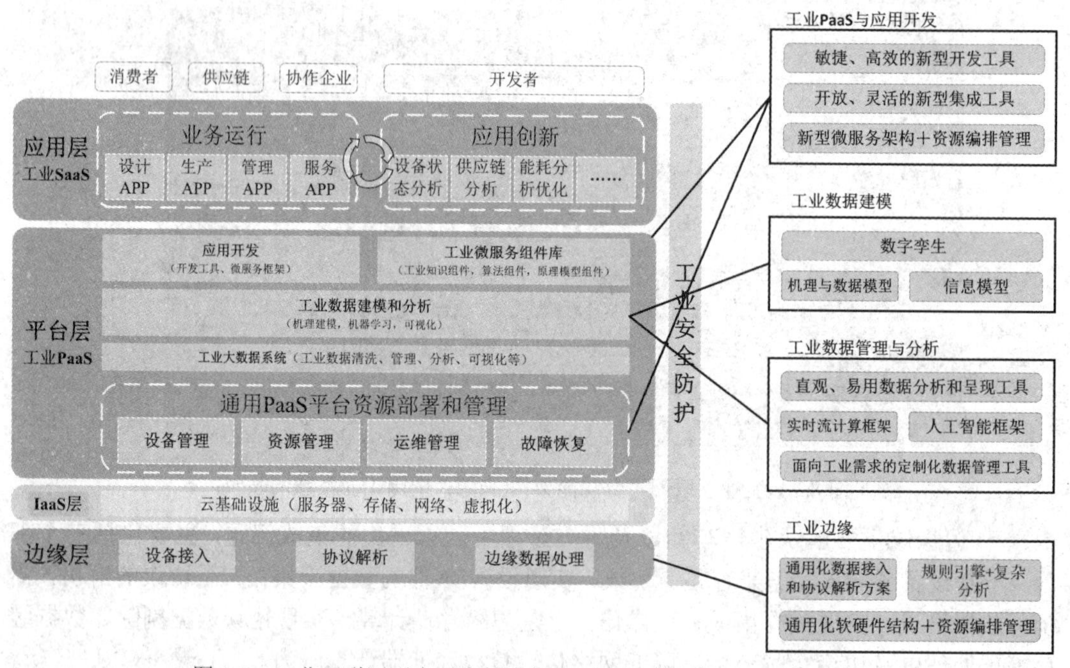

图 8-3 工业互联网平台四大技术趋势(来源：中国工业互联网联盟)

· 在工业 PaaS 与应用开发方面，主要包括敏捷、高效的新型开发工具，开放、灵活的新型集成工具和新型微服务架构 + 资源编排管理等。且平台架构不断向资源灵活组织、功能封装复用、开发敏捷高效加速演进。

· 在工业数据建模方面，主要包括数字孪生、机理与数据模型和信息模型，而且模型的沉淀、集成与管理逐步成为工业互联网平台工业赋能的核心能力。

- 在工业数据管理与分析方面，主要包括直观、易用数据分析和呈现工具，实时流计算框架和人工智能框架等，并从定制开发走向成熟商业方案。
- 在工业边缘方面，主要内容有通用化数据接入和协议解析方案、规则引擎 + 复杂分析、通用化软硬件结构 + 资源编排管理等，其重心由接入数据向用好数据演进。

8.2　时间敏感网络

TSN(Time Sensitive Networking，时间敏感网络)是在 IEEE 802.1 标准框架下，基于特定应用需求制定的一组新一代网络“子标准”，旨在为以太网协议建立“通用”的时间敏感机制，具有时间同步、延时保证等确保实时性的功能，以保证网络数据传输中的时间确定性。TSN 是前述网络协议层次模型中数据链路层关于以太网通信的第二层协议标准，更确切地说是 MAC 层的一套协议标准，为不同协议网络之间的互操作提供了可能性。

8.2.1　为什么需要 TSN

从另一个角度看，我们可以把工业互联网平台体系分为三个部分：网络体系、数据体系以及安全体系。其中，网络体系又可以拆成三个部分：网络互联体系、地址与标识体系以及应用支持体系。网络互联体系还可以分成工厂内部互联和工厂外部互联。

从前面章节的学习中我们知道，传统的工厂内部互联架构通常为“两层三级”模式。两层是指 IT 网络层和 OT 网络层，主要用于连接生产现场的控制器，如 PLC、DCS、FCS、传感器、伺服器、监控设备等部件。三级则是指工厂级、车间级、现场级，如图 8-4(a)所示。

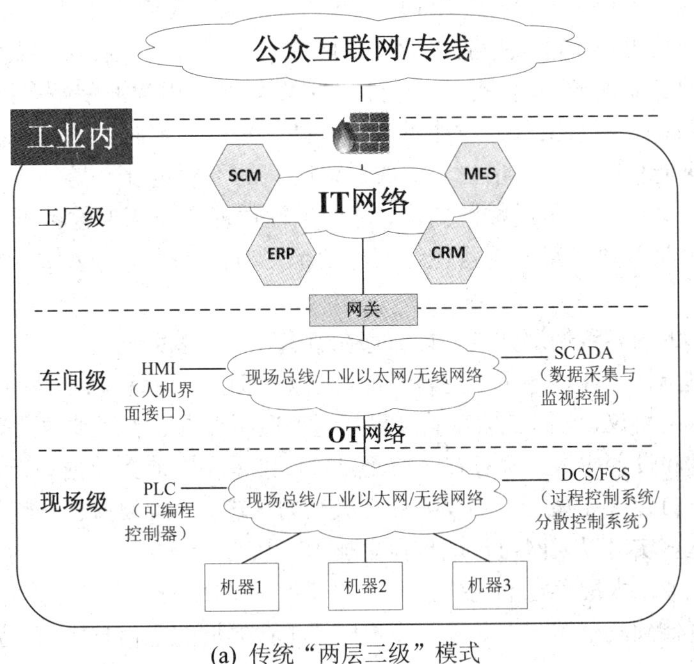

(a) 传统“两层三级”模式

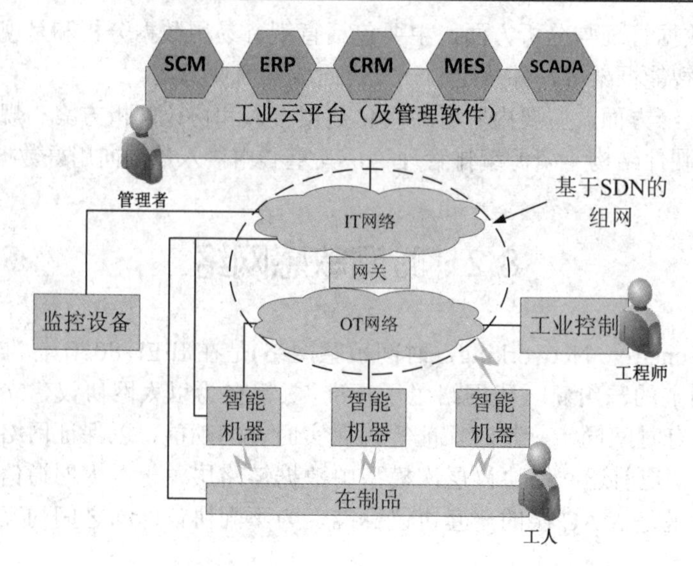

(b) 新型“三化”趋势

图 8-4　工厂内部互联网架构

传统工厂互联架构存在的问题主要有：IT 和 OT 网络技术标准各异；工业生产全流程存在大量“信息死角”；工业网络静态配置、刚性组织的方式难以满足未来用户定制、柔性生产的需要。

在智能制造和工业互联网推动的大背景下，目前工厂内部互联架构存在“三化”趋势：扁平化、IP 化、无线化。扁平化就是要实现 IT 和 OT 网络的融合，将两者打通，实现数据互通，如图 8-4(b)所示。

但是，当前的 OT 技术很难实现同 IT 网络的互联互通。从前面的章节我们得知，OT 网络的发展已经经历了现场总线和工业以太网两种模式。我们也知道，当前 IT 网络所采用的商用以太网技术是不能照搬到工业以太网中的，仅可用于实时性要求不高的场所，不能用于恶劣的工业现场环境。这主要是因为：以太网采用载波侦听多路访问/冲突检测(CSMA/CD)的机制，两个工作站发生冲突时，必须延迟一定时间后重发报文。发生堵塞时，有的报文可能长时间发不出去，造成通信时间的不确定性。另外，现在的 IT 与 OT 在融合过程中还会遇到一个严峻的问题，即周期性数据和非周期性数据往往需要通过两个网络传输，因此不同厂家控制器往往都有两个网口，一个实时以太网口，一个标准以太网口。

由前面章节的内容我们还知道，目前存在着多种工业以太网协议。这些协议都是在标准以太网的基础上修改或增加了一些特定的协议来保证实时性和确定性的。由于这些协议都是非标准以太网协议，它们虽然在满足机器运动控制等方面已经绰绰有余，但在易用性、互操作性、带宽和设备成本上都存在一些不足，特别是在当前大数据和云计算等进入工业控制领域，要求 IT 和 OT 融合，不仅要保证大数据传输，而且要保证传输的实时性和确定性的背景下，这些实时以太网协议就显得更加力不从心。

正是由于工业以太网存在的这些瓶颈，才催生了 TSN 网络的产生，它是一项从视频、音频数据领域延伸到汽车领域，并进一步推广至工业领域的通信技术。工业通信领域中的主流协议技术 PROFINET、EtherNet IP、CC-Link IE、EtherCAT 等都已经开始或已经融合 TSN 技术，以顺应工业 4.0 数字化时代彻底互联互通的重大趋势。

8.2.2　TSN 协议架构

说起 TSN，就不得不提它的前身——AVB(Ethernet Audio Video Bridging，以太网音/视频桥接技术)。AVB 作为极具发展潜力的下一代网络音/视频实时传输技术，是 IEEE 的 802.1 任务组于 2005 开始制定的一套基于新的以太网架构的、用于实时音/视频的传输协议集。它有效地解决了数据在以太网传输中的时序性、低延时和流量整形问题，同时又保持了 100%的向后兼容传统以太网。

IEEE 802.1 任务组在 2012 年 11 月时正式将 AVB 更名为时间敏感网络(TSN)，也就是说，AVB 只是 TSN 中的一个应用。

TSN 处在 ISO/OSI 参考模型中的第二层，如图 8-5 所示。它是一项 VLAN(Vitural Local Area Network)技术，这显然定义了它是一个局域网，并且是一个虚拟的局域网。它不必一定成为商用和民用的所有通吃的标准。

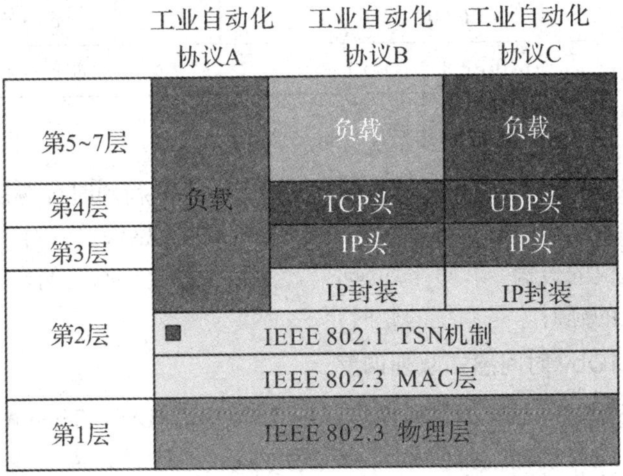

	工业自动化协议A	工业自动化协议B	工业自动化协议C
第5~7层	负载	负载	负载
第4层	负载	TCP头	UDP头
第3层	负载	IP头	IP头
第2层	负载	IP封装	IP封装
第2层	IEEE 802.1 TSN机制		
第2层	IEEE 802.3 MAC层		
第1层	IEEE 802.3 物理层		

图 8-5　TSN 在 ISO/OSI 七层体系架构中的位置

TSN 域和非 TSN 域的区别在于 VLANID，即进入 TSN 网络时数据会被交换机打上 VLAN 标签，然后借助于 TSN 机制在该网络中传输。但数据离开 TSN 网络时，这个 VLAN 标签会被去除，数据也可以变为一个标准以太网帧被传输。

TSN 最关键的目的在于“同一”网络的数据传输，即周期性的控制通信需求和非周期的数据在同一个网络中传输。TSN 实施的目标主要有如下几个方面：

(1) 保证针对交换网络的报文延迟在规定时限内。

(2) 非严苛型数据与时间严苛型报文可以在一个网络中传输而无需担心数据碰撞。

(3) 更高层协议可以通过实施控制报文机制分享网络基础设施。

(4) 在无需网络或设备变动情况下将组件添加至实时控制系统。

(5) 可以在源头获得更为精准的信息来进行网络错误的诊断，并更快的维修。

因此，TSN 的核心任务主要有三个：时钟同步、数据调度与系统配置。围绕这三个核心任务，TSN 标准涵盖了一系列的技术协议。表 8-1 列举了部分对于工业制造领域来说比较重要的技术协议。

表 8-1 TSN 标准涉及的主要技术协议

优先级	协议标准	功 能
1	IEEE 802.1ASrev	时钟同步
1	IEEE 802.1Qbv	时间感知队列调度
1	IEEE 802.1Qcc	网络管理和系统配置
2	IEEE 802.1CB	基于时钟同步的无缝冗余
2	IEEE 802.1Qci	流量过滤与管理
2	IEEE 802.1Qbu	帧优先级抢占
3	IEEE 802.1Qch	循环调度和转发
3	IEEE 802.1Qav	基于信用的流量整形器
3	IEEE 802.1Qat	数据流管理
3	IEEE 802.1Qca	路径控制和预留

1. IEEE 802.1ASrev 时钟同步

IEEE 802.1ASrev 时钟同步是在 Layer 2 的 IEEE 1588 精确时钟协议规范，用以确保连接在网络中各个设备结点的时钟同步，并达到微秒级的精度误差。对于 TSN 而言，其最为重要的不是“最快的传输”和“平均延时”，而是“最差状态下的延时”。因为对于确定性网络而言，最差的延时才是系统的延时定义。

2. IEEE 802.1Qbv 时间感知队列调度

TSN 的核心在于时间触发的通信原理。在 TSN 中有(TAS，Time Aware Shaper)，时间感知整形器概念，这是确定性报文序列的传输方式。通过时间感知整形器，可使用 TSN 使能交换机来控制队列报文。以太网帧被标识并指派给基于优先级的 VLAN Tag，将数据流量划分为不同的类型，为优先级较高的时间敏感型关键数据分配特定的时间槽，并且在规定的时间结点，网络中所有结点都必须优先确保重要数据帧通过，这样就消除了非周期性数据对周期性数据的影响，因为每个交换机的延迟是确定的，所以 TSN 的数据报文延时得到保障。

3. IEEE 802.1Qbu 帧优先级抢占

对于高带宽的非时间严苛型应用而言，Qbu 设计了抢占机制，当出现优先级更高的数据包传输时，立即中断当前传输，被中断的传输从中断点处被重发。该标准能够解决 TAS 为避免传输抖动而在严苛型数据帧到来之前，锁存低优先级序列的问题。

4. IEEE 802.1Qcc 网络管理和系统配置

IEEE 802.1Qcc 用于为 TSN 进行基础设施和交换终端结点进行即插即用能力的配置，

以满足设备结点和数据需求的各种变化。采用集中配置模式，由 1 或多个 CUC(集中用户配置)和 1 个 CNC(集中网络配置)构成。图 8-6 示意了 IEEE 802.1Qcc 的 CNC 与 CUC 的配置，以及对不同的 Qbv、Qbu 及 CB 的配置。

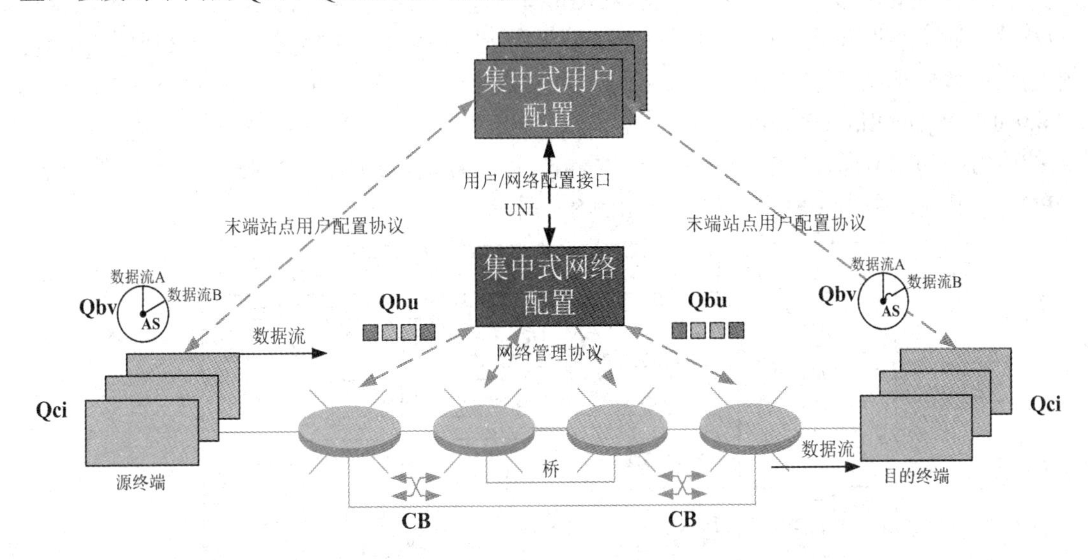

图 8-6　IEEE 802.1Qcc 网络管理和系统配置

5. IEEE 802.1CB 基于时钟同步的无缝冗余

通过冗余管理机制来实现 HSR(高可用无缝冗余，IEC62439-3)和 PRP(并行冗余协议，IEC62439 C4)。报文被冗余拷贝在一个并行的网络通道里，如图 8-6 所示。无论发生链路故障、电缆断裂还是其他错误，均能强制实现可靠的通信。冗余管理机制将这些冗余帧合并，然后产生一个独立的信息流到接收端。此选项确保关键流量的复本在网络中能以不相交集的路径进行传送，只保留首先到达目的地的封包，从而实现无缝冗余。

6. IEEE 802.1Qci 流量过滤与管理

IEEE 802.1Qci 也称为流量控制，用于避免流量过载的情况(可能由于端点或交换机上的软件错误)影响接收结点或埠。流量管制也可能用于阻挡恶意的装置或攻击。

另外，还有 4 个常用的优先级为 3 的协议，它们分别是：

(1) IEEE 802.1Qca：路径控制和预留，定义了如何设置 802.1CB 中冗余数据的路径；

(2) IEEE 802.1Qav：基于信用的流量整形器(CBS，Credit-Based Shaper)；

(3) IEEE 802.1Qat：流管理协议，用于时间敏感性数据流注册与预留；

(4) IEEE 802.1Qch：循环调度和转发。

要实现 TSN 这样的网络的确需要非常大的技术投入，因为它的复杂性是超过现有网络的。就像时钟同步就比 IEEE 1588 多了可靠性方面的需求一样，调度机制也更多样灵活，这些都是需要专用芯片来进行处理的。千兆以太网处理芯片、传输电缆、交换芯片等，都需要投入大量成本研发。而只有面临巨大的市场机会，芯片厂商才会有动力去投入研发。现在大量的芯片厂商投入其中，也是因为看到其广阔的发展前景。这些投入会让 TSN 变得更为易用且低成本，更具竞争力。

8.2.3　TSN + OPC UA

TSN 仅仅是为以太网提供了一套 MAC 层的协议标准，它解决的是网络通信中数据传输及获取的可靠性和确定性的问题。而如果要真正实现网络间的互操作，还需要有一套通用的数据解析机制，这就是 OPC UA 统一架构(OPC Unified Architecture，OLE for Process Control，Object Linking and Embedding)。通俗意义上讲：TSN 解决的是参考模型中 1～4 层的事情，OPC UA 解决的是 5～7 层的事情。也就是说，TSN 解决的是数据获得的问题，OPC UA 解决的是语义解析的问题，如图 8-7 所示。

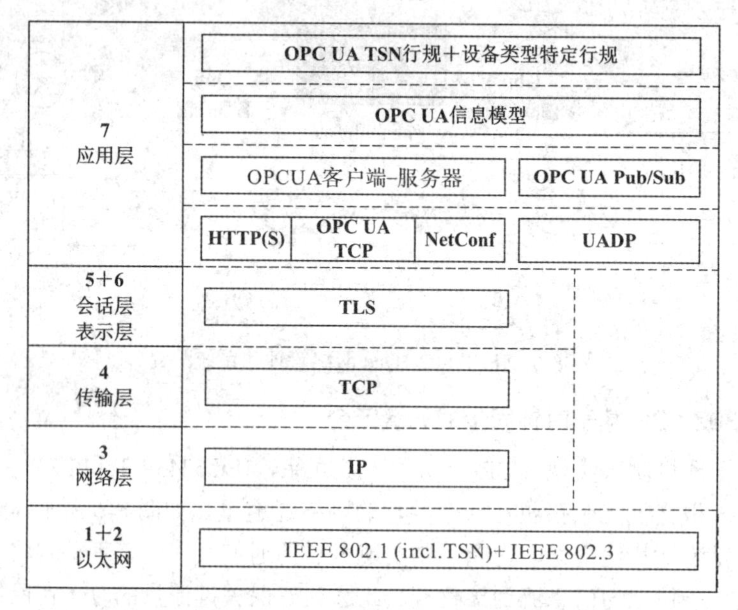

图 8-7　OPC UA TSN 网络架构

OPC UA 作为下一代的 OPC 标准，通过提供一个完整、安全和可靠的跨平台的架构，实现原始数据和预处理的信息从制造层级到生产计划或 ERP 层级的传输。对于所有使用 OPC UA 协议的设备和电脑等，所有需要的信息在任何时间、任何地点，每个授权的人员都可用。这种功能独立于制造厂商的原始应用、编程语言和操作系统。

1. 统一的访问

传统 OPC COM(Component，组件)特性将不同的功能分布于多个 COM 服务器，通过接口连接代表不同特性的功能。例如，提供存储历史数据的 OPC COM 服务器不允许当前的数据被读和更新，因此造成 OPC COM 服务器可以提供报警但不能连续地提供触发报警的数据的访问。这种特性造成了集成的问题，因为单一系统的信息不能通过一致的方式访问。而 OPC UA 通过单一服务访问的方式较好地解决了这种包含多种可用信息的通用地址集成问题。

2. 设计的可靠性

OPC UA 具有较好的冗余架构。完整的、可配置的超时、错误检测和恢复特性使得 OPC UA 产品可以无缝处理出现错误或失败的情况(例如网络通信的丢失)。标准的支持冗余功能的 OPC UA 模块使得不同厂商的应用部署均成为可能。

3. 跨域防火墙

OPC UA 由客户端启动通信通道，这意味着不需要像 OPC COM 一样需要配置客户端来允许服务器的访问。如图 8-7 所示，OPC UA 能通过标准的 HTTP 或 UA TCP 端口或任何管理员愿意开放的其他端口来进行通信，这也意味着可以通过第三方的代理进行通信。

4. 高性能的通信协议

OPC UA 是基于 TCP 的二进制通信协议，通过最小的开销提供最快的性能。对于企业环境，SOAP/XML(Simple Object Access Protocol，简单对象访问协议/eXtensible Markup Language，可扩展标记语言)是通信中常使用的协议。先通过 UA 对消息进行二进制编码，再将其打包到 SOAP/XML 兼容的消息中，能提升 XML 消息 10 倍以上的性能。这种架构的优点是既提供使用 SOAP/XML 的格式，但又在发送之前降低其复杂性和 XML 的大小。

5. 从嵌入式系统到企业级的单一的解决方案

轻量级的 OPC UA 可以作为有效的二进制通信协议，例如 OPC UA 已经移植到很多嵌入式系统，如 VxWorks、Linux 和专有的 RTOSs (Real Time Operating Systems)中。顶级的 OPC UA 应用支持企业级标准的 XML 页面服务协议，通过一个公用的架构可以降低系统集成的成本。

6. 不丢失性能的同时实现平台独立

OPC UA 架构在提供最佳性能的同时提供平台独立。这意味着开发者可以使用他们熟悉的语言和操作系统开发基于 OPC UA 的应用，而不只有一种通过 http 来使用 SOAP/XML 的选择。对于 Windows 用户来说，平台独立性也非常有价值，因为允许应用迁移到下一代的微软通信技术。这也意味着 OPC UA 产品的供应商在以前的通信技术过时或有类似不可配置的较长的超时时间等技术问题时可以有更多的选择。

7. 通过 OPC UA SDKs 降低开发成本

OPC 基金会提供的 OPC UA.NET SDK 可以为开发者提供更多的选择，只需要很少的几百行代码就可以实现兼容于 OPC UA 的应用。开发者还可以选择提供给 OPC 基金会成员的商业化的 SDK，这些 SDK 将大大降低开发成本；供应商也将更多的精力集中于为客户提供更有价值的产品；最终用户同样可以从 SDK 中获益，因为采用的是公用的架构，减少了不同应用之间的互操作性问题。

8. 灵活性的面向对象的信息模型

OPC UA 采用基于面向对象的设计信息模型。服务器开发者可以利用该模型开发可重用的组件。客户端开发者可以基于标准对象模型建立标准的组件，应用于不同的服务器甚至不同供应商的产品中。

OPC UA 与 TSN 代表了未来工业互联网的技术趋势，通过打造 TSN + OPC UA 这样一个网络体系，可以建立从传感器到云端的全面的通信基础架构，实现 IT 和 OT 的真正融合，如图 8-8 所示。而要想使得这些都能正常落地，还需要依赖整个工业互联网体系中的各个环节。

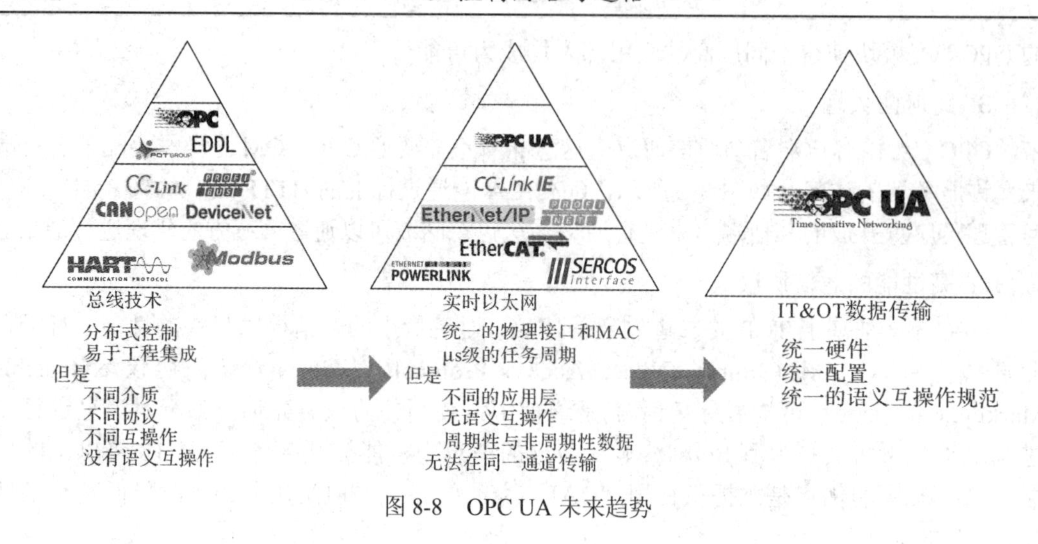

图 8-8　OPC UA 未来趋势

8.3　软件定义网络

SDN(Software Defined Network，软件定义网络)是由美国斯坦福大学 Clean Slate 课题研究组提出的一种新型网络架构，是网络虚拟化的一种实现方式，可通过软件编程的形式定义和控制网络。其核心技术 OpenFlow 通过将网络设备的控制平面与数据平面分离开来，实现了网络流量的灵活控制，使网络作为管道变得更加智能。其控制平面和转发平面分离及开放性可编程的特点，被认为是网络领域的一场革命，为新型互联网体系结构研究提供了新的实验途径，也极大地推动了下一代互联网的发展。

8.3.1　为什么需要 SDN

随着网络规模的不断扩大，封闭的网络设备内置了过多的复杂协议，增加了运营商定制优化网络的难度，科研人员无法在真实环境中规模化部署新协议。同时互联网流量的快速增长，使运营商无法做到真正的负载均衡，网络运营商的变革意愿也越来越强烈。

现有的网络中，对流量的控制和转发都依赖于网络设备实现，且设备中集成了与业务特性紧耦合的操作系统和专用硬件，这些操作系统和专用硬件都是各个厂家自己开发和设计的。

但是在 SDN 网络中，网络设备只负责单纯的数据转发，可以采用通用的硬件，而原来负责控制的操作系统将提炼为独立的网络操作系统，负责对不同业务特性进行适配，而且网络操作系统和业务特性以及硬件设备之间的通信都可以通过编程实现。

SDN 的本质是网络软件化，提升网络可编程能力，是一次网络架构的重构，而不是一种新特性、新功能。网络运营商和企业可以通过自己编写的软件轻松地决定网络功能。SDN 可以让它们在灵活性、敏捷性以及虚拟化等方面更具主动性。通过 OpenFlow 的转发指令集将网络控制功能集中，网络可以被虚拟化，并被当成是一种逻辑上的资源，而非物理资源加以控制和管理。与传统网络相比，SDN 有以下基本特征：

(1) 控制与转发分离。这也是 SDN 网络的核心思想。转发平面由受控转发的设备组成，转发方式以及业务逻辑由运行在分离出去的控制平面上的控制应用来控制。

(2) 控制平面与转发平面之间的开放接口。SDN 为控制平面提供开放可编程接口。通过这种方式，控制应用只需要关注自身逻辑，而不需要关注底层更多的实现细节。

(3) 逻辑上的集中控制。逻辑上集中的控制平面可以控制多个转发平面设备，也就是控制整个物理网络，因而可以获得全局的网络状态视图，并根据该全局网络状态视图实现对网络的优化控制。

SDN 的出现对网络设备厂商的软件开发能力提出了新的挑战，厂商之间的竞争逐步从硬件实力向软件实力转变，同时 SDN 作为全新的 IT 变革技术，也将有机会重构现有网络产业布局，催生出类似网络服务开发商这样全新的服务市场。

8.3.2　SDN 体系结构

SDN 作为一种新型的网络架构，它的设计理念是将网络的控制平面与数据转发平面进行分离，并实现可编程化控制。如图 8-9 所示，SDN 的典型架构共分三层，应用平面、控制平面及数据平面。

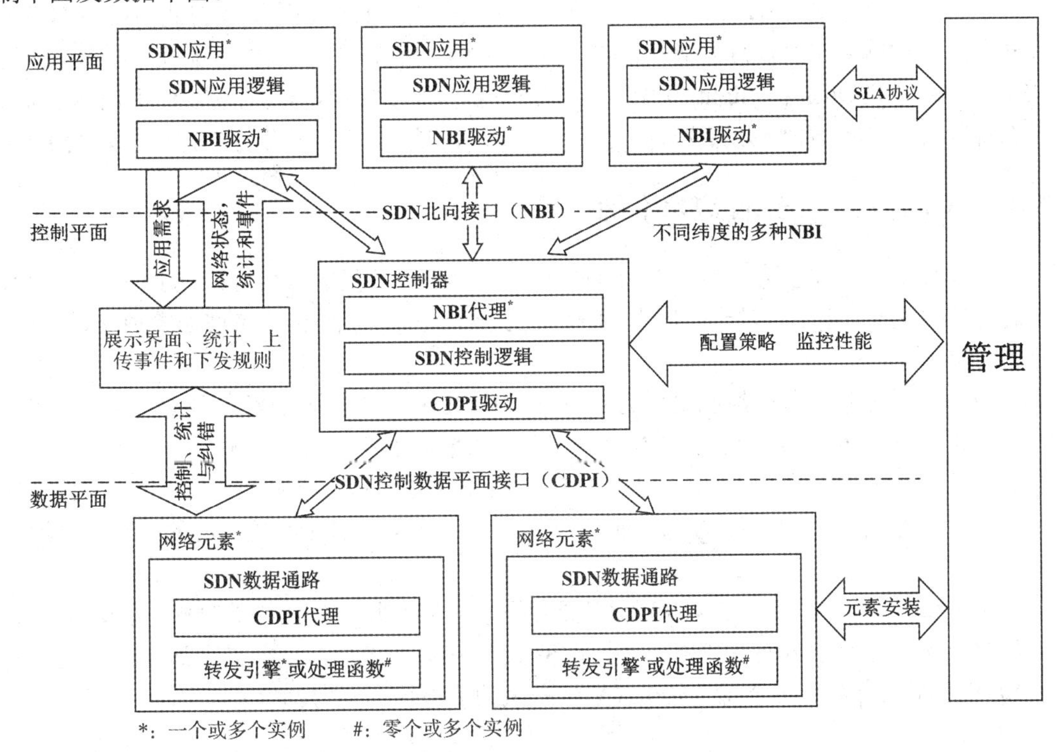

图 8-9　SDN 体系架构

• 最上层为应用平面，通过北向接口与控制平面交互，实现特定的需求，包括各种不同的业务和应用。通过 SLA(Service Level Agreement)服务等级协议进行各项管理与维护。

• 中间的控制平面包含逻辑中心的控制器，负责处理数据平面资源的编排，维护网络拓扑、状态信息等全网视图。SDN 控制器是整个网络的核心，提供针对整个网络的集中视图。

• 最底层的数据平面由交换机、路由器等网络元素组成，各网络元素之间由不同规则形成的 SDN 网络数据通路形成连接。负责基于流表的数据处理、转发和状态收集的交换机，又称为哑的(dumb)交换机，仅仅负责转发功能。

1. 南向接口

数据平面与控制平面之间利用 SDN 控制数据平面接口(CDPI，Control Data Plane Interface)进行通信，经常又称为南向接口，以与北向接口呼应。南向接口协议有很多种，但具有统一的通信标准。SDN 标准接口机制确保层次之间既保持相对独立，又能正常通信。主流的南向接口协议是 OpenFlow，它基于流的概念来匹配规则。因此交换机需要维护一个流表(Flow Table)来支持 OpenFlow，并按流表进行数据转发。流表的建立、维护及下发均由控制器来完成。

2. 北向接口

北向接口(NBI，North Bound Interface)负责控制平面与各种业务的应用平面之间的通信。应用层各项业务无需关心底层设备的技术细节，仅通过编程方式调用所需网络抽象资源，掌握全网信息，方便用户对网络配置和应用部署等业务的快速推进。

然而北向接口并没有统一的标准，应用业务又具有多样性，这就使得北向接口亦呈现多样性，开发难度较大。为了统一北向接口，各组织开始制定北向接口标准，如 ONF 的 NBI 接口标准和 Open Daylight 的 REST 接口标准等。但这些标准仅对功能作了描述，而未详细说明实现方式。如何实现统一的北向接口标准，成为业界下一步主要需要推动的工作。

8.3.3　Google——SDN 应用案例

Google 有非常多的数据中心，每个数据中心之间通过租用的线路和 BGP 外部网关协议进行信息交互。由于流量十分巨大，而且负载不均衡，造成有的带宽资源管道接近崩溃，有的又空闲。

Google 采用控制器来控制底层的交换机，其 SDN 基于三个元素：白盒交换机、SDN 控制器和 Clos 架构设计。这些 SDN 控制器采用 OpenFlow 协议，能够实时监控每一个交换机的每一个接口上的流量。每一个数据中心用一个控制器来管理，然后这些控制器连接到一个集中的服务器。运维人员在电脑前就可以清楚地知道各个数据中心的分布以及流量情况。

Google 是第一个实现 SDN 商用化的网络厂商。在使用传统网络的时候，Google 架设的管道带宽利用率是 20%～30%，架设了 SDN 网络架构之后，直接提升到 99%！这反映了 SDN 控制与转发平面分离的分布式架构强大的流量控制能力。

8.4　消息队列遥测传输协议

MQTT(Message Queuing Telemetry Transport，消息队列遥测传输)协议是一种基于发布/订阅(Publish/Subscribe)模式的“轻量级”通信协议，该协议是构建于 TCP/IP 协议上的应用层协议，由 IBM 在 1999 年发布，现在最新版本是 3.1.1。MQTT 协议最大的优点在于，可以以极少的代码和有限的带宽，为连接的远程设备提供实时可靠的消息服务。作为一种低开销、低带宽占用的即时通信协议，其在物联网、小型设备、移动应用等方面有较广泛的应用。

8.4.1　为什么 IoT 选择 MQTT

大多数开发人员已经熟悉 HTTP Web 服务，那为什么不让 IoT(物联网)设备连接到 Web 服务上呢？这是因为尽管设备可采用 HTTP 请求的形式发送其数据，并采用 HTTP 响应的形式从系统接收更新，但对于 IoT(物联网)环境，这种请求和响应模式存在一些严重的局限性，具体包括：

(1) HTTP 是一种同步协议，客户端需要等待服务器响应。Web 浏览器具有这样的要求，但它的代价是牺牲了可伸缩性。在 IoT 领域，大量设备以及很可能不可靠或高延迟的网络使得同步通信成为问题。异步消息协议更适合 IoT 应用程序。传感器发送读数，让网络确定将其传送到目标设备和服务器的最佳路线和时间。

(2) HTTP 是单向的，客户端必须发起连接。在 IoT 应用程序中，设备或传感器通常是客户端，这意味着它们无法被动地接收来自网络的命令。

(3) HTTP 是一种 1-1 协议。客户端发出请求，服务器进行响应。将消息传送给网络上的所有设备，不但很困难，而且成本很高，而这是 IoT 应用程序中的一种常见使用情况。

(4) HTTP 是一种有许多报头和规则的重量级协议，不适合受限的网络。

出于上述原因，大部分高性能、可扩展的系统都使用异步消息总线来进行内部数据交换，而不使用 Web 服务。事实上，企业中间件系统中使用的最流行的消息协议被称为 AMQP(Advanced Message Queuing Protocol，高级消息队列协议)。AMQP 致力于在企业应用程序中实现可靠性和互操作性，且它拥有庞大的特性集。尽管计算能力和网络延迟对于高性能环境来说通常不是问题，但不适合资源受限的 IoT 应用程序。

除了 AMQP 之外，还有其他流行的消息协议。例如，XMPP(eXtensible Messaging and Presence Protocol，可扩展消息和表示协议)是一种对等即时消息(IM，Instant Messaging)协议，它高度依赖于支持 IM 用例的特性，比如存在状态和介质连接。与 MQTT 相比，它在设备和网络上需要的资源都要多得多。

8.4.2　MQTT 协议的特点

MQTT 协议是为工作在低带宽、不可靠网络的远程传感器和控制设备进行通信而设计的协议，它具有以下特性：

(1) 使用发布/订阅消息模式，提供一对多的消息发布，解除应用程序耦合。这一点类似于 XMPP，但由于 XMPP 使用 XML 格式文本来传递数据，其信息冗余远大于 MQTT。

(2) 对负载内容屏蔽的消息传输，可以屏蔽消息订阅者所接收的内容。

(3) 使用 TCP/IP 提供网络连接。主流的 MQTT 是基于 TCP 连接进行数据推送的，但是同样有基于 UDP 的版本，叫作 MQTT-SN。这两种版本基于不同的连接方式，有各自的优缺点。

(4) 支持三种消息发布 QoS 等级：

- QoS 0：“至多一次”，消息发布完全依赖底层 TCP/IP 网络。分发的消息可能丢失或重复。这一等级可用于丢失一次读记录无所谓的应用场景，如环境传感器的数据，因为不久后还会有第二次发送。这一等级主要用于普通 APP 的推送，倘若用户的智能设备在消息推送时未联网，推送过去没收到，再次联网也就收不到了。

- QoS 1：“至少一次”，确保消息到达，但消息可能会重复。
- QoS 2：“只有一次”，确保消息到达一次。在一些要求比较严格的计费系统中，可以使用此等级。在计费系统中，消息重复或丢失会导致不正确的结果。这种最高质量的消息发布服务还可以用于即时通信类的 APP 的推送，确保用户收到且只会收到一次。

(5) 小型传输，开销很小(固定长度的头部是 2 字节)，协议交换最小化，以降低网络流量。因此 MQTT 协议非常适合在物联网领域、传感器与服务器之间的通信，较大程度上解决了嵌入式设备的运算和带宽能力的薄弱。

(6) 使用 Last Will 和 Testament 特性通知有关各方客户端异常中断的机制。Last Will 即遗言机制，用于通知同一主题下的其他设备发送遗言的设备已经断开了连接。Testament 即遗嘱机制，功能类似于 Last Will。

8.4.3 MQTT 协议的工作原理

实现 MQTT 协议需要客户端和服务器端通信完成，在通信过程中，MQTT 协议中有三种角色：发布者(Publish)、代理(Broker)(服务器)和订阅者(Subscribe)。其中，消息的发布者和订阅者都是客户端，消息代理是服务器，消息发布者可以同时是订阅者，如图 8-10 所示。

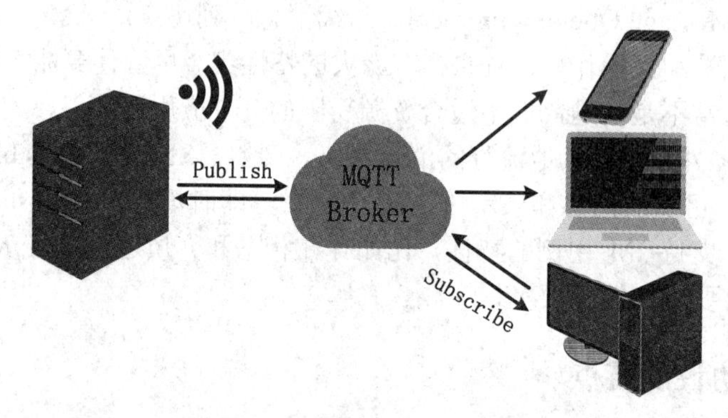

图 8-10　MQTT 的工作原理

MQTT 服务器又称为“消息代理”(Broker)，可以是一个应用程序或一台设备。它位于消息发布者和订阅者之间，可以连接客户的网络、接收客户发布的应用信息、处理来自客户端的订阅和退订请求以及向订阅的客户转发应用程序消息。

MQTT 客户端可以是一个使用 MQTT 协议的应用程序或者设备，它总是建立到服务器的网络连接。客户端可以发布其他客户端可能会订阅的信息、订阅其他客户端发布的消息、退订或删除应用程序的消息以及断开与服务器的连接。

MQTT 传输的消息分为主题(Topic)和负载(Payload)两部分。

(1) Topic，可以理解为消息的类型，订阅者订阅(Subscribe)后，就会收到该主题的消息内容(Payload)。

(2) Payload，可以理解为消息的内容，是指订阅者具体要使用的内容。

MQTT 协议中定义了一系列报文，报文用于表示对确定资源进行的操作。这个资源通常指服务器上的文件或输出，可以是预先存在的数据或动态生成的数据，这取决于服务器的实现。主要报文列举如表 8-2 所示。

表 8-2　MQTT 协议报文

名　称	作用	概　述
CONNECT	连接服务器端	客户端到服务器端的网络连接建立后，客户端发送给服务器端的第一个报文必须是 CONNECT 报文
CONNACK	确认连接请求	服务器端发送 CONNACK 报文响应从客户端收到的 CONNECT 报文。服务器端发送给客户端的第一个报文必须是 CONNACK。如果客户端在合理的时间内没有收到服务器端的 CONNACK 报文，客户端应该关闭网络连接。合理的时间取决于应用的类型和通信基础设施
PUBLISH	发布消息	客户端向服务器端或者服务器端向客户端传输一个应用消息
PUBACK	发布确认	对 QoS 1 的 PUBLISH 报文的响应
PUBREC	发布收到	对 QoS 2 的 PUBLISH 报文的响应，是 QoS 2 协议交换的第二个报文
PUBREL	发布释放	对 PUBREC 报文的响应，是 QoS 2 协议交换的第三个报文
PUBCOMP	发布完成	对 PUBREL 报文的响应，是 QoS 2 协议交换的第四个也是最后一个报文
SUBSCRIBE	订阅主题	客户端向服务器端发送 SUBSCRIBE 报文用于创建一个或多个订阅。每个订阅注册客户端关心一个或多个主题。为了将应用消息转发给与那些订阅匹配的主题，服务器端发送 PUBLISH 报文给客户端。SUBSCRIBE 报文也(为每个订阅)指定了最大的 QoS 等级，服务器端据此发送应用消息给客户端
SUBACK	订阅确认	服务器端发送 SUBACK 报文给客户端，用于确认它已收到并且正在处理 SUBSCRIBE 报文
UNSUBSCRIBE	取消订阅	客户端发送 UNSUBSCRIBE 报文给服务器端，用于取消订阅主题
UNSUBACK	取消订阅确认	服务器端发送 UNSUBACK 报文给客户端用于确认收到 UNSUBSCRIBE 报文
PINGREQ	心跳请求	客户端发送 PINGREQ 报文给服务器端的，用于：① 在没有任何其他控制报文从客户端发给服务器端时，告知服务器端客户端还活着；② 请求服务器端发送响应确认它还活着；③ 使用网络以确认网络连接没有断开
PINGRESP	心跳响应	服务器端发送 PINGRESP 报文响应客户端的 PINGREQ 报文，表示服务器端还活着
DISCONNECT	断开连接	是客户端发给服务器端的最后一个控制报文，表示客户端正常断开连接

MQTT 协议的数据包格式非常简单，它由固定头(Fixed header)、可变头(Variable header)、消息体(payload)三部分构成。

(1) 固定头(Fixed Header)：存在于所有 MQTT 数据包中，表示数据包类型及数据包的分组类标识。

(2) 可变头(Variable Header)：存在于部分 MQTT 数据包中，数据包类型决定了可变头是否存在及其具体内容。

(3) 消息体(Payload)：存在于部分 MQTT 数据包中，表示客户端收到的具体内容。

8.4.4　MQTT 协议实例

作为全球自动化行业的愿景，IoT(物联网)让数十亿台工业智能设备通过互联网相互协作。由于各种应用程序很多，暴露在互联网上的工业设备将面临被黑客攻击的风险。为了降低这些风险，许多工厂操作员转向支持 MQTT 或 AMQP 等协议的代理。这些协议允许设备被保持在防火墙后以保安全，但仍然能够与对等设备和基于云的应用程序进行通信，其通信架构如图 8-11 所示。

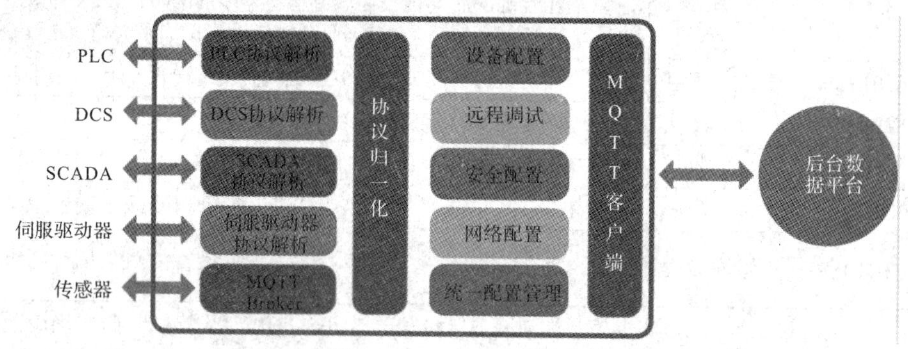

图 8-11　基于 MQTT 的工业设备通信架构

MQTT 协议主要用于服务器端对客户端进行基于主题(Topic)模式的消息推送。以温度传感器为例，其通信流程如图 8-12 所示。

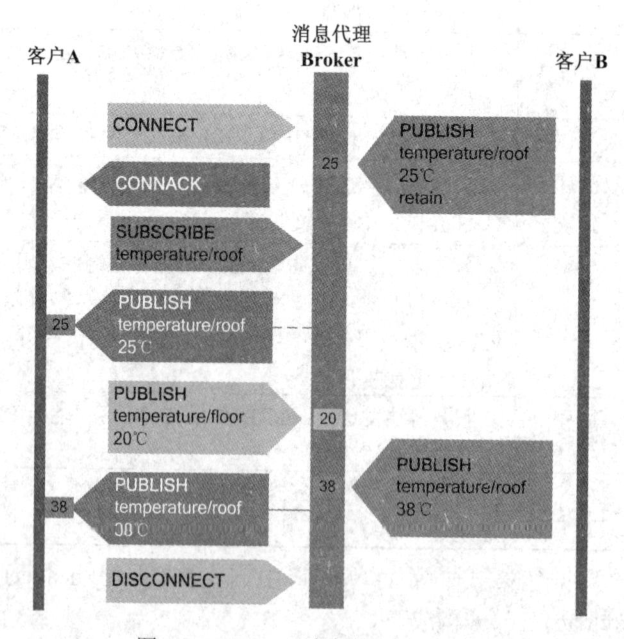

图 8-12　MQTT 消息代理通信流程

(1) 客户端 A 连接到消息代理(Message Broker)，消息代理返回确认消息。

(2) 客户B发布主题消息——温度，其负载——25℃。

(3) 客户A订阅主题“温度”，消息代理把消息推给客户A。

- 客户A发布温度20℃，但客户B没有订阅，消息代理不推送。
- 客户B又发布了温度38℃，客户A就再次收到订阅的消息38℃。
- 最后客户端断开连接。

整个过程非常简单清晰，容易理解。

8.5 工业无线通信技术

工业无线通信技术是工业4.0背景下的又一个热点技术，是降低工业系统成本、提高工业测控系统应用范围的革命性技术，是未来工业自动化产品新的增长点。用于设备间短程、低速率信息交互的无线通信技术，适合在恶劣的工业现场环境使用，它具有很强的抗干扰能力、超低耗能、实时通信等技术特征，也是工厂自动化生产线实现在线可重构的重要使能技术，将助推智能制造业的转型升级。

8.5.1 工业无线通信技术标准

我们所熟知的无线通信技术有Bluetooth(蓝牙)、WiFi(Wireless Fidelity，无线局域网)、ZigBee、UWB(Ultra Wide Band，超宽频)、NFC(Near Field Communication，近场通信)等。但它们由于自身协议的限制(如发射功率、安全等级、抗干扰性等方面的性能)，通常应用于消费电子产品，不适合应用于复杂的工业现场环境。常用无线通信技术性能比较如表8-3所示。

表8-3　常用无线通信技术性能比较

名称	传输速率	通信距离	频段	安全性	功耗	主要应用
Bluetooth	1 Mb/s	10 m	2.4 GHz	高	20 mA	办公、家电、汽车、IT
WiFi	11～54 Mb/s	10～200 m	2.4/5 GHz	低	10～50 mA	无线上网、PC、PDA
ZigBee	20～250 kb/s	10～200 m	2.4 GHz	中	5 mA	无线传感网络、医疗仪器数据采集、远程控制
UWB	53～480 Mb/s	10 m	3.1～10.6 GHz	高	10～50 mA	消防、救援、医疗
NFC	424 kb/s	10 cm	13.6 GHz	极高	10 mA	手机、近场通信技术

目前工业无线通信技术领域已经形成了三大国际标准，分别是由HART通信基金会发布的WirelessHART标准、ISA国际自动化协会(原美国仪器仪表协会)发布的ISA100.11a标准及我国自主研发的WIA-PA和WIA-FA标准。

1. WirelessHART

WirelessHART(Highway Addressable Remote Transducer，可寻址远程传感器高速通道)通信协议是第一个开放式的可互操作无线通信标准，用于满足流程工业对于实时工厂应用中可靠、稳定和安全的无线通信的关键需求。该通信协议作为 HART 7 技术规范的一部分，除了保持现有 HART 设备、命令和工具的能力外，它还增加了 HART 协议的无线能力。该标准得到了包括 Emerson、ABB、E + H、Honeywell、Siemens、MACTek、P + F 等厂商的支持，并于 2010 年 4 月 12 日获得国际电工委员会(IEC)的认可，成为工业过程测量和控制领域的无线国际标准 IEC 62591。

该标准使用运行在 2.4 GHz 频段上的无线电 IEEE 802.15.4 标准，采用直接序列扩频(DSSS)、通信安全与可靠的信道跳频、时分多址(TDMA)同步、网络上设备间延控通信(Latency-controlled Communications)等技术。WirelessHART 标准协议主要应用于工厂自动化领域和过程自动化领域，弥补了高可靠、低功耗及低成本的工业无线通信市场的空缺。

2. ISA100.11a

ISA 从 2005 年便开始启动工业无线标准 ISA100.11a 的制定工作，并于 2014 年 9 月获得了国际电工委员会(IEC)的批准，成为工业过程测量和控制领域的无线国际标准 IEC 62734。我国重庆邮电学院作为核心单位也参与了该标准的制定。该标准得到霍尼韦尔、横河、埃克森美孚、GE、山武在内的过程控制厂商的支持。

ISA100.11a 是第一个开放的、面向多种工业应用的标准族。ISA100.11a 标准定义的工业无线设备包括传感器、执行器、无线手持设备等现场自动化设备，主要内容包括工业无线的网络构架、共存性、鲁棒性以及与有线现场网络的互操作性等。ISA100.11a 标准可解决与其他短距离无线网络的共存性问题以及无线通信的可靠性和确定性问题。其核心技术包括精确时间同步技术、自适应跳信道技术、确定性调度技术、数据链路层子网路由技术和安全管理方案等，并具有数据传输可靠、准确、及时和低功耗等优点。

3. WIA-PA 和 WIA-FA

WIA(Wireless networks for Industrial Automation)技术作为一种高可靠性、超低功耗的智能多跳无线传感网络技术，提供了一种自组织、自治愈的智能 Mesh 网络路由机制，能够针对应用条件和环境的动态变化，保持网络性能的高可靠性和强稳定性。同时，围绕语义化数字工厂建模与动态服务组合，WIA-PA 和 WIA-FA 两项 IEC 国际标准和产品体系，打通了跨协议、软件和系统的互操作接口。

(1) WIA-PA。WIA-PA(WIA-Process Automation，工业过程自动化的无线网络规范)由中国国家标准化管理委员会提出，得到中国工业无线联盟的支持，2011 年 10 月 14 日获得国际电工委员会认可，成为工业过程测量和控制领域的无线国际标准 IEC 62601。

WIA-PA 是一种经过实际应用验证的、适合于复杂工业环境应用的无线通信网络协议。它在时间上(时分多址 TDMA)、频率上(巧妙的 FHSS 跳频机制)和空间上(基于网状及星型混合网络拓扑形成的可靠路径传输)的综合灵活性，使这个相对简单但又很有效的协议具有嵌入式的自组织和自愈能力，大大降低了安装的复杂性，确保了无线网络具有长期可预期的性能。

(2) WIA-FA。WIA-FA(WIA-Factory Automation，工厂自动化的无线网络规范)由中国

科学院沈阳自动化研究所牵头制定，2014 年 9 月获得国际电工委员会认可，成为国际上第 1 个面向工厂高速自动控制应用的无线技术规范 IEC 62948。

WIA-FA 技术是专门针对工厂自动化高实时、高可靠性要求而研发的一组工厂自动化无线数据传输的解决方案，适用于工厂自动化对速度及可靠性要求较高的工业无线局域网络，可实现高速无线数据传输。这一规范是工厂自动化生产线实现在线可重构的重要技术，对推进制造业由传统的低成本大批量生产模式向高端高附加值的个性化生产模式转型升级，具有重要意义。

4. 性能比较

工业无线通信技术的核心技术包括时间同步、确定性调度、跳频信道、路由和安全技术等。表 8-4 通过从物理层、数据链路层、网络层等方面对三个标准进行比较分析，可以看到三大标准具有相似的特征，其标准协议体系结构都遵循 OSI 模型，并且都引用 IEEE 802.15.4 作为物理层标准。

表 8-4　工业无线通信协议性能比较

相关技术		WirelessHART	ISA100.11a	WIA(以 WIA-PA 为例)
物理层		IEEE 802.15.4-2006 2.4 GHz，信道 26 排除	IEEE 802.15.4-2006 2.4 GHz，信道 26 可选	IEEE 802.15.4-2006 2.4 GHz
数据链路层	概述	TDMA 接入，支持多超帧、跳信道、重传机制，时隙可配置成专用方式和共享方式	MAC 子层兼容 802.15.4 协议；MAC 扩展层完成传统的 DLL 层功能，DLL 上层完成 Mesh 子网内的路由功能。支持 3 种跳信道机制、超帧调度、时间同步。TDMA/CSMA 信道接入	基于超帧和跳频的时隙通信、重传机制，用于时间同步、TDMA 和 CSMA 混合信道访问机制，链路配置及性能度量
	时间同步	根据时间同步命令帧同步	可根据广播帧、确认帧同步	可根据信标帧、时间同步命令帧同步
	跳频	自适应信道，黑名单技术	时隙跳频，慢跳频，混合跳，黑名单技术	自适应跳频，时隙跳频
	超帧	使用一般超帧	使用一般超频	使用 IEEE 802.15.4 超帧结构
	时隙	可变长度	固定长度	可变长度
	邻居	支持	支持邻居组	只支持与簇头通信
	链路实现	收发独立	收发独立	管理与数据分开，基于网络管理者
	MIC	32 位	IEEE 802.15.4 安全策略	IEEE 802.15.4 安全策略
	邻居发现	使用广播帧	使用广播帧	使用 IEEE 802.15.4 信标帧

续表

相关技术	WirelessHART	ISA100.11a	WIA(以 WIA-PA 为例)
网络层	采用图路由和源路由方式，动态网络带宽管理	采用 6LoWPAN 标准：地址转换，分片与重组，骨干网间的路由	寻址路由(支持动态路由)，分段与重组
传输层	无	基于 RFC786(UDP)协议	无
应用层	支持周期性信息，支持报警等信息，基于 HART 命令	支持周期性信息，支持报警等信息，基于服务，面向对象	支持周期性信息，支持报警等信息，基于服务
安全	支持通信设备之间数据加密，消息鉴别，设备认证，健壮性操作等	数据加密和完整性鉴别保护点到点和端到端安全，消息/设备认证，入网设备安全处理	分层分级实施不同的安全策略和措施，支持数据加密、数据校验、设备认证
拓扑结构	一层：全 Mesh	两层：上层 Mesh，下层 Star	两层：上层 Mesh，下层 Cluster
设备类型	现场仪表、手持设备、网关、网络管理器	精简功能设备、现场路由器、手持设备、网关、网络管理器、安全管理器	现场设备、手持设备、网关、网络管理器
网络管理	全集中网管	集中网管和分布网管	集中网管和分布网管

目前，WirelessHART 标准已有大量的网络设备和应用设备被研制出来，全球已在使用的 HART 设备超过 2600 万台，用户已经具有一定的 HART 培训和使用经验，要熟悉 Wireless HART 无线协议只需要极少的改变。艾默生已经推出了兼容 HART 标准的自动化产品(如无线适配器)以及 WirelessHART 仪表、网关，并投入使用，ABB、E + H、P + F 等仪表和现场设备提供商也都在积极地推出产品。博微公司已经研制出国内首款 WirelessHART 模块、适配器及网关，并得到成功应用以及良好的客户反馈。ISA100.11a 也被不少欧美企业所采用和部署，在工业无线市场上取得了广泛的认可。横河电机(Yokogawa)和霍尼韦尔(Honeywell)两大巨头已经开发出了 ISA100.11a 中等规模的系统解决方案。WIA-PA 技术在冶金、石化等领域进行了初步应用，得到了用户的认可。WIA-FA 用于实现传感器、变送器、执行机构等工厂自动化设备之间的高安全、高可靠、硬实时信息交互，可广泛应用于离散制造业装备的智能化升级。

8.5.2　工业无线网络应用分类

ISA 下属的 ISA100 工业无线标准化工作委员会，按照流程行业应用中的一般条件，根据应用中安全性、可靠性和传输时延的不同要求，已分别确定 6 类(0～5 类)应用场景：

- 0 类：信息传输速度最快，主要用于安全联锁、紧急停车、火灾控制等始终关键的紧急动作；
- 1 类、2 类：分别用于闭环调节控制和闭环监督控制；
- 3 类：用于人工开环控制；
- 4 类、5 类：主要用于信号报警、事件跟踪和历史数据采集。

工业无线应用设计的最终目标是涵盖 1～5 类场景，但目前主要集中应用在 ISA100 定义的 3～5 类场景中，重点是 4 类、5 类场景下的参数监测。根据英国石油公司的数据，1～5 类场景应用数量的比值大致为 1∶2∶4∶10∶10，即 4、5 类场景大致占 75%的比例，加上 3 类场景后约占 90%，可见其应用面非常广。

用户可根据具体工程项目，列出属于 3～5 类场景应用的具体参数。在现阶段，无线通信暂时不要在 1、2 类闭环控制中应用，更不要应用于属于 0 类的安全联锁、紧急停车、火灾控制方面。

8.5.3　工业无线网络设备的基本类型

采用无线通信系统可以使工厂车间内更加干净、整洁，消除线缆对车间内人员的羁绊、纠缠等危险，使车间的工作环境更加安全，具有低成本、易使用、易维护等优点。工业无线通信网络主要有以下 9 种设备类型。

1. 现场设备

现场设备是用于测量或者控制工业过程，实现现场检测、数据处理、动作执行等的终端节点。图 8-13 展示了艾默生公司推出的一系列无线现场设备。

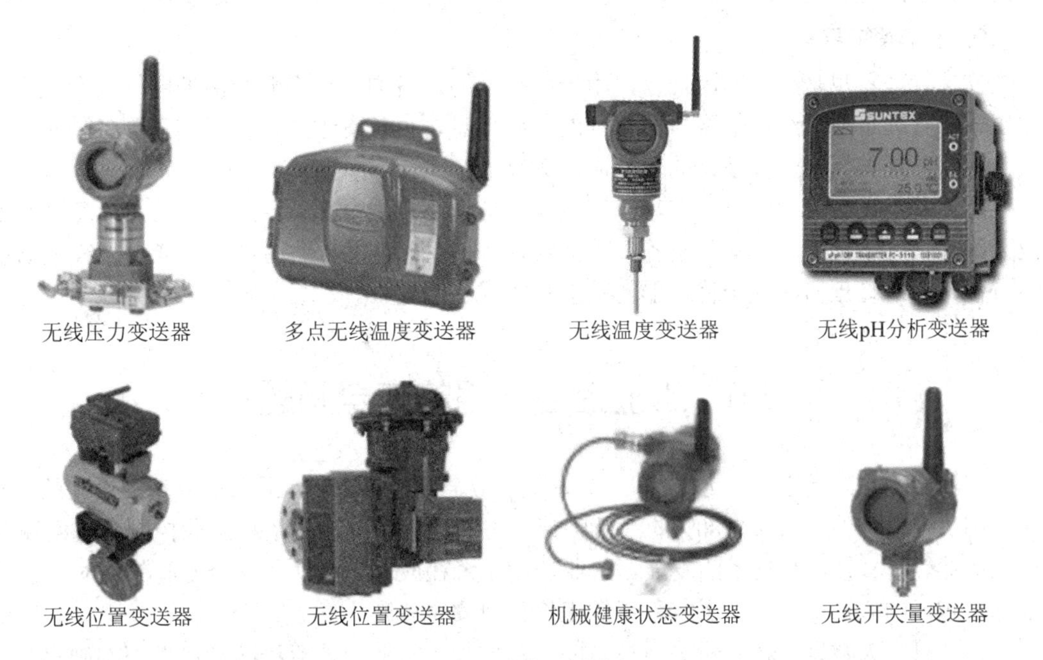

图 8-13　无线现场设备

2. 路由设备

路由设备是一种能为一个网络设备无线转发数据到另一个网络设备的装置，即提供路由器服务的装置。路由服务可以由支持路由功能的无线现场设备承担，也可以由独立的路由设备承担。

3. 适配器

适配器是将有线协议如 HART 的设备或其他协议的设备连接到无线网络的设备，它使有线设备或其他协议的有线设备升级为无线现场设备。

4. 中继器

中继器用于强化无线现场网络，如用于扩展无线网络通信范围或改善通信质量。

5. 手持设备

手持设备是操作人员现场移动时随身携带的可连接到无线网络的设备，用于网络设备的安装、维护和操作。

6. 接入点

接入点是一种位于无线现场设备、网关和控制系统之间的网络设备。

7. 网关

网关作为控制系统与工业无线通信网络之间的桥梁设备，可用于两个不同网络间的协议转换，使两个或多个不同协议的网络看起来像同种协议的网络一样，并且还能实现命令和数据的格式转换。

8. 网络管理器

网络管理器作为一种应用程序，负责整个网络的管理、调度和优化，如网络的形成、新网络设备配置和网络监测。

9. 安全管理器

安全管理器也是一种应用程序，用于管理网络设备的安全资源和监控网络安全状态，如生成和管理工业无线通信网络所用到的密码信息，也负责生成、存储和管理各种密钥。通常网络管理器、安全管理器的功能由网关完成。

上述基本设备类型不一定在每个工业无线通信网络中全部得到应用，比如最简单的工业无线通信网络可能就只有数量不多的无线现场设备和网关，路由设备可能由无线现场设备兼任，网络管理器、安全管理器的功能也集成在网关中。

8.6　工业控制网络的安全问题

工业控制系统是电力、交通、能源、水利、冶金、航空航天等国家重要基础设施的“大脑”和“中枢神经”，超过 80%的涉及国计民生的关键基础设施依靠工业控制系统实现自动化作业。随着经济与技术的发展，工业控制系统在应对传统功能安全威胁的同时，也面临越来越多的病毒、木马、黑客入侵等工控信息安全威胁。

云计算、大数据、物联网等新技术的应用增加了工业处理流程的开放性和不确定性，工业信息安全风险进一步集中和加大，工业控制网络面临严峻的安全挑战，亟须构建工业控制网安全的核心关键技术体系，为制造强国和网络强国战略的实施筑牢“防护墙”。

8.6.1　互联互通带来的安全挑战

我国在互联网上可辨识的智能设备、物联网、工业控制系统等领域的资产数量有几十万个，涉及全国 31 个省(自治区、直辖市)。暴露的联网系统和设备多用于市政、能源和智能制造领域。表 8-5 展示了东北大学“谛听”网络安全团队识别出的联网工控设备的工控协议相关信息及 2018 年感知的 IP 数量。

表 8-5　东北大学“谛听”网络安全团队 2018 年识别出的联网工控设备 IP 数量

工控协议	端口	概　述	数量
Tridium Fox SSL	4911	智能建筑、基础设置管理、安防系统的网络协议	87 687
Modbus	502，503	应用于电子控制器上的一种通用语言	69 389
Vxworks WDB	17185	工控实时操作系统网络协议	16 251
Lantronix	30718	串口通信服务器协议	13 897
BACnet	47808	智能建筑的通信协议	11 992
ATGs Devices	10001	工控协议	9064
Moxa Nport	4800	虚拟串口协议	8235
EtherNet/IP	44818	以太网协议	6906
DNP3	20000	分布式网络协议	6059
S7	102	西门子通信协议	5040
RealPort	771	虚拟串口协议	3782
Codesys	5094	PLC 协议	2639
Ilon	1628，1629	智能服务器协议	1682
CrimsonV3	789	工控协议	1576
IEC 104	2404	IEC 系列协议	1103
OMRON FINS	9600	欧姆龙工业控制协议	1098
CSPV4	2222	工控协议	878
GE SRTP	18245	美国通用电气产品协议	432
PCworx	1962	华尼克斯电气产品协议	428
ProConOs	20547	科维公司操作系统协议	220
MELSEC-Q	5006	三菱通信协议	98
HART-IP	5094	远程访问工厂网络设备通信协议	67
KNXnet	3671	住宅和楼宇控制标准	2
PROFINET	34962	工业以太网通信协议	2
MQTT 物联网协议	1883	消息队列遥测传输协议	64 378
COAP 物联网协议	5683	为物联网中资源受限设备制定的应用层协议	21

2019 年全国各类型平台数量过百，应用工业云平台的工业企业约占比 10%。其中，工

业控制系统上云的企业占比 17%。工业互联网平台实现了机器、物品、控制系统、信息系统、人之间的泛在连接，互联互通带来了生产力的显著提高。但它在打破企业、设备间的信息孤岛的同时，也为黑客入侵、病毒传播带来了便利，工业生产装备、传感器、工业控制系统等极易成为网络攻击的重点目标，面临新的信息安全挑战。

由表 8-6 可以看出，与互联网的安全问题相对比，工业互联网的安全问题在保障对象、通信协议、接入设备、网络架构、数据保护和人员要求等方面与互联网的安全有着诸多的不同。

表 8-6　工业互联网安全与互联网安全比较

	工业互联网安全	互联网安全
保障对象	工业生产系统、信息系统、工业互联网平台	信息系统
通信协议	控制协议＞1000 种，且大多缺乏安全机制	TCP/IP，安全机制较完善
接入设备	类型多，防护需求多样	类型相对单一
网络架构	复杂，贯穿企业控制网、管理网、公共互联网，难以精准定位风险点	简单，网络层级少
数据保护	工业数据流动方向和路径复杂，数据种类多样，防护难度大	信息数据
人员要求	IT 安全 + 工业行业知识积累	IT 安全

首先，由于工业设备数量庞大、位置分散、安全防护成本高，目前工业设备缺乏安全设计，本身存在信息泄露、拒绝服务等大量严重安全威胁。其次，工控网络自身开放化、标准化导致工业控制系统易攻难守，ModBus、OPC、PROFINET 等专有协议为满足运行需求，放弃了许多安全特性，协议的公开性也导致极易遭受攻击。第三，工业数据的数据量非常庞大、敏感性较高，但目前很多工业数据防护无等级差别，防护措施无重点，一旦数据遭损坏或丢失，其经济损失极大。第四，企业安全管理流程不规范，缺乏工业安全整体规划及工业数据分类分级保护，管理人员的安全意识淡薄，工业企业受攻击的风险进一步增大，挑战也更加艰巨。

8.6.2　典型工控安全事件分析

随着工业控制系统网络和物联网环境变得更加开放与多变，工业控制系统相对变得更加脆弱，工业控制系统的各种网络攻击事件日益增多，暴露出工业控制系统在安全防护方面的严重不足。下面对 2018—2019 年较为典型的工业控制网络安全事件做一简要分析。

1. 中东某关键基础设施遭受新型工控恶意软件 TRITON 攻击

2018 年 8 月 4 日，攻击者使用 TRITON 攻击中东某关键基础设施内的施耐德 Triconex 安全仪表系统(SIS，Safety Instrumented System)，造成 SIS 失效，进而导致工业生产过程自动关闭。

TRITON 恶意软件对 SIS 控制器的攻击非常危险，其攻击方式示意如图 8-14 所示。一旦控制器被攻破，黑客就可以重新编程设备，以触发安全状态，并对目标环境的操作产生巨大影响。TRITON 是第一个单纯针对 SIS 设备的恶意攻击软件，主要针对石油石化、天然气等行业。

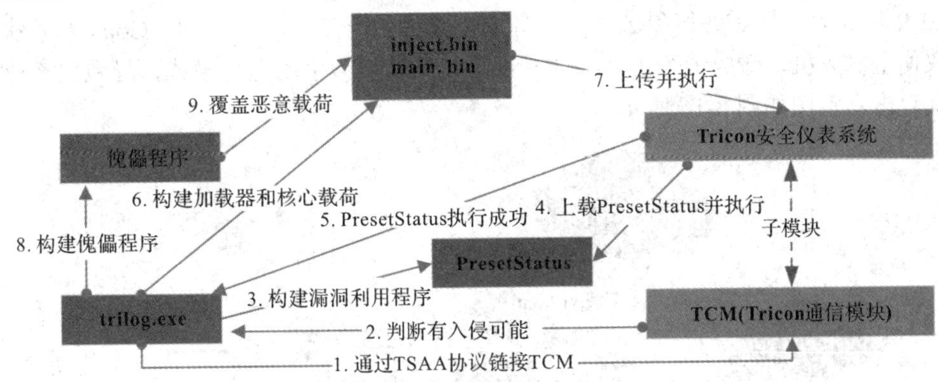

图 8-14　中东某关键基础设施遭恶意软件 TRITON 攻击示意图

(来源：国家工业信息安全发展研究中心监测预警所)

2. 乌克兰电力系统遭受网络攻击

2015 年 12 月 23 日，乌克兰电力系统遭受了名为 BlackEnergy(黑色能量)的恶意软件攻击。这是一起以电力基础设施为目标，以 BlackEnergy 等相关恶意代码为主要攻击工具，以邮件发送恶意代码载荷为攻击的直接突破入口，它以 DDoS 服务电话作为干扰，最终通过远程控制 SCADA 结点下达断电指令，断开了数十个断路器，造成大面积停电，电力中断最长达 6 小时，约 140 万人受到影响，造成了较大的社会混乱。同时，攻击者通过添加后门的 SSH 程序，根据内置密码随时连入受感染主机，并释放 KillDisk 破坏数据来延缓系统的恢复，其攻击示意如图 8-15 所示。

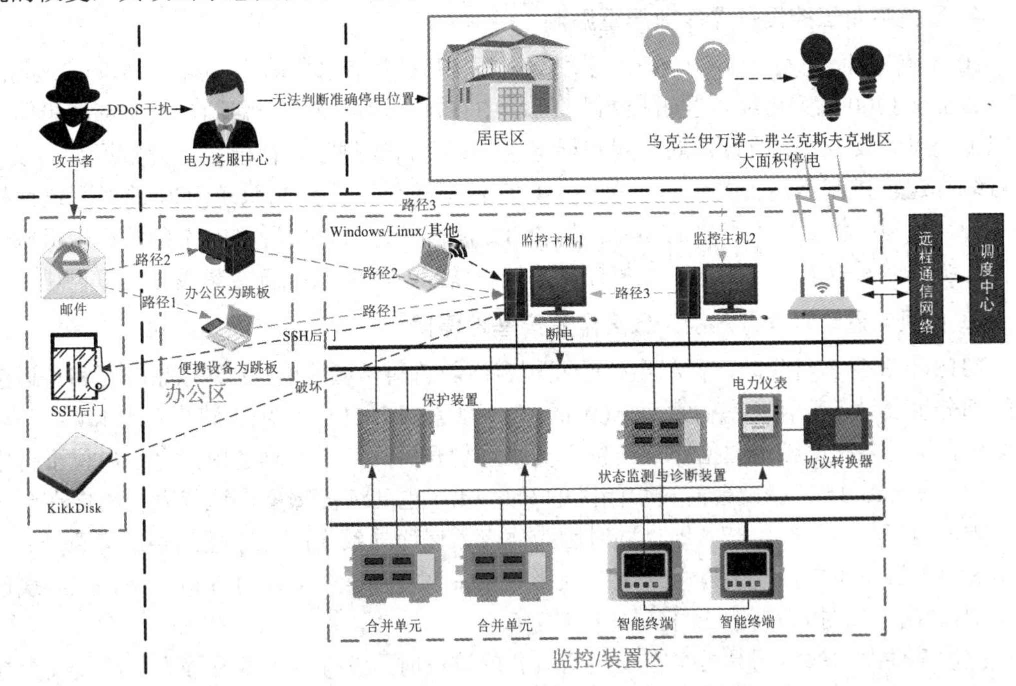

图 8-15　乌克兰电力系统遭攻击事件示意图

(来源：国家工业信息安全发展研究中心监测预警所)

3. 挪威海德鲁铝业集团遭受网络勒索

2019 年 3 月，挪威海德鲁公司在全球的多家铝生产工厂遭受 LockerGoga 勒索软件攻击，致使主机死机，造成多个工厂关闭、部分工厂切换为手动运营模式，导致生产业务中断，其攻击示意图如图 8-16 所示。

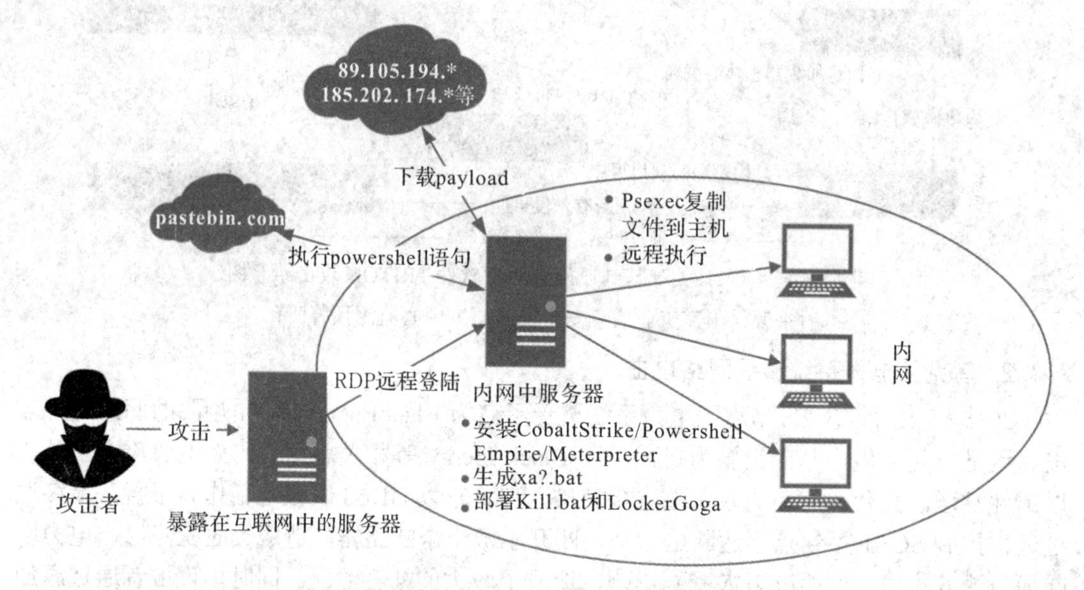

图 8-16　挪威海德鲁铝业集团遭受网络勒索事件示意图
(来源：国家工业信息安全发展研究中心监测预警所)

4. 罗克韦尔工控设备曝多项严重漏洞

2018 年 3 月，思科 Talos 安全研究团队发文指出罗克韦尔自动化公司的 Allen-Bradley MicroLogix 1400 系列可编程逻辑控制器(PLC)中存在多项严重安全漏洞，这些漏洞可用来发起拒绝服务攻击、篡改设备的配置和梯形逻辑、写入或删除内存模块上的数据等。该系列可编程逻辑控制器被各关键基础设施部门广泛运用于工业控制系统(ICS)的执行过程控制，一旦被利用将会导致严重的损害。思科 Talos 团队建议使用受影响设备的组织机构将固件升级到最新版本，并尽量避免将控制系统设备以及相关系统直接暴露在互联网中。

5. 台积电遭勒索病毒入侵，致三个生产基地停摆

2018 年 8 月 3 日晚间，台积电位于我国台湾新竹科学园区的 12 英寸晶圆厂和营运总部的部分生产设备受到魔窟勒索病毒(WannaCry 勒索病毒的一个变种)感染，具体现象是电脑蓝屏，锁死各类文档、数据库，设备宕机或重复开机。几个小时之内，台积电位于台中科学园区的 Fab 15 厂以及台南科学园区的 Fab 14 厂也陆续被感染，这代表台积电在台湾北、中、南三处的重要生产基地，同时因为病毒入侵而导致生产线停摆。经过应急处置，截至 8 月 5 日下午 2 点，该公司约 80%受影响设备恢复正常，至 8 月 6 日下午，生产线已经全部恢复生产。损失高达 26 亿。

此次事件发生的原因是员工在安装新设备的过程时，没有事先做好隔离和离线安全检查工作，导致新设备连接到公司内部网络后，病毒随网络快速传播，并最终影响整个生产线。

6. 西门子 PLC、SCADA 等工控系统曝两个高危漏洞，影响广泛

2018 年 8 月 7 日，西门子发布官方公告称，其用于 SIMATIC STEP 7 和 SIMATIC WinCC 产品的 TIA Portal(Totally Integrated Automation Portal，全集成自动化门户)软件存在两个高危漏洞(CVE-2018-11453 和 CVE-2018-11454)，影响范围包括两款产品 V10、V11、V12、V13 的所有版本，以及 V14 中小于 SP1 Update 6 和 V15 中小于 Update 2 的版本。TIA Portal 是西门子的一款可让企业不受限制地访问公司自动化服务的软件。由于 TIA Portal 广泛使用于西门子 PLC(如 S7-1200、S7-300/400、S7-1500 等)、SCADA 等工控系统中，以上两个漏洞将对基于西门子产品的工业控制系统环境造成重大风险。据国家工业信息安全发展研究中心监测发现，我国可能受到该漏洞影响的联网西门子 STEP 7、WinCC 产品达 138 个。

本次发现的两个高危漏洞中，CVE-2018-11453 可让攻击者在得到访问本地文件系统的权限后，通过插入特制文件实现对 TIA Portal 的拒绝服务攻击或执行任意代码；CVE-2018-11454 可让攻击者利用特定 TIA Portal 目录中的错误文件权限配置，操纵目录内的资源(如添加恶意负载等)，并在该资源被合法用户发送到目标设备后实现远程控制。

7. Rockwell 和 ICS-CERT 发布通报

2018 年 9 月，罗克韦尔自动化有限公司和 ICS-CERT(The Industrial Control Systems-Cyber Emergency Response Team，工业控制系统网络应急响应小组)发布通报称，Rockwell 的 RSLinx Classic 软件存在三个高危漏洞(CVE-2018-14829、CVE-2018-14821 和 CVE-2018-14827)，影响范围包括 RSLinx Classic 4.00.01 及之前版本，一旦被成功利用可能实现任意代码执行甚至导致设备系统崩溃。

RSLinx Classic 是一款 Rockwell 开发的专用工业软件，用于实现对 Rockwell 相关设备、网络产品的统一配置管理，具有数据采集、控制器编程、人机交互等功能，广泛应用于能源、制造、污水处理等领域。

这三个高危漏洞的利用方式都是通过 44818 端口进行远程攻击或破坏，其中 CVE-2018-14829 为基于栈的缓冲区溢出漏洞，攻击者可以通过发送含有恶意代码的数据包，实现在主机上的任意代码执行、读取敏感信息或导致系统崩溃等；CVE-2018-14821 为基于堆的缓冲区溢出漏洞，攻击者可以通过发送含有恶意代码的数据包，导致应用程序终止运行；CVE-2018-14827 为资源耗尽漏洞，攻击者可以通过发送特制的 Ethernet/IP 数据包，导致应用程序崩溃。

8. 意大利石油与天然气开采公司 Saipem 遭受网络攻击

2018 年 12 月 10 日，意大利石油与天然气开采公司 Saipem 遭受网络攻击，主要影响了其在中东的服务器，包括沙特阿拉伯、阿拉伯联合酋长国和科威特，造成公司 10%的主机数据被破坏。Saipem 发布公告证实此次网络攻击的罪魁祸首是 Shamoon 恶意软件的变种。

公告显示，Shamoon 恶意软件袭击了该公司在中东，印度等地的服务器，导致数据和基础设施受损，公司通过备份缓慢的恢复数据，没有造成数据丢失。此次攻击来自印度金奈，但攻击者的身份尚不明确。

Shamoon 的主要“功能”为擦除主机数据，并向受害者展示一条消息，通常与政治有关，另外，Shamoon 还包括一个功能完备的勒索软件模块擦拭功能。攻击者获取被感染计算机网络的管理员凭证后，利用管理凭证在组织内广泛传播擦除器，然后在预定的日期激活磁盘擦除器，擦除主机数据。

9. 施耐德和ICS-CERT联合发布高危漏洞

2018年12月，施耐德电气有限公司(Schneider Electric SA)和ICS-CERT联合发布通报称，Modicon M221全系PLC存在数据真实性验证不足高危漏洞(CVE-2018-7798)，此漏洞一旦被成功利用可远程更改PLC的IPv4配置，导致通信异常。

Modicon M221全系PLC是施耐德电气有限公司所设计的可编程逻辑控制器，可通过以太网和Modbus协议进行网络通信。CVE-2018-7798高危漏洞是由于Modicon M221 PLC中UMAS协议的网络配置模块实现不合理，未对数据真实性进行充分验证，导致攻击者可远程更改IPv4配置参数，例如IP地址、子网掩码和网关等，从而拦截目标PLC的网络流量。

8.6.3　构建工业互联网安全保障体系

“十三五”规划开始，网络空间安全已上升至国家安全战略层面，工控网络安全作为网络安全中薄弱而又至关重要的部分，围绕设备、控制、网络、平台、数据安全，必须通过健全制度机制，形成事前防范、事中监测、事后应急能力，通过问题导向推动技术保障，全面提升工业互联网创新发展的安全保障能力和服务水平。

1. 建设工业企业侧安全态势感知体系(发现风险)

引入企业探针、威胁诱捕蜜罐、工控漏洞扫描及风险预警系统，面向工业生产网络开展安全数据采集和分析，建设集资产管理、运行监测、安全自查与外部防御为一体的安全态势感知体系(其架构如图8-17所示)，对企业整体安全态势进行可视化展示，对威胁信息及时告警。

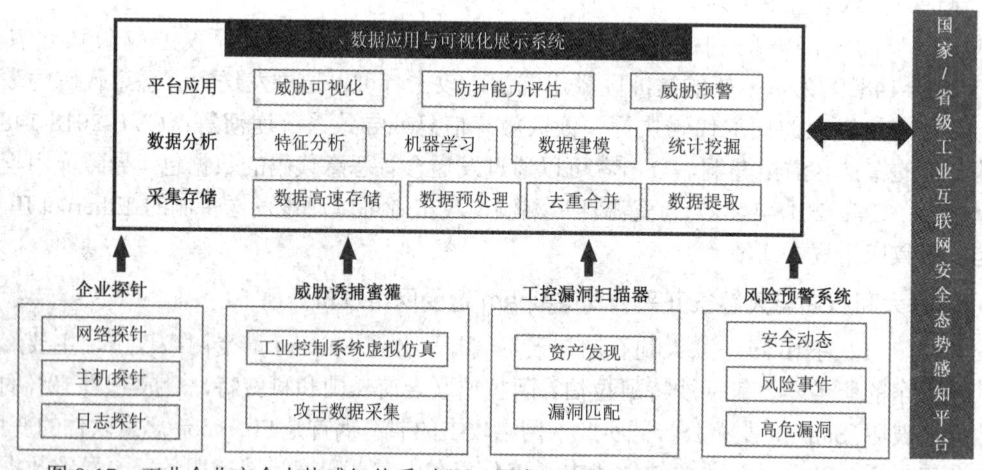

图8-17　工业企业安全态势感知体系(来源：国家工业信息安全发展研究中心监测预警所)

2. 建设工业企业侧安全防护技术体系(防护风险)

1) 网络连接

首先，对工业控制网络进行网络隔离，分离工业控制系统的开发、测试和生产环境，避免开发、测试环境中的安全风险引入生产系统。其次，对工业控制网络进行区域划分，根据区域重要性和业务需求划分工业控制系统安全域，通过工业防火墙、网闸等防护设备在安全区域之间进行逻辑隔离安全防护。然后，我们需对工业控制网络进行边界防护，根据实际情况，在不同网络边界之间部署边界安全防护设备，实现安全访问控制，阻断非法网络访问，严格禁止没有防护的工业控制网络与互联网连接。

2) 工业主机

采用经过离线环境中充分验证测试的安全软件；同时应紧密关注重大安全漏洞及补丁的发布，及时安装相关补丁和服务包；对于工业主机上那些不必要的 USB、光驱、无线等接口要及时拆除；在工业主机登录、应用资源访问时均需采用身份认证措施。

3) 工业数据

工业企业应对静态存储的重要工业数据进行加密存储，设置访问控制功能，对动态传输的重要工业数据进行加密传输，使用 VPN 等方式进行隔离保护；对关键业务数据，如工艺参数、配置文件、设备运行数据、生产数据、控制指令等进行定期备份；对测试数据，包括安全评估数据、现场组态开发数据、系统联调数据、现场变更测试数据、应急演练数据等进行保护，如签订保密协议、回收测试数据等。

还应对工业数据进行分类分级，确定哪些需要重点保护，哪些可以上云，哪些可以共享或交易。对那些需要重点保护的数据施行差异化防护，提升数据安全水平，以增强用户的安全信心；对那些可以上云的数据则积极促进企业上云，同时降低数据安全风险，助力企业的数字化转型；对那些可以共享或交易的数据则应打通数据孤岛，充分释放数据的价值，以实现开放共赢的局面。

3. 建设工业企业安全防护管理体系(防护处置风险)

在防护处置风险方面，我们需从组织建设、人员培训和应急响应三个方面加强安全防护的管理，降低防护的处置风险。

企业应成立企业工控安全领导小组，明确工作职责，指导、监督企业安全工作的开展。企业全体员工应树立网络安全意识，形成自上而下的网络信息安全文化。

建立完善的安全教育培训制度，拟订培训计划、培训考核，全员参与培训。可采用授课、案例演示、知识问答、网络安全入侵演习等形式进行培训，提高企业员工对网络安全重要性的认识。另外，还需加强管理人员的业务培训，通过引入专家及组织专业学习等手段提高网络管理人员的业务技能和职业素养。

建立网络安全应急响应组织体系，明确体系成员的工作职责。加强应急队伍建设，编制企业网络安全事件应急预案，提高应急处置能力。

总之，工业控制网络安全需要警钟长鸣，立足自主创新，才能摆脱核心技术产品受制于人的局面，立足自主创新，才能实现发展与安全的协同推进。2019 年 8 月，工信部等十部门印发《加强工业互联网安全工作的指导意见》，指出到 2020 年底，工业互联网安全保障体系初步建立，到 2025 年，制度机制健全完善，基本建立起较为完备可靠的工业互联网安全保障体系。

展望未来，我们应在网络强国、制造强国战略的引领下，在“互联网 + 制造业”发展蓝图的指导下，加强法规标准制定，提升安全防护能力，推动核心技术攻关，鼓励相关产业发展，培育壮大人才队伍，以工业信息安全整体能力护航制造业转型升级，以工业信息安全综合实力保障提升我国先进制造业的国际竞争力，在国际格局变化和大国博弈较量中维护国家的安全与利益。

课后习题

1. 试简单描述工业互联网平台的四个发展阶段。

2. 工业互联网平台的功能架构分为哪几层？每一层主要解决的问题有哪些？

3. 试简单分析工业互联网平台的四大技术趋势。

4. 什么是TSN？在智能制造和工业互联网推动的大背景下，为什么需要TSN？

5. TSN处于OSI参考模型中的哪一层？TSN实施的目标主要有哪些？其核心任务又有哪些？

6. OPC UA的作用是什么？在体系架构上，它是如何与TSN配合工作的？

7. SDN软件定义网络的本质是什么？它有哪些基本特征？

8. 什么是MQTT？为什么IoT(物联网)会选择MQTT作为其“轻量级”通信协议？

9 MQTT协议中有几种角色？套用我们熟悉的客户机/服务器模式，谁是客户端？谁又是服务器端？试举例说明它们是如何配合工作的。

10. 工业无线通信技术领域有哪三大国际标准？试对它们的性能作简单的分析和比较。

11. 用于工业无线网络的设备主要有哪些类型？

12. 与互联网安全相比，工业互联网的安全问题面临哪些新的挑战？

13. 试描述一件你所熟知的工业互联网安全事件。

14. 试讨论可以从哪几方面入手来提升工业互联网的安全保障能力。

参考文献

[1] 谢希仁. 计算机网络[M]. 7 版. 北京：电子工业出版社，2017.
[2] 杨卫华. 工业控制网络技术[M]. 北京：机械工业出版社，2008.
[3] 阳宪惠. 网络化控制系统：现场总线技术[M]. 2 版. 北京：清华大学出版社，2014.
[4] 王振力，孙平，刘洋. 工业控制网络[M]. 北京：人民邮电出版社，2012.
[5] 王平，谢昊飞，向敏，等. 工业以太网技术[M]. 北京：科学出版社，2007.
[6] 杨更更. Modbus 软件开发实战指南[M]. 北京：清华大学出版社，2017.
[7] (美) ALEXANDER BORMANN, INGO HILGENKAMP. 工业以太网的原理与应用[M]. 杜品圣，张龙，马玉敏，译. 北京：国防工业出版社，2011.
[8] 向晓汉，苏高峰. 西门子 PLC 工业通信完全精通教程[M]. 北京：化学工业出版社，2005.
[9] 向晓汉，陆彬. 西门子 PLC 工业通信网络应用案例精讲[M]. 北京：化学工业出版社，2011.
[10] 李江全，刘荣，李华，等. 西门子 S7-200 PLC 数据通信与测控应用[M]. 2011.
[11] 安筱鹏. 重构：数字化转型的逻辑[M]. 北京：电子工业出版社，2019.
[12] 华为. 5G 时代十大应用场景白皮书[R]. 2019.
[13] 东北大学谛听网络安全团队. 2018 年工业控制网络安全态势白皮书[R]. 2019.
[14] 李颋，凌霞. 从 2018 年全球人工智能数据看未来发展趋势[R]. 2019.
[15] 毕马威，阿里研究院. 从工具革命到决策革命：通向智能制造的转型之路[R]. 2019.
[16] 阿里云研究中心. 工业大脑白皮书：人机边界重构-工业智能迈向规模化的引爆点[R]. 2019.
[17] 边缘计算产业联盟(ECC)与工业互联网产业联盟联合发布. 边缘计算与云计算协同白皮书(2018 年)[R]. 2018.
[18] 阿里研究院. 解构与重组：开启智能经济[R]. 阿里研究院数字经济系列报告之四，2019.
[19] 徐工集团. 基于物联网的平行智慧矿山系统[R]. 2019.
[20] 哈尔滨安天科技股份有限公司. 乌克兰电力系统遭受攻击事件综合分析报告[R]. 2016.
[21] 国家工业信息安全发展研究中心监测预警所. 工业互联网安全保障体系[R]. 2019.